연약지반 개량공법

연약지반 개량공법

김병일, 조성민, 김주형, 김성렬 공저

Soft Ground Improvement Methods

지반공학 분야는 최근 학문과 기술이 획기적으로 발전하고 있으며, 그중 연약지반 관련 내용은 발전 속도가

더욱 빠른 편이다. 우리나라의 경우 인구가 많고 국토의 대부분이 산악 지역이기 때문에 쓸 수 있는 땅이 부족

하여 그동안 해안매립사업이 활발히 추진되어 왔다. 연약층이 두꺼운 해안매립지를 활용하기 위해서는 많은

노력과 시간, 비용을 들여 지반을 개량해야 하는데, 이때 적절한 지반개량공법을 선택하여 사용하여야 한다.

씨아이알

저자 서문

　지반공학 분야는 최근 학문과 기술이 획기적으로 발전하고 있으며, 그중 연약지반은 발전 속도가 더욱 빠른 편이다. 인구가 많은 편이나 산지가 많아 쓸 수 있는 땅이 부족한 우리나라의 경우 그동안 해안매립사업이 활발히 추진되어 왔다. 연약층이 두꺼운 해안매립지를 활용하기 위해서는 많은 노력과 시간, 비용을 들여 지반을 개량해야 하며, 이때 적절한 지반개량공법을 선택 후 사용하여야 한다.

　새만금, 송도, 시화 등 대표적인 대규모 매립지와 인천공항이 있는 영종도 등 매립지뿐만 아니라 서해안고속도로, 남해고속도로 같은 연약지반을 통과하는 도로 등에서 수많은 연약지반 개량공법이 적용되어 왔다. 21세기 들어서 턴키 입찰방식이 도입되어 국내 연약지반 개량 공법의 설계 수준이 상당히 높아지면서 그동안 수많은 설계 및 시공실적이 축적되었지만 연약지반 관련 내용을 다루는 국내 출판 서적은 많지 않으며, 학부 및 대학원 과정에서 이를 다루는 교과과정을 개설한 학교도 많지 않다. 공학교육 인증제도가 활발해지면서 실무적 교육 강화 등의 이유로 실무와 설계 중심으로 교과과정을 개편하는 학교가 많아지고 있고 교재 개발의 필요성 또한 높아지고 있어 부족하지만 용기를 내어 이 책을 출간하게 되었다.

　이 책은 저자들이 오랫동안 연약지반 개량과 관련하여 수행한 연구결과와 경험한 내용을 중심으로 작성하였으며, 4학년 학생 및 대학원 학생들을 대상으로 썼으나 실제 현장이나 설계에 종사하는 사람들에게도 도움이 될 것이다. 이 책의 완성을 위해 수고를 아끼지 않은 씨아이알 이일석 팀장과 이지숙 사원에게 감사의 마음을 전하며, 내용에 잘못된 점이나 부족한 점이 있으면 많은 지적과 충고를 부탁드린다.

2015년 3월
김 병 일

목 차

01 연약지반 개론

02 연약지반의 조사

06 연직배수공법

07 진공압밀공법

08 모래다짐 말뚝공법

09 쇄석말뚝공법

10 치환공법

11 보강토공법

12 소일네일링공법

16 계측 관리

01

—

연약지반 개론

01 연약지반 개론

1.1 연약지반과 지반개량

연약지반(soft ground)이란 전단강도가 작아 상부에 건설되는 구조물을 지지할 수 없거나, 또는 상부 구조물의 축조로 인해 매우 큰 변형이 발생하는 지반을 말한다. 따라서 연약지반이란 용어는 상대적인 개념이라고 할 수 있다. 즉, 동일한 조건의 지반이라도 상부에 건설되는 구조물의 하중에 따라서 연약지반으로 간주될 수도 있고 그렇지 않을 수도 있다. 그러므로 연약지반의 판정 여부는 해당 지반의 공학적인 특성 외에도 상부 구조물의 종류와 형태에 따라 달라지며, 지반의 강도 외에도 변형 특성이 중요한 지표가 된다. 강도가 커서 구조물을 충분히 지지할 수 있더라도 많은 침하가 발생할 수 있는 조건이라면 연약지반으로 보아야 한다.

포화된 점성토층, 느슨한 사질토층, 유기질 성분이 다량 함유된 지층이 일반적인 범주의 연약지반에 해당된다. 바다나 하천을 매립한 지반이나 위생 매립지도 연약지반이라고 할 수 있다. 국내에서는 거의 볼 수 없지만 팽창성 점토(expansive clay), 붕괴성 흙(collapsing soils), 고유기질토, 화산회질 점성토, 예민 점토(quick clay) 등도 이에 속한다. 표 1.1, 표 1.2는 연약지반 판정에 적용하는 일반적인 기준으로, 이들은 주로 표준관입시험 등에 의한 지반의 강도만을 기준으로 한 것이므로 맹목적으로 적용하지 않아야 한다.

표 1.1 구조물 종류별 연약지반의 대략적인 판단기준(土質工學會, 1988)

구분		유기질토층	점성토층	사질토층
고속도로	함수비(%)	100 이상	50 이상	30 이상
	일축압축강도(kgf/cm^2)	0.5 이하	0.5 이하	$\simeq 0$
	N 값	4 이하	4 이하	10 이하
철도	N 값	0 이하	2 이하	4 이하
	층 두께(m)	2 이상	5 이상	10 이상
건축물	N 값	4 이하		
필댐	N 값	20 이하		

표 1.2 국내 고속도로에서 연약지반 판정기준(한국도로공사)

구분	연약층 두께	N 값	콘 관입저항값 q_c	일축압축강도 q_u
점성토 및 유기질토	10m 이하	4 이하	8kg/cm^2 이하	0.6kg/cm^2 이하
	10m 이상	6 이하	12kg/cm^2 이하	1.0kg/cm^2 이하
사질토	–	10 이하	40kg/cm^2 이하	–

　　연약지반은 압축성이 커서 침하가 크게 일어나고 지지력이 약해서 직접 구조물을 건설할 수 없는 경우가 많다. 따라서 연약지반에 구조물을 건설하기 위해서는 사용목적에 맞는 공학적 성질을 갖도록 지반의 강도 및 변형 특성을 개선하여야 한다. 이와 같이 공학적 특성이 불량한 지반을 양호한 지반으로 개량하는 일련의 작업을 지반개량(ground improvements)이라고 하며, 여기에는 토질역학적 원리에 기초한 다양한 공법들이 개발되어 사용되고 있다.

1.2 연약지반 분포지역

1.2.1 연약지반의 생성

　　연약지반은 후빙기에 해수면 변화의 영향을 받아 이루어진 경우가 많으며, 대부분 현세에 퇴적된 충적층으로 구성되어 있다. 해성점토층은 충적세 전반의 해수면 상승기에 생성된 것이다. 연약층이 생성되기 쉬운 지형조건은 지표가 평탄하고 하천의 홍수류나 바다의 연안류가 유속이 줄어 정체되는 바다에 인접한 충적평야 지대이다. 충적층은 하천에서 운반된 토사나 돌출부의 침식 토사가 연안류나 파랑에 의하여 해안 내부로 이동하여 퇴적한 지층으로 완만한 하천하구의 삼각주 지대, 자연제방 배후의 습지, 본류의 퇴적으로 출구가 막힌 지류 등이 이에 해당된다.

빙하작용(glaciation)은 연약층의 형성과 관련하여 중요한 지질학적 현상이다. 빙하가 발달하거나 후퇴 시 침식과 퇴적작용에 의해 빙하지형이 형성되고, 해수면의 상승이나 하강에 따라 해안 및 하곡(河谷) 지형이 발달하기 때문이다. 빙하작용의 흔적은 북미 대륙과 북유럽을 중심으로 세계 각지에 남아 있다. 우리나라도 백두산과 관모봉의 고산지대에 빙하작용의 흔적이 발견된다. 주로 고산지대에서 빙하가 계속해서 두껍게 형성되면 빙하의 바닥 쪽에는 압력이 높아지고 녹기 시작하면서 지면과의 접촉부가 미끄러워져 빙하는 낮은 곳으로 흘러내리기 시작한다. 이렇게 흘러내리는 빙하는 이동하면서 침식작용과 운반작용을 하면서 여러 가지 빙하지형을 남기고, 빙하가 후퇴하면서 운반해온 퇴적물들을 남기면서 다양한 빙하지형을 만든다(그림 1.1). 전자를 빙하의 침식 및 운반작용에 의한 지형, 후자를 퇴적작용에 의한 빙하지형으로 구분한다.

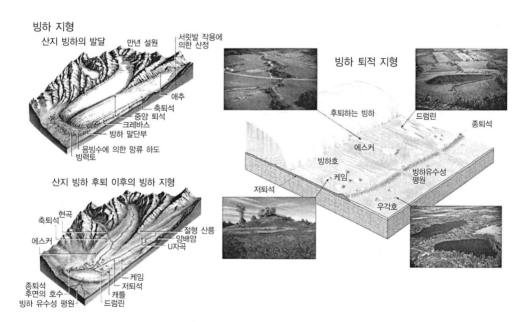

그림 1.1 빙하작용에 의해 형성된 지형

1만 1천 년 전부터 빙하가 녹기 시작하여 3000년 후인 8000년 전경에는 해수면이 현재와 비슷해졌다. 현재는 후빙기인 따뜻한 시대로 빙기와 빙기 사이에는 따뜻한 간빙기가 있었다. 현재 후빙기는 다음에 올 빙기 사이의 간빙기가 될 가능성이 크다. 그림 1.2는 홍적세(2백만 년 전~1만 년 전)와 충적세(1만 년 전~현재) 시기의 한반도 주변 지형이다. 빙하기에 한반도 와 연결됐던 중국과 일본 열도는 충적세에 와서 오늘날처럼 떨어지게 되었다.

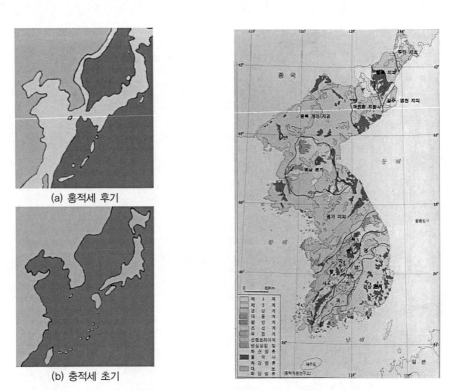

(a) 홍적세 후기

(b) 충적세 초기

그림 1.2 한반도 지형 및 현재의 지질도

※ 홍적세(洪積世, Pleistocene Epoch, Diluvial Epoch)
충적세 이전에 빙기(glacial age)와 간빙기(interglacial stage)가 반복되는 주기적인 변화가 일어났 던 시기로서 갱신세(更新世), 플라이스토세라고도 한다. 충적세와 함께 신생대(Cenozoic)의 제4기 (Quaternary)를 구성한다. 약 1만~250만 년 전 또는 1만~160만 년 전으로 측정한다. 홍적세 빙 하기가 최고조에 달하였을 때 세계 육지의 28% 정도가 빙하에 덮여 있었으며, 현재 세계 육지의 10%가량이 빙하에 덮여 있는 상황과 많은 차이가 난다. 빙하기에는 상당량의 바닷물이 얼음으로 변 해 해수면이 낮아지므로 원래 바다였던 곳이 육지로 변하게 된다. 홍적세에 퇴적한 지층을 홍적층 (diluvium)이라 하며, 주로 해안단구와 하안단구에 분포한다.

1.2.2 세계의 연약지반 분포지역

압축성이 큰 연약지반은 전 세계에 걸쳐 분포하고 있으며, 모두 지질학 연대 중 최근세에
해당하는 충적세(pleistocene) 말기인 2만 년 전부터 형성되었다.

1.2.2.1 북미 대륙

미국과 캐나다로 이루어진 북미에서 연약한 점토가 분포하는 지역은 상당한 면적을 차지하
고 있으며, 일부는 공학적으로 매우 취약하다. 대륙의 북부 대부분은 2만 년 전 위스콘신 빙하
로 덮여 있었으며, 빙하기가 끝나면서 상당 부분이 주빙하(periglacial) 바다와 호수로 변하여
1만 2천 년 전부터 6천 년 전까지 점토가 퇴적되었다. 빙하가 사라지면서 지각평형력(isostaic
uplift)에 의한 융기로 5천 년 전에 등장한 퇴적층들이 압밀과 침식, 용탈(leaching), 산화,
지표변화 등을 거쳤다.

바다로 둘러싸인 지역(Champlain, Laflamme, Goldthwait, Tyrrell, Iberville)의 해성점
토층은 소성지수가 50 이상이며, 점토광물함량이 낮아 석분으로 분류되고, 과압밀비는 1.5
이상이다. 신선 상태에서 강성이 크며 과압밀과 구조화는 고결작용 때문으로 생각되어 왔으나
(Bjerrum, 1973) 최근 연구결과, 다른 이유 때문인 것으로 추정되고 있다. 액성지수는 1 이상
이며 예민비가 커서 퀵 점토로 분류되는 경우도 있고, 선행압밀응력보다 큰 하중이 작용 시
압축성이 매우 크다.

같은 기원과 유사한 특성을 가진 점토층이 캐나다 래브라도(Labrador) 해안과 미국 뉴잉글
랜드 해안을 따라 분포한다. 후자의 경우 빙하 이동 끝단인 보스턴의 점토퇴적층이 각별하다.
많이 알려진 '보스턴 청색점토(Boston Blue Clay)'에 대해서는 1960년대 중반부터 많은 연구
가 이루어졌으며, 상부의 얇은 피트층과 모래층 아래로 함수비가 40% 이상인 점토층이 40m
안팎의 두께로 분포한다(그림 1.3).

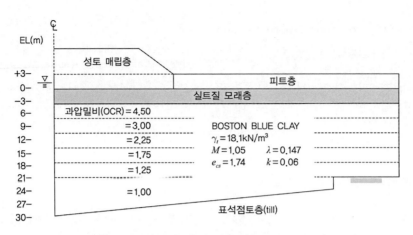

그림 1.3 보스톤 점토층의 단면 예(Ladd 등, 1994)

주빙하 호수는 캐나다와 미국에 넓게 걸쳐 있으며, 이들 호수 개개의 퇴적조건 결과로 호상점토(varved clay) 층이 형성되어 있다. 이 점토층은 오늘날 캐나다의 퀘벡 북서부, 온타리오 북부, 마니토바, 그리고 미국 뉴잉글랜드의 몇몇 계곡에서 발견되고 있다. 이들 점토층의 소성지수 평균값은 30~50이나 점토층에서 큰 값을 보이기도 하며, 과압밀비는 1~3, 액성지수는 1에 가깝다. 예민비는 중간 정도이며 정규압밀 지역에서는 압축성이 다소 크고, 호상구조이므로, 특성 값의 이방성이 중요한 변수이다.

보퍼트해(Beaufort Sea)의 캐나다 대륙붕에도 물리적 특성은 퀘벡 해성점토와 비슷하나 정규압밀 상태인 해성점성토층이 분포하고 있다.

미시시피 삼각주는 퇴적 속도가 매우 빠른 곳이다. 빙하 말기 이후 해수면의 일반적인 변동의 결과로 삼각주는 북부에서 남부로 조금씩 이동하며, 배후에 연약한 유기물과 층상점토를 퇴적시킨다. 이들 점토는 거의 정규압밀 상태로서 건설공사 시 침하 문제가 발생한다. 이와 관련해서는 아차팔라야강(Atchafalaya river)의 홍수방지제방의 사례가 잘 알려져 있다 (Foott & Ladd, 1977). 퇴적층은 매우 두꺼우며, 층상구조가 잘 발달되어 있는데, 고소성의 점토와 피트 및 유기질 부설물층, 모래층으로 구성되어 있다.

태평양 쪽으로는 샌프란시스코만의 점토층을 들 수 있다. '샌프란시스코만 진흙(San Francisco Bay Mud)'으로 알려진 이 층은 중간 정도의 소성을 가지고 정규압밀 상태로서 전단강도가 작고 압축성이 매우 커, 지하철이나 오클랜드항 건설공사 시 많은 문제를 유발하였다.

1.2.2.2 멕시코, 중남미 대륙

멕시코와 중부아메리카, 카리브 해는 석호 퇴적지와 해안점토층이 광범위하게 분포되어 있다. 이들은 모암의 화산작용 영향으로 소성이 크다. 해침(marine transgression) 작용으로 퇴적층은 항상 수침되어 있어 정규압밀 상태를 유지하며, 압축성이 매우 크다.

이 지역은 빈번한 화산활동으로 독특한 과정의 호수 점토가 형성되었다. 소성이 매우 큰 멕시코시티 점토가 대표적이며, 세립토는 점토광물 외에도 화산 광물, 미화석, 규조 등으로 구성되어 있다. 멕시코시티 점토의 액성한계는 100 이상이며, 500을 넘는 경우도 있다. 과압밀비는 1에 가까우며, 액성지수는 1 정도로서 중간 정도의 예민비를 가진다. 광물의 종류와 유기질 함량(10%를 넘기도 함)에 따라 구조가 영향을 받으며, 압축성이 매우 커서 심각한 침하 문제가 발생한다. 'Our Lady of Guadalupe' 성당의 부등침하 사례는 매우 유명하다(그림 1.4).

그림 1.4 멕시코 Our Lady of Guadalupe 성당의 부등침하

그림 1.5는 몬모릴로나이트 점토가 광범위하게 분포하는 멕시코시티에서 오래된 한 건물이 침하로 인해 손상된 모습이다. 건물의 좌측에 새로 생긴 빌딩(얕은 기초)이 침하하면서, 인접한 이 건물은 붕괴상태에 가까운 피해를 입었다(Waltham, 1989).

남미대륙 동부해안의 광범위한 삼각주 지대는 넓은 세립토 퇴적지로 이루어져 있다. 오리노코 강과 아마존 강의 삼각주도 점토층이 상당하다. 베네수엘라, 브라질, 아르헨티나의 해안

그림 1.5 멕시코시티에서 침하로 손상된 건물

지역도 연약한 점토로 구성되어 있으며, 베네수엘라의 마라카이보 만(Maracaibo Gulf)과 브라질의 리우데자네이루로 인근의 과타바라 만(Guartabara Gulf)이 대표적이다. 석호 기원의 이들 지역은 유기물 함량이 높고 소성이 크며 정규압밀 상태에 있다. 멕시코시티만큼 극단적이지는 않으나 보고타와 콜롬비아에도 화산 기원의 점토층이 분포한다.

1.2.2.3 유 럽

아일랜드, 스코틀랜드, 잉글랜드 북부, 노르웨이, 스웨덴, 핀란드 등 북유럽의 대부분은 캐나다처럼 위스콘신 빙하의 영향을 받아 빙하기 이후 해성 및 호수 점토층이 형성되었다. 캐나다보다는 약간 더 과압밀되어 있으나, 기본적인 특성은 유사하다.

노르웨이와 스웨덴 서부 해안은 대규모 산사태로 유명하며, 이를 대상으로 심도 있는 연구가 많이 이루어졌다. Fellenius가 스웨덴에서 수행한 산사태 연구는 근대 토질역학의 발전에 큰 기여를 하였다. 스웨덴 지반공학연구소(SGI), 노르웨이 지반공학연구소(NGI), Bjerrum, Janbu 등의 연구 또한 해안 지역에 분포하는 흙의 공학적 특성과 거동에 대한 심도 깊은 성과를 남겼다. 이 지역에 분포하는 점토층의 소성지수는 작은 편으로 20~40 정도이고, 과압밀비는 1~1.5 정도로 전단강도가 작다. 용탈현상에 따라 액성지수는 매우 크고, '퀵 점토(quick clay)'라는 용어는 이렇게 극단적으로 예민한 점토를 일컬어 만들어진 것이다. 과압밀비가 작고 예민비가 큰 결과로 압축성이 매우 크며, 이에 따라 지반공학적으로 매우 어려운 조건을 가지고 있다.

이들 외에도 유럽 대륙의 해안이나 하천, 호수 연안에는 점토층이 분포하는 지역이 많다. 발트 해, 북해, 영국해협, 대서양, 지중해, 아드리아 해 연안이 대표적이며, 프랑스 브르타뉴(Brittany)와 같이 만이나 하구의 바닥에 분포한다. 독일 북부의 해안 평원, 프랑스 랑그도크(Languedoc) 평원, 이탈리아의 포(Po)와 트리에스테(Trieste) 평원도 대표적이다. 비슷한 퇴적층이 영국의 남동해안과 그리스를 따라 형성되어 있다. 이들 퇴적층은 두께가 30m 정도로서, 점토와 실트 위주로 구성되어 있고, 때때로 피트나 유기물층이 나타나기도 한다. 이들은 비교적 최근에 퇴적되어 의사정규압밀(quasi-NC) 상태로 볼 수 있으며, 액성지수가 1에 가깝고 그다지 예민하지 않다. 함수비가 높고 선행압밀응력이 작아 큰 하중이 작용하면 많은 침하 유발한다. 유럽의 산악국가들(오스트리아, 독일, 프랑스, 스위스 등)에서도 일부 지역에서 하천과 호수의 작용에 의한 점토 퇴적층이 나타난다.

그림 1.6은 영국의 주요 경작지대로서 저습지가 많아 배수를 위한 운하가 발달되어 있는 잉글랜드 중동부의 링컨셔(Lincolnshire) 주 남부에 위치한 서플릿(Surfleet) 지역의 교회 종탑이 침하한 모습이다. 교회는 얕은 기초 위에 건설되었으며, 부등침하로 기울어진 종탑은 교회 본당에 기대어 지지되고 있다.

그림 1.6 영국 링컨셔 주의 한 교회의 부등침하 모습

그림 1.7은 유명한 피사의 사탑(The leaning tower of Pisa)으로 40m 두께의 실트질 모래 및 점토층 지반에 세워진 피사성당의 종탑(높이 58m)이 부등침하한 경우이다. 탑 하부의 지층 구성은 그림 1.8과 같다. 지반의 허용 지지력은 50kPa 정도임에도 종탑의 하중은 남측으로는 1,000kPa에 달하고, 북측 끝단에는 거의 작용하지 않는 상태였다(Waltham, 1989). 이 탑은 1174년부터 1370년까지 약 200년간에 걸쳐 건설되었는데, 이러한 완속시공과 점진적인 강도 증가로 인해 낮은 지지력에도 불구하고 붕괴되지 않았다. 그림 1.9는 이 사탑의 시공 시부터 근래까지 하중, 침하, 기울어진 각도의 기록을 니다낸 것이다(Mitchell 등, 1977). 사탑은 최근에 다양한 방법의 대책들을 적용하면서 탑의 기울기가 다소 완화되었다.

그림 1.7 부등침하가 발생한 피사의 사탑

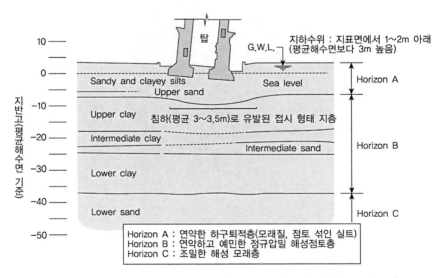

그림 1.8 피사의 사탑 하부 지층 구성[Burland 등(2009)의 자료를 재구성]

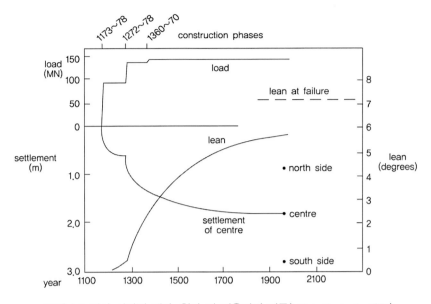

그림 1.9 피사 사탑의 재하, 침하 및 기울어짐 기록(Mitchell et al., 1977)

1.2.2.4 러시아

광대한 영토를 지닌 러시아에는 서로 다른 기원과 특성을 지닌 점토퇴적층이 분포한다. Abelev(1983)에 따르면 구(舊) 소련 기준으로 러시아 영토의 11%에 해당하는 2백7십만km^2의 면적이 점토층으로 덮여 있다. 러시아 북부 지역의 대부분은 캐나다나 스칸디나비아와 같이 2만 년 전 빙하의 이동에 기인한 주빙하 호수의 형성에 따라 점토층이 만들어졌다. 리브노 (Rybnoe) 호수였던 레닌그라드 지역은 수십 m 이상 두께의 호수점토층이 분포하는데, 스웨덴 동부해안과 그 기원이 같아 공학적 특성이 유사하다(호상 또는 층상 구조이며, 유기질 함량이 높고, 과압밀비가 작으며, 압축성이 크다). 더 북쪽의 과거 이올데비안 해(Ioldevian Sea) 지역 의 점토층은 고도가 280m 이상으로 백해, 바렌츠 해, 카라 해 연안을 따르는 스칸디나비아의 예민한 해성점토층과 매우 유사하다. 그 두께는 30m에 달하며 러시아에서는 'Ioldevian 점토' 라고 부른다. 일라이트가 주성분이고, 유기물 함량이 낮으며, 함수비가 80%를 넘고, 과압밀비 가 낮으며 압축성이 크다. 시베리아 해와 오호츠크 해를 따라 동쪽으로 해성점토층이 분포한 다. 이들은 이른 생성 탓에 과압밀비가 크며, 사할린에서는 그 두께가 35m 정도이다.

러시아 남부에는 카스피 해와 흑해의 해저분지에 전혀 성질이 다른 점토층이 분포한다. 두 께가 15m를 넘지 않으며, 염분과 석고 함량이 높다. 또한 소성과 과압밀비, 전단강도는 작고 액성지수와 압축성은 크다.

러시아의 큰 하천 계곡에는 크고 작은 연약한 충적점토층이 존재한다. 두께가 20m에 이르기도 하며, 이들 하천의 하류에 위치한 삼각주 지역에는 유기질이 포함된 층상의 점토가 정규압밀에 가까운 상태를 유지하고 있다.

1.2.2.5 아프리카

광대한 면적을 가진 아프리카에도 연약한 점토층이 분포하는 지역이 다수 있으나 지반공학적 특성들에 대해서는 잘 알려져 있지 않다. 아프리카 해안을 따라 점토층이 발달되어 있다. 튀니지 수도인 튀니스(Tunis) 만에 정규압밀 점토가 분포하며, 항구 건설공사 시 많은 문제를 발생시켰다. 알제리의 하천 하구에도 점토층이 나타난다. 서부 아프리카의 세네갈, 잠비아, 나이지리아 등지에서는 하천의 하류 하구에서 연약한 층상의 점토들이 나타난다. 점토의 소성은 중간에서 높은 정도이며(소성지수는 25~80), 유기물 함량이 높고, 정규압밀상태에 있다. 아프리카 대륙 안쪽도 호수나 하천(자이레 강이나 나일 강 등)에 퇴적된 점토층이 있을 것으로 예상되나 자세한 정보는 없다.

습하고 기온이 높은 열대나 아열대 지역을 중심으로 전 세계에 광범위하게 분포하는 홍토(laterite, plinthite) 층도 지역에 따라 높은 압축성을 보일 수 있어 도로나 건물을 건설할 때 침하나 지지력에 대한 검토가 필요할 수 있다. 그림 1.10은 홍토층이 분포하는 지역이다. 이 지층은 흙 속 물의 흐름에 의한 용탈(leaching) 작용을 거치며 규산이 줄어들고 점토 광물을 함유하기도 하는데, 철이나 알루미늄의 함수산화물이 풍부해져 붉은색을 띤다. 홍토층은 퇴적으로 형성되는 황토(loess) 층과는 달리 풍화로 형성되는 잔적토이다. 우리나라 남부지역에 분포하며 황토라 불리는 지층은 사실은 이 홍토층에 가깝다. 홍토는 굵은 입자와 가는 입자가 섞여 있고 수분에 민감하지 않아 함수비 조절을 통해 성토 재료로 활용할 수 있으나, 액성한계가 높고 소성지수가 큰 경우도 많아 주의가 필요하다. 그림 1.11은 동부 아프리카에 위치한 에티오피아에 분포하는 홍토층의 액성한계와 소성지수를 나타낸 소성도이다.

그림 1.10 홍토(laterite) 분포 지역

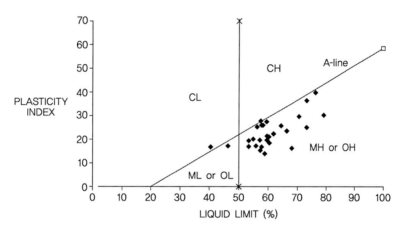

그림 1.11 에티오피아 홍토 시료의 소성도 사례(Jiregna, 2008)

1.2.2.6 아시아 및 대양주

근동(Near Asia) 지역에는 점토층이 발달되어 있지 않으나 터키와 이스라엘의 일부 계곡이나 해안 지역에서 소성지수가 30~70가량이고, 과압밀비가 낮은 점토가 부분적으로 나타난다.

중동에서는 티그리스 강과 유프라테스 강의 계곡부, 샤트알-아랍(Shatt el Arab)에서 삼각주 기원의 연약한 점토층이 광범위하게 나타난다. 이들 지역에서는 항만공사와 산업개발 등으로 지반공학 분야의 연구들이 다수 행해졌다. 층상구조 점토의 소성은 중간 정도이며 유기물을 포함하고 약간 과압밀된 상태이다.

인도에서는 인더스 강과 갠지스 강은 퇴적 조건이 잘 갖추어져, 광대한 삼각주에 모래와 실트, 점토가 층을 이룬 지층이 형성되어 있다. 두께가 12m 정도인 캘커타의 경우 소성지수가 50~70가량이며 의사정규 압밀상태이다.

봄베이 지역과 인도 동부 해안가에도 소성지수가 20~70 정도인 해성점토 퇴적층이 분포하는데, 염분이나 유기질을 포함하는 경우도 있다. 액성지수는 1 정도로 약간 과압밀되어 있으며 압축성이 높다.

동남아시아에는 연약한 점토 퇴적층이 발달하여 이와 관련한 많은 연구가 수행되고 있다. 이 지역은 빙하가 녹으며 해수면이 상승한 1만 5천 년 전의 해진(Flandrian transgression) 동안 형성된 해성점토층을 기원으로 한다. 차오프라야(Chao Phraya) 강과 메콩 강의 삼각주에는 두께가 30m에 이르는 고소성의 층상점토층이 분포한다. 소성지수는 80~100 정도이고 정규압밀에 가까운 상태를 유지하며 전단강도가 작고 압축성이 크다. 유기질 함량도 5%까지 이른다. 대표적으로 Bangkok 점토가 알려져 있다. 말레이시아, 필리핀, 대만, 홍콩의 해안 지역에도 정규압밀 상태의 해성점토층이 분포한다. 그림 1.12는 베트남 하노이를 지나 통킹 만으로 흐르는 홍 강(red river) 주변의 델타 퇴적지이며, 그림 1.13은 이 지역에 건설되는 하노이-하이퐁 고속도로의 약 100km 길이 노선의 연약지반 분포도이다.

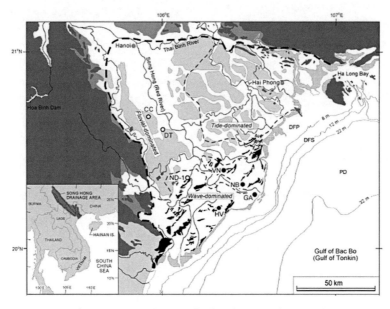

그림 1.12 베트남 하노이 동측 홍 강(red river) 델타 지대

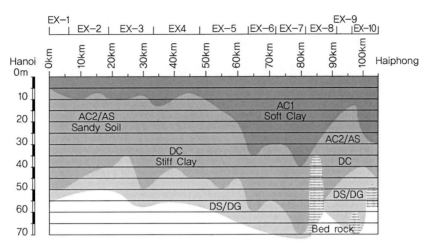

그림 1.13 베트남 하노이-하이퐁 고속도로 하부지층 분포도

지대가 낮고 인구가 많은 일본에도 연약한 충적점토층이 발달되어 있는데, 그 기원은 화산활동이며 유기질 함량이 높은 경우도 있다. 소성지수는 지역마다 편차가 커서 20~100 범위이나 40 정도가 보통이다.

중국도 점토 퇴적지대가 많으며 중간 정도 소성의 실트질 점토가 층을 이루고 있는 상하이와 양쯔 삼각주 지역이 대표적이다. 황하와 무한(Wuhan), 광동 지역에도 점토층이 나타난다.

호주는 멜버른과 서부 지역 퍼스를 중심으로 해안 지역에 점토층이 분포한다. 멜버른 인근에는 소성지수가 70에 이르는 고소성의 충적점토층이 형성되어 있으며 약간 과압밀되어 있다.

화산활동에 의해 생성된 태평양의 각 섬 지역에도 점토층이 분포한다. 화산재가 섬 주변의 해안에 쌓여 매우 두꺼운 점토층을 이루기도 하는데, 하와이와 멜라네시아가 대표적이다. 폴리네시아 제도에는 유기질과 탄산염 함량이 높은 실트와 점토로 이루어진 석호 퇴적층이 나타난다.

1.2.3 우리나라의 연약지반

한반도의 동부에서 남북으로 위치한 태백산맥과 남서부의 소백산맥 및 차령산맥에서 시작된 수계는 서해안과 남해안으로 큰 하천을 이루고 있다. 수계 시점부터 하구까지는 거리가 짧고 지형의 경사가 급하므로, 유속이 빨라 수류작용에 의해 운반되는 퇴적물이 많다. 또한 연안과 하구를 중심으로 내륙지방에도 비교적 규모가 큰 연약지반이 형성되어 있다. 이를테면 군산 부근의 점토층은 금강과 만경강의 하구를 중심으로 익산까지 미치고 있고, 김해 부근의 점토층은 낙동강 하구에서 부산, 김해, 마산 일대를 덮고 있다. 하구나 하천의 하류부에 분포하는 연약지반은 제4기의 지질연대에 홍수의 범람으로 형성되었을 가능성이 높다. 점토층이 해수 중에서 퇴적하고 그 이후에 육지의 확장으로 형성되거나 지각변동에 의해 형성될 수도 있다. 충적토(沖積土)는 여러 환경 조건에 의존하므로 지층 구성은 위치에 따라 달라진다. 지역별로 지층구조의 특징을 간략하게 살펴보면 다음과 같다.

그림 1.14는 우리나라 연안 지역의 개략적인 지층구조이다.

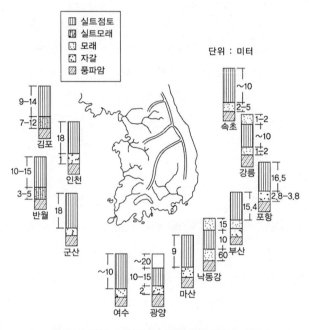

그림 1.14 한반도 연안 지층(한국도로공사, 2001)

1.2.3.1 연안 지역

(1) 동해안 연안

지표 부근에 매우 연약한 실트질 점토층이 존재하며, 이 층 아래에 모래층 또는 모래 섞인 자갈층이 함께 분포한다. 강릉 및 속초 지방의 실트질 점토층은 유기질을 많이 함유하고 있으며 액성한계와 함수비가 대단히 높다.

하부의 모래층 또는 모래 섞인 자갈층은 해수면 상승으로 동해안의 급격한 하천의 수류작용에 의해 운반되어 형성된 것으로 추정된다. 이 층 아래에는 모암이 풍화되어 이루어진 풍화암층이 있다. 연약층의 두께는 포항 지역의 경우 최대 16.5m, 강릉과 속초 지역은 10m 이내이다.

(2) 서해안 연안

조수간만의 차가 심한 김포, 반월, 인천, 아산 등에서는 실트질 모래 또는 모래질 실트가 풍화암 바로 위에 퇴적되어 있는 곳이 많고 그 위에 실트질 점토층이 분포한다. 이 두 층을 합한 두께는 30m까지 이르나 지층의 경계가 명확하지 않은 경우가 많고 입자가 큰 실트 함량이 높다. 군산, 목포 등 서해안 남부는 조수간만의 차가 작아 점성토층의 강도가 작고 압축성이 크며 두께는 25m에 이른다. 이 층 아래에는 얇은 자갈층과 풍화암층이 나타난다.

(3) 남해안 연안

남해안은 중력작용에 의해 퇴적된 것으로 추정되는 자갈 및 전석층이 풍화암층 위에 놓이고 그 위에 점성토층이 퇴적되어 있다. 이러한 지층 구조는 순천에서 여수, 남해, 마산, 부산에 이르기까지 유사하게 나타난다. 점성토층의 두께는 부산항에서 15m, 마산, 여수 등지에서는 대략 10m 정도이며, 자갈 및 전석층의 두께는 2~3m가량이다.

남해안의 하구 중에서 낙동강 하구와 섬진강 하구(광양만)는 우리나라의 대표적인 연약지반 분포지대로서 낙동강 하구는 퇴적층의 두께가 70m가 넘는 지역도 있다. 점토층의 위, 아래에는 모래층이 존재하는 경우가 일반적이다. 표 1.4는 우리나라 지역별 연약지반 지대의 물성치를 베트남 호치민 등 남부 지역 연약지반 지대 물성치를 비교해본 것이다.

표 1.3 우리나라 여러 지역의 해성점토의 물리적 특성(한국도로공사, 2001)

구분 위치	w_n(%) 자연함수비	LL(%) 액성한계	PI(%) 소성지수	e 간극비	통일 분류
부산항	58~84	58~64	10~58	0.76~2.85	CH, OH
마산항	42~78	31~52	11~25	1.36~1.82	CL
마산 귀곡리	101~148	107~130	58~82	2.81~3.48	CH, OH
여수	84~111	74~97	31~65	2.47~2.99	CH, OH
속초항	83~155	62~145	29~95	2.88~3.89	CH, OH
낙동강 하구	27~55	32~53	19~27	0.75~1.45	CL
반월	24.1~57.1	27.2~45.2	11.0~25.7	1.28~1.84	CL
광양	18.0~92.2	22.3~87.8	8.6~63.6	0.58~3.02	CH
영산강 하구	47.1~68.7	32.4~55.6	16~22	1.45~2.23	CH, OH
강릉	64~226	144~150	27~130	3.8~5.04	OH, CH

표 1.4 우리나라 지역별 연약지반 물성치와 베트남 남부 지역의 비교(조성한 외 2011)

물성치	베트남 남부 연약점성토층	대한민국				
		경기	충남	전북	전남	경남
단위중량 $\gamma_t(kN/m^3)$	15.2	15.5~20.5 (17.6)	14.5~20.5 (17.9)	10.3~20.1 (18.2)	13.9~20.8 (16.7)	14.0~20.0 (17.3)
비중 G_s	2.69	2.45~2.75 (2.68)	2.61~2.73 (2.69)	2.42~2.77 (2.66)	2.61~2.70 (2.70)	2.47~2.75 (2.68)
초기간극비 e_0	2.10	0.52~1.58 (1.05)	0.50~1.85 (1.01)	0.58~2.01 (0.98)	0.56~2.82 (1.44)	0.64~2.70 (1.22)
함수비 $w(\%)$	75.7	(38.4)	(35.7)	(36.0)	(52.2)	(46.1)
액성한계 $LL(\%)$	83.0	17.3~79.6 (32.2)	22.5~57.8 (32.7)	18.4~84.0 (39.7)	20.5~79.5 (45.1)	22.8~110.0 (47.1)
소성한계 $PL(\%)$	30.0	11.2~30.0 (20.1)	14.2~27.7 (20.2)	11.8~58.6 (22.6)	14.8~31.8 (21.3)	14.3~43.9 (24.8)
압축지수 C_c	1.02	0.06~0.50 (0.23)	0.07~0.62 (0.26)	0.04~2.00 (0.20)	0.16~1.11 (0.52)	0.10~1.54 (0.35)
비배수강도 $C_{uu}(kgf/cm^2)$	0.19	0.01~0.3 (0.2)	0.05~1.0 (0.2)	0~1.08 (0.28)	0.04~0.77 (0.17)	0~0.75 (0.26)

1.2.3.2 내륙 지역

연안의 점토층이 내륙으로 침입된 경우가 많은데, 이를테면 김해평야 일대는 범람으로 형성되었다고 추정되는 실트 및 모래층 아래로 연약한 해성점토층이 분포하여 남해고속도로와 김해공항 등 건설을 위한 연약지반 처리에 많은 어려움이 있었다. 군산에서 익산에 이르는 평야지대에도 실트질 점토층이 넓게 분포되어 있다. 포항, 울산 등도 표층 외에는 지층구조가 연안과 유사하여 해성점토층이 침입된 것으로 추측한다. 경남 진영 일대도 연약지층이 상당히 넓게 분포하고 있다. 내륙에서 해성점토층의 존재는 점토층의 균질성, 조개껍질의 발견 등으로 쉽게 판별된다.

또한 큰 하천의 하류 부근에도 유역을 따라 연약층이 넓게 분포하는 경우가 많다. 한강 유역의 범람으로 형성된 것으로 보이는 연약한 충적층은 서울의 용산 부근에서 나타난다. 하천범람으로 생성된 연약지반은 깊이에 따라 층상을 이루고 있는 것이 보통이다.

1.3 연약지반의 공학적 특성

1.3.1 일반적인 지반정수

Terzaghi 등(1948)은 표준관입시험으로 구한 N 값과 일축압축강도(q_u)를 기준으로 표 1.5와 같이 점토층과 사질토층의 연경도 및 상대밀도를 구분하였는데, 이는 현재까지 연약지반을 판단하는 보편적인 지표로 활용되고 있다.

표 1.6은 캐나다 지반공학회에서 현장관찰을 통해 점성토의 연경도와 개략적인 비배수 전단강도(S_u)를 분류하는 기준을 제시한 것이다.

표 1.5 점토와 사질토의 연경도

점토			사질토	
연경도	N_{60}	q_u(kPa)	상대밀도	N_{60}‡
매우 연약함	< 2	< 25	매우 느슨함	0~4
연약함	2~4	25~50	느슨함	4~10
중간	4~8	50~100	중간	10~30
굳음	8~15	100~200	조밀함	30~50
매우 굳음	15~30	200~400	매우 조밀함	> 50
단단함	> 30	> 400		

‡ 해머의 롯드에너지 비 60%에 대하여 보정한 N 값

표 1.6 관찰을 통한 점토층의 연경도 분류

연경도	현장 관찰	c_u(kPa)
매우 연약함	주먹으로 눌러서 수 cm 정도를 쉽게 관입할 수 있음(엄지손가락으로 25mm 이상 관입)	< 12
연약함	엄지손가락으로 눌러서 수 cm 정도를 쉽게 관입할 수 있음(엄지손가락으로 25mm 정도 관입 가능)	12~25
중간	엄지손가락으로 눌러서 수 cm 정도를 관입할 수 있음	25~50
굳음	엄지손가락으로 쉽게 흔적을 낼 수 있으며, 상당한 힘을 주면 약간 관입할 수 있음(8mm 이상 관입하기 어려움)	50~100
매우 굳음	엄지손톱으로 쉽게 흔적을 낼 수 있음	100~200
단단함	엄지손톱으로 흔적을 내기 어려움	> 200

Bjerrum(1972)은 정규압밀점토를 표 1.7과 같이 분류하였다. Brenner 등(1981)은 함수비와 애터버그 한계, 베인전단강도, 선행압밀하중, $e - \log\sigma_v{}'$ 곡선의 형상, 예민비를 기준으로 점

토층의 연약성 여부를 평가해야 한다고 하였다.

서두에서 언급한 바와 같이 연약지반은 강도 측면 외에도 변형의 관점에서 바라볼 필요가 있다. 표 1.8~1.14는 점토를 중심으로 변형계수 및 압축성과 관련된 지반정수들을 정리한 것이다.

표 1.7 정규압밀점토의 분류(Bjerrum)

구분	분류	한수비	전단강도	압축성
상부 표층의 풍화된 점토	동상, 건조된 점토	$w_n \approx w_p$	매우 굳음, 균열 (개구 균열)	–
	건조된 점토	$w_n \approx w_p$	매우 굳음, 균열	압축성 낮음
	풍화 점토	$w_p < w_n < w_L$	깊이에 따라 전단강도 감소	압축성 낮음 곡선형의 $e - \log\sigma'_v$
풍화되지 않은 점토	젊은 정규압밀점토	$w_n \approx w_L$	깊이에 따라 s_u/σ'_{v0} 일정	$\sigma'_{vc} \approx \sigma'_{v0}$
	노령 정규압밀점토	$w_n \approx w_L$	깊이에 따라 s_u/σ'_{v0} 일정	깊이에 따라 $\sigma'_{vc}/\sigma'_{v0}$ 일정
	젊고, 정규압밀된 퀵 점토	$w_L < w_n$	깊이에 따라 s_u/σ'_{v0} 일정	$\sigma'_{vc} \approx \sigma'_{v0}$
	노령화되고 정규압밀된 퀵 점토	$w_L < w_n$	깊이에 따라 s_u/σ'_{v0} 일정	깊이에 따라 $\sigma'_{vc}/\sigma'_{v0}$ 일정

* w_n : 자연함수비, w_p : 소성한계, w_L : 액성한계

표 1.8 점토의 예민비

분류	Skempton 외(1952), Smith(1974)	Venkatramaniah(1993)	
	예민비	예민비	비고
예민하지 않은 점토	< 1		
약간 예민한 점토	1~2		
중간 정도 예민한 점토	2~4	2~4	벌집구조
예민한 점토	4~8	4~8	벌집, 또는 면모구조
매우 예민한 점토	8~16	8~16	면모구조
퀵 점토	> 16	> 16	불안정

표 1.9 흙의 탄성계수(AASHTO, 1994)

흙		탄성계수(E_s), Mpa	포와송비(ν)
점토	연약하고 예민함	2~15	0.4~0.5
	중간 정도 굳음~굳음	15~50	
	매우 굳음	50~100	
황토(loess)		15~60	0.1~0.3
실트		2~20	0.3~0.35
세립 모래	느슨함	8~12	0.25
	중간 정도 조밀함	12~20	
	조밀함	20~30	
모래	느슨함	10~30	0.2~0.35
	중간 정도 조밀함	30~50	
	조밀함	50~80	0.3~0.4
자갈	느슨함	30~80	0.2~0.35
	중간 정도 조밀함	80~100	
	조밀함	100~200	0.3~0.4

흙	탄성계수(E_s), MPa
실트, 모래질 실트, 약간의 점착력이 있는 혼합토	$0.4N_1$
깨끗한 세립토, 중간 모래, 실트질 모래	$0.7N_1$
조립 모래, 자갈 섞인 모래	$1.0N_1$
모래질 자갈, 자갈	$1.17N_1$

* N_1 : 깊이에 대해 보정한 N 값. 포화된 가는 모래, 실트는 간극수압에 대해서도 보정

흙	탄성계수(E_s), MPa
연약하고 예민한 점토	$400S_u \sim 1{,}000S_u$
중간 정도 굳거나, 굳은 점토	$1{,}500S_u \sim 2{,}400S_u$
매우 굳은 점토	$3{,}000S_u \sim 4{,}000S_u$

표 1.10 흙의 포와송비(Kulhawy 등, 1983)

구분	포와송비(ν)
포화된 흙, 비배수 상태	0.50
부분 포화된 점토	0.30~0.40
조밀한 모래, 배수 상태	0.30~0.40
느슨한 모래, 배수 상태	0.10~0.30
사암	0.25~0.30
화강암	0.23~0.27

표 1.11 흙의 탄성계수(Coduto, 1994)

분류	탄성계수(E_s), kPa
비배수 상태	
연약한 점토	1,500~10,000
중간 점토	5,000~50,000
굳은 점토	15,000~75,000
배수 상태	
연약한 점토	250~1,500
중간 점토	500~3,500
굳은 점토	1,200~20,000
느슨한 모래	10,000~25,000
중간 정도 조밀한 모래	20,000~60,000
조밀한 모래	50,000~100,000
사암	7,000,000~20,000,000
화강암	25,000,000~50,000,000
철	200,000,000

* 흙은 모두 포화상태

표 1.12 점토의 압축성(Bell, 1992)

분류	압축성	압축지수(C_c)
연약한 점토	매우 크다	> 0.30
점토	크다	0.30~0.15
실트질 점토	보통	0.15~0.075
모래질 점토	낮다	< 0.075

표 1.13 흙의 압축성(Coduto, 1994)

압축성의 분류	압축성, $C = C_c/(1+e_o)$
매우 작음	< 0.05
약간 있음	0.05~0.10
중간 정도	0.10~0.20
큼	0.20~0.35
매우 큼	> 0.35

표 1.14 흙의 소성 구분(Bell, 1992)

분류	소성	액성한계(W_L), %
Lean, or silty	작음	< 35
Intermediate	중간	35~50
Fat	큼	50~70
Very fat	매우 큼	70~90
Extra fat	극단적으로 큼	> 90

등급	소성의 분류	소성지수(PI), %
1	비소성(N.P.)	< 1
2	소성이 약간 있음	1~7
3	소성이 중간 정도	7~17
4	소성이 큼	17~35
5	소성이 매우 큼	> 35

1.3.2 우리나라 연약지반의 공학적 특성

우리나라의 연약지반은 성인과 지역에 따라 내륙의 충적점토(alluvial clay) 지반과 해안 부근의 해성점토(marine clay) 지반으로 구분할 수 있다. 이들은 서해안, 남해안, 동남해안 인근 지역과 금강, 영산강, 섬진강, 낙동강 등 내륙 하천연안 지역에 주로 분포하고 있다. 중부 내륙지방과 강원도, 제주도는 지질학적인 특성상 점성토 지반이 넓게 분포하는 지역이 없다.

자연함수비는 대부분 30~70% 정도이고, 액성한계도 이와 비슷하다. 앞의 표 1.3은 우리나라 연안 및 내륙 일부 지역에서 점토층의 물리적 특성을 보여주고 있다. 유기질 함량이 높아 통일분류법상 OH로 분류되는 마산, 속초, 명주 등을 제외하고는 자연함수비는 100% 이내로서 액성한계와 비슷한 수준이다.

점성토층의 두께는 지역에 따라 8~70m로 다양한데, 남동해안 인접 지역이 가장 두꺼우며, 대체로 남서해안을 따라 중부 서해안 쪽으로 갈수록 그 두께가 작아진다. 점토층 사이에 얇은 모래층(sand seam)이 불규칙하게 산재하기도 하며 다량의 실트가 혼재하는 경우도 많다.

그림 1.15는 Skempton의 활성도를 점으로 표시한 것으로써 우리나라의 점토는 대체로 활성도가 정상 또는 비활성인 쪽에 많이 분포하고 있다. 그러나 액성한계가 큰 마산 및 여수 점토는 큰 활성도를 보이고 있다. 활성도로 점토광물을 추정할 수 있는데, 그림을 보면 우리나라에는 몬모릴로나이트(montmorillonite)는 빈약한 것으로 나타난다.

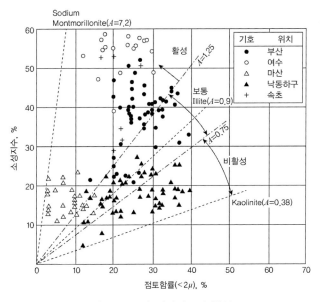

그림 1.15 국내 해성점토의 활성도

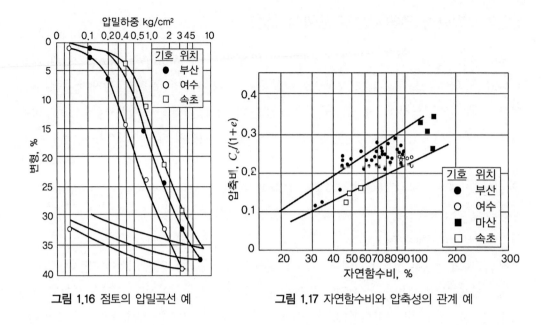

그림 1.16 점토의 압밀곡선 예　　　　그림 1.17 자연함수비와 압축성의 관계 예

　그림 1.16은 일부 지역에서 채취시료를 대상으로 한 압밀시험 결과이다. 정규압밀 범위의 압밀곡선 끝이 약간 위로 올라간 것은 예민비가 4 이상인 해성점토에서 나타난 것이다. 그림 1.17은 압축성(압축비)과 함수비의 관계를 보여준다. 압축비는 압축지수(C_c)와 간극비(e)를 이용하여 $C_c/(1+e)$로 정의된다. 과압밀비(OCR)는 대부분 1~2 정도로 정규압밀, 또는 약간 과압밀된 점토에 해당한다. 지표 부근이나 심층부에서는 OCR이 매우 커지기도 한다.

　점토지반의 전단강도는 비배수강도 기준으로 10~40kPa 정도이며, 심도가 깊어지더라도 그다지 영향을 받지 않고 일정하거나 불규칙한 분포를 보이는 경우가 많다. 그림 1.18은 광양만 인근에서 깊이별로 시료를 채취하여 비배수강도를 얻은 결과이다. 이 그림에서 깊이가 깊어지더라도 강도 증가는 거의 나타나지 않는다는 것을 알 수 있다. 그림 1.19는 낙동강 하구 점토에 대해 깊이에 따라 N 값을 측정한 결과로서 지표면 아래 10~40m에 이르기까지 N 값은 평균적으로 약간 증가한 정도이다.

　그림 1.20은 최근 수행된 콘 관입시험(CPT) 결과 중 고속도로 노선을 중심으로 일부 지역의 전형적인 깊이별 원추관입 저항력(tip resistance), q_c분포를 나타낸 것이다. 그림 1.21~1.23은 남해안의 대표적인 연약지반 지대인 부산, 광양, 무안(목포) 지역의 CPT 결과를 나타낸 것이다.

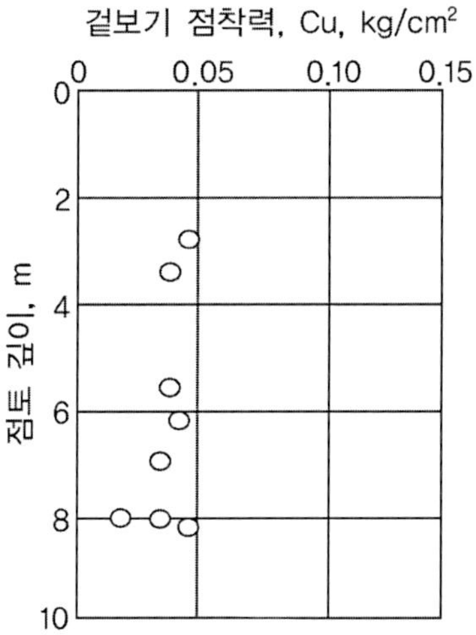

겉보기 점착력, Cu, kg/cm²

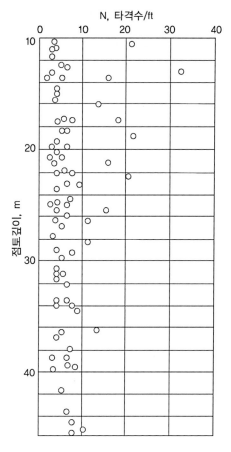

그림 1.18 깊이별 비배수 강도 예(광양만)

그림 1.19 낙동강 하구 점토의 깊이에 따른 N 값 변화

※ 유기질 함량과 점토

일반적으로 유기질 함량이 10% 이상이면 흙의 공학적 성질에 중대한 영향을 미친다. 유기질 함량이 50%를 초과하면 이탄(peat)으로 정의한다. 연구에 따르면 우리나라의 유기질토 분포 지역은 경기도 평택, 포승, 현덕, 강원도 강릉, 삼척, 원주, 전라북도 익산, 김제, 함열, 제주 서귀포 등지이며 그 면적이 약 100km²에 달한다고 알려져 있다(엄기태 외, 1992). 이들 지역에서의 유기물 함량은 0.5~ 72%가량이며, 자연 함수비는 50~360%, 액성한계는 57~460%, 소성한계는 28~260%, 간극비는 1.25~4.91 정도이다. 압축성이 매우 큰 유기질 점토는 일반 점토와 달리 수평방향의 투수성이 매우 커서 연직배수공법의 효용성이 낮다.

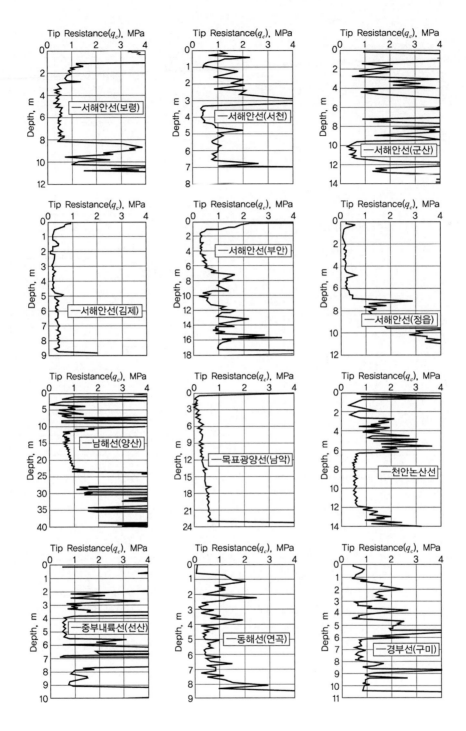

그림 1.20 국내 연약지반 분포 지대의 전형적인 CPT 결과

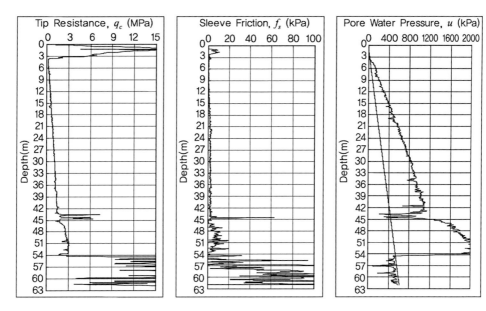

그림 1.21 CPT 결과 : 부산 가덕도 준설매립지

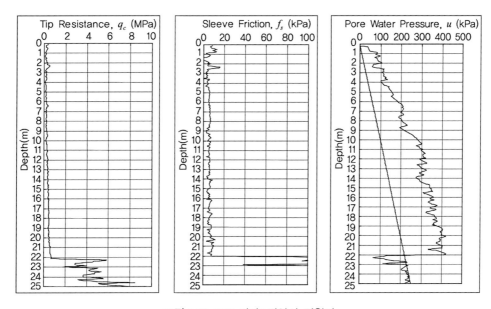

그림 1.22 CPT 결과 : 광양시 진월면

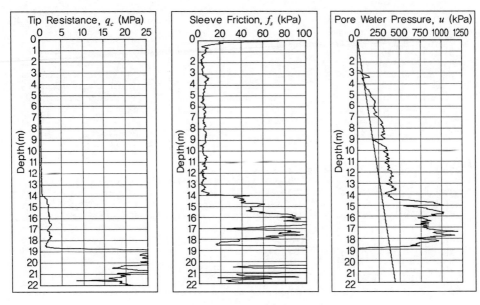

그림 1.23 CPT 결과 : 무안군 삼향면

1.4 연약지반의 공학적 문제점

연약지반은 전단강도가 작고, 압축성이 크다. 연약한 점성토층의 경우 흙 입자 사이의 간극이 크고 이곳에 많은 양의 물을 포함하고 있어, 자연함수비가 매우 높으며 세립분의 함량이 많아 소성성(plasticity)이 크다. 느슨한 사질토층의 경우에도 흙 입자 사이의 간극이 상대적으로 크고 입자 간 접촉 면적이 작다. 이에 따라 연약지반은 작은 충격에도 입자 구조가 쉽게 파괴되며 변형되는 정도가 크다.

압축성이 큰 연약한 점성토지반 위에 제방 축조 등을 위하여 성토를 하면, 성토하중에 의한 장기간의 압밀 현상으로 많은 침하가 발생하여 경우에 따라서 하부 지반의 활동으로 성토체가 붕괴되기도 한다. 연약지반에서 침하는 그 양이 많고 부등변위를 유발하며 오랜 시간에 걸쳐 일어나므로 문제가 된다. 도로의 경우 구조물 주변 토공 구간에서 부등침하가 많이 발생하며, 기존 도로에 인접하여 확장되는 구간에서도 이로 인한 피해 사례가 보고되고 있다. 연약지반의 과도한 침하는 압밀 외에도 전단변형에 기인하는 바가 크며 주변에 위치한 구조물의 안정성과 사용성을 저하시킨다. 그림 1.24는 우리나라 고속도로에서 발생한 부등침하 현상을 잘 보여준다.

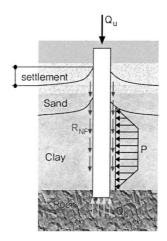

그림 1.24 연약지반에 건설된 도로의 부등침하   그림 1.25 부마찰력의 모식도

또한 연약지반에서는 성토체 또는 기타 구조물과 인접한 주변 지반의 일부가 하중에 의한 지중응력 증가, 하부층의 압밀로 인한 간극수 배출 및 지하수위 변동으로 인해 함께 침하하는 현상이 발생할 수 있다. 침하 범위는 흙의 종류와 역학적 특성, 그리고 재하면적에 영향을 받는다. 뉴욕에서는 세립사질토 위에 신축한 20층 빌딩이 46mm 침하하면서 주변 지반의 부등 침하를 유발하여 근처 저층건물들에서 전단균열, 문과 창틀의 뒤틀림 등 손상이 발생한 사례가 있다. 이스탄불에서는 연약한 점토층 위에 신축한 건물하중에 의해 인접지반이 침하하면서 그 위의 기존 건물이 기울어져 두 건물의 처마 모퉁이가 맞붙기도 하였다(Terzaghi et al., 1996). 연약지반에 도로건설을 위한 성토 후 도로 옆의 주변 지반이 장기간 침하(함몰)하여 인근의 논이나 밭이 도로 쪽으로 기울어져 작물의 일부가 물에 잠기거나 배수가 불량해지는 사례도 보고된다. 이러한 유형의 동반침하는 미리 예측하기가 매우 곤란한 단점이 있으므로 객토용 흙을 미리 확보하는 등 유지관리 차원에서 해결해야 한다.

말뚝기초 등으로 지지되는 구조물의 경우는 점토층의 침하로 말뚝과 주변 지반의 상대변형이 발생하면서 지층이 말뚝을 아래로 끌어내리고자 하는 힘, 즉 부마찰력(negative skin friction)이 작용하여 하중이 추가되기도 한다(그림 1.25).

연약지반 시공과정에서 가장 심각하게 고려되는 것은 흙의 강도 및 지지력이 작아서 유발되는 안정문제이다. 성토고가 높아지면서 지중응력이 증가하는 데 성토하중에 의한 활동력이 지반의 전단 저항력을 초과하면 파괴가 발생한다. 이러한 파괴는 보통 원호 형상의 활동면을 따라 발생하며 과도한 횡방향 변위를 동반하므로 해당 구조물은 물론, 인접한 구조물의 안정성을 크게 저하시킨다. 그림 1.26의 (a)는 비교적 양호한 지반에 낮게 성토한 경우로 성토체의 침하가 문제가 된다. (b)는 지반은 양호하나 성토고가 높아 성토체의 침하와 더불어 성토 사면의 활동이 주된 관심거리이다. 이와 달리 (c)는 연약한 지반에 성토한 경우로 성토체는 물론이고 원지반까지도 대규모로 변형을 일으켜 파괴될 가능성이 있다. 그림 1.27은 과다한 재하로 인하여 성토체 하부지반이 전단파괴를 일으키면서 성토체가 붕괴된 사진이다. 이러한 경우는 성토하중이 원지반의 지지력을 초과되는 고성토 구간에서 주로 발생하게 된다.

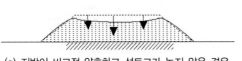
(a) 지반이 비교적 양호하고 성토고가 높지 않은 경우

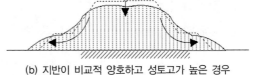
(b) 지반이 비교적 양호하고 성토고가 높은 경우

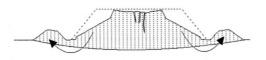
(c) 지반이 연약한 경우

그림 1.26 성토로 인한 지반변형형상

그림 1.27 성토 도중 발생한 연약지반의 파괴 예

1989년 말레이시아 도로공단(MHA)은 연약한 해성점토층이 10~20m 두께로 분포하고 있는 말레이시아 남부의 Muar에서 시험성토를 실시하면서, 이 분야의 저명한 학자들을 초청하여 시험성토 지반의 시공 중 변위, 간극수압과 파괴양상을 예측하고 현장계측 데이터를 분석하는 심포지엄을 개최한 바 있다(Brand and Premchitt, 1989). 그러나 지반의 실제 거동은 시공 전에 예측과 다소 상이하게 나타났는데, 이는 연약지반의 거동 예측의 어려움을 반증한다. 그림 1.28은 참가자들이 예측한 파괴면과 실제 파괴면을 비교한 것이다.

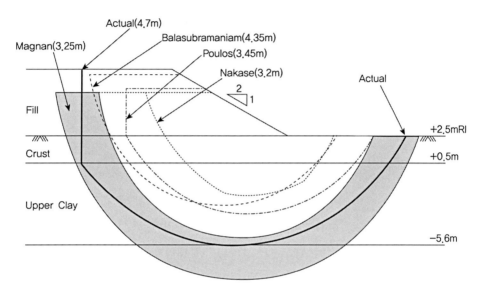

그림 1.28 Muar 시험성토 시 예측된 전단활동면과 실제의 비교

성토고가 원지반의 한계값보다 작은 저성토 시공의 경우에는 대규모 전단 파괴의 우려는 적은 반면에 연약층과 인접해 있어 노상부가 잘 다져지지 않거나, 지하수위가 노상까지 상승할 수 있어 노상의 지지력이 저하될 수 있다. 또한 교통 하중이 성토체 내에서 충분히 분산되지 않아 그 하중과 진동이 연약층까지 영향을 미쳐 부가적인 지반변형을 유발할 수 있다.

포화된 느슨한 사질토층의 경우는 지진이나 발파, 차량 진동과 같은 순간적인 동적하중이 작용할 경우 지반의 유효응력이 상실되어 구조물에 피해가 발생한다. 그림 1.29는 1964년 일본의 이가타현에서 발생한 지진 시 액상화 현상에 의하여 붕괴된 건물을 보여준다.

그림 1.29 액상화로 파괴된 건물(일본 이가타 지진, 1964)

1.5 지반개량공법의 종류

지금까지 개발된 지반개량공법의 종류와 설계방법 및 시공방법 등의 자료는 실로 방대하여 개량하여야 할 지반조건에 가장 적합한 공법을 선정하는 일은 쉽지 않다. 공법 선정 시 일반적으로 고려하여야 할 요소는 현장조건에 대한 내용과 각 공법의 특성 및 제한 사항들에 대한 내용으로 구성되는 것이 보통이며, 대부분의 개량공법을 대상으로 하는 공통 비교 항목과 개량공법 각각에 대한 세부 비교 항목으로 나눌 수 있다. 공통 비교 항목은 개량대상지반의 조건과 개량목적 등에 대한 내용으로 다음과 같다.

① 공사의 성질, 형태, 내용　② 현장 지반 흙의 종류 및 상태
③ 개량지반의 깊이 및 면적　④ 이용할 수 있는 공사 기간
⑤ 지반의 포화 정도　⑥ 지반의 개량목적 : 강도, 압축성, 투수성 등

또한 각 공법에 대한 세부 비교 항목은 각 공법의 기술적인 제한성과 특성, 사용 가능한 재료 및 장비에 대한 내용으로 다음과 같다.

① 환경오염 및 진동, 소음에 대한 제한 정도
② 지반의 상대밀도
③ 지표면 조건(장비 사용에 대한 문제)

④ 현장조건(주변 구조물 배치현황 및 구속조건)

⑤ 사용 가능한 장비 및 필요한 재료의 확보 가능성

⑥ 공사에 소요되는 비용

공학적 특성이 불량한 연약지반을 개량하는 공법은 물리적, 화학적 및 전기적 공법 등 여러 가지가 있으나 경제성, 기술수준, 환경오염성 등을 고려하여 주로 물리적 개량공법이 널리 적용되고 있다. 점성토에 대한 물리적 개량공법에서 주류를 이루는 것은 선행재하공법, 연직배수공법, 토목섬유 보강공법, 그라우팅공법 등이 있다. 최근 국내외의 주요 경향으로는 기존의 개량공법과 병행하여 신소재를 이용한 지반보강재와 경량재의 사용이 늘고 있다는 것을 들 수 있다. 토목섬유, 지오그리드, 지오웨브 등 각종 보강재를 삽입시키는 방법이 개발·활용되고 있으며 성토나 복토의 재료로 경량재를 사용하여 안정을 확보하고 침하를 최소화할 수 있는 경량성토를 위하여 발포 스치로폼, 중공 파이프 등 다양한 재료가 쓰이고 있다. 연약지반 처리공법은 개량목적, 개량원리, 지반조건, 개량깊이 등에 따라 크게 ① 다짐공법, ② 선행하중공법, ③ 치환공법, ④ 약액주입공법, ⑤ 지반보강공법, ⑥ 열처리공법, ⑦ 연직배수공법, ⑧ 기타 공법 등으로 구분할 수 있다. 이들 공법들은 각각 복합적인 효과를 발휘하는 경우가 많으며 서로 조합되어 사용되기도 한다. 예를 들어 연직배수공법의 일종인 모래다짐 말뚝공법(SCP)은 압밀촉진뿐 아니라 지반 보강면에서도 우수한 효과를 발휘하며 일반적으로 수평배수공법, 선행재하공법과 병행하여 사용된다. 연약지반을 처리하기 위해 채용되는 주요 공법을 표 1.15에 나타내었으며 이러한 지반개량공법 적용 시 필요한 조사항목은 표 1.16과 같다.

표 1.15 지반개량공법의 주요 목적과 발휘 효과

목적	발휘 효과	구분 (표 1.16)
침하 대책	압밀침하 촉진(유해한 잔류침하량 최소화)	A
	전체 침하량의 감소	B
안정 대책	전단변형 억제(주위 지반 융기, 하부지반의 측방유동 억제)	C
	강도저하를 억제하여 지반안정 도모	D
	강도증가를 촉진하여 지반안정 도모	E
	성토 형상 변경, 치환 등을 통해 활동 저항 증진	F
지진 시 대책	액상화의 방지(지진 시 안정 도모)	G

표 1.16 주요 지반개량공법의 종류와 효과(계속)

종류		설명	효과 (표 1.15)
표층 처리 공법	포설재공법 표층혼합처리 공법 표층배수공법 샌드매트공법	– 기초지반의 표면에 지오텍스타일(화학제품의 직물이나 망) 또는 철망, 섶나무 가지 등을 넓게 깔거나, 기초 지반의 표면을 석회나 시멘트로 처리하여 배수구를 설치해 개량해서 연약지반처리와 성토공의 기계시공을 용이하게 한다. – 샌드매트의 경우 압밀 배수층을 형성하는 것이 다른공법과 다르 고, 연직배수공법 등 압밀촉진을 위한 공법이 채택될 경우 대개 함께 사용된다.	© D E F
치환 공법	굴착치환공법 강제치환공법	– 연약층의 일부 또는 전부를 제거하고, 양질의 재료로 치환하는 공법이다. 치환에 의해 전단저항이 부여되어 안전율이 증가하고, 침하도 치환한 분량만큼 작아진다. 굴착해서 치환하는가, 성토 하중으로 압축해서 치환하는가에 따라 명칭이 구분된다. 지진에 의한 액상화 방지를 위해 액상화 가능성이 낮은 쇄석으로 치환하 는 경우도 있다.	B C Ⓕ G
압성토 공법	압성토공법 완경사면공법	– 성토체 옆으로 압성토를 하거나, 사면의 경사를 완만하게 하여 활동에 저항하는 모멘트를 증가시켜서 성토의 활동파괴를 방지 한다. 측방유동에 대한 저항력도 증가한다. 압밀에 의해 강도가 증가한 뒤에는 압성토를 제거할 수 있다.	C Ⓕ
성토체 보강공법		– 성토체 내에 강재 너트나 봉, 또는 토목섬유 등을 설치하여 지반 의 측방유동 및 활동파괴를 억제한다.	C Ⓕ
하중 경감 공법	경량성토공법	– 성토 본체의 중량을 경감하고, 원지반에 주는 성토의 영향을 작 게 하는 공법으로 성토재로서 발포재(EPS), 가벼운 돌, 슬라그, 관 등이 사용된다.	Ⓑ Ⓓ
완속 재하 공법	점증재하공법 단계재하공법	– 성토 시 천천히 시공을 하며 압밀에 의한 강도 증가를 기대할 수 있으므로 단시간에 성토한 경우 안정을 유지할 수 없는 경우 에서도 안전하게 성토할 수 있다. – 단계별 성토를 통해 지반 강도를 증가시킨 후 다시 성토하는 방법 으로 연직배수공법 등 다른 공법과 병용하는 경우가 많다.	C Ⓓ
재하 공법	성토하중공법 대기압재하공법 지하수저하공법	– 성토체, 구조물의 하중을 지반에 미리 작용시켜 침하를 촉진시키 는 방법으로 계획된 재하 시의 침하를 경감시킬 수 있다. 재하 중으로는 성토가 일반적이나, 물과 대기압 또는 웰포인트로 지하 수를 저하시키는 것에 의해 증가한 유효응력을 이용하기도 한다.	Ⓐ E
연직 배수 공법	샌드드레인공법 팩드레인공법 기성배수재공법 (PVD)	– 지중에 적당한 간격으로 연직방향의 모래 기둥과 인공배수재 등 을 설치, 횡방향의 배수거리를 단축시켜 압밀침하를 촉진하고 강 도증가를 도모한다. – 사용하는 배수재의 종류와 시공 장비, 방법에 따라서 여러 가지 이름으로 불리나 근본 원리는 동일하다. 재하중공법, 수평배수공 법 등과 병용되는 경우가 많다.	Ⓐ C E
모래다짐말뚝공법 (SCP)		– 지반에 모래말뚝을 만들고 연약층을 다짐함과 동시에 모래말뚝 에 의해 안정을 증가시키고 침하량을 감소시킨다. 시공법으로써 박음에 의한 것, 진동에 의한 것, 모래 대신에 쇄석을 사용하는 것 등 여러 종류가 있다.	A Ⓑ C Ⓕ G

* ○ 표시는 주요 기대 효과를 나타냄

표 1.16 주요 지반개량공법의 종류와 효과

종류		설명	효과 (표 1.15)
다짐 공법	바이브로- 플로테이션 공법	– 느슨한 사질토 지반 내에 봉상의 진동기를 넣어 진동부 부근에 물을 주면서 진동과 물주입의 효과로 지반을 다짐한다. 그때 진 동부 부근에는 모래 또는 자갈을 투입하여 모래말뚝을 형성하 고 느슨한 사질토층을 단단한 사질토층으로 개량한다.	B F ⓖ
	롯드다짐공법	– 느슨한 사질지반의 다짐을 목적으로 하여 개발된 것으로 막대기 모양의 진동체에 상하진동을 주면서 지반 중에 관입해 다짐하 면서 인발하는 것이다. 지반에 상하진동을 주어 다짐하기 위해 흙의 중량을 유효히 이용할 수 있다.	B F ⓖ
	중추낙하 다짐공법	– 지반 위에 중추를 낙하시켜 지반을 다짐함과 동시에 발생하는 과잉수를 배수시켜 전단강도의 증가를 도모한다. 진동·소음이 발생하기 때문에 환경조건·시공조건에 대하여 사전검토를 요 하지만 개량효과를 시공 후 바로 확인할 수 있다.	B C ⓖ
고결 공법	심층혼합처리 공법	– 연약지반의 지표에서 상당한 깊이까지의 구간을 시멘트 또는 석 회 등의 안정재와 원지반의 흙을 혼합하여 기둥형태 또는 전면적 으로 지반을 개량하여 강도를 증대시키고, 침하 및 활동파괴를 저지하는 공법이다. 시공기계에는 교반식과 분사식이 있다.	ⓑ C ⓕ
	석회파일공법	– 생석회로 지반 중에 기둥을 만들고 그 흡수에 의한 탈수와 화학적 결합에 의해 지반을 고결시켜, 지반의 강도를 증대시키는 것에 의해 안정을 향상시키고 동시에 침하를 감소시키는 공법이다.	
	약액주입공법	– 지반 중에 약액을 주입하여 투수성의 감소 또는 원지반 강도를 증대시키는 공법이다.	ⓑ ⓕ
	동결공법	– 흙 중에 동결관이라 불리는 강관을 설치하고, 지반 중의 간극수 를 인공적으로 동결시키는 것이다.	
구조 물에 의한 공법	널말뚝공법	– 성토체 옆 지반에 강널말뚝을 타설해 지반의 측방변위를 억제시 켜 안정성을 높인다. 성토체 주변의 융기와 하부지반의 침하를 억제한다.	ⓒ ⓕ
	말뚝공법	– 기성말뚝을 타설 널말뚝공법과 같은 효과를 노린다. 이 경우에 는 성토의 하부에도 말뚝을 타설하여 성토 본체의 안정성을 증 가시키고 침하를 감소시키는 공법도 취해진다. 지지말뚝으로써 의 작용을 더욱 높이기 위해 지지말뚝 위에 슬라브를 타설하여 성토를 그 위에 시공하는 공법이 슬라브공법으로 교대의 후면 의 성토개소 등에 사용되는 일이 있다. 또 말뚝두부를 철근으로 종횡으로 연결해 성토하는 경우도 있다.	ⓑ ⓒ ⓕ
	컬버트공법	– 하중이 커서 지반이 불안정해지고 침하량이 많아질 경우 일반 성토체 내에 컬버트를 계획할 수 있다. 또 컬버트 대신에 파형 관을 설치하고 성토하는 공법이 있다. 연약지반에 성토를 하는 대책공의 공사비가 높아진다거나, 장래유지가 문제로 되는 경 우는 고가 형식을 취할 수도 있다.	ⓑ ⓓ

* ○ 표시는 주요 기대 효과를 나타냄

표 1.17 연약지반 대책공법의 사전설계에 필요한 지반정수 일람표

공법	대상지반	물리정수			지하수			화학정수			강도정수			압밀정수				변형정수			동적정수		
		압밀	함수비	간극비	지하수위	투수계수	지하수유속	유기물함량	산성도 pH	수질	점착력	내부마찰각	강도증가율	압축지수	압밀계수	압밀곡선	체적압축계수	탄성계수 E	포아송비	기타	PS파속도	액상화강도	기타
성토재하공법	점성토	◎	◎	◎	◎						◎		◎	◎	◎	◎	◎	△	△	△			
대기압공법	점성도	◎	◎	◎	◎	○	○				◎		◎	◎	◎	◎	◎	△	△	△			
지하수위저하공법	점성토	◎	◎	◎	◎	◎	○				◎		◎	◎	◎	◎	◎	△	△	△			
연직배수공법	점성토	◎	◎	◎	◎	○					◎		◎	◎	◎	◎	◎	△	△	△			
모래다짐말뚝공법	사질토	◎		○	◎	○							◎					△	△	△	△	△	△
모래다짐말뚝공법	점성토	◎	◎	◎	◎						◎		◎	◎	◎	◎	◎	△	△	△			
심층혼합처리공법	사질토	◎		○	◎			◎	◎	◎			◎					△	△	△			△
심층혼합처리공법	점성토	◎	◎	◎	◎			◎	◎	◎	◎			◎	◎	◎	◎	△	△	△			
표층배수공법	점성토	◎	◎	◎	◎						◎		◎	◎	◎	◎	◎	△	△	△			
표층피복공법	점성토	◎	◎	◎	◎						◎		◎	◎	◎	◎	◎	△	△	△			
표층혼합처리공법	점성토	◎	◎	◎	◎			◎	◎	◎	◎			◎	◎	◎	◎	△	△	△			
Rod compaction 공법	사질토	◎		○									◎					△	△	△	△	△	△
Vibroflotation공법	사질토	◎											◎					△	△	△	△	△	△
쇄석말뚝공법	사질토	◎											◎					△	△	△	△	△	△
약액주입공법	사질토	◎	○	○	◎	◎	○	◎	◎	◎								△	△	△			
약액주입공법	점성토	◎	◎	◎	◎	○		◎	◎	◎				◎	◎	◎	◎	△	△	△			
동결공법	사질토	◎	◎	◎	◎								◎					△	△	△			
동결공법	점성토	◎	◎	◎	◎	○					◎			◎	◎	◎	◎	△	△	△			
보강토공법	사질토	◎	◎	◎	◎								◎					△	△	△			
보강토공법	점성토	◎	◎	◎	◎						◎			◎	◎	◎	◎	△	△	△			
치환공법	사질토	◎	◎	◎	◎								◎					△	△	△	△	△	△
치환공법	점성토	◎	◎	◎	◎						◎		○	◎	◎	◎	◎	△	△	△			
중추낙하다짐공법	사질토	◎	◎	◎	◎	○							◎					△	△	△	△	△	△
중추낙하다짐공법	점성토	◎	◎	◎	◎	○					◎			◎	◎	◎	◎	△	△	△			
생석회말뚝공법	점성토	◎	◎	◎	◎			◎	◎	◎	◎			◎	◎	◎	◎	△	△	△			
말뚝공법	사질토	◎			◎								◎					△	△	△			
말뚝공법	점성토	◎	◎	◎	◎						◎		○	◎	◎	◎	◎	△	△	△			
하중경감공법	점성토	◎	◎	◎	◎						◎			◎	◎	◎	◎	△	△	△			
압성토공법	점성토	◎	◎	◎	◎						◎		◎	◎	◎	◎	◎	△	△	△			

* ◎ : 매우 필요, ○ : 필요, △ : 경우에 따라 필요, 공란 : 불필요

| 참고문헌 |

엄기태, 엄기철, 윤관희(1992), 한국토양총설, 농촌진흥청, pp.188~209

조성한, 김태범, 서원석(2011), "베트남 남북부지역 지반조사 사례", KGS 연약지반－지반조사 기술위원회 공동 학술세미나 2011, pp.186~200.

한국도로공사(2000), 고속도로건설공사 전문시방서－토목편.

한국도로공사(2001), 도로설계요령.

Abelev, M.(1973), Construction d'ouvrages sur les sols argileux mous saturés, Technique et Documentation, Paris(translated by Magnan, J.P.).

Bjerrum, L.(1972), Embankments on Soft Ground, Proc. ASCE Specialty Conference on Earth and Earth-Supported Structures, Purdue University, Vol.2, pp.1~54.

Brand, E. W. and Premchitt, J.(1980), Shape factors of Cylindrical Piezometers, Geotechnique, Vol.30, No.4, pp.369~384.

Brenner, R. P., Nutalaya, P., Chilingarian, G. V., & Robertson, J. O. Jr.(1981), Engineering Geology of Soft Clay, Ch.2 in Soft Clay Engineering, Elsevier.

Burland, Jamiolkowski, & Viggiani.(2009), "Leaning Tower of Pisa: Behaviour after Stabilization Operations", International Journal of Geoengineering Case Histories, Vol.1, Issue 3, p.156.

Coduto, D. P.(1994), Foundation Design: Principles and Practices.

Flodin N. and Broms, B.(1981), "Historical Development of Civil Engineering in Soft Clay", Soft Clay Engineering, Edited by Brand E. W. & Brenner, R. P., Elsevier, pp.27~156.

Foott, R. and Ladd, C. C.(1977), "Behavior of Atchafalaya Levees during Construction", Geotechnique, Vol.27, No.2, 137~160.

Ladd, C. C., Whittle, A. J. and Legaspi, D. E. Jr.(1994), "Stress-Deformation Begaviour of an Embankment on Boston Blue Clay", Geotechnical Special Publication No.40, ASCE.

Mitchell, J. K.(1981), "Soil Improvement, State of the Art Report", Proc. of 10th International Conference on Soil Mechanics and Foundation Engineering Vol. 4, pp.509~565.

Mitchell, J. K., Vivatratt, V. and Lambe, T. W.(1977), Foundation Performance of Tower of Pisa, Proceeding of ASCE., 103, GT3, pp.227~249.

Moseley, M. P.(1993), Ground Improvement, Blackie Academic & Professional.

Terzaghi, K.(1948) and Peck, R. B.(1948), Soil Mechanics in Engineering Practice, John Wiley and Sons.

Terzaghi, K., Peck, R. B., and Mesri, G.(1996), Soil Mechanics in Engineering Practice, 3rd Ed., John Wiley and Sons.

Waltham, A. C.(1989), Ground Subsidence, Blackie.

土質工學會(1978), 地盤 改良の 調査, 設計 から 施工まで.

02
—
연약지반의 조사

02 연약지반의 조사

2.1 개 요

연약지반 지역에서 공사를 하기 위해서는 먼저 기존의 지반조사 자료, 인근 공사 자료 등을 수집하여 분석하고 필요한 현장조사와 시험을 실시하여 해당 지역의 지형학적 특성 및 지반공학적 특성을 파악해야 한다.

연약한 점성토층의 경우는 표준관입시험의 신뢰성이 매우 낮으므로 가급적 정적 콘 관입시험과 베인전단시험 등의 현장 원위치시험을 실시하는 것이 좋다. 이를 통해 지층의 연속적 분포상태, 연약층 깊이 등을 파악하고 설계서와 비교한다. 또한 대표적인 지층별로 시료를 채취하여 기본 물성시험 및 실내 역학시험을 실시할 수 있다. 일반적인 시험법을 표 2.1에 나타내었으며, 지반공학적 설계와 시공을 위해 필요한 조사항목과 산정방법은 표 2.2를 참고한다. 연약지반의 조사는 설계 시뿐만 아니라 시공 중에도 실시하여 지반개량 여부를 확인하고 다음 공정에 대한 지반의 안정성을 평가하는 목적으로 활용하는 것이 좋다.

표 2.1 연약지반에서 일반적으로 실시하는 시험법

종류	시험 규격
현장시험	정적 피에조콘 관입시험(CPT/CPTU, ASTM) 표준관입시험(SPT, KS F2318) + 시추조사 현장 베인전단시험(FVT, KS F2342) 딜라토미터시험(DMT), 프레셔미터시험 스웨덴식 관입시험, 동적 콘 관입시험
실내시험	비중(KS F2308), 입도분석시험(KS F2309, 2302) 단위 중량(KS F2311), 함수비시험(KS F2306) 액성한계(KS F2303), 소성한계시험(KS F2304) 삼축압축시험(UU-KS F2346, CU-ASTM D4767) 일축압축시험(KS F2314), 직접전단시험(KS F2343) 압밀시험(KS F2316) 기타 : Rowe-cell 압밀시험, 유기질함량시험

표 2.2 연약지반 설계와 시공에 필요한 지반정수와 산정방법

항목		기호	주요 용도	실무에서 권장되는 산정법
지층 분류		–	지층분포 조건 파악	정적 콘 관입시험 표준관입시험 + 시추조사
기본 정수	자연함수비	w_n	흙 분류, 상관성	실내, 또는 현장시험
	액(소)성한계	$LL(PL)$	흙 분류, 상관성	실내시험
	소성지수	PI	흙 분류, 상관성	$= LL - PL$
	단위 중량	γ	흙 분류, 하중·응력 계산	실내·현장시험 체적-중량 관계식
	초기간극비	e_o	압밀해석	체적-중량 관계식 비중-함수비 관계식
압밀 정수	압축지수	C_c	침하량 계산	표준압밀시험 ($e - \log \sigma_c'$ 곡선)
	선행압밀하중	σ_p'	압밀해석	
	압밀계수	c_v, c_h	압밀속도 계산	압밀시험 현장간극수압 소산시험
	투수계수	k_v, k_h	압밀속도 계산	투수시험 압밀시험 관계식
강도 정수	비배수강도	c_u	안정해석	현장 베인전단시험 정적 콘 관입시험 삼축압축시험($UU/CIU/CK_oU$)
	강도 증가율	s_u/σ_v'	압밀진행 시 증가강도 계산	삼축압축시험 PI 등 각종 지수와의 관계식

2.2 현장시험방법

2.2.1 시추조사

2.2.1.1 개 요

시추(test boring)는 시추기를 사용하여 지반에 일정한 직경의 시험공(시추공, 보링공)을 굴착하면서 배출되는 시료와 착공상태를 관찰하여 지층의 성상과 두께, 지하수위 등을 파악하는 데 원지반 지층을 직접적으로 조사하는 가장 확실한 방법이다. 시추공 내에서는 지반의 역학적 특성 파악과 지반정수 산정에 필요한 불교란(undisturbed), 또는 교란(disturbed)된 시료를 채취하거나 다른 원위치시험(in-situ test)을 실시하기도 한다.

시추조사를 위해서는 조사의 목적과 지반조건, 필요한 자료의 수준에 따라 조사 깊이와 간격, 공경, 굴착방법, 시료채취 여부 등을 결정한다. 시추는 대부분 수직방향(vertical drilling)으로 이루어지나 지형이나 조사 대상물에 따라 경사시추(inclined drilling)나 수평시추(horizontal drilling)를 실시하기도 한다.

연약지반에서 시추공 굴착은 시추기 동력을 이용하여 비트와 롯드를 회전시키며, 동시에 굴착이수의 순환과 굴착토(슬라임)의 배출 과정으로 이루어진다. 굴착 중에는 공벽의 보호를 위하여 케이싱관을 설치하거나 또는 이수나 시멘트 밀크를 사용한다. 굴착 이수는 공벽 보호의 역할 외에도 회전식 시추 시 냉각수 역할과 슬라임 제거, 누수방지, 회전저항 감소 등의 역할을 하며 점토, 벤토나이트, 중정석(barite), CMC(Carboxy Methyl Celluose) 등이 이용된다.

2.2.1.2 조사 기준

표 2.3과 2.4는 우리나라에서 적용 중인 시추조사 기준으로써, 시추공의 배치간격과 깊이 등을 개략적으로 명시하고 있다. 이 표의 내용은 일반적인 기준으로써, 실제 조사 시 해당 구조물 및 지반의 종류와 특성별로 지반공학 전문가의 판단에 따라 시추계획을 수립해야 한다.

압밀되지 않은 매립토, 늪지, 유기질이 많은 재료, 연약한 세립토, 그리고 느슨한 조립토 등과 같이 기초지반으로 부적합한 지층은 관통하여 단단하거나 치밀한 층까지 조사가 이루어져야 한다. 압축성 세립토의 두께가 두꺼울 때는 상부하중에 의해 발생하는 응력이 매우 작은 깊이까지 조사해야 한다.

표 2.3 조사대상별 시추공 간격 및 깊이에 대한 개략적인 기준

조사 대상	시추공 배치 간격과 깊이		
단지 매립지 공항	• 절토 [간격] 100~200m • 연약지반 [간격] 200~300m • 호안, 방파제 [간격] 100m • 구조물 : 해당 구조물의 기준 적용	[깊이] 계획고 아래 2m [깊이] 연약층 아래 견고한 층 3~5m [깊이] 풍화암 3~5m	
지하철	• 개착 구간 [간격] 100m • 터널 구간 [간격] 50~100m • 고가, 교량 [간격] 교대 및 교각에 1소씩	[깊이] 계획고 아래 2m [깊이] 계획고 아래 0.5~1.0D [깊이] 기반암 아래 2m	
고속전철 도로	• 절토 [간격] 절도고 20m나나 150~200m [깊이] 계획고 아래 2m • 연약지반 [간격] 100~200m [깊이] 연약층 아래 견고한 층 3~5m • 교량 [간격] 교대 및 교각에 1개소씩 [깊이] 기반암 아래 2m • 터널(산악) [간격] 갱구부 – 30~50m, 중간부 – 100~200m 4개소 이상(각 갱구부 2개소씩 포함) 실시 [깊이] 계획고 아래 0.5~1.0D		
건축물, 정차장 하수처리장	• 사방 [간격] 30~50m (최소 2개소 이상 실시) [깊이] 지지층 및 터파기 심도하 2m		

※ 지층 구성이 복잡하면 시추공 간격을 단축하며, 대절토부와 같이 횡단방향 지층구성 파악이 필요한 경우는 횡방향 보링을 실시. 토피가 얕거나, 충적층과 암반의 경계부를 지나는 터널, 연약지반에서 과거에 수로였던 지점, 사면의 단층이나 파쇄대 주변은 필요에 따라 수량을 추가하며, 별도의 조사목적이 있는 경우는 기술자 판단에 따라 간격과 깊이를 조정함. 또한 절토 및 터널부에서 기반암이 확인되지 않을 경우 깊이를 연장할 수 있음(기반암은 연암, 또는 경암을 의미)

표 2.4 국내 발주기관의 시추조사 기준 예

구분		한국도로공사			서울시
		항목	빈도	깊이	
성토부	일반 구간	시험굴 오거보링	300m 300m	1~2m 1~3m	해석에 필요한 토층단면을 알기 위하여, 문제가 되는 방향을 따라 직선상에 3~5개소의 시추를 실시
	연약 지반	오거보링 시추조사 CPT 및 베인	100m 50m	3~5m 필요 깊이	
절토부		시험굴 시추조사 탄성파탐사 및 지표지질조사	200m 2개소 이상 대절토부 구간 (크로스홀)	1~2m 계획고 아래 1m	
구조물부	교량부	시추조사 SPT	교각, 교대마다 1개소(NX) 깊이 1.5m마다	풍화암 7m, 연암 3m, 경암 1m 중 선택 (감독관과 협의)	예비조사 시 교대, 교각 예정지에서 시추. 본 조사 시 교대 및 교각 지점에서 최소 1공 이상을 실시
	통로 암거	시추조사	각 양단부 1개소	필요 깊이까지	200~300m 간격(불규칙 지층은 50m 내외로 단축)
	터널부	시추조사 탄성파탐사 및 지표지질조사	터널당 3개소 이상 또는 1개소/300m 터널 전연장 (크로스홀)	계획고 아래 2m	50~200m 간격(불규칙 지층은 단축). 시추심도가 깊은 산악터널은 갱구부마다 최소 2공씩 실시(수평시추 실시 가능)

46 연약지반 개량공법

시추공을 굴진하는 방법에 따라 시추방식은 크게 변위식(displacement boring), 수세식(wash boring), 충격식(percussion boring), 회전식(rotary boring) 및 오거식(auger boring) 등으로 분류한다(표 2.5). 회전식을 수세식과 병행한 회전수세식은 지반조사에서 가장 널리 적용되는 방법이고, 충격식과 오거식도 부분적으로 사용하고 있다. 조사대상 지층과 목적에 따라서 적절한 시추장비를 사용하는 것이 중요하다.

표 2.5 시추방법의 분류

구분	굴진방법	적용 지층 및 주용도
변위식 시추 (displacement boring)	• 가장 단순하며, 케이싱관을 사용하지 않음 • 선단이 폐쇄된 샘플러를 동적 또는 정적으로 관입(시료채취 시는 선단을 개방하여 관입)	• 공벽이 붕괴되지 않는 토사층 • 개략조사 및 정밀조사에 사용
수세식 시추 (wash boring)	• 장치가 단순하고, 경제적임 • 경량 비트의 회전과 작업수 분사를 통해 굴진하며, 슬라임은 순환수로 배출시킴	• 매우 연약한 점토 및 세립질 사질토 • 개략조사 및 정밀조사, 지하수 조사에 사용
충격식 시추 (percussion boring)	• 중량 비트를 낙하시켜 지층을 파쇄, 굴진함. 슬라임은 베일러(bailer)나 샌드펌프를 이용하여 배출시킴 • 대심도 시추에 많이 사용함	• 토사~균열암반 • 점토 및 느슨한 사질토에는 부적합 • 전석이나 자갈층의 관통, 또는 지하수 개발에 사용
회전식 시추 (rotary boring)	• 비트 회전으로 지층을 분쇄하여 굴진 • 굴착이수를 사용하여 공벽을 유지하며, 순환이수를 이용하여 슬라임 배출 • 지반교란이 적으며, 코어 채취가 가능함	• 암반을 포함한 대부분의 지층 • 정밀조사, 암석의 코어 채취에 사용 • 지하수 조사에는 부적합
오거식 시추 (auger boring)	• 인력이나 기계로 오거를 회전, 압입하여 굴진함. 교란시료 채취 • 주기적으로 오거를 인발하여 시료채취	• 공벽 붕괴가 없는 지층 • 굳은 점성토 또는 비점착성 토사 • 천층의 개략조사 및 정밀조사에 사용

이러한 시추조사는 지반을 개략적으로 평가하거나 시료채취를 위한 용도로 주로 사용되며, 특히 점성토와 같은 연약지반에서는 반드시 다른 현장시험이나 실내시험을 통해 설계와 해석에 필요한 지반정수를 구해야 한다. 그림 2.1은 시추조사의 성과를 기록한 주상도(boring log)의 예이다.

사업명	서해안고속도로(군산-무안간) 6차로 건설공사	시추공번	BH-9	조사일	2019년 9월 6일
발주처	한국도로공사	위 치	STA.2K+998(우1m)	표 고	EL.(+)123.5m
조사자	창희지오주식회사	시추자	김경휘	작성자	조정인
시추방법	회전수세식	시추기	YT-150형	굴진깊이	16.5m	시추공경	BX
지하수위	G.L.(-)3.0m	표준관입시험 조건	도넛형 해머(로프-폴리식) / 해머에너지 비 = 50%

심도(m)	표고(m)	두께(m)	주상도	시료	표준관입시험 무보정 N	표준관입시험 보정 N_{60}	TCR(%) RQD(%)	기술
				1.5	12	10		전답토층 깊이 0.0~3.0m 소량의 실트 및 세립 내지 조립의 모래층(SP) 갈색, 포화됨, 느슨 내지 조밀함
3.0	142.1	3.0		3.0	13	11		
				4.5	14	12		충적토층 깊이 3.0~4.5m 점토 섞인 실트층(ML) 회갈색, 포화됨, 단단함
				6.0	4	3		깊이 4.5~10.5m 점토 섞인 실트층(ML) 암회색, 포화됨, 연약함
				7.5	6	5		
				9.0	5	4		
10.5	134.6	7.5		10.5	25	21		
				12.0	30	25		풍화잔류토층 깊이 10.5~16.5m 세립 내지 조립의 모래층(SM) 깊이 15m 아래에서는 자갈 섞임 황갈색, 습함, 매우 조밀함
				13.5	45	37		
				15.0	50/20	-		
16.5	128.1	6.5		15.0	50/15	-		
시추 종료								

1 매중 1

* 이 주상도는 교육용 사례로서, 실제 양식은 조사 목적이나 발주처 및 설계자의 요구에 따라 달라질 수 있음.

그림 2.1 시추주상도의 예

2.2.1.3 시추장비

시추장비의 경우 과거에는 인력에 의존한 방식이었으나 현재는 엔진 등에서 회전동력을 얻고 기어식 레버나 유압 시스템 등을 이용하여 굴진하는 방법을 사용하고 있다. 최근에는 시추과정에서 롯드의 축력, 회전 토크, 관입속도, 유압 등을 측정, 분석할 수 있는 장비를 활용하기도 한다.

시추장비는 굴착을 위한 장비와 시추공 보호를 위한 장비 및 시료채취를 위한 장비로 구분되는데, 시추공 굴착장비는 크게 전동장치, 변속장치, 관입정치, 권상장치 등으로 구성된다. 전동장치는 천공장치, 권상장치, 유압펌프 등에 원동기의 동력을 전달하는 장치로 각종 벨트와 스프라켓(sprocket), 롤러체인, 기어, 커플링으로 이루어진다. 변속장치는 굴착 중에 비트의 회전속도나 원위치 속도를 조정할 필요가 있을 때 사용한다. 관입장치는 굴착 롯드(drill rod)를 고정하여 굴진을 담당하는 부분으로 회전식 시추기의 경우 스핀들(spindle) 형, 턴테이블(turn-table) 형 및 터보-드릴(turbo-drill) 형 등이 있으며, 스핀들형이 가장 보편적이다. 권상장치는 롯드, 케이싱, 비트 등을 공 내에 삽입하거나 인양하기 위한 장구로 와이어로프를 감은 드럼을 회전시키는 방식을 사용한다.

그림 2.2는 시추기의 종류로 사람이 기어 레버를 작동시켜 시추공을 굴진하는 방식인 핸드피드식(hand-feed type), 이를 유압을 이용하여 기계화시킨 유압피드식(hydraulic-feed type)으로 대별된다. 최근에 사용되는 장비는 대부분 유압피드식이며, 성능과 형식이 다양하게 개량되고 있다. 유압을 이용한 장비도 굴착방식(표 2.5)에 따라 로터리식 시추기와 오거식, 그리고 충격식 시추기 등으로 나뉜다.

강이나 바다 등 수상에서는 바지선 등에 시추기를 고정시켜 시추조사를 실시하는데, 부력이 있는 작업대를 띄우고 앵커로 바닥과 고정한 플로팅 바지(floating barge)나, 작업대의 모서리에 유압식 다리(leg)를 설치하여 바닥에 거치하는 SEP(Self Elevated Platform) 바지가 대표적이다(그림 2.3).

※ 연약지반과 시추조사

초연약한 충적 점성토층에 대하여 회전수세식 시추기에 의한 굴진과 표준관입시험의 결과를 가지고 설계에 임한다면 당초 의도했던 바와는 전혀 다른 의외의 설계가 될 수도 있다. 이는 회전수세식 시추장비가 초연약지반의 상태를 감지할 만큼 섬세하지 못하기 때문이다. 또한 표준관입시험이 동적 에너지에 대응하는 지반의 굳고, 무름을 평가하기 때문에 충격에 취약한 연약지반에서는 그 결과가 심히 의심스러울 수 있다. 실제로 얼마 전 우리나라의 남부지방 모 지역에서 연약한 해성 퇴적 점성토의 정밀조사를 위하여 회전수세식 시추기에 회전, 토크, 압력 등을 측정할 수 있는 각종 센서를 부착하고 이를 통한 지층의 파악을 계획한 적이 있다. 이때 보다 폭넓은 자료의 수집을 위하여 일본, 네덜란드, 영국 등으로 적절성을 문의하였고, 이에 대한 회신으로 "왜 연약지반에 로타리 사운딩을 하는지 모르겠다. 오히려 콘 관입이 낫지 않느냐?"는 답신을 받았다. 이와 같이 조사의 목적에 따라 각기 다른 시추 장비가 선정되어야 하며, Self boring pressuremeter, Flat dilatometer, Vane, Cone 등의 보조 조사장비가 적절히 선정되어야 품질이 좋은 조사 결과를 얻을 수 있다.

(한국지반공학회, 『지반조사 결과의 해석 및 이용』, 제3장 중에서)

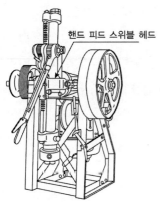

핸드피드식 시추기

오거식 시추기

최근의 로터리식 시추기

충격식 시추기

그림 2.2 시추기의 종류

플로팅 바지

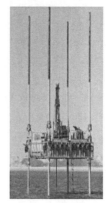

SEP 바지

그림 2.3 수상 시추조사 장면

2.2.1.4 시료채취(샘플링)

시추조사 도중 교란 또는 불교란 상태의 시료를 채취할 수 있다. 특히 점토로 이루어진 연약지반에서는 실내시험을 위하여 불교란 시료를 채취할 필요성이 높다. 불교란 시료의 채취 시에는 시료가 응력해방, 진동 및 충격 등으로 교란되지 않도록 주의하여야 한다.

불교란 시료를 채취하는 샘플러는 내경비, 외경비, 면적비가 일정한 기준을 갖추어야 한다. 샘플러 내부로 압입되는 시료와 벽면의 마찰을 줄이기 위하여 샘플러 입구부의 직경을 몸통부의 직경보다 작게 하는 데 그 비를 내경비(inside clearance ratio)라고 한다. 내경비는 보통 0.7~1.5% 정도인데, 입구부 직경이 과소할 경우는 샘플러 내부로 들어온 시료가 팽창될 수 있으므로 두 직경의 차이는 작을수록 좋다. 그리고 압입되는 샘플러의 외벽과 흙 사이의 마찰을 줄이기 위하여 샘플러 선단에 장착한 슈(shoe)와 절삭날(cutting edge)의 외경을 샘플러 몸통부 외경보다 크게 하는 경우가 있는데, 이 두 직경비를 외경비(outside clearance ratio)라 한다.

샘플러의 외경비가 크면 외부마찰은 감소하지만 샘플러가 압입 도중에 원지반에 하향의 압력을 가하게 되어 시료가 교란되는 현상이 발생할 수 있다. 사질토에서는 외경비가 0%, 점성토에서는 3%를 넘지 않는 샘플러를 사용하는 것이 바람직하다. 면적비는 시료채취로 지중에서 제거된 흙 부분과 채취된 시료의 비이다. 이상적인 경우라면 제거된 부분과 채취된 시료의 부피가 같게 되지만 실제로는 하중 변화에 따른 압축과 팽창으로 제거된 부분의 부피가 큰 것이 일반적이다. 불교란 시료의 경우 면적비는 10% 이내가 적당하며, 샘플러의 날끝을 날카롭게 하면 면적비가 크더라도 양호한 상태의 시료를 채취할 수 있다.

시료채취 방법은 지층의 종류와 대상토질 또는 조사목적에 따라 표 2.6과 같이 구분할 수 있다. 사질토층의 경우 동결방법을 사용하기도 한다.

실내시험으로부터 지반의 강도, 압축성, 투수성 등을 결정하기 위해서는 가급적 교란이 최소화된 시료를 사용해야 하는데, 불교란 시료를 채취하는 샘플러로는 박막튜브(thin wall tube)를 이용한 샘플러, 이중관입식 샘플러, 포일 샘플러, 표층블록 샘플러 등이 있다.

표 2.6 일반적인 시료 채취방법과 샘플러의 종류

구분	방법 및 특징	샘플러 종류
타격 방식	• 샘플러를 해머로 타입 • 흙의 조성상태는 유지되나 밀도와 조직은 파괴	스플릿 스푼 샘플러
압입 방식	• 샘플러를 인력이나 수압(유압)으로 지중에 관입 • 불교란 시료를 채취하는 보편적인 방법	오픈 튜브 드라이브 피스톤 튜브
코어링 방식	• 회전하는 비트를 이용 • 암반이나 굳은 토사에 적용	싱글·더블·트리플 코어바렐
오거링 방식	• 회전식 우거시추로 배출되는 시료를 채취 • 입도 조성 유지 곤란	핸드 오거, 디스그 오거 연속 헬리컬 오거
자유낙하 방식	• 샘플러를 낙하시켜 채취하며 시료는 교란됨	해저 시료채취기
벌크시료 채취	• 삽이나 버킷으로 채취하며 시료는 교란됨	배그(bag), 버킷
블록시료 채취	• 시험굴, 또는 시추공에서 주변의 흙을 깎아내어 채취하며 시료의 교란을 최소화할 수 있음	블록 샘플러 대구경 샘플러

이 중 튜브 샘플링은 가장 널리 사용되는 방법으로 튜브형의 샘플러를 시추공 바닥에서 지중에 관입하여 시료를 채취하는 데 시추공 굴착과 샘플러 관입, 그리고 시료가 튜브에 담기는 과정에서 시료에 응력이완과 비틀림 전단이 발생한다. 튜브식 샘플러는 피스톤이 없는 오픈 드라이브 샘플러(Shelby 튜브 샘프러)와 피스톤이 있는 샘플러로 대별된다. 우리나라에서는 수압을 이용하는 고정식 피스톤 샘플러(Osterberg 샘플러)를 널리 사용한다.

일본에서는 수압식 피스톤 샘플러와 유사한 익스텐션 롯드식 피스톤 샘플러를 많이 사용하며 노르웨이를 비롯한 북유럽에서는 NGI-54 피스톤 샘플러를 널리 사용한다. ELE-100 샘플러는 영국에서 주로 사용하며, 샘플러 헤드와 시료 채취방식이 NGI 샘플러와 같다. 데니슨 샘플러는 대표적인 이중관식 샘플러로서 내관을 지중에 관입하고 외관을 회전시켜 주변 흙을 절삭하는 방식이다.

블록시료는 시험굴의 바닥이나 측벽을 깎거나, Sherbrooke 샘플러와 같은 전용 샘플러를 사용하여 채취한다. 대구경 샘플러로는 Laval 샘플러(직경 200mm, 길이 600mm)가 대표적이다. 그림 2.4는 대표적인 불교란 샘플러를 나타내고 있다.

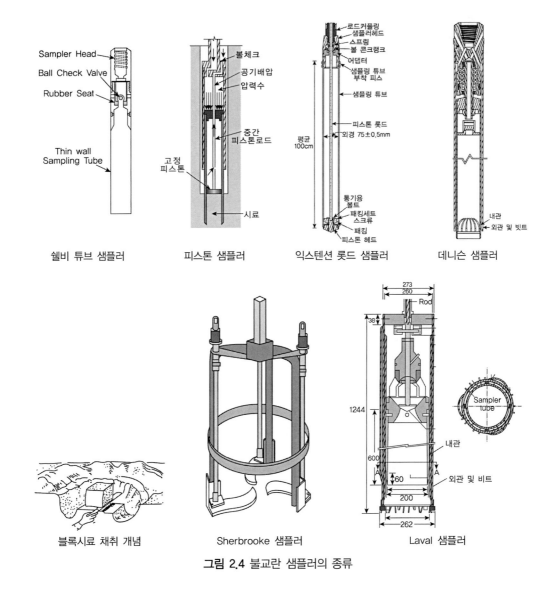

그림 2.4 불교란 샘플러의 종류

2.2.2 정적 콘 관입시험

2.2.2.1 개 요

정적 콘 관입시험(CPT, Cone Penetration Test)에서는 원추 모양의 콘을 2cm/s의 일정한 속도로 지중에 압입하면서 깊이별로 관입저항력과 간극수압을 연속적으로 측정하는 원위치시험(in-situ test)으로써, 덧치콘시험으로도 불린다. 간극수압 측정장치가 부착된 피에조콘을 사용할 경우는 관입 도중 간극수압 소산시험을 실시할 수도 있다. 시험 도중의 주요 측정값은 원추관입 저항력(tip resistance, q_c), 주면 마찰력(sleeve friction, f_s), 간극수압(porewater pressure, u) 등이며, 이 값들을 이용하여 마찰비(friction ratio, R_f)와 간극수압계수(B_q)를 계산해서 지반의 공학적 특성값들을 산정한다.

시험 장비의 주요 구성품은 콘, 관입 장치, 데이타 기록 및 저장 장치, 롯드 등이다. 콘은 원추형 선단(tip), 마찰 슬리브(friction sleeve), 몸통 및 덮개(housing) 등으로 구성되며 표준형 콘은 원추의 선단각이 60°, 투영단면적이 $10 cm^2$, 또는 $15 cm^2$이다. 과거에는 관입저항력을 기계적으로 측정하던 마찰 맨틀 콘(흔히 덧치콘으로 부름)을 사용하였으나, 근래에는 콘 내부에 로드셀 등 각종 계측장치를 내장한 전자식 콘(전기식 콘이라고도 함)이 일반적이며, 간극수압 측정장치 (piezo element)를 갖춘 피에조콘도 많이 사용한다. 최근에는 수소이온농도 및 산화환원전위를 측정할 수 있는 환경 콘(environmental cone), 수진기(geophone)를 내장하여 탄성파를 감지하는 탄성파 콘(seismic cone), 소형 카메라를 내장한 영상 콘(visual cone) 등도 사용한다.

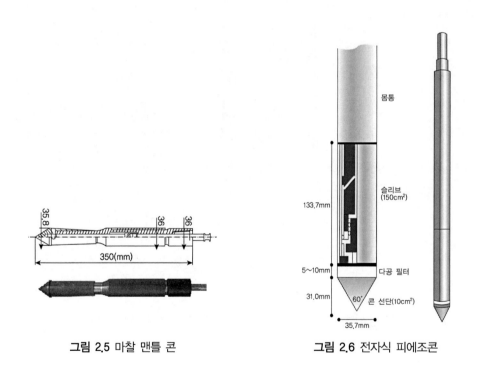

그림 2.5 마찰 맨틀 콘   그림 2.6 전자식 피에조콘

관입장비는 콘을 지중에 압입하거나 인발하기 위한 것으로서, 롯드(rod)와 클램프, 그리고 유압실린더 등으로 구성된다. 또한 관입에 필요한 반력을 확보하기 위한 앵커(스크류) 장치를 포함하기도 한다. 드물기는 하나 소형 또는 수동 관입장비는 유압 실린더 대신 기계식 장치를 이용하기도 한다. 이들 장비는 하나의 조합으로 이루어져 바퀴 또는 궤도를 이용한 구동장치와

함께 구성되는 것이 일반적이며, 최근에는 효율성과 편의성 증대를 위하여 차량에 탑재하는 경우도 늘고 있다(그림 2.7).

트레일러형(GeoMil)

궤도 탑재형(a.p.van den Berg)

궤도탑재 트럭형(한국도로공사)

그림 2.7 콘 관입시험 장비의 종류

2.2.2.2 시험의 유래와 역사

1930년대부터 현장지반조사에 적용되어온 CPT는 거듭된 장비개량과 해석기술의 발전에 힘입어 외국에서는 점성토 지반은 물론 사질토 지반에서도 광범위하게 사용되고 있으며, 연약지반조사 시 가장 기본적인 시험법으로 자리매김하고 있다. 또한 기존의 콘에 다양한 종류의 센서와 장치를 부착하여 부가적인 지반정보를 획득하고자 하는 시도가 꾸준히 행해지고 있으며 여러 가지 복합적인 기능을 갖는 일종의 크로스오버, 또는 퓨전 형태의 시험 장비들이 많이 등장하고 있다.

최초의 덧치콘시험은 1932년 네덜란드의 기술자 P.Barentsen이 내경 19mm인 가스관 안에 정점각이 60°인 원추를 부착한 지름 15mm의 강봉을 끼우고 강봉이 상하로 움직이도록 하여 수행한 것이며, 스웨덴 철도국과 덴마크 철도국이 각각 1917년, 1927년에 콘 관입시험을 수행했다는 기록이 있다. 1935년 델프트공대의 Y.K.Huizinga가 10t 용량의 수동식 콘 관입시험기를 개발하였으며, 이후로 네덜란드와 벨기에 기술자들이 콘 관입시험을 말뚝 지지력 평가에 활용하였다. 1948년 Vermeiden, Plantema 등이 덧치콘의 형태로 개량하였으며, 롯드와 콘 사이의 틈으로 흙이 유입되는 것을 방지하는 맨틀콘(mantle cone)을 개발하였다. 같은 해에 Bakker가 네덜란드 최초의 전자식 콘 관입기를 개발하여 특허 등록하였으며, 이전인 제2차 세계대전 중 독일에서 세계 최초의 전자식 콘 관입시험기를 사용했다는 기록이 있다. 1953년에는 Begemann이 콘 후면에 자켓(슬리브, adhesion jacket)을 부착하여 원추관입 저항력 외에도 주면 마찰력을 측정할 수 있는 콘을 개발하여 콘 관입시험을 특허 등록하였다.

(a)   (b)

그림 2.8 (a) 초기의 10ton CPT 장비(1945), (b) 최초의 20ton CPT 장비(1948)

당시에는 0.2m 깊이 간격으로 콘 관입시험을 수행하였으며 기계식 관입장비를 이용하였다. 1965년에 Fugro 사가 네덜란드국립연구소(TNO)와 함께 훗날 ISSMFE 시험방법(ITRP)의 근간이 되는 전자식 콘을 개발하였는데, 우리나라에서는 이 해에 영산강 하구 간척지에서 국내 최초의 콘 관입시험이 수행되었다. 1975년에 스웨덴의 Torstensson, 미국의 Wissa 등이 각각 전자식 피에조미터 프로브를 개발하였으며, 이후 Schmertmann, Baligh 등이 Wissa 프로브를 이용하여 관입 중 간극수압 거동을 연구하였다. 1977년에 국제토질 및 기초공학회(ISSMFE)에서 시험을 위한 표준안을 제안하였으며, 1989년 ISSMFE에서 IRTP(International Reference Test Procedure)로 제정하였다.

지금은 콘에 수진기(geophone)나 가속도계를 탑재하여 시추공을 형성하지 않고도 콘 관입 도중 다운 홀 형식의 탄성파 탐사가 가능한 탄성파 콘(seismic cone)이 보편화되고 있으며, 관련 연구도 활발하게 진행되고 있다(그림 2.9). 또한 전기비저항 센서를 부착하거나 환경조사 목적으로 수소이온농도, 산화환원전위(redox potential) 센서를 내장한 콘이 상용화되었으며, 현재는 유도형광물질이나 자외선 감지 센서를 부착하는 경우도 있다. 콘 후방에 프레셔미터를 함께 부착한 콘-프레셔미터는 콘 관입을 멈추고 프레셔미터 재하시험을 실시함으로써 하나의 장비로 두 가지 시험을 할 수 있는 시험기로 호평을 받았으나, 시험 시간이 길고 장치가 복잡하여 널리 보급되지는 않았다.

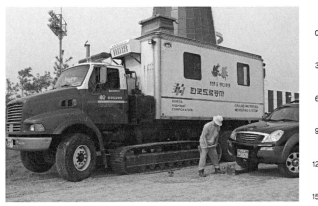
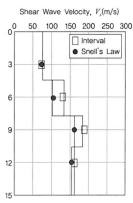

그림 2.9 탄성파콘시험 장면과 그 결과(깊이별 전단파속도)

콘에 방사성 동위원소를 담아 흙의 밀도나 함수비를 측정하고자 하는 시도가 Mitchell, Shibata 등을 중심으로 행해졌으나, 조사 중 콘의 유실로 동위원소를 유출시킬 위험 때문에 보편화되지는 못하였다. 근래에는 방사선 오염물질 탐색을 위해 γ-선 센서를 탑재하는 방향으로 연구가 진행되고 있다. 최근 들어서는 콘 선단에 소형 카메라를 장착하여 관입 도중 지층 상태, 지하수 오염 정도, 전단 및 활동면 등을 시각적으로 확인할 수 있는 기법이 시도되고 있으며, 관입 중 화상처리에 소요되는 시간을 줄이는 데 연구가 집중되고 있다. 또한 지표에서 일정한 경사를 두거나 수평 방향으로 콘을 관입하여 시험을 수행하기도 하는데, 연직방향 관입 시에 비하여 롯드 주면의 마찰이 매우 크므로 관입 깊이는 장비 용량의 제약을 크게 받는다.

근래에는 해저지반 조사를 위해 선단면적이 $1cm^2$(표준콘의 경우 $10mm^2$)인 소형피에조콘과 특수한 관입장비가 사용되기도 하는데, 아직은 조사가 가능한 깊이가 10m 이내로서 조사 깊이의 연장이 관건이 되고 있다.

2.2.2.3 시험 결과의 분석

원추관입 저항력(tip resistance, q_c)은 콘 관입 도중 시험기의 끝 부분인 원추에 작용하는 지반의 반력으로 q_c로 표기하고, 흙의 분류, 지반정수 결정 및 지지력 산정 등에 직접 이용한다. 피에조콘의 경우는 일반적으로 다공질 필터가 콘 바로 뒤에 위치하게 되는데, 이때 그림 2.10과 같이 관입 중 원추 배면에 간극수압(u_b)이 작용하므로, 측정된 원추관입 저항력이 실제 (일반 콘)보다 작을 수 있다. 이를 부등단면적 효과(unequal area effect)라고 한다. 따라서 피에조콘을 이용할 경우 원추 배면에서 측정한 간극수압을 이용하여, 다음 식과 같이 보정하여 부등단면적 효과를 배제한 '수정 원추관입 저항력(corrected tip resistance, q_t)'을 결과해석에 활용한다.

$$q_t = q_c = u_b(1-a) \tag{2.1}$$

여기서, a : 부등단면적 비($= d^2/D^2$)
$\quad\quad\quad u_b$: 원추 배면에서 측정한 간극수압($= u_2$)

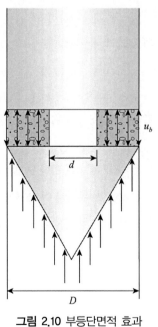

그림 2.10 부등단면적 효과

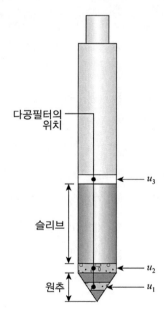

그림 2.11 간극수압 측정 위치

주면 마찰력(sleeve friction, f_s)은 콘의 원추형 선단에 연결된 원통형 슬리브 표면에서 측정한 관입 저항력으로써 슬리브에 작용하는 마찰 전단력을 슬리브 표면적($150cm^2$)으로 나눈 값이다. 원추관입 저항력과 조합하여 흙의 분류 및 제반 지반정수 산정에 이용하거나, 말뚝의 주면 마찰력 산정에 활용한다.

주면 마찰력의 측정 방식에 따라 콘을 '차감식 콘(subtraction cone)'과 '독립인장식 콘(independent tension cone)'으로 구분한다. 전자는 전체 관입 저항력($q_c + f_s$)과 원추관입 저항력(q_c)을 각각 측정하여 구 값의 차로서 주면 마찰력(f_s)을 표시하는데, 콘의 구조를 단순화할 수 있어 대부분의 상용제품이 이 방식을 택하고 있다. 후자는 독립된 로드셀을 이용하여 원추관입 저항력과 별개로 주면 마찰력을 직접 측정하며, 전자에 비하여 마찰력 측정 결과의 정밀도가 매우 높으나, 경우에 따라 극한하중 상태에서 쉽게 손상되는 단점이 있다.

피에조콘을 사용하면 콘 관입 도중 간극수압(pore-water pressure, u)을 측정할 수 있으며, 측정한 간극수압은 흙의 분류 및 여러 가지 지반정수 산정에 유용하게 이용할 수 있다. 또한 간극수압 소산시험의 결과는 지반의 압밀정수를 산정하거나 투수 특성을 평가하는 데 활용할 수도 있다. 간극수압은 다공 필터의 위치에 따라 그 값에 다소 차이가 있는데, 그림 2.11과 같이 u_1, u_2, u_3 등 세 가지로 구분하는 것이 보통이다. 이 중에서 원추 배면에서 간극수압(u_2)을 측정하는 경우가 가장 일반적이다. 그림 2.12는 관입시험 결과를 그래프로 표시한 예이다.

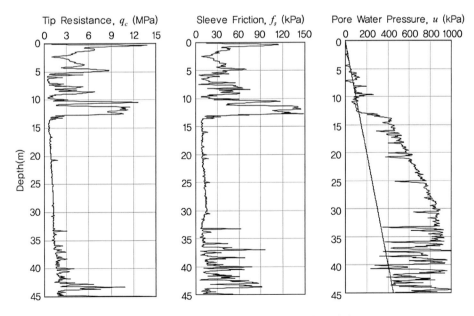

그림 2.12 전형적인 피에조콘 관입시험 결과

시험으로 측정한 값들을 이용하여 흙을 분류하고 각종 지반정수를 산정하기 위하여 마찰비 (R_f)와 간극수압계수(B_q)를 다음과 같이 구한다.

- 마찰비(friction ratio, Schmertmann, 1978)

$$R_f = \frac{f_s}{q_c} \times 100\% \qquad (2.2)$$

- 간극수압계수(Senneset and Janbu, 1985)

$$B_q = \frac{u_b - u_0}{q_c - \sigma_{v0}} \qquad (2.3)$$

$(u_o$ 정수압, σ_{v0} : 전연직응력)

간극수압 소산시험(dissipation test)은 피에조콘을 사용하며, 시험 깊이에서 콘 관입을 일시 멈추고 관입에 의해 발생한 과잉간극수압의 시간경과에 따른 변화를 기록하여 흙의 압밀특성을 평가하는 과정으로써(즉, 압밀계수를 결정하는 시험으로서), 초기 간극수압을 기준으로 압밀도가 50% 이상에 이를 때까지 실시하는 것이 일반적이다. 그림 2.13은 시험 결과의 예이다.

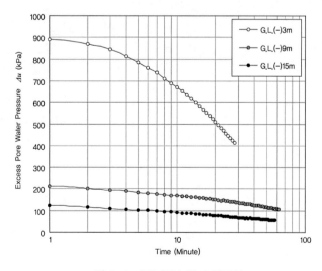

그림 2.13 과잉간극수압 소산곡선

소산시험을 통해 압밀도(U)는 다음과 같이 산정할 수 있다.

$$U = \frac{u_t - u_0}{u_i - u_0} \tag{2.4}$$

여기서, u_i : 소산시험 개시 직전의 간극수압(초깃값)

u_t : 시간 t 경과 후의 간극수압

u_0 : 현장의 정수압

2.2.2.4 시험 결과의 활용

CPT를 통해서 점성토의 비배수강도와 횡방향 압밀계수, 과압밀비, 예민비, 변형계수, 그리고 사질토의 내부 마찰각과 상대밀도 등을 산정할 수 있다. 또한 지반공학적 설계값으로써 기초의 지지력과 액상화 가능성을 평가할 수 있으며, 연약지반의 개량 확인 및 침하량 추정에도 유효하다.

흙 분류에는 Schmertmann(1978), Douglas & Olsen(1981), Robertson & Campanella(1983), Olsen & Farr(1986), Robertson & Campanella(1986), Robertson(1990), Jefferies & Davies(1991) 등이 제안한 방법이 많이 사용된다.

(1) Robertson & Campanella(1986)의 방법

$$B_q = \frac{\Delta u}{q_t - \sigma_{v0}} \; \text{vs.} \; q_t, \; F_r = \frac{f_s}{q_t - \sigma_{v0}} \times 100 \; \text{vs.} \; q_t \tag{2.5}$$

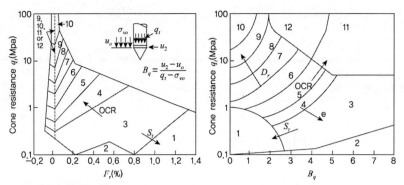

Zone : Soil Behaviour Type

1. Sensitive fine grained	5. Clayey silt to silty clay	9. Sand
2. Organic material	6. Sandy silt to clayey silt	10. Gravelly sand to sand
3. Clay	7. Silty sand to sandy silt	11. Very stiff fine grained*
4. Silty clay to clay	8. Sand to silty sand	12. Sand to clayey sand*
		*overconsolidated, or cemented

그림 2.14 Robertson & Campanella(1986)의 분류 도표

(2) Robertson(1990)의 방법

$$B_q \ \mathrm{vs.} \ Q_t = \frac{q_t - \sigma_{v0}}{\sigma'_{v0}}, \ F_r \ \mathrm{vs.} \ Q_t \tag{2.6}$$

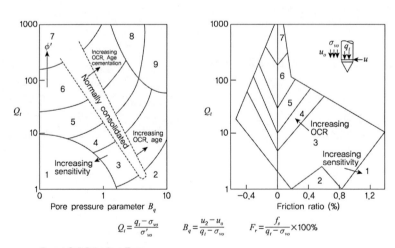

$$Q_t = \frac{q_t - \sigma_{vo}}{\sigma'_{vo}} \qquad B_q = \frac{u_2 - u_o}{q_t - \sigma_{vo}} \qquad F_r = \frac{f_s}{q_t - \sigma_{vo}} \times 100\%$$

Zone : Soil Behaviour Type

1. Sensitive fine grained;	6. Sands; clean sands to silty sands
2. Organic soils—peats	7. Gravelly sand to sand;
3. Clays—clay to silty clay	8. Very stiff sand to clayey sand
4. Silt mixtures; clayey silt to silty clay	9. Very stiff fine grained
5. Sand mixtures; silty sand to sand silty	

그림 2.15 Robertson(1990)의 분류 도표

점성토의 비배수 전단 강도(S_u)는 측정한 원추관입 저항력, 또는 과잉간극수압으로부터 다음 식을 이용하여 산정한다.

(3) Schmertmann(1978), Lunne 등(1985)

$$S_u = \frac{q_T - \sigma_{v0}}{N_{Kt}} \tag{2.7}$$

(4) Senneset 등(1982), Campanella 등(1982)

$$S_u = \frac{q_T - u}{N_{KE}} \tag{2.8}$$

(5) Lunne 등(1985)

$$S_u = \frac{\Delta u}{N_{\Delta u}} \tag{2.9}$$

여기서, σ_{v0} : 전체연직응력

$u, \Delta u$: 콘 선단 바로 뒤에서 측정한 간극수압, 과잉간극수압

N_K, N_{Kt} : 지지력 이론을 토대로 제시된 '콘 계수(cone factor)'

N_{KE} : 유효응력을 토대로 제시된 '콘 계수'

$N_{\Delta u}$: 측정 과잉간극수압을 토대로 제시된 '콘 계수'

※ 콘 계수(cone factor)

콘 계수는 연구자, 기준이 되는 강도의 산정방법, 지역에 따라 다음 표와 같이 다양한 값이 제안되어 있다. 이는 대상 흙의 특성에 따라 콘 계수값들이 크게 영향을 받는다는 것을 의미하며, 따라서 신뢰성 있는 결과 도출을 위해서는 대상 지역마다 베인시험 또는 실내 강도시험을 추가로 실시하고, 그 결과와 비교하여 콘 계수값들을 확인 또는 결정하는 것이 바람직하다.

지역	기준 S_u 측정방법	피에조콘 계수
영국 북부	CIUC	$N_{kT}=12\sim20$
노르위이 일부 지역	FVT	$N_{kT}=12\sim19$
이탈리아	FVY	$N_{kT}=8\sim16$
	CK_0UC	$N_{kT}=8\sim10$
캐나다 밴쿠버	FVY	$N_{kT}=8\sim10$
	SBPT	
일본	UCT	$N_{kT}=8\sim16$
	FVT	$N_{kT}=9\sim14$
대만	CIUC	$N_{qu}=5.0\sim6.8$
	CAUC	$N_{qu}=6.0\sim7.2$
캐나다 일부 지역		$N_{Du}=6.2\sim7.0$

* FVT : 현장베인시험, CIUC, CK_0UC, CAUC : 등방압밀, K_0압밀, 이방압밀
 비배수 삼축압축시험 ; UCT : 일축압축시험

간극수압 소산시험의 결과로부터 점성토의 횡방향 압밀계수(c_h)를 결정할 수 있다.

(6) Torstensson(1975, 1977)

$$c_h = \frac{R^2 \cdot T_{50}}{t_{50}}$$

(2.10)

여기서, R : 원추 반지름

t_{50} : 50% 압밀도 도달시간

T_{50} : t_{50}에 대한 시간계수

(7) Baligh & Levadoux(1980)

$$c_h = \frac{R^2 \cdot T}{t}$$

(2.11)

여기서, t : 임의의 압밀도 도달시간

T : t에 대한 시간계수

$$c_{h(NC)} = \frac{C_{ur}}{C_c} \times c_{h(CPTU)}$$

(2.12)

여기서, $c_{h(NC)}$: 정규압밀 영역에서의 압밀계수

$c_{h(CPTU)}$: 간극수압 소산시험을 통해 구한 압밀계수

C_c : 처녀압축지수

C_{ur} : 재압축지수

(8) Teh & Houlsby(1991)

$$c_h = \frac{R^2 \cdot T^*}{t} \sqrt{I_R}$$

(2.13)

여기서, T^* : 수정시간계수

I_R : 강성지수($= G/S_a$)

표 2.7 압밀도에 따른 시간계수(T, 또는 T^*)

압밀도 (%)	A								B	C
	구형				실린더형					
	$I_R=30$	$I_R=70$	$I_R=100$	$I_R=130$	$I_R=30$	$I_R=70$	$I_R=100$	$I_R=130$		
40	0.18	0.26	0.34	0.40	0.74	1.14	1.48	1.78	3.0	0.142
50	0.29	0.44	0.58	0.69	1.47	2.19	2.90	3.55	5.6	0.245
60	0.46	0.73	0.98	1.17	2.49	3.83	5.36	6.63	10	0.439

* A : Torstensson(1975), B : Baligh & Levadoux(1986), C : Teh & Houlsby(1991)

사질토의 내부 마찰각(ϕ)은 Robertson과 Campanella(1983)이 제안한 다음 식으로 구한다.

$$\phi = \tan^{-1}\left[0.1 + 0.38\log\left(\frac{q_c}{\sigma'_{v0}}\right)\right] \tag{2.14}$$

표 2.8 CPT로 구한 사질토의 내부 마찰각

q_c/σ'_{v0}	조밀한 상태	내부 마찰각(ϕ')
< 20	매우 느슨	< 30
20~40	느슨	30~35
40~120	중간	35~40
120~200	조밀	40~45
> 200	매우 조밀	> 45

Jamiolkovski 등(1985)은 CPT 결과로부터 사질토의 상대밀도(D_r)를 구하는 식을 제안하였다.

$$D_r(\%) = 66\log\left[\frac{q_c}{\sqrt{\sigma'_{vo}}}\right] - 98 \tag{2.15}$$

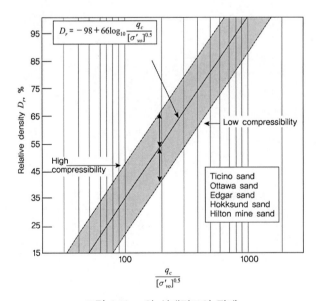

그림 2.16 q_c와 상대밀도의 관계

2.2.3 현장 베인전단시험

2.2.3.1 개 요

현장 베인전단시험(FVT, Field Vane hear Test)은 롯드와 연결된 십자 모양의 날개인 베인을 지중에 밀어 넣어 0.1deg/s 이하의 속도로 회전시켜 베인 주변의 원통형 토체가 전단되는데에 필요한 회전력(토크, torque)을 측정하는 원위치시험으로써, 포화된 점성토의 비배수 전단강도와 예민비를 파악할 수 있다.

시험 장치의 주요 구성품은 베인, 검력계(토크게이지), 롯드, 베인 압입용 보호관(압입식

그림 2.17 베인시험 장비

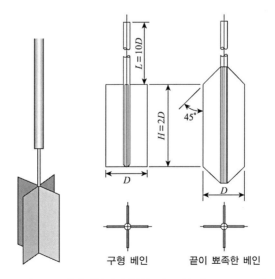

구형 베인   끝이 뾰족한 베인

그림 2.18 베인시험기의 형상 및 모식도(ASTM, 1992)

식인 경우) 등이다. 베인은 철로 만든 사각형 날개 4개를 직각으로 연결한 십자형 모양으로써, 폭(D)과 높이(H)의 비는 1 : 2이다(D＝5cm, H＝10cm 크기의 베인을 많이 사용함).

베인을 회전시키는 방식은 변형률 제어식, 응력 제어식이 있으며, 변형률 제어식이 일반적이다. 변형률 제어식은 대부분의 베인시험기에 해당하며 회전각속도를 일정하게 유지하며 전단시키고 이에 대한 저항력을 측정하는 방식으로 기어를 감는 식(기어식), 수동레버식, 토크렌치를 이용한 간이식 등이 있다. 응력 제어식은 베인의 회전력을 일정하게 단계적으로 증가시키면서, 이에 대응하는 회전각을 측정하는 방식으로써 분동재하식이 여기에 해당된다. 또한 베인을 삽입하는 방식에 따라서 시추공을 이용하는 방법과 직접 관입(압입)하는 방법이 있다. 시추공 이용은 케이싱을 설치하고 시추공바닥을 청소한 공에 롯드의 선단에 부착한 베인을 내려 토층에 압입하여 시험하는 것으로 소정의 깊이까지 시추를 병행함으로써 지층의 판별에 따라 토성의 관찰 자료가 동시에 얻어지는 장점이 있다 직접 압입하는 형식은 이중구조의 롯드로 외관 롯드 선단의 보호 슈 속에 베인이 내장되어 있고 지표면에서 직접 소요깊이까지 관입하여 측정할 때 베인을 슈에서 지중에 압입하여 능률적이나 단단한 층이 있으면 관입이 어렵고 지층 판별도 어렵다.

2.2.3.2 시험의 유래와 역사

시료채취기술이 열악하던 과거에는 실내시험을 통해 연약하고 예민한 점토의 전단강도를 구하는 것이 매우 어려운 일이었으며, 그 대안으로 베인전단시험이 개발되었다. 이 시험은 연약한 점토의 원위치 전단강도와 예민비 산정에 최초로 적용된 현장시험이다.

최초의 베인시험기는 John Olsson(당시 Swedish Geotechnical Commission의 secretary)이 고안하여 스톡홀름의 Lidingoe 다리 건설공사(1917~1926)에 사용하였다. 영국에서는 1944년에 육군작전연구그룹(Army operational research group)에서 군용차량의 기동성 평가를 위하여 지표 베인시험기를 사용하였다. 비슷한 시기에 실내 베인시험기도 개발되었다.

현재의 베인시험기는 1948년 로테르담에서 열린 제2차 국제토질역학 및 기초공학회(ICSMFE)에서 Lyman Carlsson(Cadling)이 소개하였으며, 2년 후 1950년에 Cadling과 Odenstad가 이를 개량한 시험기에 대한 보고서를 출간하면서 베인시험이 세계적으로 널리 활용되었다. Cadling의 원래 시험기는 연약한 흙에서 선굴착 과정 없이 압입하는 방식을 택하였는데, 마찰을 줄이기 위하여 이중관을 사용하고 지표에서 별도의 계측기로 베인회전 시의 토크를 측정하였으며, 측정한 토크와 베인의 형상을 이용하여 흙의 전단강도를 산정하였다. 베인 날은 흙 속에 압입될 때 지반 교란을 최소화하기 위하여 가능한 얇게 만들었다. 당시에는 베인을 노출시킨 상태에서 압입하였으나 후에 점토층 내의 자갈 등으로부터 베인을 보호하기 위하여 보호관(protective sheath)을 사용하는 것이 일반화되었다.

1972년에는 현장베인시험이 ASTM(D2573)에 등재되었으며, 이어서 1987년에 실내 베인시험이 ASTM(D4648) 규정에 포함되었다.

2.2.3.3 시험 결과의 분석과 활용

시험 시 베인의 회전 각도와 그때의 회전력을 기록하고, 최대 회전력을 구하여 전단강도를 산정한다. 결과 활용을 위해서 추후 액·소성한계시험을 실시하여 흙의 소성지수를 기록한다. 그림 2.19는 베인 회전 시 주변의 원통형 토체의 주면을 따라 전단이 발생하는 것을 보여준다.

시험 중 기록한 최대 회전력을 이용하여 점성토층의 비배수 전단강도를 산정할 수 있으며, 이 결과는 신뢰성이 매우 높은 것으로 알려져 있다.

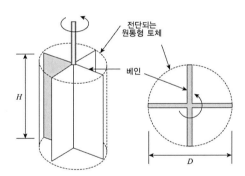

그림 2.19 베인 주변 지반의 전단형상

$$S_u = \frac{M_{\max}}{\dfrac{\pi D^2 H}{2} + \dfrac{\pi D^3}{6}} \tag{2.16}$$

여기서, $M_{\max}$: 회전 모멘트

$\quad\quad\ D$: 베인의 폭(원통형 토체의 직경)

$\quad\quad\ H$: 베인의 높이

압축성이 큰 점성토층에서는 위 식으로 구한 비배수 전단강도가 실제 강도보다 클 수 있으며, 이 경우에는 해당 흙의 소성지수를 이용하는 Bjerrum(1972)의 방법을 이용하여 결과를 보정한다. 이 방법은 흙의 소성지수(I_p)를 구하여, 그림 2.20의 관계에 따라 보정계수(μ)를 구해 비배수 전단강도를 보정한다.

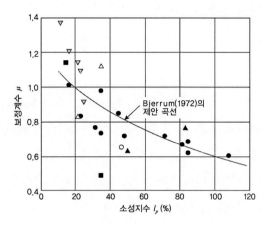

그림 2.20 베인시험 결과의 보정

$$c_u{}' = \mu \cdot c_{u0} \tag{2.17}$$

여기서, $c_u{}'$: 보정한 비배수 전단강도

c_{u0} : 보정하기 전의 비배수 전단강도

μ : 보정계수, $= f(I_p)$

2.2.4 프레셔미터시험

2.2.4.1 개 요

프레셔미터시험(PMT, Pressuremeter Test)은 시추공 내에 삽입한 원통 모양의 프로브를 팽창 또는 수축시켜 공벽에 방사 방향 재하 및 제하 상태를 유발하고, 이때 공벽의 압력과 변형량을 측정하는 원위치시험이다. 공내재하시험의 일종이며, 지반의 응력–변형률 관계를 파악할 수 있다. 프로브 설치방법에 따라 선굴착식(pre-bored type), 자가굴착식(self-boring type), 압입식(push-in type)으로 구분한다.

프레셔미터 장비는 프로브 설치 방식, 시험 대상 지반의 종류, 제조업체에 따라 그림 2.21과 같이 매우 다양한 종류가 있으며, 주요 구성품은 프로브, 압력-변형률 제어장치 및 재하장치, 관입(압입) 장치, 유압식 모터(자가굴착식의 경우), 질소공급장치, 데이터 기록장치 등이다.

선굴착 방식 1

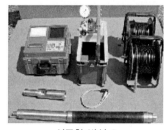
선굴착 방식 2

자가굴착 방식

그림 2.21 프레셔미터의 종류

프로브는 지중의 공벽에 밀착하여 팽창과 수축을 담당하는 부분으로 제조업체에 따라 재질과 내부 구조, 계측 방식이 다르다. 팽창부의 표면은 질긴 합성고무 멤브레인이며, 멤브레인을 보호하기 위하여 철판조각을 연결한 쉬스(sheath)로 감싸기도 한다. 공벽변형은 멤브레인 내부의 부피변화를 측정하거나, 멤브레인 내부에 설치된 원주 방향의 변형률 게이지로 변형률을 측정하는 방식으로 파악한다. 프로브는 공기압(건조질소), 또는 수압을 이용하여 팽창시킨다. 자가-굴착식 장비는 프로브 선단에 날카로운 슈와 절삭 비트가 부착된다. 압입식 장비는 선단에 원추가 부착되는데, 최근에는 전자식 콘을 이용하여 프레셔미터시험과 콘 관입시험을 병행하는 장비도 상용화되어 있다.

선굴착 방식 프레셔미터(PBP, Pre-Bored Pressuremeter)는 시험 깊이까지 미리 굴착한 시추공 속으로 프로브를 삽입하여 시험을 수행하는 장비로서, 현재 사용하는 프레셔미터시험기 중에서 가장 일반적이다. 연약한 지반에서는 지반이 과도하게 교란될 수 있다. 자가-굴착식 프레셔미터(SBP, Self-Boring Pressuremeter)는 시추공의 선굴착에 따른 지반교란을 방지하기 위하여 프로브 선단에 설치된 절삭날과 비트를 이용하여 시험공을 자가굴착하면서 프로브를 공벽에 밀착시키며 시험 깊이에 도달시켜 시험을 수행한다. 흙의 종류와 연경도에 따라 절삭 날(커팅 슈)과 비트의 위치와 간격을 조정한다. 절삭날의 회전, 굴착 및 배토를 위하여 이중관으로 구성되어 있다. 압입식 프레셔미터(PIP, Push-In Pressuremeter)는 프로브 하단에 콘과 같은 원추형 선단체를 부착하여 시험위치까지 강제로 압입시킨 후 시험을 수행한다.

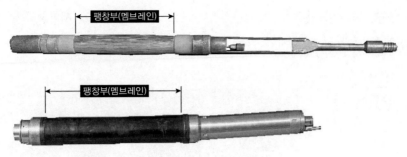

그림 2.22 선굴착식 프레셔미터 프로브(Menard, Oyo)

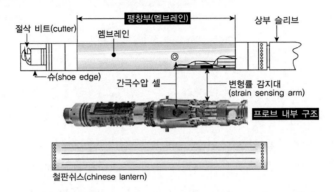

그림 2.23 자가－굴착식 프레셔미터 프로브(camkometer)

그림 2.24 콘 프레셔미터의 프로브(cambridge in-situ)

2.2.4.2 시험의 유래와 역사

프레셔미터는 Kogler(1933)의 문헌에서 최초로 언급되었으며, 1954년 일리노이 대학의 Fang 과 Ménard에 의해 본격적으로 개발되었고, 1955년에 'Ménard 프레셔미터'로 특허를 획득하였다. 이 모델은 시카고에서 구조물 설계를 위한 지반정수 산정을 위하여 처음으로 사용된 이후 현재까지 가장 널리 활용되는 프레셔미터이다. Ménard는 시험 장치 개발뿐 아니라 이 장치를 이용한 고유의 설계법(Ménard 설계법, 시방서로도 제정됨)도 함께 제안한 공로로 프랑스에서는 프레셔미터의 아버지로 불린다. 이와는 별도로 1950년대에 일본의 Fukuoka는 횡방향 하중을 받는 말뚝의 설계에 활용하기 위한 횡재하시험기(lateral load tester)를 개발하였으며 OYO 사에서 상용화하였다.

Ménard 프레셔미터(MPM)는 굴착공의 직경이 프로브의 직경보다 큰 선굴착 방식 프레셔미터(PBP)이다. Ménard는 1955년 장치를 개발하면서 시험공 굴착과정에서 교란에 의해 주변 지반의 특성이 달라져 시험 결과의 해석이 매우 어려울 것으로 예상하였다. 이를 극복하기 위해 Ménard는 지반 거동과 프레셔미터시험 결과와의 상관성에 기초한 설계도표들을 개발하였다. 이러한 경험적 설계법은 지금까지도 널리 이용되고 있다.

1968년 주변 지반을 교란시키지 않는 프레셔미터시험이 가능하다는 주장(Jézéquel, 1968)과 함께 프랑스와 영국에서 각각 자가-굴착 방식의 프레셔미터(SBP)를 개발하기 시작하였다. SBP는 스스로 굴착공을 형성하기 때문에 주변 지반의 교란을 크게 감소시킬 수 있다. SBP의 적용을 통해 공동 팽창 이론에 의한 해석적 접근이 가능해졌으며, 교란효과의 최소화로 신뢰성 높은 지반정수 값들을 얻을 수 있게 되었다. 이 장비는 당초에는 연구 목적으로 개발하였으나, 지금은 통상적인 지반조사에도 널리 활용하고 있다. 그러나 SBP를 사용하더라도 다소의 지반 교란은 불가피하며, 교란을 최소화하기 위해서는 많은 주의가 필요하다. 한편 선굴착에 따른 지반 교란 효과를 줄이고 간편하게 시험할 수 있는 압입식 프레셔미터(PIP)가 1980년대에 등장하였다. PIP의 경우, 관입에 따른 지반 교란 효과가 여전히 나타나며 정확한 해석 이론의 정립이 아직은 미흡한 상태이나 신속한 시험이 가능하다는 장점이 있다.

프레셔미터시험 결과의 활용을 위하여 1960년대에 Menard는 얕은 기초, 말뚝, 케이슨, 그라우팅 앵커의 지지력 및 침하해석을 위한 설계법을 개발하였다. 프랑스의 중앙토목연구소(LCPC)는 1971년에 Menard 표준시험법을 1972년에는 권장 설계법을 제정하였다(후에 LCPC-Setra-1985로 대체됨). 이들은 주로 경험적 방법에 의한 것으로 최근에는 공동 팽창이론에 근거한 해석을 토대로 부분적이지만 개선된 반경험적 결과 해석방법 및 설계법들이 제안되고 있다.

프랑스, 러시아, 미국 등을 포함한 일부 나라에서는 국제암석역학회(ISRM) 등이 제안한 내용들로 시방서와 시험법을 제정하였으며, 많은 연구소와 기업들도 각기 시방서를 만들어 실무에 활용하고 있다. 그러나 국제토질역학 및 지반공학회(ISSMGE)에서는 현행 시험들에 대한 조항을 만들고 있는 것 외에는 다른 국제적인 표준을 정하지 않은 상태이다. 암반을 대상으로 하는 굿맨잭(goodman jack)시험도 프레셔미터의 일종이라고 할 수 있다.

2.2.4.3 시험 결과의 분석

PMT의 결과로서 재하압력과 멤브레인 팽창부피(또는 내공 변형률)의 관계로 표시되는 시험 곡선을 얻는다. 간극수압셀을 부착한 프로브의 경우 간극수압 소산시험을 수행할 수 있다.

시험 곡선은 프레셔미터시험의 결과로서 공벽에 작용한 압력과 공벽(프로브 멤브레인) 변형량(부피 또는 내공 변형률로 측정) 간의 관계를 나타내는 시험 곡선을 얻는다(그림 2.25).

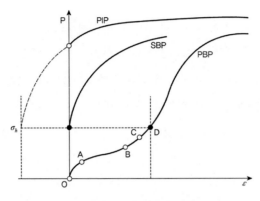

그림 2.25 장비별 대표적인 시험 곡선

이 시험 곡선은 장비의 종류에 따라 그 형상이 다르게 나타난다. 프로브 설치 방식에 따라 구분되는 선굴착식 프레셔미터(PBP), 자가-굴착식 프레셔미터(SBP), 압입식 프레셔미터(PIP)의 전형적인 시험 곡선의 형태는 그림 2.26과 같다.

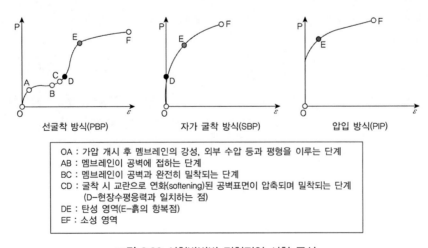

그림 2.26 시험방법별 전형적인 시험 곡선

시험 곡선으로부터 현장 초기응력(σ_h), 전단탄성계수(G), 비배수 전단강도(S_u), 압밀계수(c_h), 간극수압을 측정하는 장비에 한함), 토압계수, 내부 마찰각, 지반반력계수 등을 구할 수 있으며, 흙의 응력이력의 파악 및 공학적 분류에 이용할 수 있다. 기초의 지지력 평가에도 이용한다.

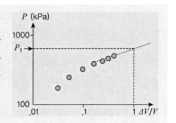

※ 한계압(cone factor)
한계압(Pl, Pressure Limit)은 프로브 멤브레인의 현재 부피(V)가 부피 변화량(ΔV)과 같을 때의 압력으로써 실제로는 도달 불가능한 가상의 압력으로 그림과 같이 압력과 부피 변형률(또는 내공 변형률)의 대수좌표계상에서 외삽하여 결정한다.

시험 곡선으로부터 현장의 초기 수평 전응력(σ_h)을 산정하기 위해서는 ① Lift-off 방법, ② 전단강도 방법, ③ 매개변수 방법 중 하나를 이용한다. Lift-off 방법(Wroth, 1982)은 지중의 프로브를 가압하여 멤브레인 주변 공벽의 변위가 초기 상태로 회복될 때의 압력이 현장 수평응력이라는 사실을 이용하며, 자가굴착식 프레셔미터(SBP)에 적용한다. 전단강도를 이용한 방법(Marsland와 Randolph, 1977)은 항복응력이 초기 수평응력과 전단강도의 합이라고 보고, 정지토압계수를 가정하여 시험 곡선상에서 전단강도와 수평응력을 반복 추정하여 초기 수평응력을 계산하는 방법으로, 항복점이 명확하고 완전한 선형탄성 거동을 보이는 점토에 대해서 적용할 수 있다. Hawkins 등(1990), Denby(1978,1982), Fahey(1984)은 이를 수정한 방법을 제시하였다. 선굴착(PBP) 및 자가굴착식 프레셔미터(SBP)에 적용한다. 매개변수를 이용한 방법은 수평응력(σ_h), 한계압(Pl), 전단탄성계수(G), 비배수강도(S_u) 간의 상관관계를 이용하며 선굴착(PBP) 및 자가굴착식 프레셔미터(SBP)에 적용한다.

비배수 전단강도(S_u)는 ① 기준 변형률 방법, ② 도해적 방법(Gibson과 Anderson, 1961), ③ 변수 간의 상관관계를 이용한 방법에 의해 산정한다. 기준 변형률 방법은 시험 결과로부터 전단응력과 공동 변형률(또는 부피 변화율)의 관계를 찾은 후, 이로부터 잔류응력상태 또는 기준 변형률 상태에서의 전단응력을 비배수 전단강도로 취하는 방법이다. 도해적 방법은 반대수좌표로 나타낸 압력-체적 변형률 곡선의 기울기로부터 전단응력을 구하고, 한계압에 해당하는 전단응력을 비배수강도로 취한다. 변수 간의 상관관계를 이용한 방법에서는 현장 수평응력, 전단탄성계수, 한계압을 구한 후 시산법을 사용한다.

2.2.5 딜라토미터시험

2.2.5.1 개 요

딜라토미터시험(DMT, Dilatometer Test)은 넓적한 판 모양의 블레이드(딜라토미터)를 시험 깊이까지 지중에 압입한 후, 블레이드의 중앙부에 위치한 지름 60mm의 원형 멤브레인에 공기(질소)압을 가해서 멤브레인이 0.05mm 팽창 시 압력(A), 1.10mm 팽창 시 압력(B)을 측정하고, 공기압을 감소시켜 멤브레인이 수축되면서 팽창두께가 다시 0.05mm에 도달하는 압력(C)을 측정하는 시험으로써 지반의 공학적 특성을 파악할 수 있다.

장치의 주요 구성품은 블레이드, 롯드, 가스 공급장치, 압력 제어 및 측정 장치, 관입장치(시추기나 콘 관입시험용 유압실린더 장치를 이용함) 등이다(그림 2.27).

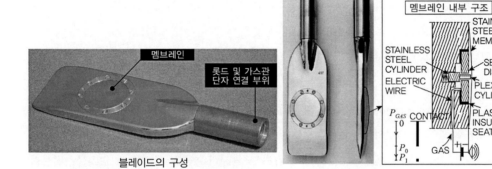

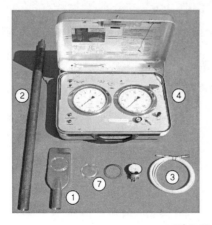

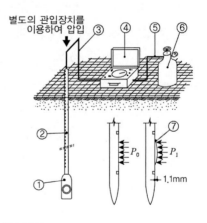

그림 2.27 DMT 장비의 구성

블레이드는 스테인리스강 재질의 납작한 직사각형 판(폭 95mm, 두께 15mm) 모양으로써 관입되는 방향으로 24~32° 각도로 날이 서 있으며, 전면 가운데에 직경 60mm, 두께 0.2mm인 원형의 스테인리스강 박막(멤브레인)이 있다. 멤브레인 내부에는 바닥면(팽창 전의 초기높이)과 멤브레인 표면거리가 0.05mm와 1.10mm인 상태를 감지할 수 있는 단순한 형태의 기계적, 전기적 센서가 자리하고 있으며, 질소가스를 공급받을 수 있도록 가스관(튜브)과 연결되는 단자를 가지고 있다.

시험은 임의 깊이에 삽입한 블레이드에 질소가스를 공급하여 시작한다. 멤브레인이 팽창하면서 그 높이가 초기보다 0.05mm 팽창한 위치에 도달하면 부저가 멈춘다. 이때의 압력이 A 값이므로 기록하고, 가스를 다시 천천히 공급한다. 멤브레인의 팽창높이가 1.10mm가 되면 다시 부저가 울린다. 이때의 압력이 B 값이므로 기록한다. 이제 가스를 조금씩 배출시키며 멤브레인의 팽창높이를 줄인다. 팽창높이가 1.10mm보다 작아지면서 부저가 멈춘다. 계속 가스를 배출하면서 멤브레인의 팽창높이가 0.05mm를 회복하는 순간 부저가 울리므로 이때의 압력인 C를 기록한다. 흙의 종류에 따라 변위가 원래대로 회복되지 않아 C 값을 알 수 없는 경우도 있다.

그림 2.28은 시험 단계별 모식도이다. 제어장치의 부저는 멤브레인의 팽창두께가 0.05mm 이하이거나 또는 1.10mm 이상인 경우에 울린다.

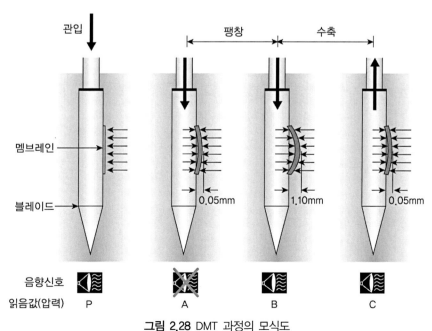

그림 2.28 DMT 과정의 모식도

2.2.5.2 시험 결과의 분석

시험 중 측정한 A, B, C 값에서 해당 변위에 대한 보정압력을 가감하여 멤브레인 변위에 대한 순압력인 p_0, p_1, p_2를 계산한다.

- 변위가 0.0mm일 때의 순압력

$$p_0 = 1.05(A - Z_M + \Delta A) - 0.05(B - Z_M - \Delta B) \tag{2.18}$$

- 변위가 1.10mm일 때의 순압력

$$p_1 = B - Z_M - \Delta B \tag{2.19}$$

- 제하 시 변위가 0.05mm일 때의 순압력

$$p_2 = C - Z_M + \Delta A \tag{2.20}$$

여기서, Z_M : 대기압 상태에서 압력계의 값(초깃값)

ΔA : 멤브레인 강성에 대한 보정압력으로 대기압 상태에서 멤브레인 중심부를 0.05mm 높이로 유지시키기 위한 외부 압력(내부 진공압)

ΔB : 멤브레인 강성에 대한 보정압력으로 대기압 상태에서 멤브레인 중심부를 1.10mm 높이로 팽창시키기 위한 내부 압력

p_0, p_1, p_2를 이용하여, 지반정수 및 특성 판별에 직접적으로 활용하는 유도정수들을 구한다.

- 딜라토미터 계수(dilatometer modulus)

$$E_D = 34.7(p_1 - p_0) \tag{2.21}$$

• 수평응력지수(horizontal index)

$$K_D = \frac{p_0 - u_0}{\sigma'_{vo}}$$ (2.22)

• 지반지수(material index)

$$I_D = \frac{p_1 - p_0}{p_0 - u_0}$$ (2.23)

• 간극수압지수(pore pressure index)

$$U_D = \frac{p_2 - u_0}{p_0 - u_0}$$ (2.24)

(σ'_{vo}는 연직유효응력이며, u_0는 블레이드 삽입 전의 정수압임)

딜라토미터시험으로부터 측정한 압력과 이로부터 얻는 유도정수 E_D, I_D, K_D, U_D를 이용하여 지반 특성을 판별하고 지반정수들을 구할 수 있다. 이를 위하여 경험적으로 얻어진 여러 가지 상관관계들이 제안되어 있다.

Marchetti(1980), Marchetti and Crapps(1981)는 DMT 결과로부터 흙을 분류하는 방법을 표 2.9, 그림 2.29와 같이 제시하였다.

표 2.9 DMT 결과와 흙 분류

I_D	흙의 종류
< 0.10	연약 점성토, 유기질토
0.10~0.35	점성토
0.35~0.60	실트질 점토
0.60~0.90	점토질 실트
0.90~1.20	모래질 실트
1.20~1.80	실트질 모래
> 3.30	모래

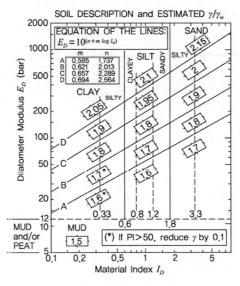

그림 2.29 흙의 분류

Marchetti(1980)는 비배수 전단강도를 다음 식으로 구할 수 있다고 하였다.

$$s_u = 0.22\sigma'_{vo}(0.5K_D)^{1.25} \tag{2.25}$$

Roque 등(1988)이 제안한 비배수강도 산정식은 다음과 같다.

$$s_u = \frac{(p_2 - \sigma_{h0})}{N_D} \tag{2.26}$$

표 2.10 흙 종류와 N_D

흙의 종류	N_D
Brittle clay and silt	5
Medium clay	7
Non-sensitive plastic clay	9

점성토 지반의 정지토압계수(K_0)는 다음과 같다(Marchetti, 1980) 이 식은 I_D가 2 이하인 경우에 적용한다.

$$K_0 = \left(\frac{K_D}{1.5}\right)^{0.47} - 0.6 \tag{2.27}$$

사질토 지반의 정지토압계수는 원추관입 저항력 q_c와 함께 그림 2.30으로 구한다(Marchetti, 1985).

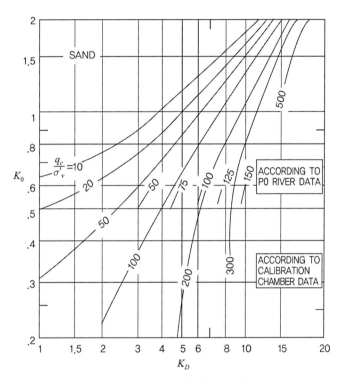

그림 2.30 사질토층의 정지토압계수

그리고, 시간에 따라 동일 위치에서 시험을 되풀이하여 C 값의 변화량을 구하여 일종의 간극 수압 소산시험을 할 수 있는데, 이를 통해 압밀계수의 산정이 가능하다. Schmertmann(1988) 은 다음 식을 제안하였다.

$$c_h = 600\left(\frac{T_{50}}{t_{50}}\right)[\text{mm}^2/\text{min}] \tag{2.28}$$

이때,

E/s_u	100	200	300	400
T_{50}	1.1	1.5	2.0	2.7

2.2.6 표준관입시험

2.2.6.1 개 요

표준관입시험(SPT, Standard Penetration Test)은 63.5kg의 해머를 높이 76cm 높이에서 자유낙하시켜 정해진 규격의 원통 분리형 시료채취기(split barrel sampler)를 시추공 내에서 30cm 관입시키는 데 필요한 해머 타격 횟수(N-값)를 측정하여, 그 결과로서 지반을 분류하거나 연경도를 평가한다. 나아가 지반강도, 상대밀도, 내부 마찰각 등 지반정수를 추정하며 또한 교란된 상태의 시료를 얻어 육안으로 확인할 수 있을 수 있는 원위치시험방법이다. 1902년 Gow가 원형을 고안하고, 1948년 Terzaghi가 지금의 이름을 붙인 표준관입시험(SPT)은 국제적인 표준화와 시험의 간편성, 시료 채취 가능, 대량 축적된 데이터, N-값의 광범위한 경험적 활용 등에 힘입어 현재까지 전 세계적으로 가장 널리 사용되고 있는 지반조사 기법이며, 우리나라의 경우 구조물 기초, 굴착, 연약지반, 사면 등 지반공학 분야 설계에 필요한 대부분의 지반정수를 N-값에 절대적으로 의존하고 있다.

그럼에도 표준관입시험은 시험 자체의 근본적 한계와 시험 수행자의 자의적 판단에 의존하는 문제, 경험관계의 과도한 확대적용, 사용장비의 비표준화 등으로 그 신뢰성과 재현성에 대해서 끊임없이 문제가 제기되고 있으며, 시험 결과의 오·남용으로 설계와 시공 품질에 적지 않게 악영향을 미친 사례들이 계속 발생되고 있다.

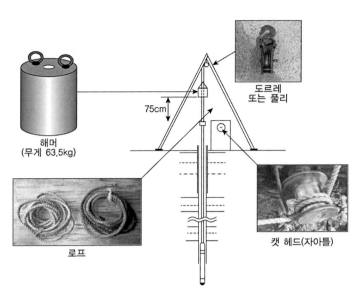

도르레
또는 풀리

75cm

해머
(무게 63.5kg)

캣 헤드(자아틀)

로프

그림 2.31 표준관입시험 모식도와 구성 장치 예

표 2.11 SPT에 관한 주요국의 규격과 국제표준시험법의 일람표(계속)

구분		KS F2318 (1991)-폐지	KS F2307 (2002)	ASTM D1586 (1992)	JIS A1219 (2001)	BS 1377 test19 (1975)	ISSMFE (1988)
굴착 롯드		A-롯드 외경 : 41.2 내경 : 28.5 (15m 이상 : 강성롯드)	KS E3112 외경 : 40.5/42	A-롯드 외경 : 41.2 내경 : 28.5 (15m 이상 : 강성롯드)	JIS M1409 외경 : 40.5/42	AW 롯드 (15m 이상은 3m마다 steadies, BW 롯드)	외경 : 40.5/50/60 (10.03kg/m -외경 60- 이상롯드 불가)
시추공 직경		56~162	65~150	56~162	65~150	casing 사용 시 그 직경의 90% 이하	–
샘플러 배럴	외경	50.8±1.3	51±1.0	50.8±1.3	51±1.0	50.0	51±1
	내경	38.1±1.3	35±1.0	38.1±1.3	35±1.0	35.0	35±1
	길이	457~762	560±1.0	457~762	560±1.0	457.0	457.0
샘플러 슈	길이	25.0~50.0	75±1.0	25.0~50.0	75±1.0	76.0	76.0
	경사 길이	–	19.0	–	19.0	19.0	–
	경사각	16.0~23.0	19.47	16.0~23.0	19.47	–	18.62
	바닥 두께	2.54±0.25	–	2.54±0.25	–	1.6	1.6
볼 밸브		–	ϕ19.0	ϕ22.2의 구멍에 지름 25의 볼	ϕ19.0	ϕ22.3의 구멍에 지름 25의 볼	ϕ22의 구멍에 철제 볼

표 2.11 SPT에 관한 주요국의 규격과 국제표준시험법의 일람표

구분		KS F2318 (1991)-폐지	KS F2307 (2002)	ASTM D1586 (1992)	JIS A1219 (2001)	BS 1377 test19 (1975)	ISSMFE (1988)
물빠짐 구멍		–	ϕ15mm×4개	ϕ12.7mm×4개	ϕ15mm×4개	ϕ13mm×4개	충분한 크기 4공
해머	중량	63.5±1.0	63.5±0.5	63.5±1.0	63.5±0.5	65.0	63.5±0.5
	낙하고	760	760±10	760±25	760±10	760	760
	낙하 방식	R-P, 트립, 반자동, 자동 장치 사용 (자유낙하)	자동(반자동) 낙하 수동낙하(콜 풀리, 톰비)	R-P, 트립, 반자동, 자동 장치 사용 (자유낙하)	자동(반자동) 낙하 수동낙하(콜 풀리, 톰비)	자유낙하(권 치마찰 주의)	에너지 손실 최소 (엄격한 시험 시 에너지 측정)
관입길이	예비타	150	150	150	150	150	150, 또는 50타
	본타	300	300	300	300	300	300
	후타	–	–	–	–	–	–
30cm 미만 관입 시 최대 타격수		100회 (예비타 포함)	50회 (예비타 포함)	100회 (예비타 포함)	50회 (예비타 포함)	50회 (예비타 포함)	예비타 50회 후 본타 100회
타격수 기록	중간 타격수	15cm마다 기록 (예비타 포함)	10cm마다 기록 (예비타 포함)	15cm마다 기록 (예비타 포함)	10cm마다 기록 (예비타 포함)	15cm마다 기록 (예비타 포함)	15cm마다 기록 (예비타 포함)
	예정 길이 미만 관입	관입깊이, 타격수 (예비타 제외)	본타에 대해 50/관입량cm	관입깊이, 타격수 (예비타 제외)	본타에 대해 50/관입량cm	본타에 대해 50/관입량cm	본타에 대해 50/관입량cm
시험 대상 흙		모든 흙	지반	모든 흙	지반	주로 사질토	–
시험 간격		1.5m, 또는 지층변화 시	1m를 표준으로 함	1.5m, 또는 지층변화 시	1m를 표준으로 함	–	–

* R-P : rope-pully ** KS E 3112–1983 : 시추용 롯드 [별도 표시 없는 수치 단위]–길이/거리:mm, 각도:°, 중량: kg

최근 국내에서도 이명환 등(1992), 이호춘 등(1996, 1997), 이우진 등(1998), 조성민 등(2001, 2002)에 의해 표준관입시험 결과에 절대적인 영향을 미치는 해머의 에너지 전달효율에 대한 연구가 지속되고 있으며, 시험 시 발생하는 응력파를 분석하여 지반의 동적 거동과 관련된 정수들을 도출하고자 하는 시도가 이루어지고 있다. 또한 대형 건설공사를 중심으로 설계 시에 SPT 해머의 에너지 전달효율을 측정하고, 보정을 통해 N-값을 수정하여 해석에 적용하는 방식이 원칙으로 자리 잡아가고 있다.

국내에서는 모든 종류의 흙, 심지어는 암석(암반) 일부에까지도 관행적으로 표준관입시험을 적용하고 있으나, 이 시험은 원칙적으로 사질토에 한정하여 적용하여야 한다. 따라서 점성토 또는 자갈질 흙, 암석층(암반)에서 이 시험을 실시하고 그때의 N-값을 설계에 적용하는 것은 매우 주의하여야 한다.

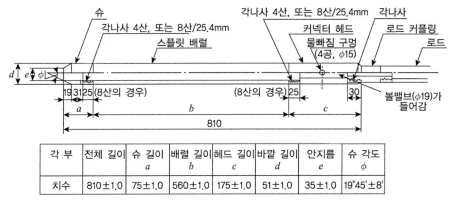

단위 : mm

각 부	전체 길이	슈 길이 a	배럴 길이 b	헤드 길이 c	바깥 길이 d	안지름 e	슈 각도 ϕ
치수	810±1.0	75±1.0	560±1.0	175±1.0	51±1.0	35±1.0	19°45'±8'

그림 2.32 KS F 2307에 규정된 샘플러(JIS A1219와 동일)

N-값은 사용하는 시험 장비의 종류 및 시험 수행환경과 밀접한 연관을 가지고 있다. KS에서는 시험 장비의 각 부분에 대해서 구체적으로 규정하고 있지 않아 실제 현장에서는 여러 단계의 변형을 거친 다양한 종류의 시험 장치가 사용되고 있으며, 이들은 해머의 형태, 해머의 인양 및 낙하방식, 타격방법, 동력원 등이 상이하여 시험 결과의 일관성이 보장되지 않는다. 따라서 표준관입시험의 정상화를 위해서는 N-값의 합리적 보정을 위한 노력은 물론이고, 시험 장비를 포함한 시험 환경의 개선이 동반되어야 한다.

표준관입시험 장치는 크게 타격 장치[해머, 가이드 롯드, 노킹블럭(앤빌)], 해머 인양장치(캣헤드, 로프, 풀리 등), 샘플러(split spoon sampler), 연결 롯드, 시추장치로 구분할 수 있다. 대부분의 표준관입시험 장치는 시추장비에 탑재되어 시추기의 동력을 이용하는데, 시추기의 경우 과거에는 일본에서 사용하던 핸드오거 시추방식에 기초한 소위 '야마토'형 수동식 장치를 많이 사용했으나, 근래에는 보다 대형의 유압식 시추기가 보편화되고 있다. 유압식 시추기의 보급은 표준관입시험을 위한 해머의 인양과 낙하, 타격방식에 많은 변화를 불러왔다. 그러나 장비의 비표준화, 제작업체의 영세성, 임의적인 장치 개조에 의한 문제는 여전하다고 볼 수 있다. 세계적으로 사용되는 해머는 핀형(pin), 도넛형(donut), 안전형(safety), 걸쇠형(trip), 자동형(automatic) 등으로 구분되며, 해머를 인양하고 낙하시키는 방식은 로프-풀리 방식, 트립 방식, 기타 반자동 및 자동 방식으로 나눌 수 있다. 그러나 해머 형태는 상호 조합적으로 구성되기도 하며 낙하방식과도 연관되어 있으므로 일률적으로 분류하기가 쉽지 않다. 우리나라에서는 로프-풀리 방식 또는 강선-윈치 방식의 도넛해머 및 안전해머, 그리고 국산 자동해머 시스템이 보편적으로 사용되고 있다.

국내의 경우 해머의 형태는 도넛형과 원통형으로 대별할 수 있으며, 해머를 인양하고 낙하시키는 방식은 인력으로 캣헤드에 로프를 감는 로프–풀리형, 유압을 이용하여 윈치에 강선을 감는 유압 윈치형, 고리형 걸쇠를 사용하는 트립형, 기어를 사용하는 방식, 체인 등을 이용한 자동형 등으로 구분할 수 있다(그림 2.33). 시험규격들에서는 해머, 낙하 및 타격장치 등 장비의 핵심 요소에 대해서는 구체적으로 언급하고 있지 않다.

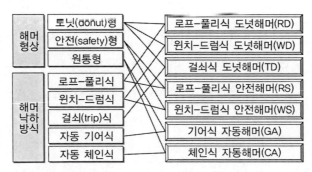

그림 2.33 국내 사용 중인 SPT 장치의 종류(조성민 등, 2002)

2.2.6.2 시험의 유래와 역사

'표준관입시험(SPT, Standard Penetration Test)'이라는 용어는 Terzaghi와 Peck이 1948년에 공동 저술한 『토질역학(Soil mechanics in engineering)』에서 처음으로 사용되었는데, 개략적인 역사를 정리하면 다음과 같다.

미육군 대령이던 Charles R. Gow가 당시 행해지던 수세식 시추(wash boring) 후 시추공 내에 직경 1인치의 파이프(수도관)를 약 50kg의 해머로 박아 넣어 그 안에 들어간 흙을 채취하는 방법을 1902년에 창안하였으며, 이 방법의 활용으로 시료 채취가 가능한 수세식 시추조사가 장기간 사용되었고 그 해에 Gow Drilling 사가 창립되었다. 1922년에는 Raymond Concrete Pile 사가 Gow Drilling 사를 자회사로 합병하였으며, 비슷한 시기에 Harry A. Mohr가 'Shelby' 강관(steel tube)을 관입용 파이프에 고정시켜 케이싱 선단에서 약 75cm 깊이로 지중에 압입하여 흙을 채취하였다. 채취한 흙은 시험실에서 15cm 길이로 잘라 교란되지 않은 부분을 토질시험의 시료로 사용하였다. Gow 사 영국 지사장을 지내던 Mohr가 1927년에 Fletcher와 함께 양쪽으로 분할되는 'split spoon sampler'를 제작하여 약 140파운드(≈63.5kg)의 해머를 30인치(≈75cm) 높이에서 자유낙하시켜 흙을 채취하였으며, 이때 샘플러가 30cm 관입하는 데 필요한 타격 횟수를 측정하였다. 이 작업이 표준관입시험의 기초가 되었다고 볼 수 있다. Terzaghi와 Peck의 저서에서는 그 이후 Gow 사의 모회사인 Raymond Concrete Pile 사에서 'Raymond 샘플러'를 제작하여 샘플러가 시추공 바닥에 도달하고 나서 15cm의 예비타격 후 Mohr의 방법으로 관입시험을 시도하였으며, 이로써 공식적인 표준관입시험이 탄생하였다고 적고 있다. 한편, Mohr와는 별도로 Daniel E. Moran(1864~1937)과 Proctor가 'split sampler'를 개발하였으며, Sprague & Henwood(S&H) 사와 American Instrument 사가 이 샘플러의 복제품을 제작하였는데, Moran의 샘플러는 놋쇠로 만들어진 샘플러 슈와 상단의 파이프로 고정되고, 두부에 볼(ball) 조정밸브가 있어 물의 유입을 막아 시료에 수압이 가해지는 것을 방지하였다. 이 샘플러가 Mohr 샘플러의 원조라는 설도 있다.

1952년에는 일본에서 스미다(隅田) 용품 창고의 기초를 조사하면서 일본 최초로 SPT를 수행하였으며, 다음 해인 1953년에 모리(森博)가 「土と基礎」 창간호(Vol.1, No.1)에 '土質調査に於ける、こつの新しい試みに就いて(1)(pp.25~31)' 논문을 통해 고정 피스톤형 '박막샘플러(thin wall sampler)'와 SPT에 대해 소개하였다. 1954년에는 Parsons가 매 6inch(15cm)마다 타격횟수를 측정할 것을 제안하였으며, 1957년에는 유럽관입시험 소위원회(ES)가 발족하였다. 미국에서는 1958년에 SPT에 관하여 ASTM D1586의 가규격을 제안하였으며, 이후 1964년 가규격 개정을 거쳐 1967년에 표준규격으로 확정하였다. 같은 해에 영국에서도 BS1377 중 시험방법 18로 SPT 기준을 제정하였다. 이보다 앞서 캐나다에서는 1960년에 SPT 규격으로 CSA A119.1을 제정하였고, 일본에서는 1961년 JIS A1219 규격을 제정한 바 있다. 한국에서는 1959년에 인천항 유조관(oil tank line)을 위한 기초 조사 시 미국극동공병단 발주 시방에 따라 SPT를 수행한 기록이 있으며, 1966년에 ASTM 규격을 받아들여 KS F2318(스플릿 배럴 샘플러에 의한 현장관입시험 및 시료채취방법, 현재 폐지)을 제정하였다. 한국에서는 1987년 일본의 JIS 규정을 원용한 KS F2307(흙의 표준관입시험방법, 2002년 개정)도 제정하게 되었다.

1977년에는 제9회 ICSMFE(동경)에서 SPT에 대한 유럽의 통일원안이 발표되었으며, 1981의 제10회 ICSMFE(스톡홀롬)에서는 유럽안을 국제적으로 재검토하였고, 1984년의 제11회 ICSMFE(샌프란시스코)에서 국제표준시험법안을 발표하였다. 1988년에 개최된 제12회 ICSMFE(리오데자네이로)에서는 국제표준시험법(IRTP, International Reference Test Procedure)의 최종안이 제시되었다.

북미와 남미의 경우 일반적인 기초 설계의 85~90%가량이 표준관입시험에 의존하여 수행되고 있으며(Bowles, 1988), 일본과 우리나라에서도 대부분의 지반공학적 설계가 이 시험의 결과로 얻어지는 N-값에 좌우되고 있는 실정이다.

2.2.6.3 시험 결과에 영향을 미치는 요소

표준관입시험값 N-값에 영향을 미치는 요소는 해머의 에너지 효율을 비롯하여 여러 가지가 있다. 에너지효율 자체도 해머 종류, 해머인양 및 낙하방식, 로프 및 강선 등 부속도구의 상태 등 시험 장비에 의한 요인과 시험자의 숙련도, 시험에 임하는 자세, 시험 환경 등 인위적인 요인에 따라 크게 달라진다.

인위적인 요인을 제거한 정상적인 조건에서 표준관입시험을 수행할 경우 N-값의 가장 큰 영향요인은 해머의 타격 에너지 비라고 할 수 있으며, 이 외에 시추공 바닥면 상태, 샘플러의 위치, 시추공 내 지하수위, 슈의 상태, 롯드의 무게, 라이너 및 볼 밸브 유무, 관입지반의 배수 조건, 상재압력의 영향을 받는다.

이 중 가장 큰 영향요소인 해머의 에너지 수준에 대하여 살펴보자. 해머의 타격 과정을 단계별로 구분하여 살펴보면, 타격 지점(앤빌)으로부터 76cm 위에 있는 해머의 위치에너지 $E_{n100\%}$는 해머가 낙하하면서 낙하거리, 마찰 등에 의해 롯드(앤빌) 타격 직전에 E_h로 바뀌고 롯드를 타격하는 순간에는 E_r로 변화되어 압축파의 형태로 샘플러에 전달된다(그림 2.34). 따라서 실제 샘플러의 관입에 관여하는 에너지는 롯드에 직접 전달되는 E_r이 되며, 이때 발생하는 충격파는 이후 롯드 상단과 샘플러를 오가며 인장과 압축을 반복하며 감쇠되는 복잡한 과정을 거치게 된다.

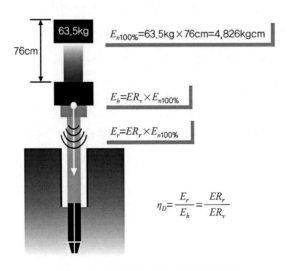

$E_{n100\%}$=63.5kg×76cm=4,826kgcm

$E_h = ER_v \times E_{n100\%}$

$E_r = ER_r \times E_{n100\%}$

$$\eta_D = \frac{E_r}{E_h} = \frac{ER_r}{ER_v}$$

그림 2.34 SPT에서 해머 에너지의 변화

해머 타격으로 발생하는 응력파의 거동을 시간에 대해 나타낸 그림 2.35에서 A 영역은 1차 압축파의 전달을 나타내며, B점은 샘플러에서 반사된 인장파가 롯드 상부에 도달하는 시점(tension cutoff)이 된다. 1차 압축파의 첨두에서부터 B점까지 소요시간은 해머 타격 시 충격파가 롯드 상단에서 샘플러 하단까지 전파되었다가 다시 롯드 상단까지 돌아오는 데 걸리는 시간이며, 롯드 길이 L과 롯드 내 파의 전달속도 c를 이용하여 나타낼 수 있다. 롯드에 전달되는 해머의 낙하에너지 E_r은 장비의 종류, 특성, 작동방식은 물론이고 시험자의 숙련도, 신체 상태, 작업 환경 등에 따라서 달라지며, E_r이 커질수록 N-값은 선형적으로 감소하는 것으로 알려져 있다. 그러므로 원래의 이론적 에너지($E_{n100\%}$)에 대한 롯드 전달에너지(E_r)의 비로 표현되는 에너지 효율 ER_r은 N-값의 합리적 산정을 위해 매우 중요한 고려사항이 된다.

1970년대 후반부터 SPT의 에너지 효율에 대한 연구가 집중적으로 시작되었는데, Schmertmann (1978), Kovacs와 Salomone (1982), Seed 등(1985), Riggs(1986), Skempton(1986), Bowles(1988), Clayton(1990), Robertson과 Woeller(1991) 등이 많은 성과를 이루어냈다. 국외의 관련 연구 및 그 결과 측정된 해머 에너지 비를 표 2.12 및 2.13에 정리하였다.

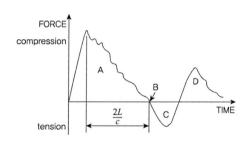

그림 2.35 해머 타격 시 하중-시간 파형

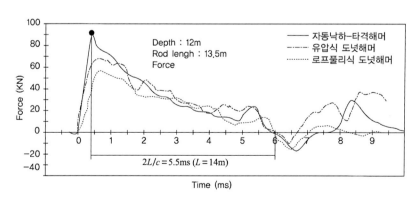

그림 2.36 롯드로 전달되는 응력파 측정 사례(한국도로공사, 2001)

표 2.12 미국에서 롯드의 평균에너지 비(2종류 해머, 앤빌, 로프 2회 감음)

도넛해머		안전해머		비고	참고문헌
ER_r(%)	시험횟수	ER_r(%)	시험횟수		
53	4	72	9	실내시험	Kovacs & Salomone(1982)
48	8	52	9	현장시험	Kovacs & Salomone(1982)
–	–	55	24	–	Schmertmann & Palacios(1979)
–	–	52	5	–	Schmertmann & Palacios(1979)
48	23	–	–	N=15~45	Robertson et al.(1983)
43	8	62	8	–	Robertson et al.(1983)
45	–	55	–	현장시험	–

표 2.13 해머 종류에 따른 롯드에너지 비의 변화(외국 자료)

나라	해머 종류	낙하 방식	롯드의 평균에너지 비 ER_r(%)	출처
아르헨티나	도넛	로프-풀리(R-P)	45	Seed et al.(1985)
브라질	핀형	손으로 낙하	72	Decourt(1989)
중국	자동	트립	60	Seed et al.(1985)
	도넛	손으로 낙하	55	Skempton(1986)
	도넛	R-P	50	Seed et al.(1985)
콜롬비아	도넛	R-P	50	Decourt(1989)
일본	도넛	톰비	78~85	Seed et al.(1985) Riggs(1986)
	도넛	R-P(자아틀 2회 감음) +특수 장치	65, 67	Seed et al.(1985) Skempton(1986)
영국	자동	트립	73	CRI. Clayton(1990)
미국	안전	R-P(자아틀 2회 감음)	55~60	Seed et al.(1985) Skempton(1986)
	도넛	R-P(자아틀 2회 감음)	45	Seed et al.(1985)
베네수엘라	도넛	R-P	43	Decourt(1989)

표 2.14 해머의 에너지 효율에 대한 국내 연구 결과 개요

연구자	해머	효율(%)	비고
박용원 등(1993)	도넛	52	동적효율(η_d) 가정, η_d=0.78
박용원 등(1994)	도넛	50	동적효율(η_d) 가정, η_d=0.78
	자동	59	동적효율(η_d) 가정, η_d=0.78 (자동트립해머)
이호춘 등(1996)	도넛	46.2	동적효율(η_d) 실내실험·수치해석, η_d=0.72
	자동	54	동적효율(η_d) 실내실험·수치해석, η_d=0.72
이우진 등(1998)	도넛	39.2	롯드에너지 전달율(ER_r) 직접측정
	안전	65.8	롯드에너지 전달율(ER_r) 직접측정
	자동	54.7	롯드에너지 전달율(ER_r) 직접측정
조성민 등 (2001, 2002) 한국도로공사 (2000, 2001, 2002)	국내에서 사용 중인 8종류의 장비에 대하여 해머형태, 낙하방식, 시험조건 등에 따라 롯드 에너지 전달률(ER_r)과 속도에너지 전달률(ER_u)을 직접 측정하여 분석하고 동적효율을 산정함		

최근의 국내 연구에서는 기존 연구 성과들에도 불구하고 우리나라 현장에서는 장비별로 측정값의 편차가 매우 크기 때문에 장비 종류별로 일률적인 효율을 적용하는 것은 합리적이지 못하다. 수동식 장비의 경우 조사 시마다 에너지효율을 측정하여 확인하는 것이 필요하고, 궁극적으로는 장비의 자동화 및 시험 환경의 개선이 선행되어야 할 것으로 지적되고 있다(조성민 등, 2002 ; 한국도로공사, 2001 ; 2002). 또한 응력파를 측정하는 방법과 적분방법에 따라서도 에너지 비가 다르게 산정될 수 있음도 확인되었다.

2.2.6.4 N-값의 보정

앞에서 살펴본 바와 같이 N-값에 미치는 영향요인은 매우 다양하여 이들을 충분히 반영하기란 쉽지 않다. 그러나 설계의 내실화와 최적화를 위해서는 일부 영향요인에 대한 고려가 불가피하며, 이를 위해서 각 영향요인에 대한 N-값의 보정(corrections)이 필수적이다. N-값 보정의 원칙은 다음과 같다.

• 해머의 타격 에너지 효율(에너지 비)에 대한 보정은 반드시 포함
• 국내에서 검증되지 않은 항목에 대해서는 보정 유보
• 적용 대상 설계법, 경험식에 따라 보정의 필요성을 사전 판단

N-값 보정 항목은 다양하나 일반적으로 가장 큰 영향인자인 해머 종류별 에너지 효율을 포함하여, 유효상재하중, 롯드 길이, 샘플러 종류, 시추공 직경 등 5가지가 대표적이다. 이 경우 보정식은 다음과 같다.

$$N' = N \times C_N \times \eta_1 \times \eta_2 \times \eta_3 \times \eta_4 \tag{2.29}$$

여기서, N' : 보정한 N-값

N : 각 장비별 표준관입시험 결과

C_N : 유효응력에 대한 보정

η_1 : 해머의 에너지 효율 보정계수

η_2 : 롯드길이 보정계수

η_3 : 샘플러 종류에 대한 보정계수

η_4 : 공경에 대한 보정계수

장비의 에너지 효율이 정해지면 그때의 보정계수는 에너지 효율과 N-값이 선형 관계를 유지한다는 연구 결과를 바탕으로 다음과 같이 구할 수 있다.

$$\eta_1 = \frac{\text{사용한 해머의 에너지 비}}{60} \tag{2.30}$$

유효상재하중에 대한 보정은 시험 위치의 유효상재압력을 1kg/cm^{2}에 대한 값으로 다음 식 (Liao and Withman, 1986)과 같이 보정한다. 이 부분 보정은 N-값을 이용하여 액상화 평가를 하는 경우 외에는 생략하는 것이 적절할 수도 있다.

$$C_N = \left(\frac{1}{\sigma_v{}'} \right)^{(1/2)} \tag{2.31}$$

여기서, $\sigma_v{}'$: 시험위치의 유효상재압력(kg/cm^2)

한편, Skempton(1986)이 제안한 유효상재압력에 대한 보정계수는 다음과 같다.

$$C_N = \frac{2}{1 + \dfrac{\sigma_v{'}}{95.6}} \quad \text{(중간 정도 상대밀도의 세립질 모래)} \tag{2.32}$$

$$C_N = \frac{3}{2 + \dfrac{\sigma_v{'}}{95.6}} \quad \text{(조밀한 조립질 모래)} \tag{2.33}$$

$$C_N = \frac{1.7}{0.7 + \dfrac{\sigma_v{'}}{95.6}} \quad \text{(과압밀된 세립질 모래)} \tag{2.34}$$

기타 보정계수들은 다음과 같다.

표 2.15 롯드 길이에 따른 보정계수(Skempton, 1986)

앤빌 아래의 롯드 길이(m)	보정계수(η_2)
3~4	0.75
4~6	0.85
6~10	0.95
> 10	1.00

표 2.16 샘플러 종류별 보정계수(Skempton, 1986)

샘플러 종류	효율(η_3)
라이너가 없는 경우	1.2
라이너가 있는 경우	1.0

표 2.17 시추공의 직경에 따른 보정계수(Skempton, 1986)

굴착홀 직경(mm)	효율(η_4)
65~115	1.00
150	1.05
200	1.15

2.3 시공 중 조사

2.3.1 확인지반조사의 필요성

시공 중 조사는 확인지반조사라고도 하며, 하중조건 및 환경변화에 따른 지반의 공학적 특성 변화를 확인하기 위하여 시공 중에 실시하는 지반조사를 총칭한다. 통상적으로 사용하는 '확인 보링'은 일본에서 사용하던 'チェックボーリング(소위 check boring)'에서 파생된 용어로서 조사의 성격과 방법을 감안할 때 적절한 표현이 아니므로 가급적 사용을 지양한다.

포화된 점성토층으로 구성된 연약지반에서 원지반 상태에서는 지지할 수 없는 정도의 큰 성토체 하중을 안정적으로 재하하기 위해서는 선행재하공법이나 압밀촉진공법을 적용하고 단계적으로 성토와 방치를 반복하여 성토하중에 의한 하부지반의 압밀로 유발되는 비배수 전단강도(c_u)의 증가를 도모해야 한다. 시공관리에서는 하부지반의 강도 증가 여부 및 그 크기를 파악하고 다음 단계 공정의 진행 가능성을 평가하는 것이 매우 중요한 과정이 되며, 이는 적절한 방법을 이용한 확인지반조사를 통해 가능하다. 연약지반 단계성토 설계 시 강도 증가율에 해당하는 정규화 전단강도(normalized shear strength)는 설계 당시 소성지수(PI)나 삼축압축시험 결과를 통해 산정한 값을 적용하는 데 조사 수량과 방법의 한계, 현장 하중조건의 차이 및 시공조건의 상이성 때문에 그 신뢰성이 매우 낮으므로 시공 중 지반개량에 의한 강도 증가 및 기타 공학적 특성의 변화를 반드시 확인해야 한다.

시공 중에 실시하는 조사의 필요성을 정리하면 다음과 같다.

- 지반의 불확실성 최소화 및 설계 시 지반조사 성과의 한계 극복
- 정보화 시공 도모
- 특히, 연약지반에서는 시공 중 상부구조물 및 하부지반의 안정성 유지를 위하여 '지반개량에 의한 지반의 전단강도 증가 확인'이 필수적임
- 문제 발생 시 신속한 대책 수립에 기여
- 하부 지반의 전단파괴 방지를 통해 경제적 시공에 기여

연약지반공학을 다루는 국내외 주요 기술서적, 교재 등에서 확인지반조사의 당위성을 강조하고 있다. 우리나라에서는 선진적인 지반개량공법이 적용되기 시작한 1980년대 초·중반의

광양만 개발사업 시부터 일본 기술진 등의 영향을 받아 확인지반조사를 본격적으로 도입하였는데, 당시 지반개량 이전과 샌드드레인 타설 직후, 그리고 모래기둥 타설 후 일정 시간이 경과하여 압밀도가 50% 및 90%에 도달한 시점마다 확인지반조사(일본기술진이 다수 참여한 당시는 check boring이라 부름)를 실시한 기록이 있다(포항종합제철주식회사, 1986). 현재는 발주처를 불문하고 국내에서 진행되는 대부분의 연약지반 구간 건설공사의 특별시방서 등에서 확인지반조사 실시를 규정하고 있으나 확인지반조사에 대한 상위 시방서 및 기준의 구체적인 규정 항목이 없으며, 설계 시 조사비용이 누락되거나 불충분한 경우도 상존한다.

2.3.2 실시 기준

연약지반 구간에서 지반개량과 단계성토를 통해 성토체 또는 구조물을 시공하는 공사에서는 성토 단계별로 하부지반의 강도증가 및 기타 공학적 특성의 변화를 파악하기 위한 '확인지반조사'를 실시해야 한다. 우리나라 고속도로의 경우 조사시기와 위치에 대한 기준은 표 2.18과 같다. 조사성과는 즉각 분석하여 대상 지반의 전단강도 등 공학적 특성의 변화를 파악하여야 하며, 조사결과를 바탕으로 차기 공정진행에 대비한 안정해석 등을 실시해야 한다. 사방법은 현장시험과 실내시험 중에서 선택하거나 서로 조합하여 실시하며 표준관입시험은 단독으로 적용하지 않는 것이 좋다.

표 2.18 확인지반조사 위치와 시기

구간	조사 시기	조사 위치
토공부	• 성토 이전[1] • 성토 단계별[2] • 포장체 시공 이전[3]	• 설정한 구간별로 1개소 이상(대표 단면 활용 가능)
구조물부[4]	• 터파기 이전[5]	• 교량의 경우 교대 설치 위치 • 기타 구조물의 경우 중앙부

[1] 실시설계 당시 구간별로 충분한 조사가 진행된 경우는 생략 가능
[2] 단계 성토 후 일정기간 방치한 상태(**가급적 추정압밀도가 80% 이상일 때**)에서 실시하며, 소정의 강도증가가 확인되지 않을 경우는 일정기간 경과 후 재조사 실시
[3] 최종단계 성토 후 조사결과를 바탕으로 포장 및 교통하중에 대한 안정성 분석이 완료된 경우는 생략 가능
[4] 교량을 기준으로 하며, 현장 여건상 필요할 경우에는 횡단통·수로암거 등을 포함할 수 있음
[5] 구조물부에서는 선행재하 후 일정 기간 방치한 상태(**가급적 추정압밀도가 80% 이상일 때**)에서 터파기 실시 이전에 실시하며, 소정의 강도증가가 확인되지 않을 경우는 일정 기간 경과 후 재조사 실시

표 2.19 확인지반조사 실시 기준(한국도로공사)

시험		장점	단점	추천
원위치 시험	표준관입 시험 (SPT)	• 국내에서 보편화된 시험 • 비교적 신속하고 간단하게 수행할 수 있음 • 시험 장비 확보가 쉬움	• SPT는 당초 사질토층을 대상으로 한 시험이므로, 점성토층에는 적합하지 않음 : 비배수강도 산정의 신뢰성이 매우 낮음 • 별도의 시추공 굴착 필요 • 해머 에너지효율 등 시험영향요인이 많음	★
	현장베인 전단시험 (FVT)	• 점성토의 원위치 비배수강도 산정에 가장 적합한 시험법임 : 전동식 장비 사용 권장 • 시험 및 결과 분석 과정이 비교적 간단함	• 장비와 시험조건에 따라 결과의 편차가 크게 발생할 수 있으며, 산정한 비배수강도가 소성지수에 영향을 받음 • 별도의 시추공 굴착 필요(또는 압입장비 필요)	★★★
	피에조콘 관입시험 (CPT, CPTU)	• 지층의 연속적인 분포와 포괄적인 특성 파악에 매우 유리함 : 세계적으로 연약지반 시공관리에 널리 사용하고 있음 • 지층 전 두께를 대상으로 조사가 가능함 • 시험이 매우 신속함 • 과잉간극수압 소산시험이 가능하므로 압밀특성 평가, 또는 투수성 분석에 활용할 수 있음	• 시험 장비가 대체로 고가이며, 국내에 10여 대가량 사용 중임 • 표준시험 단가 미정 • 암성토를 진행한 경우 콘 관입 불가 : 암성토 구간은 조사 예정 위치의 반경 5m 이내에 한하여 토사 성토 실시 필요	★★★★
실내 시험	일축압축 시험 (UC)	• 비교적 신속하고 간단하게 수행할 수 있음 • 대학을 중심으로 시험 장비가 많이 보급되어 있음	• 별도의 시추 및 불교란 시료 채취 장비가 필요함 • 채취 및 운반, 성형 과정에서 시료가 교란될 가능성이 높음(이 경우 현장의 원위치 강도 변화 평가 곤란)	★★
	삼축압축 시험 (TXC)	• 구속압을 이용하며, 압밀, 배수 조건을 조절할 수 있어, 지중응력 상태를 비교적 잘 모사할 수 있음 • 시험기법에 따라 교란효과를 적절하게 보정할 수 있음 • 대학을 중심으로 시험 장비가 많이 보급되어 있음	• 별도의 시추 및 불교란 시료 채취 장비가 필요함 • 채취 및 운반, 성형 과정에서 시료가 교란될 가능성이 높음(이 경우 현장의 원위치 강도 변화 평가가 곤란)	★★★

* 상기 시험법들과 동등 이상의 효과를 갖는 다른 시험 기법으로 대체하여 적용할 수 있음

그림 2.37은 서해안고속도로 건설공사 현장(연직배수공법 적용)에서 CPT를 활용한 확인지반조사를 통해 연약지반 구간의 성토 시공관리를 수행한 사례로서 성토 단계별로 압밀에 인한

지반의 강도증가 여부를 쉽게 판별할 수 있으며, 콘 관입 저항력을 바탕으로 강도 변화량을 평가하여 시공관리에 활용하였다.

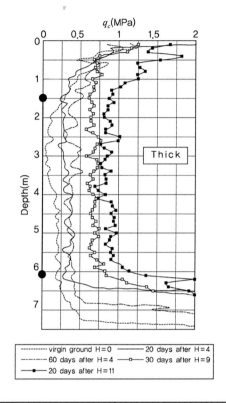

위치		○○ 구간
연약층 두께		9~11m
현재 성토고		9m
S_u	현재	40~60kPa
	개량 전	5~10kPa
	목표강도 달성률*	> 90%

위치		○○ 구간
연약층 두께		10~12m
현재 성토고		8~9m
S_u	현재	30~43kPa
	개량 전	5~12kPa
	목표강도 달성률*	> 85%

$$S_u = \frac{q_c - \sigma_{vo}}{N_k}$$

σ_{vo} : 총연직응력
N_k : 콘지수(15로 가정)

* 현 성토고에 대해서 $S_u/p' = 0.25$, 100% 압밀도를 가정하여 계산한 강도증가분에 대한 비율로서, 실제와 차이가 있을 수 있음

그림 2.37 CPT를 이용한 확인지반조사 사례(한국도로공사)

그림 2.38은 동압밀공법으로 개량한 점성토 지반의 확인조사 사례(Woeller 등, 1995)이며, 그림 2.39는 심층다짐공법으로 개량한 사질토 지반의 확인조사 사례(Mitchell & Solymar, 1984)이다.

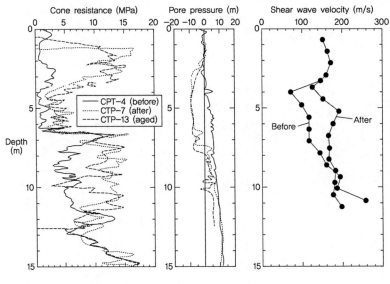

그림 2.38 동압밀공법 적용 시 확인지반조사 결과

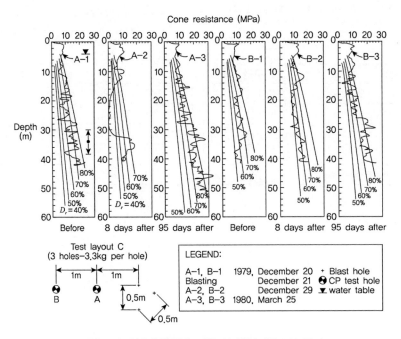

그림 2.39 심층혼합공법 적용 시 확인지반조사 결과

연약지반 구간 건설공사에서 계측 관리는 하부지반과 성토체 거동관찰을 통해 합리적인 시공을 도모하기 위한 또 하나의 필수적인 과정이다. 잘 알려진 바와 같이 계측 관리는 크게 '안정관리'와 '침하관리'로 구분할 수 있다.

계측 관리를 통해 시공 도중 지반의 변위(지중횡변위, 침하 등)와 간극수압을 관찰하고, 이들 측정값을 이용하여 지반의 안정성을 평가하거나 장기적인 침하량을 예측할 수 있다. 간극수압 관측과 침하량 예측을 통해 현재 지반의 압밀도 산정이 가능하며, 간접적인 방법으로 매우 대략적인 전단강도를 추정할 수 있다.

그러나 계측 관리만으로는 지반의 전단강도나 기타 지반정수를 실질적으로 평가할 수 없으며 이는 오로지 적절한 지반조사 방법을 통해서만 가능하다.

반대로 확인지반조사만으로 연약지반의 거동 양상을 분석하거나, 특히 침하량을 예측하거나 압밀도를 추정하는 데에는 명백한 한계가 있다.

따라서 연약지반상의 건설공사 시에는

① 확인지반조사에 의한 지반개량 효과 확인 및 지반정수 산정,
② 계측 관리에 의한 지반의 거동특성 분석 및 안정·침하관리와 침하량 예측(압밀도 평가)
    을 병행하는 최선이다.

| 참고문헌 |

이선재(1997), 피에조콘을 이용한 국내지반의 공학적 특성연구, 서울대학교 대학원 박사학위 논문, p.157.

장인성(2001), 'CPTu와 SBPT로부터 구한 점성토의 강도 및 압밀특성', 서울대학교 대학원, 박사학위 논문, p.128.

조성민, 정종홍, 김동수, 이우진(2001), '표준관입시험시 롯드에 전달되는 해머의 낙하에너지 평가 1', 한국지반공학회 2001년 봄 학술발표회 논문집, pp.469~476.

조성민, 정종홍, 이우진, 김동수(2002), '표준관입시험시 롯드에 전달되는 해머의 낙하에너지 평가 2', 한국지반공학회 2002년 봄 학술발표회 논문집, pp.71~78.

포항종합제철주식회사(1986), 광양제철소 1기 연약지반 개량공사 침하안정관리종합보고서, p.21.

한국도로공사(2000, 2001, 2002), 표준관입시험 활용법 개선 연구, 도로연구소 연구보고서.

한국지반공학회(2003), 『지반조사 결과의 해석 및 이용』, 구미서관.

ASTM(2001), "Standard Test Method for Performing the Flat Plate Dilatometer", Approved Draft.

Bjerrum, L.(1974), "Problems of Soil Mechanics and Construction on Soft Clays", Norwegian Geotechnical Instiute, Publication NO.110, Oslo.

Lunne, T., Robertson, P. K., & Powell, J. J. M.(1997), Cone penetration testing in geotechnical practice, Blackie Acadamy.

03
—
다짐공법

다짐공법

3.1 다짐원리

부지를 조성하거나 도로 및 제방 등을 시공할 때 롤러를 이용하여 지반을 다지는 광경을 쉽게 찾아 볼 수 있는데, 이 공정을 통해 지반 강도와 지지력을 증가시키고 동시에 투수성을 감소시켜 지반의 과도한 침하, 동상(frost heave) 등과 같은 부적절한 부피변화를 억제하는 효과를 얻을 수 있다. 이와 같은 공정을 다짐(compaction)이라고 한다. 흙의 다짐도는 흙의 종류, 다짐에너지, 함수비에 따라 변화하게 되며, 실내시험을 통해 해당 흙의 최대 건조단위중량(r_{dmax})과 현장에서 채취한 흙의 건조단위중량(r_d)의 비로 표시할 수 있다.

흙의 다짐 특성을 파악하기 위해서는 해당 흙에 대한 실내다짐시험을 수행하여 흙의 다짐 곡선을 구하고, 이 곡선을 통해 최대 건조단위중량(r_{dmax})을 구해야 한다. 실내다짐시험 방법은 1933년 미국 엔지니어인 Proctor가 그의 이름을 딴 표준다짐시험(Standard Proctor Test)을 제안하였으며, 그 후 수정다짐시험(modified Proctor test)이 개발되어 사용되고 있다. 우리나라 한국산업규격에 제시된 실내다짐시험 방법에는 표 3.1과 같이 래머 무게, 낙하 높이, 매층당 타격횟수, 층수, 몰드 크기 등에 따라 총 5가지가 제안되어 있는데, A, B 방법은 표준다짐시험이고 C, D, E 방법은 수정다짐시험이다.

표 3.1 한국산업규격 실내다짐시험 종류

방법	래머무게(kg)	낙하높이(cm)	매층당 타격횟수	층수	몰드 부피(cm³)	허용최대입경(mm)
A	2.5	30	25	3	1000	19.0
B	2.5	30	55	3	2200	37.5
C	4.5	45	25	5	1000	19.0
D	4.5	45	55	5	2200	19.0
E	4.5	45	92	3	2200	37.5

다짐에너지란 단위 체적당 흙에 가해지는 에너지를 말하는데, 다짐에너지 E_c는 식 (3.1)에 의해 계산할 수 있다. 식 (3.1)을 사용하여 다짐에너지를 계산하면 수정다짐시험이 표준다짐시험에 비해 다짐에너지가 4.5배 더 큰 것을 알 수 있다.

$$E_c = \frac{W \cdot h \cdot n_l \cdot n_b}{V} \tag{3.1}$$

여기서, W : 래머 무게

h : 래머 낙하높이

n_l : 다짐 층수

n_b : 각 층당 다짐 횟수

V : 몰드 부피

주어진 에너지로 함수비를 바꿔가며 다짐시험을 실시하면 그림 3.1과 같은 함수비-건조단위중량 관계곡선을 얻을 수 있는데, 이것을 다짐 곡선이라고 부른다. 그림과 같이 함수비가 증가함에 따라 건조단위중량은 증가하다가 어느 함수비 이상이 되면 건조단위중량은 감소하며 흙이 가장 잘 다져지는 함수비가 존재한다. 다짐 곡선에서 최대 건조단위중량(r_{dmax})이 얻어질 때의 함수비를 최적함수비(optimum water content, w_{opt})라고 하며, 최적함수비를 중심으로 함수비가 작은 쪽을 건조 측, 큰 쪽을 습윤 측이라고 한다. 최적함수비는 다짐에너지 크기에 따라 변하는데, 그림 3.2와 같이 다짐에너지가 커질수록 최적함수비는 감소하고 최대 건조단위중량은 증가한다. 한편, 그림 3.3과 같이 일반적으로 조립토는 세립토에 비해 동일한 다짐에너지 조건에서 더 큰 최대 건조단위중량을 나타낸다.

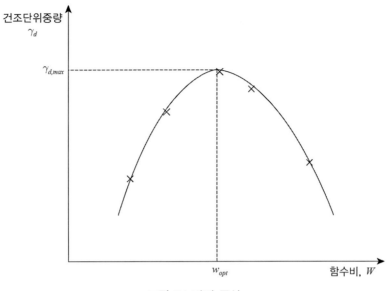

그림 3.1 다짐 곡선

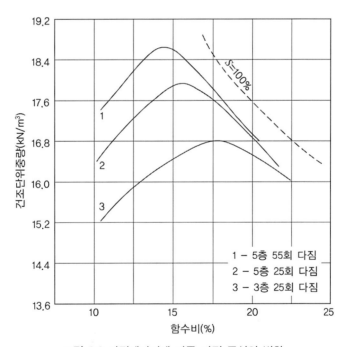

그림 3.2 다짐에너지에 따른 다짐 곡선의 변화

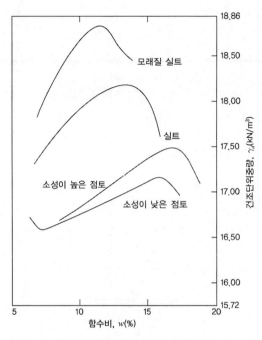

그림 3.3 흙의 종류에 따른 다짐 곡선(ASTM D-698)

최적함수비의 개념은 세립분이 포함되지 않은 깨끗한 모래나 자갈에는 적용할 수 없다. 즉, 점성이 없는 깨끗한 모래에 대해 다짐시험을 실시하면 그림 3.4와 같은 곡선이 얻어진다. 이와 같은 이유는 함수비가 작을 때 다짐을 실시하면 흙 입자 사이의 마찰저항과 물에 의한 모관장력으로 저항력이 증가하여 건조단위중량이 오히려 떨어지고, 물을 증가시키면 모관장력이 없어짐에 따라 단위중량이 처음의 단위중량과 비슷하거나 약간 더 커지기 때문이다.

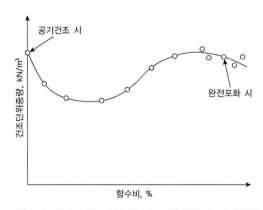

그림 3.4 모래에서의 함수비 – 건조단위중량 관계곡선

점성토의 경우에는 다질 때의 함수비에 따라 입자의 배열이 달라진다. 최적함수비를 기준으로 건조 측에서 다지게 되면 흙 입자가 엉성하게 엉키는 면모구조를 이루게 되고, 습윤 측에서 다지게 되면 입자가 서로 평행하게 배열되는 이산구조를 이루게 된다. 이와 같이 점성토는 함수비에 따라 흙의 구조가 달라지기 때문에 다짐 목적에 따라 흙을 건조 측 또는 습윤 측으로 함수비를 조절하여 다짐시험을 수행해야 한다. 즉, 흙의 강도 증진을 목적으로 하는 경우에는 최적함수비의 건조 측으로 다짐을 수행하는 것이 좋으며, 흙댐의 심벽처럼 차수가 목적이라면 습윤 측으로 다짐을 수행하면 더 작은 투수계수를 얻을 수 있다.

3.2 표층다짐

3.2.1 표층다짐장비

현장에서 사용되고 있는 표층다짐장비로는 크게 롤러(roller), 진동식 다짐기계(vibration type compaction), 충격식 다짐기계(impact type compaction) 등으로 분류할 수 있다. 다짐장비 선정에서 가장 중요한 요소는 흙의 종류이며 그 밖에 초기함수비, 입도분포, 공사종류도 영향을 미친다. 일반적으로 흔히 사용되고 있는 장비는 강륜 롤러(smooth-wheel roller), 양족 롤러(sheepsfoot roller), 고무 타이어 롤러(rubber-tired roller) 등이며, 진동식 다짐기계에는 진동콤팩터(vibrating plate compactor), 진동 롤러(vibration roller) 등이 있다(그림 3.5 참조). 충격식 다짐기계에는 래머(rammer)와 탬퍼(tamper)가 있는데, 롤러 등의 전압기계 사용이 불가능한 비교적 좁은 면적을 다지는 데 사용된다.

(a) 강륜 롤러

(b) 양족 롤러

(c) 고무 타이어 롤러

(d) 래머

그림 3.5 표층다짐 장비

그림 3.6은 점토, 모래, 자갈·모래·점토 혼합재료에 대해 강륜 롤러로 32회 운행시켜 진동을 가했을 때와 가하지 않았을 때의 효과를 비교한 것이다. 그림처럼 진동을 가하면 정하중에 비해 다짐효과가 커지는 것을 알 수 있다.

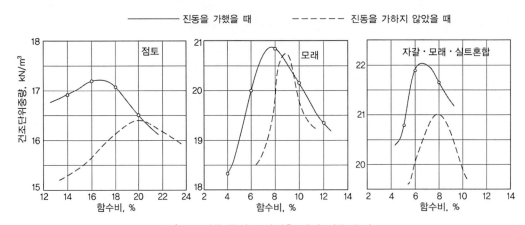

그림 3.6 강륜 롤러로 다졌을 때의 진동 효과

여러 가지 표층다짐장비로 흙을 다질 때 적당한 다짐층 두께를 결정하는 일은 매우 중요하다. 다짐층이 너무 두꺼운 경우에는 다짐효과가 떨어지기 때문이다. 따라서 다짐을 실시할 때에는 시험다짐을 통해 주어진 조건에 대한 깊이별 다짐효과를 확인한 후 1회 성토 두께를 결정할 필요가 있다. 기존의 연구결과에 의하면 다짐효과는 함수비나 성토 두께에 관계없이 깊이가 깊어질수록 줄어드는 것으로 알려져 있다. 그림 3.7(a)는 양족 롤러시험다짐을 실시한 결과이고, 그림 3.7(b)는 시험 결과에 따라 최소 허용 상대밀도 75%를 만족시키기 위해 1회 성토 두께를 45cm로 결정한 것을 나타낸 것이다. 실제 다짐 시에는 먼저 다짐이 수행된 층은 이 후에 시공되는 층 다짐에 의해 추가로 다져질 수 있으므로 그림 3.7에 나타낸 결정된 다짐두께보다 크게 할 수도 있다.

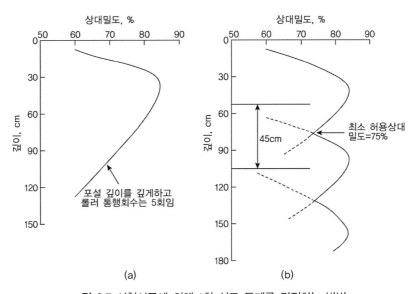

그림 3.7 시험시공에 의해 1회 성토 두께를 결정하는 방법

3.2.2 표층다짐도 검사기법

표층다짐도 검사는 각 다짐층에 대한 설계 값 만족 여부를 판단하기 위해 수행하는 것으로써, '다짐도(degree of compaction)'로 평가하는 것이 일반적이다. 국내에서는 현장밀도측정시험, 평판재하시험 등을 주로 사용하고 중요한 구조물에 대해서는 방사성동위원소 측정법(RI법) 등을 사용하기도 한다.

다짐도는 다짐 후 채취한 흙의 건조단위중량(r_d)과 해당 흙을 실내다짐시험을 통해 구한 최대 건조단위중량(r_{dmax})의 비로 정의할 수 있으며, 다짐 작업 중 밀도관리의 기준이 된다. 따라서 현장 지반의 단위중량을 측정하거나 추정하는 과정이 다짐관리의 핵심이 된다.

(1) 현장밀도시험

현장에서 다짐한 흙의 건조밀도를 평가하기 위한 현장밀도시험(field density test)으로는 KS F2311에 정의된 '모래 치환법에 의한 흙의 단위중량시험방법'이 대표적이다(그림 3.8 참조). 이 방법은 시험의 절차와 원리가 간단하나 함수비 등의 측정에 많은 시간이 소요되고, 시험 수행 시 개인 오차가 포함될 가능성이 있는 단점이 있다.

그림 3.8 모래치환에 의한 현장밀도시험 모습

(2) 평판재하시험에 의한 방법

앞서 언급한 현장밀도시험법과 더불어 현장에서 다짐도 평가방법으로 가장 널리 활용되고 있는 방법은 평판재하시험(KS F 2310)이다. 평판재하시험은 그림 3.9에 나타낸 것과 같이 지반 위에 원형, 또는 정사각형의 강철판(재하판)위에 단계적으로 하중을 가해 얻은 하중-지반침하 관계에서 해당 지반의 지반반력계수와 극한 지지력을 구하는 시험이다. 평판재하시험으로는 지반의 다짐도를 직접적으로 얻을 수 있는 것이 아니라, 노상, 노반 등의 지지력 계수를 평가하여 지반의 다짐도를 평가하는 방법이다.

그림 3.9 평판재하시험

    도로에 대한 평판재하시험은 두께가 22mm 이상인 재하판을 이용하여 1, 4, 8, 15, 30, 45 분, … 간격으로 침하를 측정하는데, 15분간 0.01mm 이하의 침하가 생기거나 항복점이 나타날 때까지 시험을 진행한 후 다음 단계의 하중을 가한다. 평판재하시험에는 재하판, 유압잭, 다이얼 게이지, 침하량 측정장치, 재하대, 하중 등이 필요하다.

    시험 결과로 얻은 하중(P)-침하(s) 관계를 통해 지지력계수(지반반력계수)를 다음과 같이 산정할 수 있다. 지지지력계수는 재하판의 크기에 따라 달라진다. 다짐 작업 후 해당 토층에서 재하시험을 실시하여 주어진 침하량 범위에서 지지력계수가 기준값을 만족하는지의 여부로 다짐관리를 진행한다.

$$k = \frac{P}{A \cdot s} = \frac{p}{s} \, [\text{kN/m}^3] \tag{3.2}$$

여기서, P : 하중

       A : 재하판의 단면적

       p : 재하압력($= P/A$)

       s : 침하량

(3) 방사성동위원소를 이용하는 방법

    현장밀도시험과 평판재하시험 수행에 따른 시험 오차를 최소화하기 위한 대안으로 방사성동위원소(RI, Radio Isotope)를 이용하여 흙의 밀도와 함수비를 측정하는 방법이 활용되고 있다(그림 3.10 참조).

그림 3.10 RI 장비를 이용한 흙의 표층 밀도 측정

　　RI 장비에 의한 다짐밀도의 측정은 방사선원으로부터 방출된 감마선(gamma ray)과 대상 물질(흙)과의 상호작용(산란, 흡수, 투과 등)을 이용하는 방법으로, 흙의 밀도가 높아지면 이것을 통과한 감마선의 수는 지수 함수(exponential function)적으로 감소하는 특성을 이용하는 것이다. 또 지반 내의 함수비는 방사선원으로부터 방출된 속중성자가 지반 내부를 투과하면서 지반 내에 포함된 물의 수소원자와 충돌하여 그 에너지를 잃고 열중성자로 감속되는 원리를 이용하여 측정 가능하다. 일반적으로 밀도와 함수비는 동시에 측정되며 다짐도는 실내 다짐시험의 최대 건조밀도를 이용하여 구한다.

　　이 방법은 1950년대 이후 미국과 일본을 중심으로 개발되어 보급되고 있으며, 국내에서도 고속도로 일부 구간과 핵발전소 건설부지 등 중요한 부지 조성 공사의 다짐도 측정방법으로 사용하고 있다. 이 방법은 기존의 현장밀도시험방법에 비해 오차가 작고 시험 속도가 빠른 장점이 있으며, 시추공에 삽입하여 연속적으로 밀도를 측정할 수도 있어 표층의 밀도뿐만 아니라 지반 전체 심도의 밀도를 측정할 수 있는 장점이 있다. 지반의 밀도 검층의 탐사반경은 방사선 선원과 감마선 검출기와의 거리, 지층의 밀도 등에 따라 변하지만 일반적으로 시추공에서 약 20~30cm 정도인 것으로 알려져 있다.

(4) 지반의 반발력을 이용하는 방법

　　유럽, 미국, 일본 등의 선진국에서는 진동 롤러에서 발생하는 기진력과 이로 인해 발생하게 되는 지반의 반발력을 연속적으로 측정하여 지반의 다짐도를 간접적으로 평가하는 방법을 개발하여 중요 구조물에 대해 시험적으로 적용하고 있다. 특히, 롤러에서 측정한 지반의 연속적인 반발력과 GPS 데이터를 연동시켜 다짐을 수행한 전 지역에 대한 다짐도를 연속적으로 평가하는 연속다짐 평가 시스템들도 개발하여 사용하고 있다.

지반의 반발력을 이용하여 지반의 다짐도를 평가하는 방법은 일반적으로 진동 롤러 편심하중(eccentric mass)의 회전으로 인해 작용하는 원심력(F_C)과 진동드럼 자체 하중(F_D), 그리고 진동으로 인해 유발되는 지반의 반발력(F_R)의 관계식을 통해 구할 수 있다. 이를 식으로 나타내면 식 (3.3)과 같으며, 롤러의 진동으로 인해 발생하는 진폭은 측정된 가속도를 두 번 적분함으로써 구할 수 있다.

$$m_w \cdot \ddot{x}_w = m_w \cdot e \cdot \omega \cos \omega t - m_w \cdot g + F_R \tag{3.3}$$

여기서, m_w : 롤러 자중, m : 편심체 하중

$\quad\quad e$: 편심, x_w : 변위

$\quad\quad \omega$: 편심체 각속도, t : 시간, g : 중력가속도

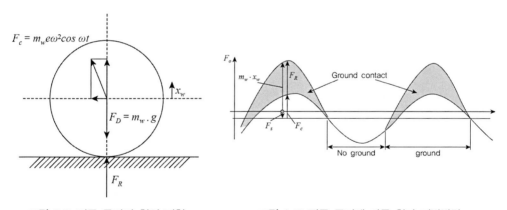

그림 3.11 진동 롤러의 힘의 평형　　　　　그림 3.12 진동 주기에 따른 힘과 지반반력

그림 3.12는 진동 주기에 따라 발생하는 힘과 이에 대한 지반의 반발력의 관계를 나타낸 것이다. 만약 진동롤러가 일정하게 진동을 가하게 되면, 고속 푸리에 변환(FFT, Fast Fourier Transform)을 이용하여 지반에서 발생되는 반발력의 크기를 측정하여 다짐도를 평가할 수 있다. 진동롤러의 진동주기에 따른 힘과 지반반력은 지반의 강성의 크기에 따라 달라지며, 여기에서 얻어진 진동 가속도 값에 대해 FFT를 적용하면 그림 3.13(b)와 같은 주파수 파워 스펙트럼을 구할 수 있다.

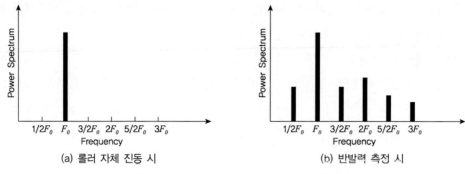

(a) 롤러 자체 진동 시   (b) 반발력 측정 시

그림 3.13 다짐에 따른 주파수 파워 스펙트럼

그림 3.13(b)에 나타낸 주파수 파워 스펙트럼 결과를 바탕으로 지반의 반발력을 이용하여 다짐도 평가방법을 최초로 제안한 스웨덴의 Geodynamik 사에서는 다짐도 평가지수로 식 (3.4)와 같이 CMV(CompactoMeter Value)의 사용을 제안한 바 있다.

$$CMV = (A4/A2) \times 300 \tag{3.4}$$

여기서, $A2 : F_0$ 해당 진폭, $A4 : 2F_0$ 해당 진폭
$\quad\quad\quad F_0 :$ 진동장치의 가진주파수 또는 기본진동수

(5) 기타 평가법

기존에 다짐도 평가방법으로 가장 많이 활용하고 있는 현장밀도시험이나 평판재하시험은 시험의 오차 발생 가능성과 시험 시간이 많이 소요된다는 단점이 있다. 또한 넓은 다짐 수행 지역에서 몇 곳만을 선택하여 시험을 수행한다는 단점도 있다. 최근에는 이러한 단점을 보완하기 위해 수분 내에 다짐도 평가를 수행할 수 있는 다른 평가법이 개발되고 있다.

대표적인 방법으로는 동적인 하중을 평판 위에 가하여 지반의 동탄성계수(E_{LFWD})를 평가함으로써 지반의 다짐도를 간접적으로 평가할 수 있는 동평판재하시험기가 있다. 동평판재하시험기는 원위치시험 장치인 평판재하시험의 대안으로 FWD(Falling Weight Deflectometer)를 유럽과 미국 등지에서 휴대용으로 개발한 것이다. 동평판재하 시험기는 디자인과 작동모드가 다양하나 작동원리는 매우 비슷하다. 일반적으로 동평판재하시험기는 그림 3.14와 같이 수 킬로그램의 추로 구성된 동적재하장치와 재하판, 그리고 중앙부의 처짐을 측정하는 지오폰 센서로 구성되어 있다.

그림 3.14 동평판재하시험

동평판재하시험기로 평가할 수 있는 동탄성계수(E_{LFWD})는 균일한 포아송비(ν)를 갖고 반무한체(Boussinesq elastic half space) 위에 일정한 하중이 재하되는 것으로 가정하고 식 (3.5)를 사용하여 구한다.

$$E_{LFWD} = \frac{2(1-\nu^2)\sigma \times R}{\delta_c} \tag{3.5}$$

여기서, σ : 적용된 응력, R : 재하판의 반경,
δ_c : 중앙 변위량, ν : 포아송 비

동평판재하시험과 더불어 동적 콘 관입시험(DCP, Dynamic Cone Penetration)으로도 다짐도를 간접적으로 평가할 수 있다. 원래 동적 콘 관입시험은 남아프리카에서 포장부의 현장평가를 위해 개발되었으나 그 후로 남아프리카, 영국, 오스트레일리아, 뉴질랜드, 그리고 캘리포니아, 플로리다, 일리노이, 미네소타, 캔사스, 미시시피, 텍사스 등 미국에서 포장층과 노반의 특성을 파악하기 위해 많이 사용되고 있다. 특히 미공병단에서도 많은 분야에 DCP를 적용한 바 있다. DCP의 장점은 현장에서 이용하기가 쉽고, 노반부의 현장 강도/강성 값을 최대 1m까지 연속적으로 측정이 가능한 것이다. DCP의 제원은 상부는 575mm 높이에서 8kg의 추를 떨어뜨릴 수 있도록 되어 있고, 하부는 끝부분이 60° 각도이며, 직경이 20mm인 교체 가능한 콘으로 구성되어 있다(그림 3.15 참조). 시험방법은 575mm 높이에서 추를 떨어뜨려 깊이에 대한 타격 회수를 기록한 후 관입속도(PR)를 계산한다.

많은 연구자들이 관입속도(PR)와 노상의 탄성계수 (E_S, MPa)에 대한 경험식을 제안하였는데, Pen(1990)은 노상의 탄성계수(E_S, MPa)와 PR(mm/blow)의 상관관계에 대한 경험식을 다음의 식 (3.6)과 식 (3.7)과 같이 정의한 바 있다.

$$Log\,(E_S) = 3.25 - Log\,(PR) \tag{3.6}$$

$$Log\,(E_S) = 3.652 - Log\,(PR) \tag{3.7}$$

이외에도 De Beer(1990)는 탄성계수와 DCP-PR의 경험적인 상관관계를 제안한 바 있다.

$$Log\,(E_S) = 3.05 - 1.07 Log\,(PR) \tag{3.8}$$

그림 3.15 동적 콘 관입시험(DCP, Dynamic Cone Penetrometer)

3.3 심층다짐

3.3.1 심층다짐장비

한꺼번에 수 m 두께의 많은 양을 성토하게 되는 준설 매립 현장의 경우에는 기존의 표층다짐장비를 활용만으로는 깊은 심도의 층 다짐이 불가능하다. 깊은 심도의 층을 다지기 위해서는 특별한 심층다짐장비가 필요하며 진동막대공법이나 바이브로플로테이션 방법 등을 사용하고 있다.

(1) 진동막대공법(vibratory probe method)

이 공법은 그림 3.16과 같은 개단 말뚝을 지반에 넣고 바이브로 해머를 이용하여 삽입과 추출을 반복함으로써 주로 느슨한 사질토를 다지는 방법이다. 진동막대의 길이는 설계 관입깊이보다 3~5m 더 길게 만들어 시공하는 것이 보통이며, 진동수 15Hz, 수직진폭 10~25mm의 진동막대를 많이 사용하고 있다. 1~3m 간격으로 1시간당 약 15지점을 시공할 수 있으며, 상부의 3~4m에서는 효과가 최저로 나타난다. 그림 3.17은 공법별 다짐의 정도를 비교한 것으로 진동막대공법은 바이브로플로테이션공법에 비해 개량효과는 다소 떨어지는 것으로 알려져 있다.

진동막대공법 등과 같은 진동을 이용한 심층다짐공법은 세립토 함량이 다짐도에 크게 영향을 미친다. 그림 3.18은 진동다짐공법에 의해 지반을 개량했을 때 개량 전후의 표준관입시험 결과를 비교한 것으로 세립토 함량이 커질수록 개량효과가 상당히 떨어지는 것을 알 수 있다. 특히, 세립토 함량이 20%가 넘으면 진동다짐공법에 의한 지반개량효과가 거의 없는 것으로 나타난 바 있다.

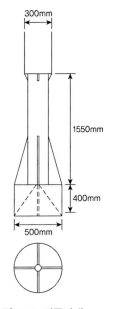

그림 3.16 진동막대

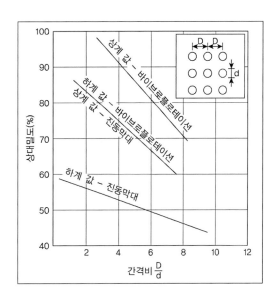

그림 3.17 공법별 다짐의 정도

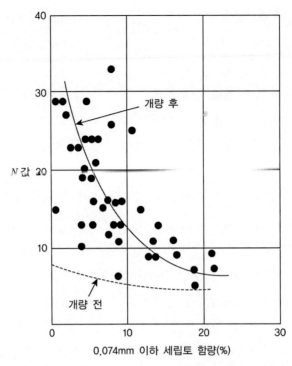

그림 3.18 진동다짐에 의한 지반개량 시 세립분 함량이 관입저항력에 미치는 영향(Saito, 1977)

(2) 바이브로플로테이션(vibroflotation)

이 공법은 막대형상의 바이브로플로트(vibrofloat)로 물을 분사하면서 동시에 수평방향으로 진동을 가하여 지중에 공간을 만들고 여기에 모래나 자갈을 채워 느슨한 사질지반을 개량하는 공법이다. 1920년대 독일에서 개발되었으며, 1940년대에 미국으로 전래된 이래 두 지역에서 계속 발전해왔다. 바이브로플로트는 보통 지름 350~450mm, 길이 5m이며 수직축에 대해 편심을 갖는 속이 빈 강관으로 되어 있어 수평방향의 진동을 줄 수 있다.

바이브로플로트는 분당 1~2m의 속도로 관입시킬 수 있으며 추출/다짐률은 보통 분당 0.3m이다. 진동과 소음은 작은 편이며, 살수를 위해 많은 물이 필요하고, 투수성이 나쁜 지반에는 적당하지 않다(그림 3.19 참조). 흙의 종류와 바이브로플로트의 힘에 따라 다르지만 보통 진동기로부터 1.5~4.0m 범위까지 흙을 다질 수 있다. 흙의 입경, 투수성, 진동에너지의 크기, 시공간격 및 배치형태, 다짐시간, 뒤채움재료, 그리고 기능공의 숙련도 등이 다짐효과에 영향을 미친다. 이 공법은 지하수 아래의 매우 느슨한 사질토 지반에 가장 적합하며, 자갈층, 조밀한 사질토층 또는 지하수위가 아주 낮은 곳에서는 바이브로플로트의 관입속도가 느려져 비경제적이며, 점토층이나 유기질흙이 많이 포함된 지반은 부적합하다.

이 공법은 보통 정삼각형 형태로 1.8~3m 간격으로 다짐하는 것이 가장 효과적인 것으로 알려졌다. 한편, 뒤채움에는 15~40mm의 쇄석이나 모래를 사용하며, 다음의 적합성 계수 (SN, Suitability Number)로 뒤채움 재료로서의 적합성을 판정한다.

그림 3.19 바이브로플로트(vibrofloat)

$$SN = 1.7 \sqrt{\frac{3}{D_{50}^2} + \frac{1}{D_{20}^2} + \frac{1}{D_{10}^2}}$$
(3.9)

표 3.2 뒤채움 흙으로서의 적합성 판정

SN	0~10	10~20	20~30	30~50	> 50
적합성	매우 좋음	좋음	보통	나쁨	부적당

한편, 바이브로플로테이션은 지표면 부근이 잘 다져지지 않아 시공 후 지표면 30~60cm 정도의 재다짐이 필요하다는 단점이 있다. 이 공법은 지반을 균일하게 다질 수 있어서 다짐 후에는 지반 자체가 상부구조를 지지할 수 있고, 지하수위의 고저에 영향을 받지 않고 시공할 수 있으며, 경제적이고 상부구조물이 진동에 민감한 경우에 특히 효과가 있다. 그림 3.20은 바이브로플로테이션의 시공과정을 나타낸 것이다. 그림 3.21은 바이브로플로테이션을 적용할 수 있는 흙의 입도분포를 나타낸 것이다. A 지역은 자갈의 양이 많아 진동기의 관입속도가 매우 느려져 비경제적이고, B 지역은 이 공법의 적용 시 가장 이상적인 범위이고, C 지역은 상당량의 가는 모래와 실트 크기 입자를 포함하고 있어 다짐이 어렵고 적절한 상대밀도를 얻기에 상당한 어려움이 있다.

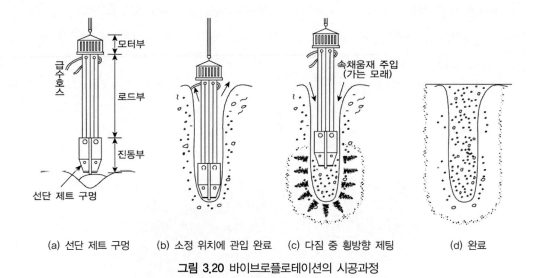

| (a) 선단 제트 구멍 | (b) 소정 위치에 관입 완료 | (c) 다짐 중 횡방향 제팅 | (d) 완료 |

그림 3.20 바이브로플로테이션의 시공과정

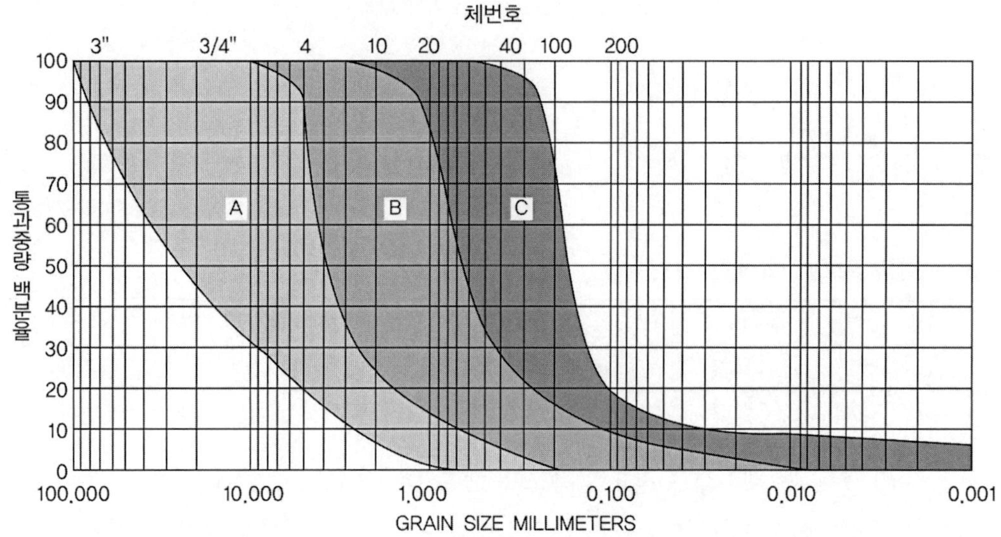

체번호

GRAIN SIZE MILLIMETERS

GRAVEL		SAND			FINES	
COARSE	FINE	COARSE	MEDIUM	FINE	SILT	CLAY

그림 3.21 바이브로플로테이션공법에 적합한 입도분포

(a)   (b)

그림 3.22 바이브로플로테이션 시공 장면

이 밖에도 심층다짐공법으로는 무거운 하중을 높은 곳에서 낙하시켜 지반을 동적으로 다짐하는 동다짐공법이 있는데, 이는 4장 동다짐공법에서 따로 설명하였다.

3.3.2 심층다짐도 검사방법

심층에 대한 다짐도 검사는 표층과 심층에 모두 사용할 수 있는 방사선동위원소를 사용하는 RI 장비를 제외하고는 직접적으로 지반의 밀도를 측정하기가 매우 어렵다. 특히, RI 장비는 방사선을 이용하기 때문에 특별한 장비 사용법과 유지관리가 요구되므로 주로 중요 구조물 건설 시에 한정적으로 사용하고 있으며, 일반적으로 널리 사용되고 있지는 않다. 보통 심층에 대한 다짐도를 평가하기 위해서는 시추공을 통하여 물리적인 타격을 가하거나 관입력 등을 측정하는 방법과 탄성파를 이용하여 지반의 특징을 파악하는 방법들을 사용하여 지반의 밀도를 간접적으로 평가할 수 있다.

(1) 표준관입시험을 활용하는 방법

국내외에서 지반조사 방법으로 가장 많이 사용하고 있는 표준관입시험(SPT, Standard Penetration Test)의 결과를 활용하여 상대밀도를 추정함으로써 심층의 다짐도를 간접적으로 평가할 수 있다. 표준관입시험을 이용하여 지반의 상대밀도를 산정하는 방법은 이미 여러 사람들에 의해 제안되어 있으며, SPT는 지반의 액상화 가능성을 판단하는 데 비교적 신뢰성이 있는 시험으로 알려져 있다.

표준관입시험의 N 값을 이용한 사질토의 상대밀도 추정에 대한 연구는 Gibbs and Holtz(1957) 및 Terzaghi and Peck(1967)에 의해 처음으로 시도되었고, 이후 N 값에 큰 영향을 미치는 유효 수직응력을 고려한 상관관계가 연구된 바 있다(Holtz and Gibbs, 1979). 한편, 수직응력 이외에도 응력이력, 입도분포, 그리고 사질토의 종류가 상관관계에 영향을 미친다는 연구 결과로부터 식 (3.10)과 같은 N 값과 상대밀도의 관계식이 제안되었다(Marcuson and Bieganousky, 1977).

$$D_r(\%) = 12.2 + 0.75\sqrt{222(N) + 2311 - 711(OCR) - 779(\overline{\sigma}_{vo}) - 50(C_u)^2} \tag{3.10}$$

여기서, N은 표준관입시험 결과, OCR은 과압밀비, $\overline{\sigma}_{vo}$는 유효수직응력(bar 단위), 그리고 C_u는 균등계수를 나타낸다.

(2) 콘 관입시험을 활용하는 방법

콘 관입시험은 기계식 콘, 전자식 콘, 피에조콘 등이 있으며, 시험기의 기능에 따라 원추관입 저항력(q_c), 마찰 저항력(f_s), 간극수압(u) 등을 측정할 수 있다. 현재 북미 및 유럽 지역뿐 아니라 우리나라에서도 많이 사용되고 있는 지반조사 방법이다. 기존의 많은 연구자들은 콘 관입시험으로 얻어지는 원추관입 저항력, 마찰 저항력, 간극수압을 이용하여 흙의 분류, 지반의 전단강도, 마찰각, 상대밀도 등에 대한 경험식을 제안한 바 있다.

Robertson and Campanella(1983)는 석영질 모래에서의 시험 결과를 이용하여 내부 마찰각과 원추관입 저항력과의 관계가 있음을 확인하였으며, 흙의 압축성에 따른 상대밀도(D_r)와 원추관입 저항력(q_c)의 관계를 식 (3.11)~(3.13)과 같다.

• 압축성이 매우 큰 경우

$$D_r = -85 + 66\log_{10}\left[\frac{q_c}{[\sigma_{v0}]^{0.5}}\right] \tag{3.11}$$

• 압축성이 중간 정도인 경우

$$D_r = -98 + 66\log_{10}\left[\frac{q_c}{[\sigma_{v0}]^{0.5}}\right] \tag{3.12}$$

• 압축성이 매우 작은 경우

$$D_r = -110 + 66\log_{10}\left[\frac{q_c}{[\sigma_{v0}]^{0.5}}\right]$$ (3.13)

(3) 물리탐사시험을 활용하는 방법

물리탐사는 지반에 충격을 가하여 발생하는 탄성파를 이용하여 지반에 대한 전단파 속도를 측정함으로써 상대적으로 넓은 지역의 지반의 특성을 파악하는 데 많이 사용된다. 특히, Spectral Analysis of Surface Waves Method(SASW)는 연직으로 작용하는 충격으로 지반에 발생하는 여러 파장 중에 표면으로 전달되는 Rayleigh 파를 측정함으로써 현장에서 효과적으로 전단파 속도를 구할 수 있다.

각기 다른 주파수에 따른 Rayleigh 파의 속도변화를 충격원으로부터 일정 거리만큼 떨어져 있는 탐지장치를 통해 구한 후 역추적을 통해 전단파 속도, 전단 변형계수, 지층의 구성 등을 파악하게 된다. 이 방법은 신속하고, 저렴하며, 별도의 천공작업이 필요 없는 비파괴 검사방법으로 전 작업이 자동화되어 표준화된 결과를 얻기가 용이하다.

SASW는 SPT와 함께 액상화 가능성을 판단하는 데 유용하게 사용되나, 복잡한 지층에 대해서는 사용하기가 매우 어렵다. 많은 시험 결과 SASW을 통해 나타난 전단파 속도가 450fps 이하이면, 대상지반의 액상화 가능성이 높은 것으로 알려져 있다.

상기한 표준관입시험, 콘 관입시험, 물리탐사시험을 이용한 방법 이외에도 딜라토미터(dilatometer), 프레셔미터(pressuremeter) 등을 활용하여서도 지반 내의 탄성계수나 상대밀도 등을 구할 수 있으나, 상술한 심층다짐도 검사 방법들은 다짐도를 직접적으로 측정하는 방법이 아니다. 이 때문에 해당 지반에 대한 시험시공을 통해 심층다짐도 검사 방법에서 얻은 탄성계수나 상대밀도 등과의 관계식을 설정하고 현장에 적용하는 것이 바람직하다.

예제 3.1 바이브로플로테이션공법에 사용한 뒤채움 재료의 체분석 결과는 다음과 같다.

$$D_{10} = 0.32\text{mm}, \quad D_{20} = 0.49\text{mm}, \quad D_{50} = 0.93\text{mm}$$

적합성 계수(SN)를 구하고, 뒤채움 재료로서의 적합성을 판정하시오.

$$SN = 1.7 \sqrt{\frac{3}{D_{50}^2} + \frac{1}{D_{20}^2} + \frac{1}{D_{10}^2}}$$

$$= 1.7 \sqrt{\frac{3}{0.93^2} + \frac{1}{0.49^2} + \frac{1}{0.32^2}} = 7.09$$

SN이 0~10 사이의 값이므로 적합성 판정결과는 '매우 좋음'이다.

예제 3.2 어떤 흙의 체분석 결과 D_{10} =0.073mm, D_{20} =0.17mm, D_{50} =2.46mm를 얻었다. 이 흙을 바이브로플로테이션공법의 뒤채움 재료로 사용하려고 한다. 적합성을 판정하시오.

풀이

$$SN = 1.7 \sqrt{\frac{3}{D_{50}^2} + \frac{1}{D_{20}^2} + \frac{1}{D_{10}^2}}$$

$$= 1.7 \sqrt{\frac{3}{2.46^2} + \frac{1}{0.17^2} + \frac{1}{0.073^2}} = 25.37$$

SN이 20~30 사이의 값이므로 적합성 판정결과는 '보통'이다.

| 참고문헌 |

김주형, 유완규, 임남규, 김병일(2008), 가속도계를 이용한 다짐도 평가, 대한토목학회 학술발표회, pp.3861~3864.

American Society for Testing and Materials(1982), ASTM Book of standards, Part 19, Philadelphia.

D'Appalonia, D. J., Whitman, R. V., and D'Appalonia, E. D.(1969), "Sand Compaction with Vibratory Rollers", Journal of the Soil Mechanics and Foundation Division, ASCE, Vol. 95, No. SM 1, pp.263~284.

De Beer, M.(1990), "Use of Dynamic Cone Penetrometer(DCP) in the Design of Road Structures." Geotechnics in African Environment, Blight et al.(Eds), Balkema, Rotterdam.

Gibbs, H. J. and Holtz, W. G.(1957), "Research on determining the density of sands by spoon penetration testing", Proceedings of 4th International Conference on Soil Mechanics and Foundation Engineering, Vol. 1, London, pp.35~39.

Holtz, W. G. and Gibbs, H. J.(1979), "Discussion of SPT and relative density in coarse sand", Journal of the Geotechnical Engineering Division, ASCE, Vol. 105, No. GT3, pp.439~441.

Lamb, T. W.(1958), "The Engineering Behavior of Compacted Clay", Journal of the Soil Mechanics and Foundation Division, ASCE, Vol. 90, No. SM 5, pp.43~67.

Marcuson, W. F., III and Bieganousky, W. A.(1977), "SPT and relative density in coarse sand", Journal of the Geotechnical Division, ASCE, Vol. 103, No. GT11, pp.1295~1309.

Michell, J. K.(1981), "Soil Improvement, State of the Art Report", Proc. of 10th International Conference on Soil Mechanics and Foundation Engineering Vol. 4, pp.509~565.

Pen, C. K.(1990), "An Assessment of the Available Methods of Analysis for Estimating the Elastic Moduli of Road Pavements." Proceeding of Third Int. Conf. on Bearing Capacity of Roads and Airfields, Trondheim.

Robertson, P. K., Campanella, R. G., and Wightman, A.(1983), "SPT-CPT correlations", Journal of the Geotechnical Division, ASCE, Vol. 109, No. 11, pp.1449~1459.

Saito, A.(1977), "Characteristics of Penetration Resistance of a Reclaimed Sandy Deposits and Their Change through Vibrating Compaction", Soil and Foundation, JSCE, Vol. 17 No. 4, pp.32~43.

Seed, H. B. and Chan, C. K.(1959), "Structure and Characteristics of Compacted Clays", Journal of the Soil Mechanics and Foundation Division, ASCE, Vol. 85 No. SM5, pp.87~128.

Terzaghi, K. and Peck, R. B.(1967), Soil Mechanics in Engineering Practice, 2nd Ed., John Wiley and Sons, New York, p.729.

U.S. Bureau of Reclamation(1974), Earth Manual, 2nd ed., Denver, p.180.

Wong, H. Y., "Vibroflotation-Its Effect on Weak Cohesive Soils", Civil Engineering(London), No.824, pp.44~67.

http://www.geodynamik.com/

04
—

동다짐공법

04 동다짐공법

4.1 공법 개요

동다짐공법은 무거운 중추를 높은 곳에서 자유낙하시켜 얻어지는 동적인 충격 하중으로 지반을 다지는 공법으로 개량 깊이는 일반적으로 5~20m 정도이다. 이 공법은 시공 기간이 짧고, 다른 공법에 비해 경제적이며, 시공방법이 간단하고 특별한 약품이나 재료가 필요 없는 장점이 있다. 반면에 동다짐공법에 대한 이론적인 체계가 확립되어 있지 않아 경험적인 요인에 많이 의존하며 본 다짐 전에 시험시공을 필수적으로 해야 하는 단점이 있다. 동다짐공법으로 개량이 가능한 지반을 분류하면 다음과 같이 나눌 수 있다.

(1) 포화 또는 불포화 조립지반 및 압축성 불포화 세립지반

불포화토에서는 동적인 다짐에너지로 지반 내 간극의 부피를 줄임으로써 지반이 단순 압축되는 특성을 가지며, 포화 사질토 지반에서는 액상화에 의한 다짐효과를 기대할 수 있음

(2) 폐기물 매립지반(sanitary reuse fills)

생활 쓰레기, 건설 및 산업 폐기물 등으로 이루어진 지반으로, 지반 내에 직경 1~2m 정도의 덩어리를 포함하여도 개량효과가 탁월함

(3) 포화 세립지반(saturated clayey or silty soils)

세립지반 중에 조립토를 30% 이상 포함하는 지반은 샌드매트 포설이나 부분치환과 같은 표층처리 후에 동다짐을 실시하고 일정기간 압밀방치시키며, 연약지반이 상당히 두껍게 존재

하는 경우에는 배수공법 및 강제치환공법 등을 병행하여 개량하여야 함

　그림 4.1은 동다짐 시공장면으로 동다짐에 사용하는 중추는 콘크리트나 강철로 만든 원형 또는 사각형 형태의 중량물로 무게는 약 5~40톤 정도가 많이 사용된다. 중추의 낙하로 인한 충격에너지는 그림 4.2와 같이 중추 낙하지점에서 지반내로 방사방향으로 전달되는데, 이 충격에너지는 압축파와 전단파로 분리되어 전파되며 지표면을 따라서는 표면파가 전파된다. 이 충격파에 의한 다짐 효과는 지반 종류 및 포화도에 따라 달라진다. 불포화지반에서는 압축파와 전단파가 느슨한 지층의 입자 간 엇물림응력(inter-locking stress)을 초과하면 분리된 입자들이 조밀하게 재배열되면서 다짐 효과를 발휘하게 된다. 반면에 포화된 조립지반에서는 압축응력으로 인하여 지반 내 간극수압이 단시간에 증가되어 액상화 상태까지 유발되고, 이로 인하여 연결응력이 줄어든 입자들에 전단파와 표면파가 작용하여 입자 간 분리 및 진동으로 인한 재배열을 유발시켜 느슨한 지반을 다지는 효과를 발휘한다.

그림 4.1 동다짐 시공장면

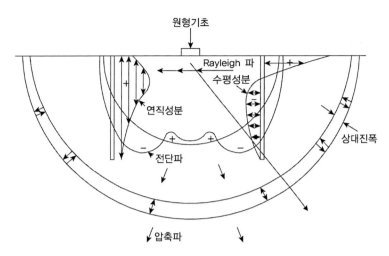

그림 4.2 충격에너지에 의한 탄성파 전달 모식도

동다짐에 의한 포화토 지반과 불포화토 지반에서의 일반적인 거동은 다음과 같다.

(1) 포화토 지반에서의 거동

동다짐으로 인하여 포화토 내 미세기포의 압축성에 의한 상당량의 즉시침하가 발생하며, 실트나 세립 모래질 지반에서는 액상화 발생 가능성이 높다. 또한 다짐 충격에너지 또는 충격파에 의해 지반 내에 균열이 발생하여 간극수가 빠르게 유출되는 현상이 발생하고, 흙 입자 둘레의 흡착수를 자유수로 변화시켜 배수로 역할을 하게 되어 지반 내 투수성이 향상된다. 그리고 점성토 지반에서 두드러지게 나타나는 현상으로 강도회복현상(thixotrophy)이 있는데, 이것은 간극수압이 시간이 지남에 따라 소산되면서 지반 내 강도가 서서히 증가하는 현상으로 지반의 포화 정도와 흙의 종류에 따라 강도 증가 양상에 차이를 보이고 있다. 즉, 포화된 점성토 지반에서는 간극수압이 소산되는 시간이 길어서 장기간(2~4주)에 걸쳐서 강도가 서서히 회복되는 현상을 보이는 반면에 사질토 지반의 경우는 지반의 포화 정도에 상관없이 단기간(1~2일)에 동다짐에 의한 강도 증가 현상이 나타난다.

(2) 불포화토 지반에서의 거동

다짐이 상부층으로부터 점점 아래로 확대되면서 다져진다. 따라서 동적인 하중에 의해 단순 압축되는 조립토 및 폐기물 지반의 비교적 얕은 범위를 다질 때 유효하며, 심층부를 다지기에는 부적합하다.

동다짐공법을 이용할 때 지표면 부근에 연약 점성토가 존재하거나 지하수위가 높아 시공이 어려운 경우 또는 연약 점성지반이나 유기질 지반의 두께가 두껍게 존재하는 경우에 대한 대책은 다음과 같다.

(1) 지표면 부근에 연약 점성토가 있는 경우
① 1m 이상의 샌드매트를 포설하는 방법
② 연약 점성토를 제거하는 방법
③ 연약 점성토를 양질의 흙으로 치환하는 방법

(2) 지하수위가 높은 경우 : 지하수위가 G.L(−) 2m 이상 되도록 조치
① 샌드매트를 포설하는 방법
② 배수구를 설치하여 표층 배수하는 방법
③ 1~2m 정도 양질토로 성토하는 방법
④ 우물정이나 펌프 등을 이용하여 지하수위를 저하시키는 방법

(3) 세립분이 많은 포화된 점성토 및 유기질 지반이 두껍게 존재하는 경우(조립토 함유율이 30% 이하인 지반으로 투수성이 나쁜 지반)
① 표층 일부를 양질의 흙으로 치환하는 방법
② 샌드매트나 양질의 흙으로 성토한 후 시공하는 방법
③ 연직배수공법을 병행하는 방법
④ 표층에 배수구를 설치하는 방법
⑤ 동다짐에 의한 강제 치환 방법(dynamic replacement method)

4.2 공법 설계

동다짐공법 설계의 주요 내용은 중추의 무게와 낙하고를 결정하여 타격점 간 간격과 타격횟수를 얼마로 하느냐 하는 것이다. 이러한 내용을 결정하기 위해서는 지반과 하중조건을 고려하여 개량 목표치를 결정하고, 이에 따라 동다짐 개량깊이와 개량심도계수를 결정하는 것이 선행

되어야 한다. 또한 이렇게 결정된 내용들은 시험 시공을 통하여 비교 수정되는 등의 검증 과정을 거쳐야 한다. 그림 4.3은 위와 같은 동다짐공법 설계 시의 설계 흐름도이다.

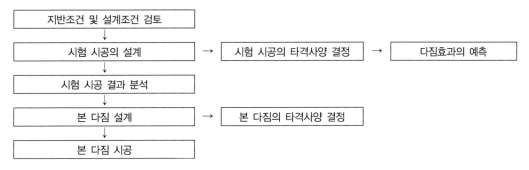

그림 4.3 동다짐공법 설계 흐름도

4.2.1 시험 시공 설계

4.2.1.1 설계 개량심도의 결정

개량하고자 하는 깊이를 결정하기 위해서는 지반의 지지력과 침하량에 대한 검토가 수행되어야 한다. 조립지반에서의 설계 지지력과 예상침하량은 식 (4.2)와 (4.3)으로 구할 수 있다. 이 식을 이용하여 허용 설계지지력과 허용침하량을 만족시키는 N_1과 N_2를 구하고, 이 값 중 큰 값을 설계 N치로 결정한다. 그리고 이 설계 N치 이하의 깊이를 설계 개량심도로 결정한다.

(1) 허용 지지력에 대한 검토
• 원지반의 지지력

$$q_a = \frac{3.3BN_0}{F_S}\left(1 + \frac{D_f}{B}\right) \tag{4.1}$$

• 설계 지지력

$$q_a = \frac{3.3BN_1}{F_S}\left(1 + \frac{D_f}{B}\right) \tag{4.2}$$

(2) 허용침하량에 대한 검토

$$S = 0.4 \int \frac{p_1}{N_2} \log \frac{p_2}{p_1} dh \tag{4.3}$$

여기서, N_0 : 원지반의 평균 N치

N_1 : 설계 지지력을 만족시키는 N치

N_2 : 허용침하량을 만족시키는 N치

B : 기초 폭

D_f : 기초의 근입깊이

q_a : 허용 지지력

F_S : 안전율

S : 허용침하량

p_1 : 지중 응력

p_2 : 설계 하중에 의한 증가 지중 응력

4.2.1.2 개량심도계수의 결정

개량깊이와 1회 타격당 에너지(중추 무게×낙하고)의 관계는 식 (4.4)와 같은 경험식으로 표현할 수 있는데, 여기서 이들 관계를 결정해주는 계수값 α를 개량심도계수라 한다. 이 값은 흙 종류에 따라 그리고 경험적인 자료에 따라 0.3에서 1.0 사이의 값을 가진다. Leonards(1980)는 이 값을 약 0.5 정도로 Menard & Broise(1975)는 약 1.0, Lukas(1980)는 0.65~0.80, Mitchell(1981)은 0.4~0.7, Mayne(1984)은 0.5 정도로 발표하였다. 그런데 이 값들을 지반의 조건에 따라 나누어보면, 사질토 지반에서는 0.4~0.6, 쇄석 및 자갈 지반에서는 0.5~0.7, 폐기물 지반에서는 0.3~0.5 정도의 값을 가지는 것으로 알려져 있다.

$$D = \alpha \sqrt{WH} \tag{4.4}$$

여기서, D : 개량 심도(m), W : 중추 무게(톤)

H : 중추 낙하고(m), α : 개량심도계수

4.2.1.3 중추의 무게 및 낙하고 결정

중추 무게와 낙하고는 개량깊이와 개량심도계수에 따라 식 (4.4)를 변형시킨 식 (4.5)로 구할 수 있는데, 경제적, 기술적인 이유 등으로 중추의 무게보다 낙하고를 증가시키는 쪽이 용이하다. 일반적인 중추의 무게는 5~40톤 정도이며, 중추 낙하높이는 5~40m 정도이다.

$$WH = (D/\alpha)^2 \tag{4.5}$$

중추의 형상은 원형이나 사각형으로 콘크리트 블록, 강철 햄머, 강철 셀 등으로 제작된다. 중추의 저면적은 보통 2~4m²(일변 길이=1.5~2m) 정도로 사용하고 있으며, 타격 간격 및 타격 후 침하량을 계산할 때 변수로 사용된다.

4.2.1.4 타격점 간의 간격 결정

기본 타격점 간의 간격(L)은 개량깊이와 흙 종류, 중추의 저면적, 그리고 중요 구조물 간의 간격 등을 고려하여 다음과 같은 기준으로 결정한다.

① 경험적인 값으로 5~10m 정도로 결정
② 개량심도와 같은 간격으로 결정
③ 기초나 기타 구조물 간의 간격과 같게 결정
④ $1.5b_0$~$2b_0$의 값으로 결정(여기서, b_0는 중추의 형상이 정사각형이라고 가정할 때의 한 변의 길이)

그리고 각 다짐 단계에 따른 타격점 간 간격은 다음과 같이 결정하는데, 그림 4.4는 다짐 단계수가 3인 경우를 예로 보인 것이다.

제1 다짐 단계 : $l_1 = L$(지반이 극도로 느슨한 경우 : $l_1 = 0.8L$)
제2 다짐 단계 : $l_2 = l_1$, 제1다짐 단계 타격점의 중간점
제3 다짐 단계 : $l_3 = 0.5l_1$, 제1과 제2다짐 단계의 중간점

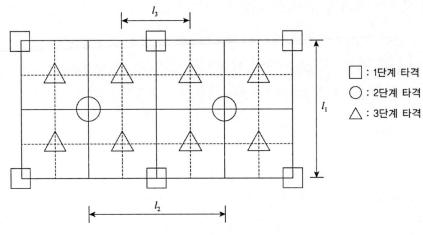

의 범례:
□ : 1단계 타격
○ : 2단계 타격
△ : 3단계 타격

그림 4.4 각 단계별 타격점 배치도

대상 지반의 종류와 개량깊이에 따른 일반적인 타격 단계수와 각 단계에서의 타격 간격은 표 4.1과 같다. 여기에서 b는 b_0를 고려한 경험적인 수정치이고, 다짐형태는 일반적으로 많이 시공하는 직사각형인 경우로 하였다.

표 4.1 타격 단계별 타격 간격의 결정

if($b_0 < 2.0$) b=1.5m
if($b_0 < 2.5$) b=1.8m
if($b_0 \geq 2.5$) b=2.0m
		개량심도(m)			

		~2b	2b~4b	4b~6b	6b~
조립토 (포화, 불포화)	타격 단계수	1	2	3	4
	간격(m)	2b×2b	3b×3b	4b×4b	6b×6b
					6b×6b
				4b×4b	6b×3b
			3b×3b	4b×2b	3b×3b
세립토(포화, 불포화) 폐기물 지반	타격 단계수	1	3	4	4
	간격(m)	2b×2b	4b×4b	5b×5b	5b×5b
			4b×4b	5b×5b	5b×5b
			4b×2b	5b×2.5b	5b×2.5b
				2.5b×2.5b	2.5b×2.5b

4.2.1.5 타격 에너지, 타격 단계수 및 타격 횟수의 결정

(1) 타격 에너지와 타격 단계수의 결정

일반적으로 1회 타격 시의 에너지 크기(중추 무게×낙하고)는 각 타격 단계에 관계없이 동일하게 결정하며, 각 단계별 단위면적당 타격 에너지(E_A)의 양도 동일하게 결정한다. 표 4.2는 개량 대상 지반의 종류에 따른 일반적인 타격 에너지의 범위와 타격 단계수를 보인 것이다. 타격에너지를 결정하는 중요한 요인은 개량목표 N-값(설계 N-값)와 예상침하량이다. 개량 목표 N-값은 단위체적당 타격 에너지(E_V)와 원지반의 초기 N-값(N_0), 그리고 지반의 종류에 영향을 받는 값이며, 예상침하량은 단위면적당 타격 에너지(E_A)와 원지반의 초기 N-값 (N_0), 그리고 지반의 종류에 영향을 받는 값이다. 이들 관계는 전적으로 경험적인 자료를 토대로 만들어진다. 타격 단계수는 지반의 종류, 개량심도, 그리고 지반의 포화 정도에 따라 결정되는 것으로 조립토 지반에서는 주로 개량심도를 고려하여 보통 2~3단계로 하고, 세립토 지반에서는 개량심도와 과잉간극수압 소산을 고려하여 보통 3~8단계로 하고 있다.

표 4.2 지반종류에 따른 타격 에너지와 타격 단계

지반 종류	단위 면적당 타격 에너지 (E_A, t-m/m²)	단위 체적당 타격 에너지 (E_V, t-m/m³)	타격 단계수
쇄석, 사력	200~400	20~40	2~3
사질토	100~300	20~40	2~3
폐기물	200~460	80	2~3
점성토	400~500	50~60	3~8
유기질토	300~500	50~60	3~5

(2) 타격 횟수의 결정

타격 횟수는 보통 5~20회 정도(10회 이내가 적당)로 매 타격 후의 침하량 증가 폭을 측정하여 그 증가 폭이 급격히 감소하는 타격 횟수로 결정하는 것이 좋은데, 일반적으로 타격 후 침하량 증가폭이 전체 침하량의 10% 미만일 때까지의 횟수로 결정한다. 단위 체적당 타격에너지를 이용하여 타격 횟수를 결정하는 이론식은 식 (4.6)과 같다.

$$B_n = \frac{E_{vn}L_n^2 D}{WH} \tag{4.6}$$

여기서, E_V : 1m³당 필요한 타격 에너지(t-m/m³)

$\quad\quad E_{vn}$: n단계에서의 단위체적당 타격 에너지(t-m/m³)

$\quad\quad B_n$: n단계에서 한 타격점에 대한 타격 횟수(타/타격점)

$\quad\quad L_n$: n단계의 정방형 배치 시 타격점 간 간격(m)

4.2.2 본 다짐 설계

4.2.2.1 개량심도의 결정

원지반의 깊이별 N-값을 $(N_0)_i$라 하고, 시험 시공 후의 깊이별 N-값을 $(N_1)_i$라 하면, $(N_1)_i > (N_0)_i$인 깊이를 시험 시공에 의해 결정된 개량심도(D_p)라 한다.

4.2.2.2 개량심도계수의 결정

4.4.1절에서 구한 개량심도를 이용하여 식 (4.7)로 대상 지반의 개량심도계수를 결정한다.

$$\alpha = \frac{D_p}{\sqrt{WH}} \tag{4.7}$$

4.2.2.3 타격 에너지의 결정

시험 시공한 결과를 E_A(or E_v) vs. ΔN과 E_A(or E_v) vs.에 관한 관계식으로 정리하여 목표 ΔN에 대한 타격 에너지를 구하고, 그에 따른 침하량을 예측한다.

4.2.2.4 타격 간격, 타격 횟수 및 타격 단계수의 결정

중추의 무게와 낙하고는 시험 시공 때와 같게 하고, 4.4.3절에서 구한 타격 에너지를 토대로 타격 간격과 타격 횟수를 결정한다. 여기서 타격 단계수와 타격 간격은 시험 시공 설계 시 개량심도에 따라 결정하는 방법을 이용한다.

그림 4.5 동다짐 장비

예제4.1 느슨한 사질토 지반을 개량하기 위해 동다짐공법을 사용하려고 한다. 개량해야 할 깊
이는 6m이고, 동다짐에 사용되는 낙하추의 무게는 10t이다. 중추의 낙하높이를 결정하시오.

풀이

Leonard 등(1980)이 제안한 식은 다음과 같다.

$$D = 0.5 \sqrt{W \cdot H}$$

따라서, 중추의 낙하높이는

$$H = \frac{4D^2}{W} = \frac{4 \times 6^2}{10} = 14.4$$

예제 4.2 두께 약 10m의 쓰레기 매립지를 개량하기 위해 동다짐공법을 사용하려고 한다. 현재 이용 가능한 중추로는 무게 25t의 강철 블록밖에 없다. 낙하높이를 결정하시오.

풀이

$$D = 0.4 \sqrt{W \cdot h} \ \text{로부터}$$

$$h \geq \frac{6.25D^2}{W} = \frac{6.25 \times 10^2}{25} = 25$$

∴ 25m 이상 높이에서 떨어뜨려야 한다.

예제 4.3 무게 20t의 강철 블록을 20m 높이에서 낙하시켜 느슨한 사질토 지반을 개량하려고 한다. 다짐단계는 2단계로 하고 각 단계별 다짐간격은 4m로 하였을 때 각 단계별 다짐횟수를 구하시오.

풀이

$$B_n = \frac{E_{vn} L^2 D}{WH} = \frac{15 \times 4^2 \times 10}{20 \times 20} = 6회$$

$$\left(E_{vn} = \frac{E_v}{n} = \frac{30\text{t} - \text{m/m}^3}{2회} = 15\text{t} - \text{m/m}^3 / 회 \right)$$

| 참고문헌 |

김봉근(1987), 동다짐공법에 의한 지반개량, 석사학위논문, 서울대학교.

Bowles, J. E.(1988), Foundation analysis and design, McGraw-Hill, 4th edition, pp.179~235, 785~818.

Chien, S. T., Chien C. H.(1983), "On Dynamic Consolidation", 8th ECSMFE, Vol. 1, pp.353~356.

Chow, Y. K. & Lee, S. L.(1992), "Dynamic compaction analysis", ASCE, Vol. 118, GT. 8, pp.1141~1157.

Chow, Y. K. & Lee, S. L.(1994), "Dynamic compaction of loose granular soils : Effect of print spacing", ASCE, Vol. 120, GT. 7, pp.1115~1133.

Greenwood, D. A. & Thomson, G. H.(1983), Ground stabilization : Deep compaction and grouting, ICE Works Construction Guides, pp.5~19.

Lee, I. K.(1983), Geotechnical engineering, Pitman, pp.406~466.

Leonards, G. A.(1980), "Dynamic compaction of granular soils", ASCE, Vol. 106, No. 1, pp.35~44.

Lukas(1980), "Densification of loose deposits by pounding", ASCE, Vol. 106, No. 4, pp.435~446.

Mayne(1984), "Ground response to dynamic compaction", ASCE, Vol. 110, No. 6, pp.757~774.

Menard(1975), "Theoretical and practical aspects of dynamic consolidation", Geotechnique, Vol. 25, pp.3~18.

Mitchell, J. K.(1981), "Soil improvement, State of the art report", Proc. 10th Int. Conf. on Soil Mech. and Found. Eng., Vol. 4, pp.509~565.

Moseley, M. P.(1984), Ground improvement, Blakie Academic & Professional, pp.20~39.

日本建設機械化協會(1988), 最新の軟弱地盤工法と施工例, pp.192~207.

日本土質工學會(1988), 軟弱地盤對策工法, pp.321~328.

(株)建設産業調査會(1981), 土木·建築技術者のための最新軟弱地盤ハンドック, Vol. 1, pp.287~412.

05
—
선행재하공법

05 선행재하공법

5.1 공법 개요

선행재하공법(preloading method)은 연약지반상에 건설할 구조물의 하중과 동일하거나 이보다 큰 하중을 미리 가하여 구조물 설치 후에 발생되는 침하를 미리 발생시켜 장기적인 침하로 인한 구조물의 피해를 사전에 방지하는 공법이다. 선행재하공법은 포화된 연약점토, 압축성이 큰 실트, 유기질토, 이탄토 등과 같이 외부 하중으로 인해 체적 감소가 크고 압밀 후에 지지력 증가가 큰 지반에서 사용할 수 있다. 이 공법은 가장 오래되고 널리 사용하고 있는 연약지반 개량공법 중 하나로, 효과적이고 경제적이지만 개량해야 할 연약지반의 특성에 따라 매우 긴 시공기간이 필요한 경우가 많아 보통 다른 연약지반 개량공법과 함께 사용하는 경우가 많다. 대부분의 다른 지반개량공법과 마찬가지로 선행재하공법의 경우에도 설계 과정에서 많은 불확실성과 가정을 내포하므로 침하량의 크기, 침하속도, 그리고 지반의 활동에 대한 안정성 등을 시공 중 지속적으로 검토해야 한다.

선행재하공법은 하중 재하방법에 따라 성토재하공법, 지하수위 저하공법, 그리고 진공압밀공법 등으로 구분할 수 있다.

(1) 성토재하공법

성토재하공법은 흙이나 자갈 등의 성토재료를 이용하여 설계 하중 이상의 하중을 연약지반에 미리 가하여 공용하중 적용 시 발생하게 되는 잔류침하를 미리 발생시키는 공법이다. 이 방법은 연약지반의 투수계수가 상대적으로 높고 압밀대상 지층이 두껍지 않은 지역에는 단독으로 사용할 수 있으나, 연약지반의 투수계수가 상대적으로 낮으며 압밀 대상층이 두꺼운 경우에는 목표 압밀도 도달시간이 상당히 길기 때문에 일반적으로 연직배수공법 등과 같은 다른 연약지반 개량공법과 함께 사용한다. 성토재하공법은 설계하중보다 더 큰 하중이 필요하기 때문에 많은 양의 흙이 필요하고 또 목표 압밀도에 도달한 경우 원래 계획한 성토량보다 과다하게 성토한 흙은 제거해야 하는 단점이 있다.

(2) 지하수위 저하공법(Well Point Method)

지하수를 양수하여 지하수위를 저하시킴으로써 지반이 유효응력을 증가시켜 연약 점성토의 압밀을 발생시키는 공법으로 점성토층 상부에 사질토층이 비교적 두껍게 분포된 지반에 효과적이다. 일반적으로 사질토의 투수계수가 $10^{-1}\sim10^{-4}$ cm/sec 경우에 가장 효과적이며, 성토재료 확보나 운반이 어려운 경우에 적용하는 공법이다. 지하수위 저하공법은 선행재하공법으로도 사용하지만, 지하수위가 높아 굴착이 어려운 경우에 일시적으로 지하수위를 저하시키는 용도로도 사용할 수 있다. 급격한 성토재하공법 적용 시에는 시공 중 항상 지반의 안정성을 고려해야 하는 반면에, 지하수위 저하공법은 지반 파괴를 초래할 염려는 없으나 공사 후 지하수위가 원상 복귀하는 경우에 대한 고려가 필요하다.

(3) 진공압밀공법(Vacuum Consolidation Method)

연약지반의 압밀촉진을 위해 성토하중 대신 대기압을 이용하는 공법이다. 이 공법은 지표면에 모래를 깔고 그 위에 공기가 빠져나가지 않게 지오텍스타일로 덮은 후, 진공 펌프로 부압을 발생시켜 지반 표면에 대기압을 하중으로 작용시키는 공법으로 대기압공법이라고도 한다. 하중은 이론적으로 최대 1기압(약 101kPa)까지 가할 수 있으나, 실제로는 완전하게 기밀을 유지하기 어렵기 때문에 통상 50~70kPa의 하중을 가할 수 있다. 진공압밀공법은 지반 파괴의 염려가 거의 없으며 소음, 진동 등의 공해도 상대적으로 작은 장점이 있으나, 단독으로 사용하는 경우는 거의 없으며 연직배수공법과 병용하여 사용하는 것이 일반적이다. 상대적으로 공사비용은 약간 비싼 편이나, 성토재하공법에 사용할 흙이 충분하지 않거나, 주변에 중요 구조물이 위치하여 영향을 최소화하기 위하여 사용한다.

이상과 같이 선행재하공법은 재하방법에 따라 크게 성토재하공법, 지하수위 저하공법, 진공압밀공법 등 3가지로 구분할 수 있다. 각 공법의 개요를 그림으로 설명하면 그림 5.1과 같다. 각 공법에서 유효응력 증가 개념은 그림 5.2와 같이 차이가 있다.

5장에서는 선행재하공법 중 성토재하공법과 지하수위 저하공법에 대해 설명하였으며, 진공압밀공법은 7장에 따로 기술하였다.

공법 종류	공법 개요
성토재하공법	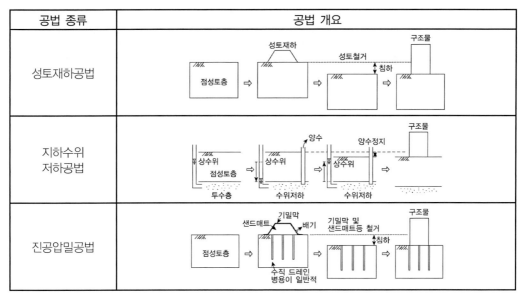
지하수위 저하공법	
진공압밀공법	

그림 5.1 여러 가지 선행재하공법 개요

공법 종류	증가유효응력
성토재하공법	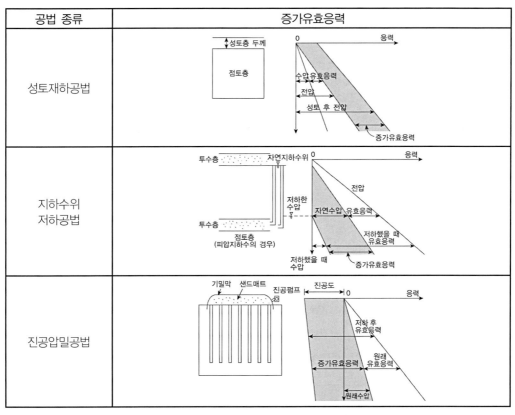
지하수위 저하공법	
진공압밀공법	

그림 5.2 여러 가지 선행재하공법에서 유효응력증가

5.2 공법 설계

5.2.1 성토재하공법

5.2.1.1 이론적 배경

연약지반에 설계하중(P_d)만을 가하였을 때, 1차 압밀침하량과 시간의 관계를 나타내면 그림 5.3에 점선으로 표시한 곡선과 같이 되며, 이 그림에서 S_d는 최종 1차 압밀침하량을 의미한다.

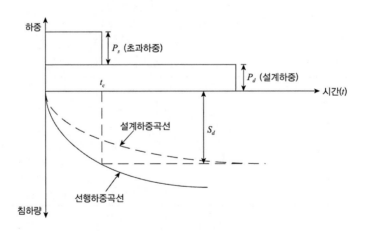

그림 5.3 성토재하공법의 원리

동일 지반에 설계 하중보다 P_s(초과하중)만큼 큰 하중을 가한다면 그림 5.3에 나타낸 실선(선행하중곡선)과 같이 점선(설계하중곡선)보다 더 큰 1차 압밀침하량(선행하중곡선)이 발생하게 된다. 설계하중보다 더 큰 초과하중으로 발생하는 압밀침하량(선행하중곡선)은 설계하중을 가하는 경우에 나타나는 압밀침하량(설계하중곡선)보다 단기간(t_c)에 설계하중에 대한 최종 1차 압밀침하량(S_d)에 도달하게 되며, 이때에 초과하중을 제거해도 설계하중에 대한 추가적인 침하가 발생하지 않을 것으로 기대할 수 있는 것이 성토재하공법의 기본 원리이다. 즉, 초과하중(P_s)의 크기가 클수록 설계하중에 대한 재하기간이 짧아지는 압밀 원리를 이용한 공법이다.

5.2.1.2 설계방법

성토재하공법의 설계방법은 다음과 같다.

(1) 초과하중(P_s)의 크기를 정하고 설계하중(P_d) 및 선행하중($P_d + P_s$)이 각각 작용할 때의 압밀침하량을 식 (5.1)과 식 (5.2)로 산정한다.

$$S_d = \frac{H_0}{1 + e_0} C_c \log\left(\frac{\sigma_0' + \sigma_d'}{\sigma_0'}\right) \tag{5.1}$$

$$S_{d+s} = \frac{H_0}{1 + e_0} C_c \log\left(\frac{\sigma_0' + \sigma_{d+s}'}{\sigma_0'}\right) \tag{5.2}$$

여기서, C_c : 압축지수

e_0 : 초기 간극비

H_0 : 압밀층 두께

σ_0' : 압밀층 중앙의 초기 유효상재응력

σ_d' : 설계하중에 의한 압밀층 중앙의 연직응력 증가량

σ_{d+s}' : 선행하중에 의한 압밀층 중앙의 연직응력 증가량

(2) 선행하중으로 발생하는 압밀침하량이 설계하중에 대한 최종 1차 압밀침하량(S_d)과 같아지는 시간 t_c를 구하기 위해서 우선 설계에 필요한 평균압밀도를 식 (5.3)과 같이 산정한다.

$$U = \frac{S_d}{S_{d+s}} \tag{5.3}$$

(3) 식 (5.3)에서 설계에 필요한 평균압밀도 U가 결정되면, 그림 5.4에 나타낸 $U - T_v$ 관계 도표로부터 시간계수 T_v를 구할 수 있으며, 식 (5.4)를 이용하여 초과하중의 필요 재하시간 t_c를 산정할 수 있다.

$$t_c = \frac{T_v \cdot H^2}{c_v} \tag{5.4}$$

여기서, H : 배수거리(일면배수인 경우 $H = H_0$, 양면배수인 경우 $H = H_0 / 2$)

시간계수 T_v는 식 (5.5) 식 (5.6)을 사용해 구할 수도 있다.

$$0 < U < 0.6 \text{일 때} \quad T_v = \frac{\pi}{4} U^2 \tag{5.5}$$

$$0.6 \leq U < 1.0 \text{일 때} \quad T_v = -0.933 \log(1 - U) - 0.085 \tag{5.6}$$

여러 가지 초과하중에 대하여 (1)~(3) 과정을 반복 계산하면 반비례 관계를 갖는 하중–재하 기간 곡선을 그릴 수 있고, 이 곡선으로부터 적절한 선행하중의 크기를 결정할 수 있다. 선행재 하공법의 설계 절차를 다음의 예제를 통해 확인할 수 있다.

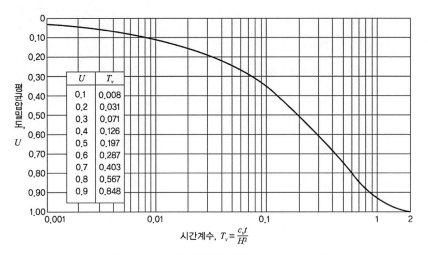

그림 5.4 평균압밀도(U)와 시간계수(T_v)의 관계

예제 5.1 그림과 같이 포화된 연약 점성토층을 개량하기 위해 흙을 쌓아 선행재하공법을 시공하려고 한다. 예상 설계하중은 120kPa일 때 다음 물음에 답하시오.

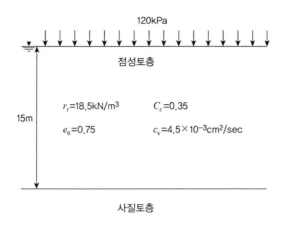

(1) 설계하중이 작용할 때 예상되는 1차 압밀침하량을 구하여라.

(2) 선행하중이 설계하중의 2배일 때, 예상 압밀침하량과 같은 크기의 침하가 발생하기 위한 선행하중 재하기간을 산정하시오.

(3) 예상 압밀침하량의 90%의 침하가 1년 동안 발생하기 위한 선행하중의 크기를 결정하시오.

풀이

(1) 설계하중이 작용할 때 예상 압밀침하량

$$s_d = \frac{H}{1+e_o} C_c \log \frac{\sigma_o' + \Delta\sigma_o'}{\sigma_o'}$$

$$\sigma_o' = 8.5 \times 15/2 = 63.75\,\text{kPa}$$

$$s_d = \frac{15}{1+0.75} \times 0.35 \times \log \frac{63.75 + 120}{63.75} = 1.379\,\text{m} = 137.9\,\text{cm}$$

(2) 선행하중에 의한 압밀침하량
선행하중의 크기는 240kPa이므로

$$s_{d+s} = \frac{15}{1+0.75} \times 0.35 \times \log \frac{63.75 + 240}{63.75} = 2.034 = 203.4\,\text{cm}$$

선행하중 작용 시 설계하중에 의한 예상 압밀침하량만큼 침하가 발생할 때의 압밀도를 구하면 다음과 같다.

$$U = \frac{s_d}{s_{d+s}} = \frac{137.9}{203.4} \times 100(\%) = 67.8\%$$

평균압밀도-시간계수 관계로부터

$$T_v = -0.933\log(1-U) - 0.085$$
$$= -0.933\log(1-0.678) - 0.085 = 0.374$$

따라서 선행하중 재하기간은 다음과 같다.

$$t_c = \frac{T_v \cdot H^2}{c_v} = \frac{0.374 \times (1500/2)^2}{4.5 \times 10^{-3}} \frac{1}{60 \times 60 \times 24} = 541.1\,\text{days}$$

(3) 예상 압밀침하량＝137.9cm

예상 압밀침하량의 90% 침하가 1년 이내에 발생하기 위한 선행하중을 결정하려면 먼저 시간계수를 구하여야 한다.

$$T_v = \frac{c_v \cdot t}{H^2} = \frac{4.5 \times 10^{-3} \times 1 \times 365 \times 24 \times 60 \times 60}{750^2} = 0.252$$

평균압밀도-시간계수 관계로부터

$$U = \sqrt{\frac{4T_v}{\pi}} = 0.567 = 56.7\%$$

압밀도로부터 선행하중 작용 시 발생해야 할 침하량을 구할 수 있다.

$$U = \frac{s_d}{s_{d+s}} \rightarrow s_{d+s} = \frac{s_d \times 0.9}{U} = \frac{137.9 \times 0.9}{0.567} = 218.9 \, \text{cm}$$

218.9cm의 침하량이 발생하는 선행하중의 크기는 다음과 같이 시행오차법으로 구할 수 있다.

선행하중(kPa)	압밀침하량(cm)
250	207.6
270	215.7
280	219.5
278	218.8

표로부터 선행하중의 크기는 278kPa보다 커야 한다.

예제 5.2

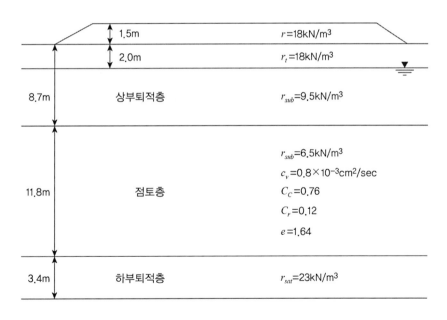

그림과 같은 지층조건의 지표면에 단위중량 18kN/m³의 흙을 1.5m 높이로 쌓으려고 한다. 다음 물음에 답하시오. 단, 과압밀 점토이고, 선행압밀하중은 145kN/m²이다.

(1) 점토층의 1차 압밀침하량을 구하시오

(2) 허용침하량이 10cm일 때, 선행하중크기를 가정하고 이에 따른 재하기간을 산정하시오. 또한, 이를 그림으로 나타내시오.

풀이

(1) 점토층의 1차 압밀침하량 산정

• 유효응력증가량 $\Delta p'$

$$\Delta p' = 1.5 \times 18 = 27 \, \text{kN/m}^2$$

• 점토층의 중간에서 유효상재응력 $p_o{'}$

$$p_o{'} = 2.0 \times 18 + 6.7 \times 9.5 + 5.9 \times 6.5 = 138 \, \text{kN/m}^2$$

• 압밀침하량

$p_o{'} + \Delta p' > p_c{'}$ 이므로

$$
\begin{aligned}
S &= \frac{H}{1+e_o}\left[C_r \log \frac{p_c{'}}{p_o{'}} + C_c \log \frac{p_o{'} + \Delta p'}{p_c{'}} \right] \\
&= \frac{11.8}{1+1.46}\left[0.12 \log \frac{145}{138} + 0.76 \log \frac{138+27}{145} \right] \\
&= 0.217 \, \text{m} = 21.7 \, \text{cm}
\end{aligned}
$$

(2) 재하기간 산정

$$\text{침하비}(SR) = \frac{S_d - S_a}{S_{d+s}}$$

선행하중에 의한 응력증가량 $\Delta p'$

선행하중을 위한 성토고 높이 2.5m로 가정

$$\Delta p' = 2.5 \times 18 = 45\,\text{t/m}^2$$

유효상재응력$(p_o') = 138\text{kN/m}^2$
선행압밀하중$(p_c') = 145\text{kN/m}^2$

선행하중에 의한 1차 압밀침하량
$p_o' + \Delta p' > p_c'$ 이므로

$$S = \frac{H}{1+e_o}\left[C_r\log\frac{p_c'}{p_o'} + C_c\log\frac{p_o'+\Delta p'}{p_c'}\right]$$

$$= \frac{11.8}{1+1.46}\left[0.12\log\frac{145}{138} + 0.76\log\frac{138+45}{145}\right]$$

$$= 0.381\,\text{m} = 38.1\,\text{cm}$$

$$\text{침하비}(SR) = \frac{21.7-10}{38.1} = 0.307$$

• 시간계수(T_v)

$$0 < U < 0.6\text{일 때} \quad T_v = \frac{\pi}{4}U^2$$

$$= \frac{\pi}{4}0.307^2 = 0.074$$

• 재하기간

$$t = \frac{T_v \cdot H^2}{c_v}$$

$$= \frac{0.074 \times 590^2}{0.8 \times 10^{-3}} = 3,219,925\,\text{sec} = 12.4\,\text{month}$$

선행하중 성토고 높이 3.0m로 가정하고 같은 계산과정을 거치면 재하기간은 다음과 같다.

$$t = 22,191,375\,\mathrm{sec} = 8.6\,\mathrm{month}$$

선행하중 성토고 높이 4.0m로 가정할 때 재하기간은 다음과 같다.

$$t = 13,053,750\,\mathrm{sec} = 5.0\,\mathrm{month}$$

선행하중크기와 재하기간의 관계곡선을 그리면 다음과 같다.

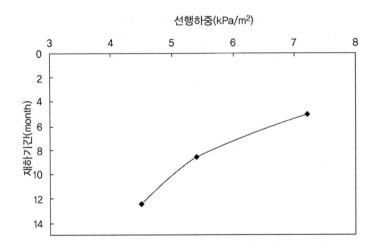

예제 5.3 두께 10m의 정규압밀 점성토층을 개량하기 위해 지표면에 단위중량 20kN/m³의 모래를 5m 높이로 비교적 넓은 지역에 쌓으려고 한다. 지반개량 후에는 60kPa의 성토하중이 작용할 예정이다. 지하수위면은 지표면과 일치하고 점성토층 아래에는 불투수층이 존재한다. 지반조사 결과 점성토층의 지반특성이 r_{sat}=18kN/m³, e_0=1.0, C_c=0.5이다. 설계하중 작용 시 침하가 10cm 발생하기 위해 선행하중 재하 후 도달시켜야 할 평균압밀도를 결정하여라.

풀이

설계하중에 의한 최종 압밀침하량 산정공식은 다음과 같다.

$$s_d = \frac{C_c}{1+e_0} \times H_0 \times \log\left(\frac{\sigma_0' + \Delta\sigma'}{\sigma_0'}\right)$$

점성토층 중간에서의 σ_0'

$$\sigma_0 = (\gamma_{sat} - \gamma_w) \times 0.5H_0 = (18-10) \times 5.0 = 40\,\mathrm{kPa}$$

이므로 최종 압밀침하량은

$$s_d = \frac{0.5}{1+1.0} \times 1000 \times \log\left(\frac{40+60}{40}\right) = 99.49\,\mathrm{cm}$$

선행하중에 의한 최종 압밀침하량

$$s_{d+s} = \frac{0.5}{1+1.0} \times 1000 \times \log\left(\frac{40+20\times5}{40}\right) = 136.02\,\mathrm{cm}$$

따라서 선행하중 재하 시 도달해야 할 평균압밀도는 다음과 같이 계산된다.

$$U = \frac{s_d - 10}{s_{d+s}} = \frac{99.49 - 10}{136.02} \times 100\,(\%) = 65.8\%$$

예제 5.4 두께 5m의 연약 점성토층을 개량하기 위해 지표면에 단위중량 18kN/m³의 모래를 3m 높이로 비교적 넓은 지역에 쌓으려고 한다. 지반개량 후에는 40kPa의 성토하중이 작용할 예정이다. 지하수위면은 지표면과 일치하고 점성토층 아래에는 불투수층이 존재한다. 지반조사 결과 점성토층의 지반 특성이 r_{sat} =17kN/m³, e_0 =1.20, C_c =0.57, c_v =8.34×10⁻³cm²/sec일 때 평균압밀도를 기준으로 하여 선행하중 제거 시기를 결정하여라. 단, 시간계수와 압밀도의 관계는 다음식을 사용하여 구하시오.

$$T_v = -0.933\log(1-U) - 0.085$$

설계하중에 의한 최종 압밀침하량 산정공식은 다음과 같다.

$$s_d = \frac{C_c}{1+e_0} \times H_0 \times \log\left(\frac{\sigma_0' + \Delta\sigma'}{\sigma_0'}\right)$$

점성토층 중간에서의 σ_0'

$$\sigma_0 = (\gamma_{sat} - \gamma_w) \times 0.5H_0 = (17 - 10) \times 2.5 = 17.5\,\text{kPa}$$

이므로 최종 압밀침하량은

$$s_d = \frac{0.57}{1+1.2} \times 500 \times \log\left(\frac{17.5 + 40}{17.5}\right) = 66.9\,\text{cm}$$

선행하중에 의한 최종 압밀침하량

$$s_{d+s} = \frac{0.57}{1+1.2} \times 500 \times \log\left(\frac{17.5 + 18 \times 3}{17.5}\right) = 79.2\,\text{cm}$$

선행하중 재하 시 도달해야 할 평균압밀도

$$U = \frac{s_d}{s_{d+s}} = \frac{66.9}{79.2} \times 100\,(\%) = 88.5\%$$

평균압밀도에 해당하는 시간계수를 구하면,

$$T_v = -0.933\log(1 - U) - 0.085$$
$$= -0.933\log(1 - 0.885) - 0.085 = 0.791$$

따라서 선행하중 재하기간은 다음과 같다.

$$t = \frac{T_v \cdot H^2}{c_v} = \frac{0.791 \times 500^2}{8.34 \times 10^{-3}} \times \frac{1}{60 \times 60 \times 24} = 274.4\,\text{days}$$

5.2.1.3 비배수강도의 증가

성토재하공법이 적용된 연약지반에서는 침하와 함께 압밀이 발생하여 점성토의 함수비가 감소함과 동시에 지반의 비배수 전단강도가 증가한다. 압밀에 의한 강도 증가를 예측하기 위하여 흙의 소성지수, 유효연직응력에 대한 비배수 전단강도비(c_u/P_0)의 관계 그리고 압밀비배수 삼축압축시험 결과로부터 구한 비배수 전단강도 곡선 등을 이용할 수 있다. 삼축압축시험 결과에 의하면 비배수 전단강도의 증가(Δc_u)는 압밀응력(ΔP)의 크기와 밀접한 관계가 있는데, 이 둘 사이의 관계는 흙의 특성에 따라 다르다.

성토재하공법의 경우에는 일반적으로 초과하중에 의한 압밀이 완료되기 전에 하중의 일부를 제거하므로 초과하중 전부를 압밀응력으로 볼 수 없으며, 특히 지반 내의 깊이에 따라 강도 증가의 크기가 변화한다. 따라서 압밀에 의한 비배수 전단강도 증가 효과를 설계 및 시공에 반영하고자 할 때에는 선행하중 적용 전 후에 동일 심도에서 채취한 불교란 시료에 대한 강도 시험을 수행하거나, 콘 관입시험(CPT, Cone Penetration Test) 등의 현장시험을 통해 비배수 전단강도를 평가할 수 있다.

성토재하공법으로 증가된 연약지반의 비배수 전단강도는 식 (5.7)로 계산할 수 있다(Stamatopoulos & Kotzias, 1985).

$$c_u = (c_u)_0 + \Delta P \cdot U \cdot (\Delta c_u / \Delta P) \tag{5.7}$$

여기서, $(\Delta c_u / \Delta P)$는 강도 증가율로 증가한 비배수 전단강도와 응력의 비를 의미하며, $(c_u)_0$는 초기 지반의 비배수 전단강도를 나타낸다. 일반적으로 점성토의 강도 증가율은 0.1~0.4 정도이며, 직접적인 흙의 압축강도시험에서 강도 증가율을 얻지 못한 경우에는 다음과 같은 강도 증가율($\Delta c_u / \Delta P$) 산정식 (5.8)을 이용할 수도 있다.

$$① \quad \frac{\Delta c_u}{\Delta P} = \frac{\sin\phi_{cu}}{1 - \sin\phi_{cu}} \tag{5.8}$$

여기서, ϕ_{cu} : 압밀비배수 삼축압축시험으로 구한 마찰각

②　　$\dfrac{\Delta c_u}{\Delta P} = 0.11 + 0.0037 I_p\,(\text{for } I_p > 10)$ 　　　　　　　　　　　　　　(5.9)

여기서, I_p : 소성지수

③　　$\dfrac{\Delta c_u}{\Delta P} = 0.45 LL\,(\text{for } LL > 0.4)$ 　　　　　　　　　　　　　　　　(5.10)

여기서, LL : 액성한계

④　　$\dfrac{\Delta c_u}{\Delta P} = \dfrac{\sin\left[K_0 + A_f(1 - K_0)\right]}{1 + (2 A_f - 1) \cdot \sin\phi}$ 　　　　　　　　　　　　　(5.11)

여기서, K_0 : 정지토압계수

　　　　A_f : 간극수압계수

　　　　ϕ : 삼축압축시험으로 구한 마찰각

⑤　　$\dfrac{c_u}{\sigma_v{}'} = 0.005 \times LL\,(\text{for } LL > 2)$ 　　　　　　　　　　　　　(5.12)

⑥　　$\dfrac{c_u}{\sigma_v{}'} = 0.045\,\sqrt{I_p}\,(I_p > 0.5)$ 　　　　　　　　　　　　　　(5.13)

⑦　　$\dfrac{c_u}{\sigma_v{}'} = 0.018\,\sqrt{LI}\,(LI > 0.5)$ 　　　　　　　　　　　　　　(5.14)

여기서, LI : 액성지수

5.2.1.4 선행하중 제거 및 재재하 시 침하량 변화

앞서 언급한 것과 같이 성토하중공법 적용 시 설계하중에 대한 침하량을 단기간에 발생시키기 위해 설계하중보다 큰 선행하중을 가하게 된다. 설계침하량에 도달했다고 판단되는 경우 성토체의 일부 또는 전부를 제거하게 되며, 경우에 따라서는 추가 하중이 필요한 경우도 있다.

따라서 성토재하공법이 적용된 지반에서 침하와 관련한 문제는 다음 4가지 단계로 구분할 수 있다(그림 5.5 참조).

① 성토재하 도중의 시간-침하 관계 : 하중의 작용으로 발생하는 일반적인 압밀침하
② 과재하중 제거 시 지반의 팽창 : 하중이 제거되면서 지반이 팽창하여 발생한 침하의 일부가 회복됨
③ 선행하중 제거 후 지반의 재압축 : 선행하중이 제거되면 일단은 지반이 팽창하지만, 일정한 시간이 지나면 하중 제거로 인한 과압밀비의 변화와 크리프(creep) 및 2차 압축 등 흙의 점성 거동 특성에 의하여 재압축이 발생함
④ 추가 하중 작용 시 지반의 재압축 : 선행재하로 이미 과압밀된 지반에 새로운 하중(이를테면 공사 종료 후에 작용하는 교통 하중 등의 공용하중)이 작용하여 다시 압밀 침하가 발생함

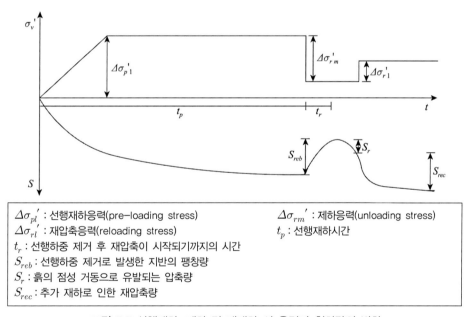

$\Delta \sigma_{pl}'$: 선행재하응력(pre-loading stress) $\Delta \sigma_{rm}'$: 제하응력(unloading stress)
$\Delta \sigma_{rl}'$: 재압축응력(reloading stress) t_p : 선행재하시간
t_r : 선행하중 제거 후 재압축이 시작되기까지의 시간
S_{reb} : 선행하중 제거로 발생한 지반의 팽창량
S_r : 흙의 점성 거동으로 유발되는 압축량
S_{rec} : 추가 재하로 인한 재압축량

그림 5.5 선행재하, 제하 및 재재하 시 응력과 침하량의 변화

선행재하 기간에 발생하는 시간-침하 관계는 앞에서도 다루었으며, 여기서는 위의 침하와 관련한 문제 중 ②, ③, ④에 대해서만 설명하였다.

(1) 선행하중 제거 시 지반의 팽창량

지반개량 등의 목적으로 선행재하가 이루어진 점성토 지반에서 임의 시간 경과 후 선행하중을 제거할 경우, 지반의 팽창(rebound)에 의하여 침하량의 일부가 회복될 수 있다. 그러나 이 부분에 대해서는 현재까지의 연구 성과가 미미하여 팽창량 S_{reb}를 산정하는 데 많은 어려움이 있다.

① $e - \log \sigma_v'$ 곡선을 이용한 팽창량 산정

표준압밀시험에서의 간극비와 압밀압의 관계를 반내수 쇄표상에 나타내어 그림 5.6과 같은 $e - \log \sigma_v'$곡선을 얻을 수 있다. 그림 5.6에서 점 A, B, C에서의 응력은 식 (5.15)와 같이 풀어서 쓸 수 있다.

$$\sigma_{vA}' = \sigma_{v0}' + \Delta \sigma_{pl}' \tag{5.15}$$

$$\sigma_{vB}' = (\sigma_{v0}' + \Delta \sigma_{pl}') - \Delta \sigma_{rm}'$$

$$\sigma_{vC}' = [(\sigma_{v0}' + \Delta \sigma_{pl}') - (\Delta \sigma_{rm}')] + \Delta \sigma_{rl}'$$

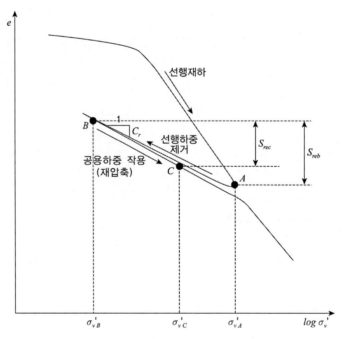

그림 5.6 $e - \log \sigma_v'$ 곡선에서의 팽창, 재압축

임의 지점에서의 유효연직응력이 $\sigma_{vo}{'}$인 원지반에 압밀압 $\Delta\sigma_{pl}{'}$인 선행하중이 작용하다가 하중의 일부가 제거되어 $\Delta\sigma_{rm}{'}$만큼의 압밀압이 감소하는 과정은 그림 5.6에서 좌표상의 궤적이 A점에서 B점으로 이동하는 것으로 설명할 수 있다. 이때 제하선상에 놓인 A점과 B점의 간극비 차이를 이용하여 지반의 팽창량 S_{reb}를 구할 수 있다. 이러한 관계는 팽창지수 (swelling index) C_r로 나타난다. 이를 식으로 나타내면 식 (5.16)과 같다.

$$S_{reb} = \frac{C_r}{1+e_A} \cdot H_A \cdot \log\left(\frac{(\sigma_{vo}{'} + \Delta\sigma_{pl}{'}) - \Delta\sigma_{rm}{'}}{\sigma_{vo}{'} + \Delta\sigma_{pl}{'}}\right) \tag{5.16}$$

② 반발비(rebound ratio)를 이용한 팽창량 산정

불교란 시료에 일정한 크기의 하중을 가하고 일정 시간 경과 후 하중을 제거하여 시료의 연직 팽창량을 측정하는 실내 압밀시험을 실시하여 시료 높이(두께)에 대한 팽창량의 비인 반발비 ε_r을 구할 수 있다. 이를 현장 지층에 적용하여 식 (5.17)과 같이 현장 지반의 팽창량 S_{reb}를 구할 수 있다.

$$S_{reb} = \varepsilon_r \cdot H_0 \tag{5.17}$$

최근의 연구를 통해 반발비 ε_r은 지반의 과압밀비 OCR 및 소성지수 PI 등과 일정한 관계에 있다고 알려지고 있다. Fukazawa 등(1991)은 ε_r이 OCR과 선형적인 관계를 가진다고 하였으며, Kamao 등(1995)은 자신들의 실험 결과와 Fukazawa 등의 연구 결과를 함께 분석하여 OCR별로 대수축으로 나타낸 PI와 ε_r이 선형 관계를 가진다고 발표한 바 있다. 이 시점에서의 OCR은 압밀도 U를 이용하여 식 (5.18)과 같이 나타낼 수 있다.

$$OCR = \frac{\sigma_{v0}{'} + \Delta\sigma_{pl}{'} \cdot U}{(\sigma_{v0}{'} + \Delta\sigma_{pl}{'} \cdot U) - \sigma_{rm}{'}} \tag{5.18}$$

(2) 선행하중 제거 후 지반의 재압축

선행하중 제거 직후에는 하중 감소의 직접적인 반작용으로 지반이 팽창하지만, 일정 시간이 경과하면 과압밀비의 변화와 흙의 점성 거동에 의하여 지반은 다시 압축된다. 제하 직후부터

재압축이 발생하기까지의 시간 간격 t_r은 선행재하에 소요된 시간 t_p와 OCR에 따라 달라지는데, Kamao 등(1995)의 실험 결과에서는 식 (5.19)와 같은 관계를 제안한 바 있다.

$$t_r = 13.5 \times OCR^{3.4} \tag{5.19}$$

그리고, 선행재하 시간 t_p가 증가하면, 흙 입자 사이의 고결과 재정렬로 인하여 t_r은 길어지고 팽창량 S_{reb}는 감소한다.

한편, 선행하중 제거 후 외부 하중이 전혀 작용하지 않은 상태에서 흙의 점성 거동 특성에 의하여 발생하는 압축량 S_r은 2차 압축률(rate of secondary compression) ε_α을 이용하여 식 (5.20)과 같이 개념적으로 구할 수 있다.

$$S_r = \varepsilon_\alpha \cdot H_B \cdot \log t \tag{5.20}$$

ε_α는 2차 압축계수와 유사한 개념으로 실내 선행재하 압밀시험 시에 변형률을 측정하여 구할 수 있다. 이 값 역시 반발비 ε_r와 같이 OCR 등과 관련이 있는 것으로 알려져 있다.

(3) 추가 하중 작용 시 지반의 재압축량

① $e - \log \sigma_v'$ 곡선을 이용한 재압축량 산정

그림 5.6에서 $\Delta\sigma_{rm}'$ 만큼의 압밀압이 감소한 후 $\Delta\sigma_{rl}'$에 해당하는 압밀압이 다시 가해지면, 좌표상의 궤적은 B점에서 C점으로 이동하게 된다. 이때 재재하선 상에 놓인 B점과 C점의 간극비 차이를 이용하여 지반의 재압축량 S_{rec}를 구할 수 있다. 이를 식으로 나타내면 식 (5.21)과 같다.

$$S_{rec} = \frac{C_r}{1 + e_B} \cdot H_B \cdot \log\left(\frac{(\sigma_{vo}' + \Delta\sigma_{pl}') - \Delta\sigma_{rm}' + \Delta\sigma_{rl}'}{(\sigma_{vo}' + \Delta\sigma_{pl}') - \Delta\sigma_{rm}'} \right) \tag{5.21}$$

또는 추가 재하 시점에서의 OCR을 이용하여, 과압밀 지반에서의 침하량 산정식을 적용할 수도 있다.

② 반발비(rebound ratio)를 이용한 재압축량 산정

앞에서 언급한 식 (5.17)에서 사용된 반발비 ε_r을 현장 지층에 적용하여 다음과 같이 추가 재하 시의 재압축량 S_{rec}를 다음과 같이 구할 수 있다.

$$S_{rec} = \varepsilon_r \cdot H_B \tag{5.22}$$

5.2.1.5 수평배수층

성토재하공법이 적용된 연약지반에서는 성토하중으로 인해 지반 내에 과잉간극수압이 발생하며, 외부로 과잉간극수압이 원활하게 배출되어야만 지반의 압밀침하를 유도할 수 있다. 지반 내에 발생한 과잉간극수는 수두가 낮은 곳으로 이동하여 소산하게 되는데, 이를 원활히 하기 위해 연약지반 상부에 일정 두께의 투수성 좋은 모래를 설치하는 모래매트(sand mat)공법[그림 5.7(a)]을 가장 많이 사용하고 있다. 모래매트공법은 과잉간극수의 원활한 배출을 위해 필요할 뿐만 아니라 성토재하공법에 사용되는 굴착기, 도우저, 덤프트럭 등의 중장비의 주행성을 확보하기 위한 지지층 역할을 한다. 따라서 모래매트의 두께를 설계하기 위해서는 과잉간극수의 충분한 배수뿐만 아니라 장비가 안전하게 운행할 수 있도록 충분한 두께로 설계해야 한다.

최근에는 환경문제로 모래 채취가 어렵고 모래 채취 가격이 높은 지역에서는 플라스틱과 인공토목섬유를 이용한 수평배수재나 천연섬유로 제작된 화이버매트(fiber mat)를 사용하기도 한다[그림 5.7(b)].

(a) 모래매트

(b) 화이버매트

그림 5.7 수평배수재의 종류

(1) 모래매트의 두께 산정방법

① 장비 주행성에 대한 모래매트 두께 산정

장비 주행성을 확보하기 위한 모래매트의 두께를 산정하기 위해서는 연약지반의 비배수 전단강도를 이용하여 지반의 허용 지지력을 산정할 수 있고, 이로부터 장비의 주행성을 고려한 모래매트의 두께를 결정할 수 있다. 연약지반의 평균 콘 지지력을 바탕으로 산정된 모래매트 또는 쇄석매트의 표준두께는 표 5.1과 같으며 장비주행성과 관련한 내용은 14장 표층처리공법을 참조한다.

표 5.1 모래 또는 쇄석매트의 두께(국토해양부, 2012)

표층의 콘 선단지지력(kN/m²)	모래 또는 쇄석매트의 두께(cm)
196 이상	50
196~98	50~80
98~74	80~100
74~49	100~120
49 이하	120

② 배수 기능에 대한 모래매트의 두께 산정

연약지반 상부에 설치되는 모래매트는 압밀로 인해 배출되는 간극수를 성토체 외부로 배출할 수 있는 수평배수재로서의 역할을 충분히 수행할 수 있어야 한다. 따라서 연약점토층이 두꺼운 경우, 성토 폭이 넓은 경우, 그리고 압밀로 인한 간극수의 배출이 많은 경우 등에는 배수로서의 역할을 충분히 수행하기 위한 일정 이상의 모래매트 두께가 요구된다.

국토해양부(2012)에서는 모래 또는 쇄석매트층에 의해 유발되는 총침하량이 연약지반의 압밀침하량이라고 가정하여 단위 길이당 총압밀배수량을 산정하고 이를 식 (5.23)과 같이 모래 또는 쇄석매트 두께 산정식을 제안하였다.

$$Q = L \cdot S = k \cdot i \cdot A = k \cdot \Delta h_w \cdot h / L \qquad (5.23)$$

$$\therefore \ h = \frac{L^2 \cdot S}{k \cdot \Delta h_w}$$

여기서, Q : 압밀배수량(m³/s)

L : 모래 또는 쇄석매트의 배수거리(m)

S : 단위시간당 배출되는 수량(m^3/sec/m)

k : 모래 또는 쇄석매트의 투수계수(m/sec)

h : 모래 또는 쇄석매트의 두께(m)

Δh_w : 배수거리에 따른 모래 또는 쇄석매트 소요 수심(m)

(2) 모래매트의 시공

모래매트의 시공을 위해서는 시공에 의한 기초지반의 흐트러짐을 최소화하고 이토 등이 섞여 들어가 배수효과에 지장을 주는 일이 없도록 계획해야 한다. 또한 모래매트의 재료는 세립질보다는 투수계수가 높은 조립질 재료를 선정할 필요가 있다. 성토범위가 넓은 경우에 지표면의 상황 및 연약 정도에 따라 시공방법을 고려하여 불균일한 두께로 시공되지 않도록 해야 한다.

만약 추가로 지하배수공을 설치하는 경우에는 성토체 종단방향 또는 횡단방향으로 설치할 수 있지만, 종단방향으로 설치하는 경우에는 통수거리를 짧게 하는 것이 유리하다. 또한 지하배수공은 모래매트 안에 설치하여 배수공 내에 점토 등의 세립분이 침입하여 배수효과를 저하시키는 일이 없도록 유의할 필요가 있으며, 특히 배수량이 많은 경우에는 지하배수공 더불어 유공관을 추가로 설치하여 간극수의 배출을 최대화하는 것이 바람직하다.

5.2.2 지하수위 저하공법

지하수위 저하공법은 주로 지하공간 활용 시 지하수로 인한 지반 구조물의 영향을 최소화하기 위해 수행하는 공법이지만 지반개량공법으로 적용될 수도 있다. 즉, 연약점토층 상부에 모래층이 있는 경우에는 지하수위를 일시 저하시킴으로써 증가된 유효응력만큼 하중을 가한 효과를 얻어 연약지반을 압밀시킬 수 있다. 지하수위 저하공법 중 가장 대표적인 공법은 웰포인트 펌프의 진공흡인작용에 의해 필요한 구역의 지하수를 배수하여 지하수위를 강제로 저하시키는 웰포인트(well point)공법이다. 이 공법은 투수계수가 비교적 큰(투수계수가 10^{-1}cm/sec) 모래층에서 실트 등 투수계수가 약간 낮은(투수계수 $10^{-1} \sim 10^{-5}$cm/sec) 지반까지 적용할 수 있어 적용범위가 대단히 넓다. 진공을 사용하기 때문에 저하시킬 수 있는 수위저하는 이론적으로 10.3m까지 가능하나, 현실적으로 각종 수도손실과 펌프의 효율 등을 고려하면 5~6m의 수위저하가 실질적인 한계치이다. 그러므로 이보다 깊은 수위저하가 필요한 공사에서는 다단식 웰포인트(multiple well point stage) 등을 사용해야 한다.

연약지반 개량공사 시 웰포인트공법을 적용하는 경우에 얻을 수 있는 장점은 다음과 같다.

① 지하수위를 저하시켜 지반 내의 간극수압을 감소시키고 유효응력을 증가시켜 지반 전단 파괴에 대한 안정성을 확보할 수 있다.
② 간극수압이 감소하고 유효응력이 증가하여 구조물이나 노반의 기초지반을 압밀촉진시킴으로써 지반을 개량할 수 있다.

5.2.2.1 웰포인트공법의 구성

지하수위 저하가 필요한 영역 주변에 웰포인트를 흡수관(riser pipe)의 선단에 부착시키고 1~2m 간격으로 지중에 매설하여 작은 진공우물 커튼을 만든 다음, 흡수관을 진공펌프에 연결한다. 웰포인트로부터 흡수된 물은 흡수관을 통해 집수관에 모으고 펌프를 사용하여 외부로 방출한다. 그림 5.8은 일반적인 웰포인트 시스템 구성을 나타낸 것이다.

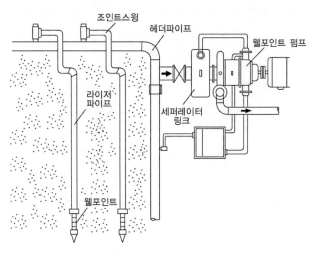

그림 5.8 웰포인트 시스템

웰포인트공법에서 모래필터 기능은 매우 중요하다. 모래필터 기능은 지반의 흙입자를 여과하여 지하수만을 웰포인트 내로 유입시키는 역할을 하는데, 모래필터의 품질이 좋지 않은 경우에는 전체 웰포인트 시스템의 기능을 저하시킬 우려가 있다. 모래필터는 조립모래와 자갈을 혼합하여 사용하나 웰포인트를 설치하는 지반과의 입도 관계를 고려해 그림 5.9에 나타낸 입도의 재료를 사용하는 것이 바람직하다.

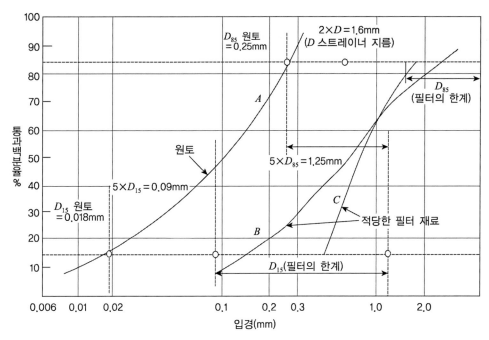

그림 5.9 모래필터에 적합한 흙의 입도조건

5.2.2.2 웰포인트공법의 설계

(1) 일반

펌핑에 의해 지하수위 이하로 수위가 떨어지는 범위 안의 지역을 웰(well)의 영향지역이라고 한다. 이 영향지역의 모양과 크기는 펌프 용량이나 흙의 투수계수 등의 다양한 요소에 영향을 받는다. 이때 원하는 지역의 지하수위를 낮추기 위해서는 각각의 웰포인트의 영향지역이 광범위하게 중첩되어야 한다. 웰포인트의 설치 간격은 지반의 투수성에 의해 결정되지만 일반적으로 90~180cm 정도로 시공하는 경우가 많다. 투수성이 작은 지반일수록 좁은 간격으로 설치하지만, 흙의 투수성이 너무 커서 유입수량이 많은 경우 웰포인트 간격을 너무 넓게 하면 유입수를 신속히 배수시킬 수 없어 설치 간격을 좁게 하는 경우도 있다. 지하수위 저하속도는 지반의 투수성에 좌우되며, 흙의 투수계수가 10^{-3}cm/sec보다 큰 경우 지하수위가 안정될 때까지 2~3일이 걸리며, 흙의 투수계수가 $10^{-3} \sim 10^{-5}$cm/sec 정도인 경우에는 1주일 정도 소요되는 것이 보통이다.

웰포인트공법에 적당한 토질은 투수계수가 $10^{-1} \sim 10^{-5}$cm/sec인 범위의 지반이지만, 투수계수가 이보다 큰 경우에는 배수량의 절대량에 따라 투수계수가 이보다 작은 경우에는 수위의 저하시간에 따라 웰포인트 설치 개수 및 설치 간격을 정해야 한다. 또한 양수량은 집수능력, 양수능력, 유입능력 중 가장 작은 것에 의해 결정되고 투수계수가 작은 경우에는 집수능력에 의해 좌우된다.

(2) 웰포인트 설계의 기본 개념

웰포인트공법에서 양수량(우물에 지하수 유입량)은 웰포인트로 둘러싸인 곳을 우물로 간주하고 등가환산 원형부지로 치환하여, 이를 1개의 우물로 보고 실계한다. 양수량은 여러 가지 방법으로 계산할 수 있는데, 각 계산방법들은 모두 이상적인 조건을 전제로 한 것이므로 현장상태와 정확히 일치하지는 않는다.

우물로부터 통상 양수되는 대수층은 주위가 거의 균일한 형태로 되어 있기 때문에 우물로의 지하수 흐름은 방사상으로 흐른다고 볼 수 있다. 즉, 양수에 의해 지하수위가 저하되는 우물주변의 등수위선은 그림 5.10과 같이 대개 원형이며 유선은 방사형이 된다.

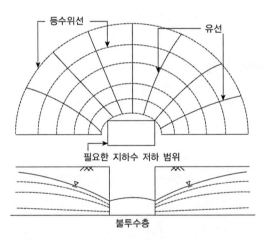

그림 5.10 지하수 양수 시 등수위선과 유선의 형태

(3) 지하수 양수량 산정

양수량 산정식은 현장의 대수층 상태, 우물형태, 그리고 주변 현장상황 등에 따라 각각 다르다.

① 양수량 산정

이 공식은 우물바닥이 불투수층에 도달한 경우, 즉 우물이 완전 관입되어 하부로부터 지하수 유입이 없는 경우에 적용할 수 있는 방법이다. 실제로 불투수층이 깊어 불투수층까지 완전

굴착이 어려운 경우에는 부분 관입된 중력우물의 양수량을 구하는 식을 적용하여야 한다. 그러나 보통 연직방향의 투수계수는 수평방향의 투수계수에 비해 작아 우물바닥으로부터의 유입량은 상대적으로 작기 때문에 웰포인트의 양수량보다 15~30% 정도 더 양수되는 것으로 가정하여 계산하는 경우도 있다. 다음은 각 현장조건에 따른 양수량 산정식들이다.

• 대수층이 끊임없이 무한이 존재한다고 가정하는 경우
　− 자유우물(중력우물)

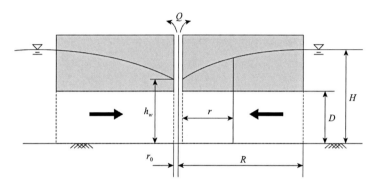

$$Q = \frac{\pi k (H^2 - h^2)}{2.3 \log (R/r_0)} \times (1.15 \sim 1.3)$$　　　　　　　(5.24)

　− 피압우물

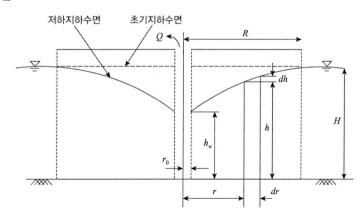

$$Q = \frac{2\pi k D (H - h)}{2.3 \log (R/r_0)} \times (1.15 \ 1.3)$$　　　　　　　(5.25)

• 우물 주변에 강이나 개천이 존재하는 경우

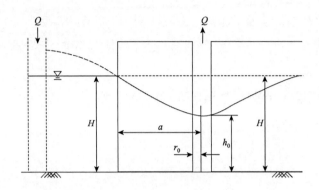

$$Q = \frac{\pi k (H^2 - h^2)}{2.3 \log (2a/r_0)} \times (1.15 \ 1.3)(\text{자유지하수}) \tag{5.26a}$$

$$Q = \frac{\pi k D (H - h)}{2.3 \log (2a/r_0)} \times (1.15 \ 1.3)(\text{피압지하수}) \tag{5.26b}$$

• 우물주변에 불투수성 장벽이 있는 경우

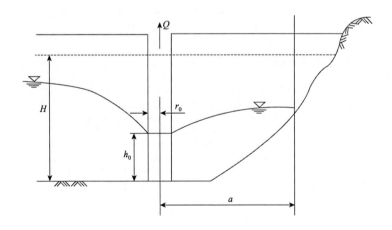

$$Q = \frac{\pi k (H^2 - h^2)}{2.3 \log (R^2/2ar_0)} \times (1.15 \ 1.3) \ (\text{자유지하수}) \tag{5.27a}$$

$$Q = \frac{\pi k D (H - h)}{2.3 \log (R^2 / 2ar_0)} \times (1.15\ 1.3)\ (피압지하수)$$ (5.27b)

여기서, Q : 양수량(m^3/min)

k : 투수계수(m/min)

D : 피압대수층 두께(m)

H : 원지하수심(원지하수면에서 불투수층까지 심도(m))

h_0 : 저하수위면에서 불투수층까지의 심도(m)

R : 영향반경(m)

a : 우물중심에서 물가까지 거리(m)

우물중심에서 장벽까지 거리(m)

r_0 : 가상 우물반경(등가환산원의 반경, m)

위의 식에서 굴착 외부의 장변(a)/단변(b) 길이 비가 3배 미만인 경우, 등가 가상 우물반경 (r_0)은 다음과 같이 두 가지 방법으로 구할 수 있다.

a. 면적이 같은 원으로 치환하는 방법으로 웰포인트로 둘러싸인 면적을 A라고 할 때, 면적 A와 등가인 원의 면적이 동일하다고 가정하고 반경 r_0를 식 (5.28)로 계산한다.

$$r_0 = \sqrt{\frac{A}{\pi}}$$ (5.28)

b. 웰포인트로 둘러싸인 지역의 변길이와 외주가 같은 등가원으로 치환하는 방법으로 웰포인트로 둘러싸인 지역이 장변길이 a, 단변길이 b인 장방형일 때, 등가원의 반경 r_0를 식 (5.29)으로 계산한다.

$$r_0 = 2(a + b)/2\pi$$ (5.29)

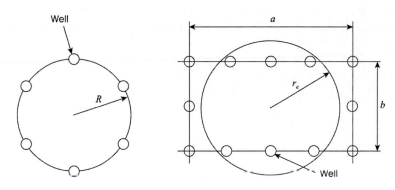

그림 5.11 가상 우물 반경

② 영향반경(R)의 결정방법

영향반경이란 우물 중심에서 양수의 영향이 미치는 범위로 기존의 산정방법들은 모두 지반이 균질하며 두께가 일정한 대수층이 우물을 중심으로 무한으로 계속 존재하거나 또는 강우 등에 의한 지하수 보급이 되지 않는 극히 이상적인 현장조건을 전제로 하여 유도된 것들이 대부분이다.

웰포인트공법에서 R은 보통 r_0의 3,000~5,000배 또는 500~1,000m 정도로 가정하는 경우가 많은데, r_0은 양수량 공식에서 log의 형태로 들어가 있으므로 R의 변화에 대한 배수량의 변화는 그다지 크지 않다. 또 R을 정확히 구할 수 있다 하더라도 다른 수리학적 정수가 반드시 정확하다고 할 수 없으므로 구한 값은 개략적인 값이라고 할 수 있다. 따라서 R이 특별히 문제가 되는 경우를 제외하고는 아래에 제시된 값 또는 식들 중 하나를 선택해 배수량을 산정해도 무방하다(한국지반공학회, 1995).

- $R = 1,000$

- 가는 모래 $R = 5 \sim 10$ 중간 모래 $R = 50$ 거친 모래 $R = 50 \sim 100$

- $R = 3000s\sqrt{k}$

- $R = \dfrac{\sqrt{Hkt}}{n}$

- $R = \sqrt{\dfrac{12t}{n}\sqrt{\dfrac{Qk}{\pi}}}$

여기서, R : 영향반경(m)

s : 정호 내 최대 수위저하량(m)

k : 지반의 투수계수(m/sec)

H : 불투수층으로부터의 지하수위(m)

t : 양수시간(sec)

n : 간극률

Q : 양수량(cm^3/sec)

③ 웰 포인트 1본당 흡수량 및 웰포인트 본수

수위를 저하시키는 데 필요한 총양수량 Q를 알면, 웰포인트 개수 n은 식 (5.30)과 같이 산정할 수 있다.

$$n = \frac{Q}{q} \tag{5.30}$$

여기서, q : 웰포인트 1본당 흡수량

웰포인트 1본당 흡수량 q는 지반의 투수계수, 저하수위의 깊이, 웰포인트의 진공도 등에 의하여 변하지만 일반적으로 투수계수 $k = 1 \times 10^{-4} \sim 1 \times 10^{-1}$ cm/sec에 대해서 $q = 1 \sim 40 l$/min 정도로 고려하고 있으며 다음과 같은 식 (5.31)로 결정하기도 한다.

$$q = 2\pi \gamma_w h_w \frac{\sqrt{k}}{15} \, (\text{m}^3/\text{min}) \tag{5.31}$$

여기서, q : 웰포인트 1개의 양수량(m^3/min)

r_w : 웰포인트 모래필터의 반경, 보통 $0.05 \sim 0.1$m

h_w : 웰포인트(필터) 길이, 보통 1.0m

k : 흙의 투수계수(m/min)

이와 더불어 일반적으로 널리 쓰이는 직경 6cm, 길이 1m 정도의 웰포인트의 경우 실측을 통해 그림 5.12와 같은 관계를 이용하여 설계하기도 한다.

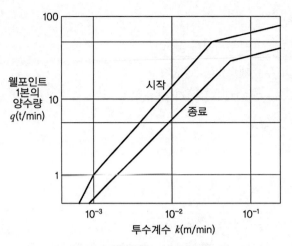

그림 5.12 웰포인트 1본당 양수능력

④ 웰포인트 간격

웰포인트 간격은 식 (5.32)로 산정한다. 단 최대 간격은 2m 이하로 한다.

$$a = \frac{2\pi r_0}{n} \text{ 또는 } a = \frac{L}{n}$$ (5.32)

여기서, a : 간격(m)

r : 가상우물의 반경(m)

L : 헤더파이프의 길이(m)

n : 웰포인트 본수(본)

⑤ 수위저하에 소요되는 시간

수위의 저하시간은 보통 식 (5.33)을 사용한다.

$$s = \frac{Q}{4\pi kH} \int_u^\infty \frac{e^{-u}}{u} du = \frac{Q}{4\pi kH} W(u)$$ (5.33)

$$u = \frac{r^2 S}{4\pi kHt}$$

여기서, s : 수위저하량(m)

Q : 배수량(m^3/min)

k : 투수계수(m/min)

H : 대수층의 두께(m)

S : 저류계수(자유수면의 모래, 자갈층에서는 0.1~0.3, 피압지하수층에서는 0.005~ 0.0005)

t : 양수개시에서의 시간(min)

$W(u)$: 우물함수

r : 우물에서 생각하는 점까지의 거리(m, 가상의 우물반경)

우물함수 $W(u)$는 그림 5.13에 의해 구할 수 있다.

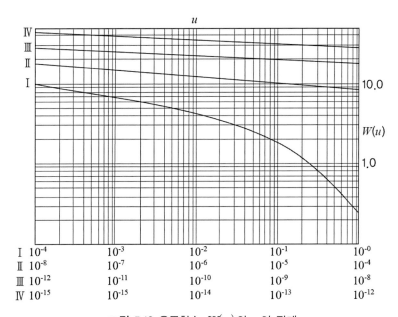

그림 5.13 우물함수 $W(u)$와 u의 관계

※ 피사의 사탑(Tower of Pisa)

피사의 사탑은 1174년 착공 후 시공과정에서부터 부등 침하문제가 발생하여 완공까지 무려 200년 가까운 세월이 소요되었다. 1370년 완공된 피사의 사탑은 하부 연약지반의 불안정으로 최대 5.5°까지 남쪽으로 기울어졌다. 이탈리아 정부는 구조물의 안정성 확보를 위해 600톤의 납덩어리를 지반이 융기된 부분에 설치하는 방법, 전기삼투공법, 동결공법, 언더피닝(underpinning) 및 그라우팅공법 등 다양한 방법을 검토하였으며, 최종적으로는 융기된 지반에 하중을 가하는 동시에 하부 연약지반을 제거하여 더 이상의 부등침하가 발생하지 않도록 하는 방법을 성공적으로 적용하여 구조적 안정성을 확보하는 성과를 올렸다. 피사의 사탑은 기술적으로는 문제가 있는 구조물이지만 한해 일억 불 이상의 관광 수입을 올리는 국보급 유물이다.

| 참고문헌 |

국토해양부(2012), "도로설계편람-3편", '토공 및 배수', pp.309-42~309-48.

한국지반공학회(1995), "연약지반", 지반공학시리즈 6., pp.368~413.

한국토지개발공사 기술연구소(1987), 연약지반 처리공법 연구.

한국토지개발공사(1991), 해안 매립에 관한 연구, pp.308~354.

Aldrich, H. P.(1965), "Precompression for Support of Shallow Foundations", Journal of Soil Mechanics and Foundation Division ASCE, (91), SM2, pp.5~20.

Bjerrum, L.(1972), "Embankments on Soft Ground-general Report", Proc. ASCE Spacialty Conf. on Performance of Earth and Earth-Supported Structures, (2), pp.1~54.

Brand, E. W. and Brenner, R. P.(1981), Soft Clay Engineering, Elsevier, New York, pp.637~696.

Fukazawa, E., and Kurihara, H.(1991), Field measurement of long-term settlement, Tsuchi-to-Kiso, Japaness Society of Soil Mechanics and Foundation Engineering, Series 403, Vol.39, No.8, pp.103~117.

Holtz, R. D. and Wager, O.(1975), "Preloading by Vacuum-current Prospects", Transportation Research Record 548, pp.26~29.

Johnson, S. J.(1970), "Precompression for Improving Foundation Soils", Journal of Soil Mechanics and Foundation Division, ASCE, (96), SM1, pp.111~144.

Kamao, S., Yamada, K., and Aita, K.(1995), "Characteristics of long-term resettlement of soft ground after removal of the preload", Proceedings of International Symposum on Compression and Consolidation of Clayey Soil(IS-Hiroshima'95), Hiroshima, Balkema, pp.75~78.

Kjellman, W.(1952), "Consolidation of Clay Soil by means of Atmospheric Pressure", Proc. Conference Soil Stabilization, Cambridge, Mass., pp.258~263.

Mikasa, M.(1963), The Consolidation of Soft Clay - A new consolidation theory and its application, Kajima-suppan-kai, Tokyo.

Perloff, W. H. and Baron, W.(1976), Soil Mechanics - Principles and Applications, Ronald, New York.

Rathmayer, H. G. and Saari, K. H. O.(1983), Improvement of Ground, Proc. 8th European Conference on Soil Mechanics and Foundation Eng., Helsinki, Vol. 1, Vol. 2, Vol. 3.

Stamatopoulos, A. C. and Kotzias, P. C.(1985), Soil Improvement by Preloading, John Wiley & Sons.

06

—

연직배수공법

06 연직배수공법

6.1 공법 개요

투수성이 좋지 않은 두꺼운 연약 점토층을 선행재하공법만으로 개량하는 경우 지반개량에 소요되는 기간은 수년에서 경우에 따라서는 수십 년이 소요된다. 연약지반 개량 시 시공 기간을 단축시키기 위해서 연직배수공법(vertical drain method)을 사용하는 경우가 많다. 압밀 시간은 배수 거리의 제곱에 비례하고 또한 대부분의 지반에서는 수평투수계수가 연직투수계수보다 더 크기 때문에 연직배수공법을 사용하면 압밀 시간을 크게 단축하여 침하를 조기에 완료시킬 수 있다(그림 6.1).

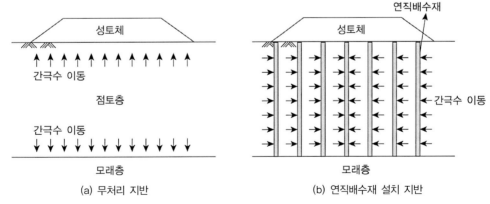

(a) 무처리 지반   (b) 연직배수재 설치 지반

그림 6.1 연직배수공법의 적용과 비적용 지반에서의 간극수 흐름

연직배수공법은 가장 보편적으로 사용하는 연약지반 개량공법으로써 지반에 모래나 인공배수재를 설치하여 지중의 배수거리를 단축하여 압밀을 촉진하는 방법이다. 연직배수공법은 침하거동이 2차 압축에 의해 지배되는 이탄토(peat)와 유기질 점토(organic clay)를 제외한 대부분의 점성토 지반에 적용이 가능하다. 연직배수재를 설치한 후에는 지표 상부에 압밀 하중을 작용시키는데, 압밀 하중으로는 성토체를 이용하는 것이 보통이며 7장에 서술한 진공압 등을 압밀 하중으로 사용하기도 한다. 연직배수재를 지중에 설치하면 배수거리가 감소하여 압밀이 촉진되지만, 연직배수재를 설치하는 도중에 지반이 교란되어 배수재 주변 지반의 투수계수가 감소하는 교란효과(smear effect)와 배수재 내에서 간극수 흐름이 방해받는 통수저항(well resistance)에 의하여 압밀이 다소 지연되기도 한다.

6.2 공법 설계 이론

점성토 지반에 연직배수공법을 적용하게 되면 점성토 내의 간극수는 연직방향은 물론이고 횡방향으로도 배수가 되므로 3차원 압밀 해석이 필요하게 된다. 그러나 연직배수재가 설치되면 연직방향의 배수거리에 비해 수평방향의 배수거리가 상대적으로 훨씬 짧아지기 때문에, 일반적으로는 축대칭인 방사 방향의 유체 흐름과 1차원 압밀이론을 결부시켜 문제를 단순화하여 해석한다. 연직배수재를 설계하는 대표적인 몇 가지 방법은 다음과 같다.

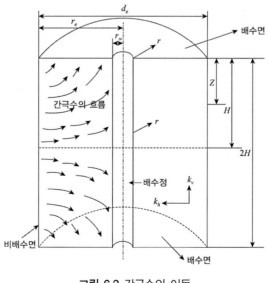

그림 6.2 간극수의 이동

6.2.1 Barron의 압밀이론

Barron(1948)은 Terzaghi의 1차원 압밀이론을 토대로 지반을 자유 변형률(free strain) 조건과 등 변형률(equal strain) 조건으로 구분하여, 연직배수재가 설치된 지반의 압밀 해석 식을 제안하였다. 자유 변형률 조건은 지반의 강성이 작아서 침하가 불균일한 경우이며, 등 변형률 조건은 지반의 강성이 커서 침하가 균일하게 발생하는 경우이다. 실제 설계 및 해석 시에는 등 변형률 조건으로 가정하는 데 이는 실제 현상과는 다소 거리가 있으나 상대적으로 간편하고 쉽게 적용이 가능하다.

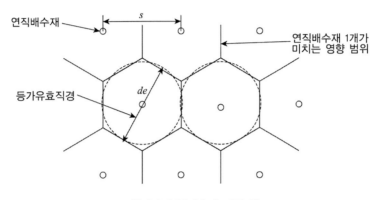

그림 6.3 연직배수재 배치 예

횡방향배수에 의한 평균압밀도(U_r)는 식 (6.1)을 사용하여 구한다.

$$U_r = 1 - \exp\left[-\frac{8T_r}{F(n)}\right]$$ (6.1)

여기서, T_r : 수평방향 무차원 시간계수($= c_h \cdot t/d_e^2$)

$\quad\quad\;\; c_h$: 수평방향 압밀계수

$\quad\quad\;\; t$: 임의압밀도에 해당하는 임의시간

$\quad\quad\;\; d_e$: 유효 배수재 영향 직경

$\quad\quad\quad\;$ (정삼각형배치 $d_e = 1.05d$, 정방형배치 $d_e = 1.128d$)

$\quad\quad\;\; d$: 연직배수재 설치 간격

$$F(n) = \frac{n^2}{n^2-1}\ln(n) - \frac{3n^2-1}{4n^2}, \quad n = d_e/d_w$$

여기서, d_w : 배수재 직경

6.2.2 Hansbo의 압밀이론

Hansbo (1979)는 Barron과 마찬가지로 교란효과와 통수저항을 고려하여 연직배수공법을 설계할 수 있는 식을 제안하였는데, Hansbo가 제안한 횡방향 평균압밀도는 식 (6.2)와 같다.

$$U_r = 1 - \exp\left(\frac{-8\,T_h}{\mu}\right) \tag{6.2}$$

여기서, μ : $\ln(n/s) + (k_h/k_s)\ln s - 0.75 + \pi z(2l-z)k_w/q_w$

s : d_s/d_w

d_s : 교란영역의 직경

l : 배수재의 총길이

q_w : 배수재의 배수능력

k_h : 흙의 횡방향 투수계수

k_s : 교란영역의 횡방향 투수계수

($q_w = k_w A_w$, k_w = 배수재의 연직방향 투수계수, A_w = 배수재의 배수면적)

Hansbo가 제안한 식은 비교적 정확한 해라고 할 수 있으며, 그림 6.4와 같이 나타나는 교란영역을 구하는 방법이나 교란영역의 지반 물성치를 구하는 것이 압밀도를 구하는 데 매우 중요한 인자라 할 수 있다. Hansbo는 실험적으로 구해진 값을 사용할 경우 점성토 지반에서 횡방향 투수계수와 교란영역의 투수계수비는 약 k_h/k_s =1.5~2 정도의 값을 사용하며, 교란영역 범위는 배수재 직경의 약 2~3배를 사용하는 것을 제안하였다. 실제, 설계 시에는 교란영역의 횡방향 투수계수를 알기가 매우 어렵기 때문에 점성토 지반의 연직방향 투수계수와 같다고 가정하여 압밀도를 구하는 방법이 많이 사용된다. 즉, 연직배수공법 설계 시 $k_h/k_s = k_h/k_v$의 관계를 사용하여 교란효과를 고려하기도 한다.

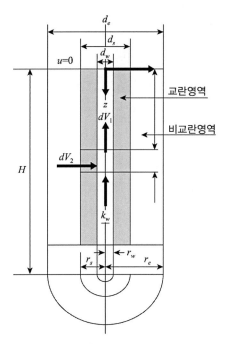

그림 6.4 교란영역을 포함한 배수재 단면

6.2.3 기타 설계 이론

Onoue(1988)는 Yoshikuni & Nakanodo(1974)가 제안한 통수저항계수(L)를 사용하여 교란효과와 통수저항을 고려한 압밀도를 식 (6.3)과 같이 제안하였다.

$$\text{평균 압밀도}: \overline{U_h} = 1 - \exp\left(\frac{-8\,T_h}{F(n') + 0.8L}\right) \tag{6.3}$$

여기서, $F(n') = \dfrac{(n')^2}{(n')^2 - 1}\ln(n') - \dfrac{3(n')^2 - 1}{4(n')^2}$

$n' = n \cdot s^{\eta - 1}, \quad \eta = k_h/k_s, \quad L = \dfrac{32}{\pi^2}\dfrac{k_h}{k_w}\left(\dfrac{H}{d_w}\right)^2$

H : 배수재의 길이

이 외에도 Leonard(1962)나 유영삼 등(1994)은 연직배수재 직경을 1/2~1/4로 감소시켜 교란효과를 포함하는 배수공법의 약식 설계방법을 제안하기도 하였다.

6.2.4 설계 시 고려사항

일반적으로 연직배수공법을 적용한 연약지반 설계 값과 현장에서 계측한 실측 값이 잘 일치하지 않는 경우가 많다. 이는 한정적인 지반조사 결과와 연직배수재로 사용하는 재료에 대한 제한적인 시험 결과를 바탕으로 복잡한 연약지반 전체의 거동을 예측하기 때문이다. 따라서 현장에서 추후에 발생하게 되는 설계 값과 현장에서의 실제 거동과의 차이를 설명하기 위해서는 연직배수공법 적용 시 시공 결과에 미치는 여러 가지 영향인자를 이해해야 한다.

특히, 플라스틱 재료 등으로 제작하는 인공배수재(PVD, Prefabricated Vertical Drain)는 배수재에 가해지는 구속압, 지반침하에 따른 배수재의 굴곡, 지중의 온도, 점토 세립자가 배수재에 미치는 영향, 공기기포 영향, 동수경사 등과 같은 외적인 요인과 인공배수재의 재질, 통수단면적, 배수재의 길이 등과 같은 내적인 요인이 인공배수재의 통수능에 적지 않은 영향을 미치는 것으로 알려져 있다(표 6.1).

표 6.1 연직배수재의 통수저항에 미치는 내·외적인 요인(박영목, 1994)

요소		메커니즘	배수저항 영향값
외적요소	구속압(σ_3)	PVD가 타설 후 단기간에 σ_3에 의한 통수단면적 A_f의 감소	$\sigma_3 : 50\text{kPa} \rightarrow 400\text{kPa}$ 증가 시 ; $Q_w \rightarrow (0.3 \sim 0.85) Q_w$
	PVD의 변형	주위지반의 압밀에 기인하여 PVD재에 굴곡 등의 변형발생으로 A_f의 감소 및 공기(기포) 누적 가능	PVD 직립상태 → 2개소 강제절곡 $Q_w \rightarrow (0.25 \sim 0.6) Q_w$
	지중온도(T)	물의 동점성계수차이에 따른 통수능 변화	$T : 20 \sim 15°C$; $Q_w \rightarrow (0.9) Q_w$
	세립자의 이동	PVD 내부에 주위지반의 세립자 침입에 따른 영향	영향치 무시 가능
	공기(기포)	물의 상방향 이동에 따라 구속압의 해방에 기인하여 간극수속의 용존공기(기포)의 환원	PVD의 굴곡부에 누적될 경우 그 영향이 심각함. 극단적으로 Q_w가 0까지 저하
	동수경사(i)	PVD 속의 물의 흐름이 동수구배가 커지면 난류화되어 통수능의 저하유발	$i : 0.2 \rightarrow 0.9$ $Q_w \rightarrow (0.6 \sim 0.85) Q_w$
내적요소	재질	장기간 PVD 필터의 흡습에 기인된 크리프변형으로 통수단면적의 감소	Q_w의 초기치→2~60일 경과 시 $Q_w \rightarrow (0.55 \sim 0.7) Q_w$
	통수 단면적(A_f)	PVD 내부의 겉보기 단면과 통수 가능한 순단면적의 차이	$A_f \rightarrow (0.35 \sim 0.75) A_f$ $L_{CWR} \rightarrow (1.5 \sim 2.5) L_{CWR}$
	배수재 길이(L)	길이증가에 따라 배수저항(마찰손실수두)의 증가	$H : 5\text{m} \rightarrow 50\text{m}$ $L_{CWR} \rightarrow (95) L_{CWR}$

(1) 배수저항에 의한 통수능 변화

그림 6.5는 압밀도 U_s에 따른 배수재의 통수능(Q_w) 및 실제 현장에서 필요한 배수재의 통수량(Q_{req})을 개념적으로 나타낸 것이다. 이 그림을 보면 배수재의 통수능은 배수재의 굴곡 (bending and folding)의 영향이 가장 크며, 토압에 의한 배수재 필터의 크리프 변형 등의 영향으로 인해 압밀진행에 따라 감소하는 것을 알 수 있다. 또한 대변형 지반에서 압밀도가 50%를 넘어서면 동수경사가 저하함과 동시에 배수재의 꺾임현상이 발생할 수 있으며, 이때 공기(기포)의 영향을 크게 받아 Q_w가 저하되는 것으로 나타나 있다.

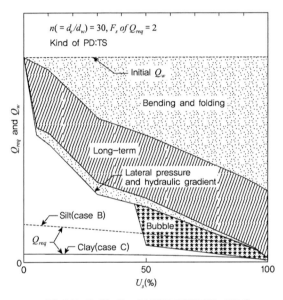

그림 6.5 Q_w와 Q_{req}의 변화도(박영목, 1994)

(2) 교란영역

연직배수재 설치 중에 발생하는 배수재 주변 지역의 교란영향이 횡방향 압밀을 지연시키는 주요 원인으로 보고되고 있으며, 이에 대한 많은 연구들이 수행된 바 있다. 표 6.2는 여러 연구자들이 수행한 교란영역의 크기나 투수계수 등에 연구 결과를 나타낸 것이며, 대부분의 결과는 모형시험이나 현장시험 등을 통해 얻어진 것들이다.

표 6.2 배수재 설치 시 발생하는 주변 지역의 교란효과 연구 결과

연구 분야	상관도	참고문헌
교란영역의 크기	$d_s = 2.0d_m$ $d_s = 2.5 \sim 3.0d_m$ $d_s = 3d_m$ $d_s = 4d_w$	Hansbo(1981) ; Bergado et al.(1991) Park et al.(1992) Miura et al.(1993) ; Chai et al.(1999) Sharma et al.(2000)
교란영역의 투수계수	$k_h = k_v$ $k_h = 1.5 \sim 2k_s$ $k_h = 2k_s$ $k_h = 1.3k_s$ $k_h = 3k_s$ $k_h = 2k_s$ $k_h = 3k_s$ $k_h = 5k_s$ $k_h = 9 \sim 11k_s$	Hansbo(1987) ; Indraratra et al.(1998) Bergado et al.(1991) Chai et al.(1997) Sharma et al.(2000) Hansbo(1981) (for Sand drain) Hansbo(1981) (for Geodrain) Onoue(1991) Madhav et al.(1993) Chai et al.(1999)

* d_s : 교란영역의 직경, d_m : 맨드렐의 직경, d_w : 배수재 직경, k_h : 횡방향투수계수, k_s : 교란영역의 투수계수

(3) 배수재의 등가직경

인공배수재의 경우에는 대부분 두께에 비해 폭이 매우 넓은 판형제품이 많이 사용되기 때문에 인공배수재 설계 시 연직배수재의 직경은 등가원형단면으로 환산하여 설계한다. 환산직경은 인공배수재의 단면 둘레 길이가 원통형의 원호길이와 같다고 가정하는 것으로, Hansbo(1979) 등은 유한요소해석을 실시하여 배수재의 등가 직경을 제안한 바 있다. 여러 연구자들이 판형의 인공배수재의 등가직경 산정에 대한 연구를 꾸준히 진행하여 왔는데, 한국토지공사(1999)에서는 연약지반의 압밀특성에 관한 연구에서 Hansbo(1979)가 제안한 값의 90% 값을 취하는 것이 합리적이라고 보고한 바 있다. 일반적으로 폭 10cm, 두께 3mm의 인공배수재를 가장 많이 사용하는 데 여러 가지 요인을 고려하면 인공배수재의 등가직경(d_w)을 5cm로 채택하는 경우가 많다. 표 6.3은 판형의 인공배수재의 등가직경(d_w)에 대한 기존의 연구 결과이다.

표 6.3 다양한 연구자에 의해 제안된 d_w 값

연구자	제안된 등가직경 d_w
Hansbo(1979)	$d_w = \dfrac{2(a+b)}{\pi}$
Jansen and Hoedt(1983)	$d_w = \dfrac{\pi}{4}\dfrac{2(a+b)}{\pi}$
Fellenius and Castonguay(1985)	$d_w = (1.5\sim3.0) \times \dfrac{2(a+b)}{\pi}$
Suits et al.(1986)	$38\sim64$mm
Rixer et al.(1986), Hansbo(1983)	$d_w = \dfrac{(a+b)}{\pi}$
박영목(1994)	$d_w = \dfrac{1.8(a+b)}{\pi}$

(4) 배치방법 및 설치 간격

연직배수재를 가장 경제적으로 배치하는 방법은 정삼각형 형태로 배치하는 것이며, 현장에 쉽게 배치하는 방법은 정사각형 배치가 가장 많이 사용되고 있다. 연직배수재 도입 초기단계에서는 정삼각형 배열이 많이 적용되었으나, 최근에는 정사각형 배열이 현장에서 많이 적용되고 있다. 두 방법 모두 연직배수재 적용지반의 해석 시에는 계산상의 복잡성을 고려하여 단일의 원형 연직배수재가 설치되어 있는 방사형 배수가 발생하는 원통형 토체의 환산직경, 즉 연직배수재의 유효직경(effective diameter, d_e)을 결정하여 해석에 적용하며, 유효직경(d_e)은 식 (6.4)를 이용하여 구할 수 있다.

• 정사각형 배치

$$\frac{\pi d_e^2}{4} = d^2 \to d_e = 1.128d \qquad (6.4\text{a})$$

• 정삼각형 배치

$$\frac{\pi d_e^2}{4} = \frac{\sqrt{3}}{2}d^2 \to d_e = 1.05d \qquad (6.4\text{b})$$

여기서, d : 연직배수재 설치 간격

d_e : 연직배수재 유효직경

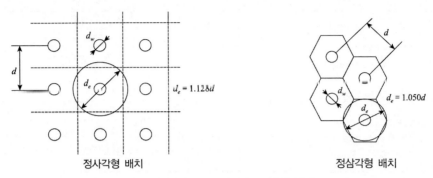

정사각형 배치 　　　　　　　　　　　정삼각형 배치

그림 6.6 연직배수재 배치 형태

(5) 배수재 변형

Lawrence and Koerner(1988)는 그림 6.7과 같이 인공배수재의 변형을 (a) 균일한 휨, (b) 정현곡선형의 휨, (c) 국부적 휨, (d) 국부적인 꺾임, 그리고 (e) 다수의 꺾임으로 가정하고 있다. 실제로 실내모형시험이나 현장시험에서 압밀 후에 측정한 인공배수재의 형상은 Lawrence and Koerner(1988)가 가정한 형상과는 달리 다양한 변형 양상이 나타나고 있다.

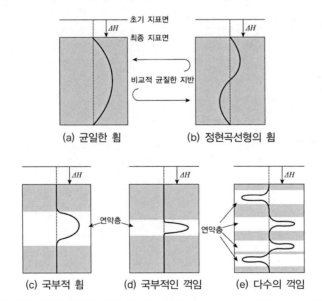

(a) 균일한 휨　　　(b) 정현곡선형의 휨

(c) 국부적 휨　　　(d) 국부적인 꺾임　　　(e) 다수의 꺾임

그림 6.7 인공배수재의 변형 형상의 가정(Lawrence and Koerner, 1988)

표 6.4는 인공배수재의 변형 조건에 따른 통수능의 감소율에 대한 기존 연구결과를 요약한 것이다.

표 6.4 인공배수재 변형에 대한 기존 연구 결과 요약

연구자	결과 요약
Kremer et al.(1993)	지반침하량이 총두께의 약 15~20%를 상회할 경우 PVD는 변형이 발생하여 통수능이 크게 저하됨.
박영목(1994)	꺾임에 의한 영향으로 인한 통수능의 저하는 만곡에 의한 통수능의 저하보다 큼. 만곡 20% 시 Q_w 저하는 최대 21cm^3/sec, 꺾임 시 1개소 27cm^3/sec 감소
Van Zanten(1986)	만곡이나 꺾임이 발생하는 경우 PVD의 통수능은 작고 직립의 경우에 대하여 약 75% 이상을 유지함
Holtz and Christopher(1987)	연직방향의 큰 변형에 의한 만곡이나, 꺾임이 PVD의 통수능 저하에 큰 영향을 미침
Lawrence and Koerner(1988)	PVD의 큰 변형에 의하여 균일한 휨, 정현곡선형의 휨, 국부적 휨, 국부적인 꺾임 및 다수의 꺾임 등의 형상이 발생
Bergado(1996)	PVD 통수능의 감소율은 10% 굴곡변형에서 14~38%, 20% 굴곡변형에서 22~40%, 180° 꼬임조건에서 25~85%의 감소를 보인다고 함

(6) 구속압

인공배수재에서의 크리프 현상은 그림 6.8과 같이 배수재의 필터가 배수재의 외측면에 작용하는 구속압에 의하여 배수공간으로 밀려들어 가는 현상이다. 이때 필터재는 어느 정도의 인장변형을 경험하게 되는데, 실내실험 완료 후 배수재를 꺼내어 육안 관찰한 결과 필터재가 코어의 형상과 동일하게 변형되어 밀려들어 가 있음을 확인할 수 있다. 이러한 변형은 재료자체의 성질에 따라 회복되지 않게 되고 시간이 경과함에 따라 비록 발생 정도는 점차 줄어들게 되나 지속적으로 발생하므로 주의해야 한다. 일정한 구속압하에서 계속적인 변형이 발생하여 늘어난 필터는 코어 안으로 밀려들어 가게 되며 이에 따라 인공배수재의 유로 단면적이 감소된다.

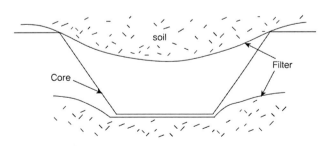

그림 6.8 필터의 변형에 의해서 생기는 유로단면적의 감소(Broms et al., 1994)

(7) 막힘 현상

인공배수재에서 코어를 감싸고 있는 필터는 미세한 흙의 세립자는 통과하지 못하지만 흙으로부터 유출되는 간극수는 원활히 유입되어야 하는 양면적인 기능을 가져야 한다. 현장에 설치된 인공배수재는 필터의 섬유 사이를 이동하는 세립토와 침전물, 유기물질 등에 의해 수리적 특성이 변화할 수 있는데, 흙 입자나 유기물질, 염분, 미생물의 침전 및 성장 등 여러 가지 이유로 필터의 간극이 막히거나 필터 내에 흙 입자 등이 쌓여 유로가 줄어든 현상을 구멍 막힘(clogging)이라 한다. 구멍 막힘 현상은 흙 입자와 필터 구멍크기의 상호 관계에 따라 다음과 같이 3가지로 구분할 수 있다.

① Cake filtration

흙 입자가 필터 구멍크기보다 클 때 발생하며, 그림 6.9와 같이 흙 입자가 필터 위에서 구멍을 막는 현상으로 필터 저항은 그림 6.10과 같이 직선적으로 증가한다.

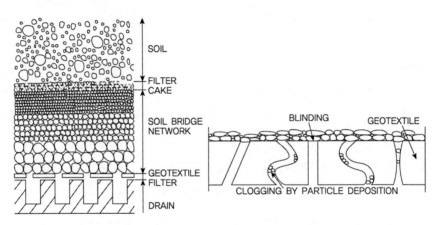

그림 6.9 필터 주변의 흙 입자의 구성 및 막힘 현상 모식도

② Blocking filtration

흙 입자가 필터 구멍크기와 거의 같을 때 발생하며 흙 입자가 필터의 구멍 사이에 끼여 필터 구멍을 막는 현상으로 필터저항이 급격히 증가할 수 있다.

③ Deep filtration

필터 구멍보다 흙 입자가 작을 때 발생하며 미세한 흙 입자들이 필터의 구멍 속으로 들어가

쌓이는 현상으로 필터링이 시작될 때 필터 저항이 증가하고, 압력이 증가하면 흙 입자들이 떨어져 나가 필터 저항이 감소하는 과정을 반복한다.

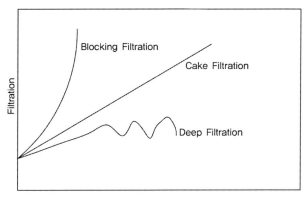

그림 6.10 필터링 시간과 저항의 관계

6.3 공법 종류와 시공방법

연직배수공법은 사용하는 배수재의 종류와 시공방법에 따라 모래를 사용하는 샌드드레인 (sand drain)과 토목섬유 등을 사용하는 인공배수재(PVD, Prefabricated Vertical Drain)로 구분한다. 각 공법에 사용되는 연직배수재 설치 장비와 배수재로 사용하는 재료, 연직배수재 의 모양 등이 서로 다르기는 하지만 기본 원리와 설계방법은 동일하다.

샌드드레인은 투수성이 좋은 모래를 사용하는데, 샌드드레인과 유사한 공법으로는 팩드레 인(pack drain) 등이 있다. 인공배수재는 사용하는 재료의 종류에 따라 페이퍼드레인(paper drain), 윅드레인(wick drain) 등 여러 가지가 있으며, 이들을 총칭하여 밴드드레인(band drain) 또는 플라스틱드레인보드(PDB, Plastic Drain Board)라고도 한다. 최근에는 연약지반 이 압밀되는 도중에는 배수 기능을 발휘하다가 일정기간이 지나면 자연적으로 소멸되는 자연 친화적인 연직배수재들이 개발되고 있는데, 대표적으로 황마와 코코넛 껍질 등과 같은 천연섬 유를 사용하는 화이버드레인(fiber drain)과 생분해성 플라스틱을 이용한 생분해성 플라스틱 드레인보드 등이 대표적이다.

표 6.5는 국내에서 사용하고 있는 대표적인 연직배수공법의 비교표이다.

표 6.5 연직배수공법 비교표(국토해양부, 2012)

구분	샌드드레인공법	팩드레인공법	플라스틱드레인공법
공법원리	직경 0.4m 정도의 모래말뚝 설치 후 배수거리단축을 통한 압밀침하 촉진	모래말뚝 대신 직경 12cm인 섬유망에 모래를 충진하여 설치	개량원리는 모래드레인과 동일하며 모래말뚝 대신 드레인보드를 설치함
최대 시공심도(m)	50m	50m	33m
평균 시공심도(m)	20~25m	20~25m	20m
드레인재	모래	섬유망 + 모래	드레인보드 (Drain Board)
시공기간	중장 기간	장기간	보통 정도
N 값 관계	N 값 20~30 이상 압입 곤란	N 값 10 이상 압입 곤란	N 값 7~10 이상 압입 곤란
시공실적	많음	보통	많음
장점	• 상부에 매립층이 있을 경우 관입저항을 극복할 수 있음 • 국내 시공사례 및 경험 풍부 • N=25 정도까지 타설 가능 • 모래말뚝이 활동에 대한 저항효과가 있음 • 투수효과가 확실함	• 샌드드레인공법에 비하여 교란영역, 배수재 절단 가능성 적음 • 모래의 양 절감 및 배수재 타설기간 단축 • 시공속도가 빠름 • 시공여부 확인 가능	• 샌드드레인공법에 비하여 교란영역, 배수재 절단 가능성 적음 • 국내 시공사례 및 경험 풍부, 장비가 가벼움(약 3~4t) • 샌드드레인공법에 비하여 공사비 저렴함 • 재료의 구입이 용이
단점	• 모래말뚝 설치 시 교란영역이 커짐 • 소성유동으로 인한 모래말뚝 및 자연적으로 형성된 모래심 절단 가능성 내재 • 양질의 모래가 다량 필요 • 장비중량이 커서 통행성 확보가 어려움 • 팩, 플라스틱 보드드레인공법에 비해 시공속도가 느림 • 공사비가 고가임	• 국내 시공사례 미소 • 철저한 품질관리 필요 • 연약지반 심도가 불규칙한 지역은 팩드레인 타설심도 조설이 곤란 • 플라스틱 보드 타입기보다 장비중량이 커서 접지압 관리가 어려움	• 드레인보드 제품의 철저한 관리 요망 • 맨드럴 타입기 사용으로 주행성 확보용복토가 필요하며 철저한 시공관리 요망
횡력에 의한 배수재 절단 유무	있음	거의 없음	거의 없음
공사비 비율	약 1.8	약 1.3~1.5	1.0
배수효과	시공관리가 잘될 경우 양호하나 절단되면 배수효과 없음	양호	일반적으로 설계계산치보다도 드레인 효과가 지연됨
시공관리	곤란	양호	용이

6.3.1 샌드드레인공법

샌드드레인은 1925년 Moran이 고안하여 1936년 Porter에 의해 캘리포니아에서 최초로 실무에 적용된 이후로 현재까지 사용되고 있는 가장 대표적인 연직배수공법이다. 샌드드레인은 케이싱을 압입하는 배토 방식 또는 워터 제트나 오거를 이용한 천공 방식으로 직경 20~50cm의 원형 모래 기둥을 1~6m 간격으로 설치한 다음, 지표면에 상재 하중을 재하시켜 압밀을 촉진시키는 공법이다. 샌드드레인은 일반적으로 드리븐-맨드렐(driven-mandrel) 방법과 오픈-맨드렐(open-mandrel) 방법으로 설치한다. 드리븐-맨드렐 방법은 주로 진동 드릴링에 의하여 모래 말뚝을 설치하는 방법으로 파이프 하단을 닫은 채 지반 속에 관입한 후 파이프 하단을 열고 위로 뽑아 올림으로써 모래 말뚝을 설치한다. 이 방법은 경제적이고 시공속도가 좋아 널리 쓰이고 있는 방법이지만 배수재가 설치된 주변의 흙을 크게 교란시켜 전단 강도와 투수성이 저하되므로 배수 효과가 감소되는 경향이 있다.

국내에서 샌드드레인공법은 1968년 경인고속도로 주안염전지대에 처음 도입된 이래 남해고속도로, 광양만 조성공사, 부산항 1단계 확장공사, 마산매립지, 목포매립지, 서해안고속도로 등에 사용되는 등 국내에서 가장 많은 시공실적과 경험이 축적된 대표적인 압밀촉진공법이다. 그림 6.11과 그림 6.12는 시공 모식도와 시공 후 샌드드레인의 모습이다. 샌드드레인 타설 장비의 주요 구성품은 무한궤도를 가진 크레인 몸체, 바이브로 해머, 리더, 케이싱 강관, 발전기 등이며 시간대별로 케이싱 강관의 관입 및 인발 깊이를 측정하는 심도계, 케이싱 내의 모래 높이를 측정하는 사면계, 바이브로 해머 모터의 전류를 측정하는 전류계를 갖추고 있다. 이 중에서 바이브로 해머 모터의 전류 값이 케이싱 관입 도중의 지층의 저항과 밀접한 관련이 있다.

그림 6.11 샌드드레인 시공 모식도

그림 6.12 샌드드레인 시공 모습

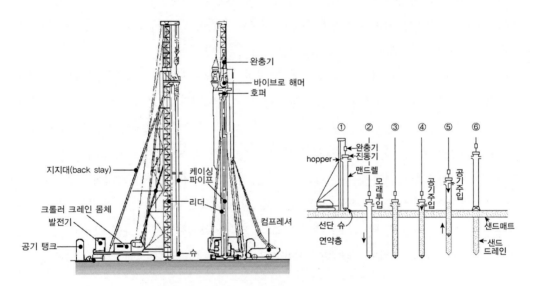

그림 6.13 샌드드레인 시공장비 구성과 시공 순서

그림 6.13은 샌드드레인 시공 순서를 나타낸 것이다. 샌드드레인 시공을 위해서는 우선, 모래기둥 타설 지점에 선단 슈(shoe)를 닫은 케이싱 강관을 위치시킨다. 그 다음 바이브로 해머, 또는 기진기의 진동을 이용하여 케이싱 강관을 소정의 깊이까지 압입시킨다. 그리고 페이로더 버켓과 호퍼를 이용하여 모래를 케이싱 강관 속에 투입한다. 그 후 모래 투입구를 닫고 압축공기를 주입하면서 케이싱을 인발하며 지중에 모래 기둥을 형성하게 된다. 이때 사용되는 모래의 품질이 샌드드레인의 배수능력을 결정하는 중요한 요소인데, 우리나라 고속도로 건설공사에 적용하는 연직배수재용 모래의 품질기준은 표 6.6과 같다.

표 6.6 샌드드레인용 모래의 품질 기준(한국도로공사, 2004)

구분	D_{15}	D_{85}	#200체 통과율	투수계수
샌드드레인용 모래	0.1~0.9mm	1~8mm	3% 이하	1×10^{-3}cm/sec 이상

* D_n : 입도분포곡선에서 누적통과율 n%에 해당하는 입경

　샌드드레인 시공 시 심도계, 사면계, 전류계를 이용하여 관입 도중 각종 현황을 시간대별로 자동 기록하게 되는데, 이 기록지를 분석하여 몇 가지 유용한 정보를 얻을 수 있다. 케이싱의 관입 궤적은 지반조건에 따라 달라지는데, 지층이 단단할수록 관입저항이 증가하여 그 기울기가 완만해지고 전류 값은 증가하게 된다. 따라서 시공 기록지를 통해 지층 변화와 연경도 등을 개략적으로 평가할 수 있으며 이를 효과적으로 이용할 경우 최적의 관입깊이를 결정할 수 있다. 또한 기록지 분석을 통해 모래기둥이 제대로 타설되었는지를 판별할 수도 있는데, 그림 6.14는 사면계와 심도계 기록으로부터 잘못된 시공을 알 수 있는 경우이다.

유형 1　　　　　　　　　　　유형 2　　　　　　　　　　　유형 3

유형 1 : 심도계와 사면계가 만남 – 케이싱 내에 모래가 없는 상태로 인발하여 사면계가 케이싱 밖으로 내려오는 경우로 사주절단 예상
유형 2 : 케이싱 인발 시 심도계와 사면계가 동시에 상승 – 케이싱 내부 압력이 부족하여 인발 시 모래가 투입되지 않고 케이싱과 함께 상승하는 경우로 사주 절단 예상
유형 3 : 케이싱 인발 시 사면계가 평행이동하는 경우 – 케이싱 내부에 투입된 모래의 양이 충분하지 못한 상태로 사주 단면의 공경확보 부족 예상

그림 6.14 샌드드레인 시공 불량 판단 기준(조성민 외, 2001)

　이외에도 모래를 다지며 시공하는 모래다짐말뚝(SCP, Sand Compaction Pile)공법과 쇄석을 배수재로 사용하는 암석기둥(stone column)공법 등도 넓은 범위의 연직배수공법에 포함시킬 수 있는데 SCP의 경우, 압밀 촉진 원리는 샌드드레인공법과 동일하며 압밀 촉진과 지반 보강 효과를 동시에 필요한 경우에 사용한다. 모래다짐 말뚝공법이나 암석기둥공법들은 지중에 형성된 모래기둥이나 암석기둥의 강성이 크기 때문에 성토재하 시 말뚝이나 기둥에 응력 집중이 발생해 지반 침하량이 다소 감소한다.

연직배수재 시공에서 가장 중요한 사항은 배수재의 간격과 관입심도라고 할 수 있다. 이 중에서 시공 중 관심사항은 단연 관입심도라 할 수 있다. 지반은 설계 시 예상한 조건과 상이한 경우가 대부분이므로 설계 시 관입심도를 정했다 하더라도 이를 준수하여 시공하는 것이 거의 불가능하다. 따라서 실제 현장에서는 여러 가지 방법을 이용하여 배수재의 관입심도를 결정하게 되는데, 샌드드레인공법의 경우 해머모터의 전류 값 변화를 이용하는 방법이 가장 널리 활용되고 있다. 이 방법은 점성토층에서 케이싱 강관 관입 도중 단단한 지층(사질토층 등)을 만나게 될 때 관입저항이 커지므로 해머의 출력이 높아지는데, 이때 입력되는 전압이 관입 도중 일정한 값을 유지하면 고출력을 위해서 보다 큰 세기의 전류기 필요하게 되므로 선류 값에 변화가 온다는 점을 이용하는 것이다. 이미 일본 등 외국에서는 이와 관련한 조사 결과를 실무에 반영하고 있는데, 국내에서도 이를 반영하여 상당수 시방 규정에서 모래말뚝 케이싱 관입의 중지조건을 다음과 같이 정하고 있다.

① 타설 지점의 토질주상도에서 N 값이 10 이상인 경우
② 케이싱관의 침하가 2분간에 20cm 이하인 경우
③ ②의 상태에서 해머 모터의 전류 값이 2분 동안 310A 이상인 경우

그러나 이는 1980년대 초반에 특정 현장에서 외국 업체에 의하여 적용되던 기준을 여과 없이 수용한 것으로써 기준의 공학적 보편성이 취약하고, 다양한 지반조건의 변화를 반영할 수 없기 때문에 이 기준을 채택한 국내의 많은 현장에서 샌드드레인의 관입심도와 관련하여 무수한 논란을 유발하고, 경우에 따라 모래말뚝의 과다시공을 초래하여 공사비를 증액시키는 요인이 되어 왔다. 많은 현장시험을 통해서 샌드드레인 시공 시 케이싱 강관의 관입특성은 지반조건에 따라 많은 영향을 받으며, 기존의 전류 값 및 관입속도 기준을 일률적으로 적용할 수 없다는 사실이 확인되었고, 이에 따라 각 현장마다 시험시공을 통해 해당 지점의 지반조건과의 상관성, 장비특성, 시공조건 등을 종합적으로 검토하여 모래말뚝의 설치 심도를 결정하도록 하고 있다.

6.3.2 팩드레인(Pack Drain)공법

연직배수공법 적용으로 인한 연약지반의 압밀촉진 효과는 연직배수재 직경과 설치 간격에 의하여 좌우되지만, 사용하는 모래양 측면에서 보면 설치 간격이 좁아져 배수재 시공 개수가 증가함에도 불구하고 배수재 직경을 작게 하는 것이 더 경제적이다. 그러나 샌드드레인공법 적용 시 모래 기둥 직경을 일정 크기 이하로 감소시키는 것은 사실상 불가능한데, 이는 모래 기둥 직경 감소로 인한 모래 기둥 절단이 발생할 가능성이 있고, 직경 감소로 인한 모래 기둥 형상 유지 등이 어려울 수 있기 때문이다. 따라서 모래 기둥의 직경을 작게 해 경제적이고 지반 교란 감소 등을 목적으로 기존 샌드드레인공법을 개량한 것이 팩드레인공법이다. 팩드레인은 인장력이 강한 합성 섬유망에 모래를 채운 일종의 주머니형 샌드드레인으로 직경 12cm의 모래 기둥을 동시에 4본 또는 6본씩 시공할 수 있어 시공 효율이 높고, 모래 사용량을 줄일 수 있다. 이 공법은 1968년에 최초로 일본에서 시험 시공된 이후로 현재까지 꾸준하게 적용되고

있다. 우리나라에서는 1990년대 초에 양산–구포 간 고속도로 건설공사에서 처음 적용되었다. 팩드레인공법의 특징은 다음과 같다.

① 인장력이 강한 합성섬유 망대 속에 모래를 채워서 모래 기둥을 만들기 때문에 배수재의 직경을 유지할 수 있음
② 지반의 변형에도 모래 기둥의 절단 가능성이 낮음
③ 배수재 직경이 작아 모래 사용량을 줄일 수 있어 경제적임(샌드드레인의 1/6 수준)
④ 시공수량이 증가하나, 여러 개를 동시에 시공하므로 시공속도가 빨라 시공기간을 단축시킬 수 있음(4개 기준으로 샌드드레인의 약 2배 수준). 현재는 6개의 케이싱을 조합하여 동시에 6개의 모래 기둥을 시공할 수 있는 장비도 개발되어 사용되고 있음(그림 6.15 참조)
⑤ 배수재 상단부가 지표 위로 노출되므로 시공 상태를 즉시 판별할 수 있어 시공관리가 용이함

(a) 시공장비(6개 동시 시공)

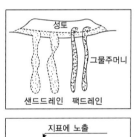
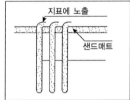

(b) 팩드레인공법 특성

그림 6.15 팩드레인 시공

팩드레인공법은 일반적으로 중심 간격 1.2m 정도의 모래 기둥 4개를 동시에 시공하며, 그림 6.16과 같이 부분적으로만 정사각형 배치형태를 갖는 것이 보통이다. 이러한 배치형태를 갖는 경우의 각 배수재의 유효영향직경은 식 (6.5)로 구할 수 있다.

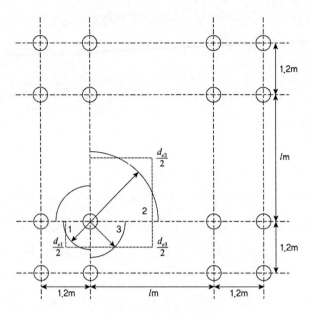

그림 6.16 팩드레인 배치도

- 섹션 1

$$d_{e1} = 1.128 \times 120 \qquad (6.5a)$$

- 섹션 2

$$d_{e2} = 1.128 \times l \qquad (6.5b)$$

- 섹션 3

$$d_{e3} = 1.128 \times \sqrt{120 \times l} \qquad (6.5c)$$

$$T_{h1} = \frac{c_h \cdot t}{d_{e1}^2}, \quad n_1 = \frac{d_{e1}}{12}, \quad U_1 = f(T_{h1})$$

$$T_{h2} = \frac{c_h \cdot t}{d_{e2}^2}, \quad n_2 = \frac{d_{e2}}{12}, \quad U_2 = f(T_{h2})$$

$$T_{h3} = \frac{c_h \cdot t}{d_{e3}^2}, \quad n_3 = \frac{d_{e3}}{12}, \quad U_3 = f(T_{h3})$$

각 섹션마다 구한 압밀도로부터 식 (6.6)에 의해 전체의 평균압밀도를 다음과 같이 계산할 수 있다.

$$U = \frac{A_1 U_1 + A_2 U_2 + 2A_3 U_3}{A_1 + A_2 + 2A_3} \tag{6.6}$$

여기서, d_{e1}, d_{e2}, d_{e3} : 각 섹션의 유효집수지름(cm)

l : 타설피치(cm)

T_{h1}, T_{h2}, T_{h3} : 각 섹션의 시간계수

n_1, n_2, n_3 : 각 섹션의 d_e와 d_w의 비

U_1, U_2, U_3 : 각 섹션의 압밀도

U : 평균압밀도

A_1, A_2, A_3 : 각 섹션의 분담면적

6.3.3 인공배수재(PVD, Prefabricated Vertical Drain)공법

6.3.3.1 개 요

인공배수재(PVD)는 내구성이 좋고 습윤 강도가 큰 합성섬유 재질의 연직배수재를 일컫는 말로 국내에서는 이를 페이퍼드레인, 밴드드레인, 플라스틱드레인보드(PDB, Plastic Drain Board)라고도 하고 있다. Kjellman이 1948년에 카드보드를 이용한 연직배수공법을 최초로 소개하였는데, 이것이 PVD공법 시초가 되었다. 페이퍼드레인공법은 PVD공법의 초기 형태로 일반화 된 것은 1963년부터이다. 페이퍼드레인공법은 통수구가 있는 마분지를 배수재로 사용하는 데서 유래된 명칭이다. 우리나라에서는 1975년 창원의 적현 단지에 처음 적용되었다. 마분지는 지반의 압밀 침하에 따라 절단되거나 부식, 블라인딩되는 일이 잦아 현재는 사용하지 않으며, 내구성이 좋고 습윤 강도가 크며 투수성이 좋은 토목섬유 재질의 배수재가 널리 사용되고 있다.

국내에서는 그림 6.17과 같이 내구성이 좋고 습윤 강도가 큰 합성섬유 재질의 포켓형 인공배

수재를 주로 사용하고 있다. 포켓형 배수재는 배수를 위한 다양한 형상의 코어와 이를 감싸고 있는 필터로 이루어져 있으며, 두께는 약 5mm, 폭은 10cm 정도이다. 최근에는 일정 기간 동안 압밀배수 기능을 수행하다가 압밀 기능이 필요 없게 되는 시점에 지반에 동화되는 천연섬유 배수재나 생분해성 플라스틱을 이용한 연직배수재의 현장 적용도 시도되고 있다(그림 6.18 참조).

PVD는 샌드드레인에 비하여 시공 속도가 빠르며, 시공 중에 발생하는 지반 교란 정도기 상대적으로 직으며 내량생산으로 인한 가격 경쟁력이 높아 전 세계적으로 널리 사용하고 있다. PVD는 전 세계적으로 수십 종 이상이 생산되어 현장에 적용되고 있으며, 제품별로 재질과 형상, 역학특성, 통수능력(discharge capacity) 등에 차이가 있는 것으로 알려져 있다.

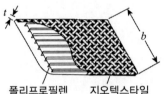

폴리프로필렌   지오텍스타일
토목섬유 PVD의 대표적인 단면

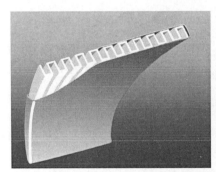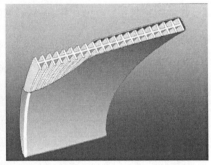

일반적인 토목섬유 PVD의 단면 형상

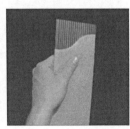

PVD 배수재의 종류

그림 6.17 토목섬유 PVD의 단면 형상과 종류

그림 6.18 천연섬유 배수재(왼쪽)과 생분해성 플라스틱드레인보드(오른쪽)

샌드드레인과 달리 PVD는 유압식 정적 관입장비를 이용할 수 있어 지반교란의 영향을 크게 줄일 수 있으나, PVD의 단면적이 샌드드레인이나 팩드레인에 비해 상대적으로 작으므로 PVD의 길이가 긴 경우에는 통수저항효과를 고려해야 한다. 그림 6.19는 현재 사용되고 있는 PVD 시공장비이다.

그림 6.19 PVD 시공 장비

PVD의 설계는 샌드드레인과 동일한 방법을 사용하며 배수재 형상이 판형이므로 이를 원형으로 등가화하여 사용한다. 일반적으로 폭 b, 두께 t인 인공배수재의 등가직경(d_w)은 식 (6.7)로 환산하여 사용한다.

$$d_w = \alpha \frac{2 \cdot (b+t)}{\pi} \tag{6.7a}$$

$$d_w = \frac{(b+t)}{2} \tag{6.7b}$$

여기서, d_w : 원으로 환산한 지름, b : 배수재의 폭

t : 배수재의 두께, α : 형상 계수(= 0.75)

6.3.3.2 성능 평가

인공배수재(PVD)의 성능은 각 기관이나 국가에 따라 다른 평가방법을 사용하고 있다. 미국의 경우에는 ASTM D 6917-03에 플라스틱 재질의 인공배수재에 대한 성능시험 방법을 다음 표 6.7과 같이 정의하고 있다.

표 6.7 ASTM D6917-03

Index Properties		Performance Properties	
Characteristic	ASTM Standard	Characteristic	ASTM Standard
PVD (Geocomposite)		PVD (Geocomposite)	
Weight	Test Method D 5271	Discharge Capacity (Transmissivity)	Test Method D 4716
Grab	Test Method D 4632	Chemical Resistance	Practice D 5322 /Practice D 6389
Thickness	Test Method D 5199	Durability	Guide D 5819
Discharge Capacity (Transmissivity)	Test Method D 4716		
Compression	Test Method D 6364		
Seam Strength	Test Method D 4884		
Geotextile (Filter)		Geotextile (Filter)	
Permittivity	Test Method D 4491	Permittivity under load	Test Method D 5493
Permeability	Test Method D 4491	Clogging Potential by Gradient Ratio	Test Method D 5101
Apparent Opening Size	Test Method D 4751	Hydraulic Conductivity	Test Method D 5567
Abrasion	Test Method D 4886		
Static Puncture	Test Method D 6241		
Trap Tear	Test Method D 4533		
Mullen Burst	Test Method D 3786		

미국을 제외한 다른 나라들은 최근 자체 표준시험방법을 대부분 ISO 규정으로 교체하고 있으며, 국내에서도 인공배수재(PVD) 성능시험방법을 ISO 시험방법으로 대체해나가고 있는 상태이다. 표 6.8은 국내 여러 기관에서 제안하고 있는 인공배수재(PVD)의 성능평가방법과 기준사항을 나타낸 것이다. 아직 국내에서 사용되는 인공배수재(PVD)의 성능평가 방법은 ASTM 방법과 ISO 방법을 혼용해서 사용하고 있으며, 그 기준이 아직은 제 각각인 것을 알 수 있다. 특이한

것은 인공배수재(PVD)의 통수능 시험방법인데, ASTM D 4716에서는 통수능 시험방법에 대해 명확한 기준이 있는 반면, ISO 방법에서는 인공배수재(PVD) 통수능 평가 방법으로 적합한 것이 없어 유럽에서 개발된 Delft 방법을 사용하고 있다. Delft 방법은 Oostveen(1990)이 제안한 연구용 시험방법으로 최근까지도 시험기 규격과 동수경사, 가압크기, 가압 기간 등의 시험방법에 대한 표준시험법이 없이 발주처 또는 시험관계자가 임의로 결정하여 사용하여 왔다. 그러나 최근 산업자재에 대한 시험평가 기관인 FITI시험연구원에서 Delft 방법을 기초로 하여 2006년도에 자체적인 FITI 단체표준(SPS-FITI TM 0004-1709)을 개발하였고, 이 표준이 2008년 5월 국가표준인 KS K 0940 '플라스틱 연직배수재의 배수성능시험방법'으로 채택되었다. 또한 2010년 1월에는 KS K 0940에서 제시하고 있는 연직배수재의 굴곡 형태 시험방법이 ASTM D6918-09 'Standard test method for testing vertical strip drains in the crimped condition'에서 제시하고 있는 2가지 굴곡 형태 시험방법 중 Method B로 채택된 바 있다.

표 6.8 국내 연직배수재 성능평가를 위한 물리적 시험방법 및 기준 예

구분	항목	항만어항공사 전문시방서 (2007)		고속도로공사 전문시방서 (2012)		LH 전문시방서 (2012)	
		기준사항	시험방법	기준사항	시험방법	기준사항	시험방법
Drain 재 (Core + Filter)	인장강도 (건조)	1.5kN/폭 이상	KS K ISO 10319	2,000N/폭 이상	KS K ISO 10319	0.98kN/폭 (m)	KS K ISO 10319
	인장강도 (습윤)						
	배수성능	180cm^3/s @10kPa	ASTM D4716, Delft시험법	25cm^3/s (직선) @300kPa	Delft시험법	25cm^3/sec 이상(직선) 15cm^3/sec 이상(굴곡)	KS K 0940
		140cm^3/s @300kPa					
Filter	투수성	유속지수 1mm/s 이상	KS K ISO 11058	$1×10^{-3}$cm/s 이상	KS K ISO 11058	$1×10^{-3}$ cm/s 이상	KS K ISO 11058
	인장강도	6.0kN/m 이상	KS K ISO 10319	2,000N/m 이상	KS K ISO 10319	50N/mm^2 이상	KS K ISO 10319
	인장신도	20%~80%	KS K ISO 10319	20%~100%			
	인열강도	100N 이상	KS K 0796				
	파열강도	600N 이상	KS K 0768				
	유효구멍 크기 (AOS) O$_{90}$	≤80μm	KS K ISO 12956	≤90μm	KS K ISO 12956	≤90μm	KS K ISO 12956

예제 6.1 선행재하공법과 함께 연직배수공법을 사용하였다. 연직배수공법은 지름 $d_w=30\text{cm}$ 의 샌드드레인을 중심간격 1.5m, 정사각형 배치형태로 설치 시공하였다. 다음 물음에 답하시오.

(1) 유효집수지름을 구하시오.
(2) 10t/m²의 설계하중 작용 시 예상되는 일차 압밀침하량이 100cm이고 어떤 선행하중 재하 시 최종 압밀침하량이 200cm로 계산되었다. 연직방향 배수효과는 무시할 때 압밀소요 기간을 구하시오. 단, $c_v=0.2\times10^{-3}\text{cm}^2/\text{sec}$이고, $c_h=c_v$로 가정하시오.

풀이

(1) 정사각형 배치이므로 유효집수지름은 다음과 같이 계산된다.

$$d_e = 1.128d = 1.128\times1.5 = 1.692\,\text{m}$$

(2) 선행하중 작용 시 도달해야 할 압밀도는

$$U = \frac{s_d}{s_{d+s}} = \frac{100}{200}\times100(\%) = 50\%$$

한편,

$$n = \frac{d_e}{d_w} = \frac{169.2}{30} = 5.64$$

$n=5.64$, $U=50\%$일 때 평균압밀도–시간계수 관계로부터 $T_v=0.08$. 그러므로 압밀소요기간은 다음과 같다.

$$t = \frac{T_h\cdot d_e^2}{c_h} = \frac{0.08\times169.2^2}{0.2\times10^{-3}}\frac{1}{60\times60\times24} = 132.5\,\text{days}$$

예제 6.2 두께 t =10mm, 길이 b =120mm의 페이퍼드레인공법 설계 시 등가환산 직경의 크기를 구하시오.

풀이

$$d_w = \alpha \frac{2(b+t)}{\pi} = 0.75 \times \frac{2(120+10)}{\pi} = 62.07\text{mm} \fallingdotseq 6.2\text{cm}$$

또는

$$d_w = \frac{b+t}{2} = \frac{120+10}{2} = 65\text{mm} \fallingdotseq 6.5\text{cm}$$

예제 6.3 포화된 점성토 지반을 개량하기 위해 선행재하공법과 팩드레인공법을 병행 시공하고자 한다. 팩 드레인의 설치 간격은 그림 7.4와 같으며(단, l =2.7m), 압밀계수는 $c_v = 0.9 \times 10^{-3}$ cm²/sec, 점토층의 두께는 11.8m이다.

(1) 10개월이 지난 시점의 압밀도를 구하여라. 단, $c_h = c_v$로 가정하고 교란효과는 무시하며, 연직 방향흐름은 고려하지 않는다.

(2) (1)번 문제에서 점토층 상하에 완벽한 배수층이 존재한다고 가정하고, 연직방향 흐름까지 고려하여 10개월이 지난 시점에서 압밀도를 구하여라.

풀이

(1)

• section 1 $d_{e1} = 1.128 \times 120 = 135.36\,\text{cm}$

• section 2 $d_{e2} = 1.128 \times 270 = 304.56\,\text{cm}$

• section 3 $d_{e3} = 1.128 \times \sqrt{120 \times 270} = 203.04\,\text{cm}$

• section 1의 압밀도

$$T_{h1} = \frac{c_h \cdot t}{d_{e1}^2} = \frac{0.9 \times 10^{-3} \times 10 \times 30 \times 24 \times 3600}{135.36^2} = 1.273$$

$c_h = c_v$를 사용하는 대신 smear effect는 고려하지 않음

$$n_1 = \frac{135.36}{12} = 11.28$$

$$F_{n1} = \ln 11.28 - \frac{3}{4} = 1.673$$

$$U_{h1} = 1 - \exp\left(\frac{-8 \cdot T_h}{F}\right) = 1 - \exp\left(\frac{-8 \times 1.273}{1.673}\right) = 0.998 = 99.8\%$$

• section 2의 압밀도

$$T_{h2} = \frac{c_h \cdot t}{d_{e2}^2} = \frac{0.9 \times 10^{-3} \times 10 \times 30 \times 24 \times 3600}{304.56^2} = 0.251$$

$$n_2 = \frac{304.56}{12} = 25.38$$

$$F_{n2} = \ln 25.38 - \frac{3}{4} = 2.484$$

$$U_{h2} = 1 - \exp\left(\frac{-8 \cdot T_h}{F}\right) = 1 - \exp\left(\frac{-8 \times 0.251}{2.484}\right) = 0.554 = 55.4\%$$

• section 3의 압밀도

$$T_{h3} = \frac{c_h \cdot t}{d_{e3}^2} = \frac{0.9 \times 10^{-3} \times 10 \times 30 \times 24 \times 3600}{203.04^2} = 0.566$$

$$n_3 = \frac{203.04}{12} = 16.92$$

$$F_{n3} = \ln 16.92 - \frac{3}{4} = 2.078$$

$$U_{h3} = 1 - \exp\left(\frac{-8 \cdot T_h}{F}\right) = 1 - \exp\left(\frac{-8 \times 0.566}{2.078}\right) = 0.887 = 88.7\%$$

• 전체 평균 압밀도

$$U_h = \frac{A_1 U_1 + A_2 U_2 + 2A_3 U_3}{A_1 + A_2 + 2A_3}$$

$$A_1 = d_{e1}^2 = 135.36^2 = 18322.330$$

$$A_2 = d_{e2}^2 = 304.56^2 = 92756.794$$

$$A_3 = d_{e3}^2 = 203.04^2 = 41225.242$$

$$U_h = \frac{18322.330 \times 99.8 + 92756.794 \times 55.4 + 2 \times 41225.242 \times 88.7}{18322.330 + 92756.794 + 2 \times 41225.242} = 73.8\%$$

(2)

• 연직배수만 고려할 때

$$T_v = \frac{c_v \cdot t}{H^2} = \frac{0.9 \times 10^{-3} \times 10 \times 30 \times 24 \times 3600}{590^2} = 0.067$$

$$T_v = \frac{\pi}{4} U^2$$

$$U = \sqrt{\frac{4 \cdot T_v}{\pi}} = \sqrt{\frac{4 \cdot 0.067}{\pi}} = 0.292 = 29.2\%$$

• 연직배수와 수평배수를 모두 고려할 때

$$U = 1 - (1 - U_v)(1 - U_h) = 1 - (1 - 0.292)(1 - 0.738) = 0.815 = 81.5\%$$

| 참고문헌 |

국토해양부(2012), "도로설계편람, 제3편 토공 및 배수", pp.309~355.

박영목(1994), "低平地に堆積する海成粘土の土質特性と鉛直排水工法にする地盤改良に關する研究" 日本 佐賀大學 博士學位 論文.

유영삼, 김병일, 정충기, 김명모(1994), "교란효과를 고려한 샌드드레인의 약식설계", 한국지반공학회지, Vol. 10, No.3, pp.33~40.

조성민, 김홍종, 정종홍(2001), "샌드드레인 시공을 위한 케이싱 강관의 관입 특성 분석", 대한토목학회 2001년도 학술발표회 논문집.

한국도로공사(2004), "고속도로공사 전문시방서, 토목편", pp.2~9.

한국토지공사(2009), "연약지반의 압밀특성에 관한 연구".

Barron, R. A.(1948), "Consolidation of Fine-grained Soils by Drain Wells", Transactions ASCE, (113), pp.718~754.

Bergado, D. T., Asakami, H., Alfaro, M. C. and Balasubramanian, A. S.(1991), "Smear Effect of Vertical Drains on Soft Bangkok Clay", ASCE, Journal of the Geotechnical Engineering, Vol. 117, No. 10, pp.1509~1530.

Bergado, R. Manivannan., Balasubramaniam, A. S.(1996), "Proposed criteria for discharge capacity of prefabricated vertical drains", Geotextiles and Geomembranes, Vol.14, pp.481~505.

Broms, B. B., Cju J., and Choa V.(1994), "Measuring the Discharge Capacity of Band Drain by a New Drain Tester", Proceedings of the 5th Int. Conf. on Geotextiles, Geomembranes and Related Products, Singapore, pp.803~806.

Carillo, N.(1942), "Simple Two-and Three-Dimensional Cases in the Theory of Consolidation of Soils.", Journal of Mathematics and Physics, Vol. 21, No. 1.

Chai, J. C., Miura, N. and Sakajo, S.(1997), "A theoretical study on smear effect around vertical drain", Proceedings of 14th International Conference Soil Mechanics and Foundation Engineering, Vol. 3, Balkema, Rotterdam, The Netherlands, pp.1581~1584.

Chai, J. C. and Miura, N.(1999), "Investigation of factors affecting vertical drain behavior", Journal of Geotechnical and Geoenvironmental Engineering, Vol. 125, No. 3, pp.216~226.

Fellenius, B. H., Wager, O.(1977), "The Equivalent Sand Drain Diameter of the Band-Shaped Drain", Proc. of 9th ICSMFE, Vol.3, Tokyo, pp.395~396.

Hansbo, S.(1960), "Consolidation of Clay with Special Reference to Influence of Vertical Sand Drains", Proc. Swed. Geotech. Instn., No.18.

Hansbo, S.(1979), "Consolidation of Clay by Band-shaped Prefabricated Drains", Ground Eng., Vol. 12, No.5, pp.16~25.

Hansbo, S.(1981), "Design Aspects of Vertical Drains and Lime Column Installations", Proc. 9th Southeast Asian Geotechnical Conference, Bangkok, Thailand, Vol. 2, pp.8~121.

Hansbo, S.(1983), "How to Evaluate the Properties of Prefabricated Drains", Proc. of the 8th ECSMFE, pp.621~626, 1983.

Hansbo, S.(1987), "Design aspects of vertical drains and lime column installation", Proceedings of 9th Southeast Asian Geotechnical Conference, Vol. 2, Southeast Asian Geotechnical Society, Bangkok, Thailand, pp.8~1, 8~12.

Indraratna, B. and Redana, I. W.(1998), "Laboratory determination of smear zone due to vertical drain installation", Journal of Geotechnical and Geoenvironmental Engineering, Vol. 124, No. 2, pp.180~184.

Jansen, H. L., Den Hoedt, G.(1986), "Vertical Drains : In-situ and Laboratory Performance and Design Considerations in Fine Soils", Proc. of 8th ECSMFE, Vol.2, Helsinki, pp.647~51.

Kamon, M., Pradhan, T. B. S. and Suwa, S.(1991), "Evaluation of Design Factors of Prefabricated Band-shaped Drain", Proc. GeoCoast'91, Vol. 1, pp.329~334.

Kjellman, W.(1948), "Consolidation of Fine-grained Soils by Drain Wells.", Transactions ASCE, (113), Contribution to the Discussion.

Kremer, R. H. J., Oostveen, J. P., A. F. van Weele, De Jager(1983), W. F. J., and Meyvogel, I. J., "The Quality of Vertical Drainage", Proc. of the 8th ECSMFE, Vol. 2, pp.1235~1237.

Lawrence, C. A. and Koerner, C. M.(1988), "Flow Behavior of Kinked Strip Drains", Proc. of ASCE Symposium on Geosynthetics for Soil Improvement, Nashville, Tenn., Geotechinical Special Publication No. 18, ASCE.

Leonards, G. A.(1962), Foundation Engineering, McGraw-Hill, New York.

Madhav, M. R., Park, Y. M. and Miura, N.(1993), "Modelling and study of smear zones around band shaped drains", Soils and Foundations, Vol. 33, No. 4, pp.135~147.

Miura, N., Park, Y. M. and Madhav, M. R.(1993), "Fundamental study on the discharge capacity of plastic board drain", Journal of Geotechnical Engineering, Tokyo, 35(III), pp.31~40(in Japanese).

Onoue, A., Ting, N-H., Germaine, J. T. and Whitman, R. V.(1991), "Permeability of disturbed zone around vertical drains", Proc. of ASCE Geotech. Engng. Congress, Colorado, pp.879~890.

Onoue, A.(1992), "Precompression and Vertical Drain Designs", Geotech92, Applied Ground Improvement Techniques, SEAGS, Vol. 2, pp.1~78.

Park, Y. M., Miura, M. and Uehara, K.(1992), "Drainage performance of PD for ground improvement of high compressible clay", 47th Annual Meeting of JSCE, pp.1074~1075(in Japanese).

Rixner, J. J., Kremer, S. R. and Smith, A. D.(1986), "Prefabricated Vertical Drains, Vol. II : Summary of Research Effort", FHWA, Research Report No. FHWA/RD-86/169, Washington.

Sharma, J. S. and Xiao, D.(2000), "Characterization of smear zone around vertical drains by large-scale laboratory tests", Canadian Geotechnical Journal, Vol. 37, pp.1265~1271.

Suits, L. D., Gemme, R. L., Masi, J. J.(1986), "Effectiveness of Prefabricated Drains on Laboratory Consolidation of Remolded Soils", Consolidation of Soils : Testing and Evaluation, ASTM, pp.663~683.

Van Santvoort, G.(1994), "Geotextiles and Geomembranes in Civil Engineering", A. A. Balkema, Rotterdam, Brookfield.

Yoshikuni, H. and Nakanado, H.(1974), "Consolidations of Soils by Vertical Drain Wells with Finite Permeability", JSSMFE, Soils and Foundations, Vol. 14, N.

07

—

진공압밀공법

07 진공압밀공법

연약지반 개량공법

7.1 공법 개요

진공압밀공법은 연약지반 개량 시 필요한 하중을 흙이나 암석 등을 이용한 성토하중 대신에 인위적으로 지중에 진공상태를 만들어 대기압을 하중으로 활용함으로써 연약지반의 압밀을 촉진시키는 공법이다. 진공압밀공법은 1950년대 초 Kjellman을 중심으로 스웨덴 왕립 토질연구소에서 개발된 후 많은 연구가 수행되어 왔으며, 프랑스의 메나드(Menard) 사에 의해 실용화되었다. 진공압밀공법은 지표면에 진공막을 설치하고 수평배수층에 그물망식의 배관망을 구성한 후 진공펌프를 가동하여 지중을 진공상태로 유지하여 만들어지는 1 대기압(약 101.3kPa)의 하중을 지표 및 지중에 작용시키는 것이다. 또한 기존 성토재하공법에서는 수평배수층으로 모래매트를 사용하는 것이 일반적이나 진공압밀공법에서는 압밀배수성능을 극대화하기 위해 모래매트와 인공수평배수재를 추가로 설치한다.

그림 7.1은 진공압밀공법의 개요도를 나타낸 것인데 개량해야 할 점토층 위에 필터(샌드매트)층을 형성하고 보통은 연직배수재를 시공한 후 필터층 위에 멤브레인(membrane)을 설치하여 외부와 차단된 상태를 유지하면서 필터층 내에 진공펌프를 구동시키면 우선 필터층 내부의 간극수압이 감소하고, 연직배수재 및 점토층 내부의 간극수압이 차례로 감소하여 최종적으로는 지반 내의 간극수가 배수재를 통해 외부로 배출된다. 임의 평면에서의 간극수압과 유효응력의 합은 대기압과 해당 지반에 가해지는 압력(overburden pressure)의 합과 같고, 압밀과정중 항상 일정하므로 유효응력은 간극수압의 감소에 따라 증가하며 압밀이 진행된다. 이때 지반은 등방압축 상태가 되므로 지하수위 저하공법과 마찬가지로 전단응력의 증가가 없어 지반의 활동 파괴를 일으키지 않는 장점이 있다.

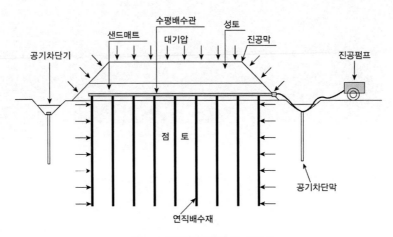

그림 7.1 진공압밀공법의 개요도

7.2 공법 원리

7.2.1 지중 응력변화

그림 7.2에는 진공압밀공법의 압밀에 따른 간극수압과 유효응력의 변화를 나타낸 것이다. 그림 7.2(a)에서 보면 진공압을 가하기 전의 점토층 내 간극수압과 유효응력을 나타낸 것이며, 그림 7.2(b)는 진공압을 상당한 기간 동안 가해 압밀이 완료되었을 때를 나타낸 것이다. 개량 깊이에 비해 개량구역의 폭이 충분히 크고 진공상태가 상당 기간 유지되었다고 가정하면, 압밀이 완료되었을 때의 유효응력은 전체 영역에 걸쳐 약 100kPa 높아진다. 만약 연직배수재가 모든 방향에서 밀폐된 모래, 자갈층에 도달하거나 통과하게 되어 이 층에 설치된 펌프로 펌핑할 수 있다. 즉, 진공압이 지중까지 충분히 전달될 경우에는 그림 7.2(c)와 같이 지표면에서의 펌프에 의해 달성될 수 있는 정도보다 훨씬 큰 압밀이 발생한다.

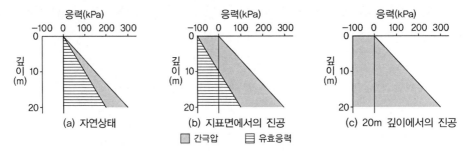

그림 7.2 완전 압밀 후 지반 내의 유효응력과 간극수압

7.2.2 응력경로

지중에 설치된 연직배수재와 진공펌프가 연결된 수평배수재는 모래층으로 연결되며, 이를 진공차단막으로 덮어 기밀을 유지한 후 진공압을 가하면 연약점토 내부에서는 그림 7.3과 같이 등방압축응력이 발생한다.

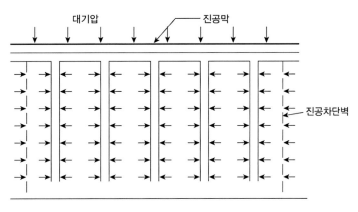

그림 7.3 진공압이 가해지는 경우 지중응력작용

그림 7.4는 흙의 등방압밀과 등방압밀 후 축차응력을 증가시켜 전단파괴가 발생하는 삼축압축시험의 예를 나타낸 것이다. 등방압밀은 진공압밀의 응력거동상태이며, 축차응력이 증가하는 경우는 연직응력이 증가하는 재래식 성토하중공법의 응력거동에 대응시킬 수 있다.

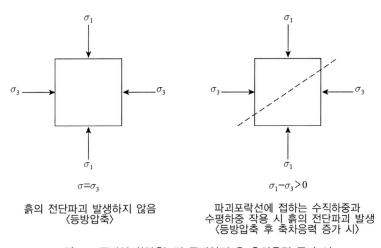

흙의 전단파괴 발생하지 않음
〈등방압축〉

파괴포락선에 접하는 수직하중과
수평하중 작용 시 흙의 전단파괴 발생
〈등방압축 후 축차응력 증가 시〉

그림 7.4 등방압밀(압축) 및 등방압밀 후 축차응력 증가 시

이와 같은 응력 상태를 $p' - q'$ Diagram으로 도시하면 기존의 성토재하공법과 진공압밀공법 적용 시의 응력경로를 확실히 구별할 수 있다(그림 7.5 참조). 기존 성토재하공법 적용 시에는 지표의 성토하중 증가에 따라 지중간극수압이 증가하고 지중의 유효 최대주응력과 최소 주응력의 차가 증가되면서 그 응력경로는 AB선을 따라간다. 이후 압밀이 진행되면서 압밀진행 효과만큼 유효 최대 주응력과 최소 주응력이 동일하게 증가하면 응력경로는 BC선을 따르게 된다. 이때 그림과 같이 응력경로 ABC는 수평방향으로 팽창변형이 발생하는 거동으로써 (axial compression), 평형 상태에서 연직방향으로 하중이 새하뇌면 간극수압이 발생하게 되며 σ_h는 감소한다. 따라서 유효응력 경로는 그림에서 AB 경로를 따르게 되면서 축차하중이 증가할수록 파괴에 이르게 된다.

한편, 하중 증분이 없는 상태에서 압밀이 시작되면 소산된 간극수압 정도에 따라 σ_v와 σ_h는 증가하게 되므로 이때 응력경로는 그림에서 BC 경로를 따르게 된다. 따라서 성토재하공법에 의한 응력경로는 성토하중 재하시 AB 경로를 따르다가 압밀 시에는 BC 경로를 따르게 됨을 알 수 있다. 그림과 같이 성토재하공법에 의한 응력경로 ABC는 항상 전단파괴의 가능성을 가지고 있음을 알 수 있다.

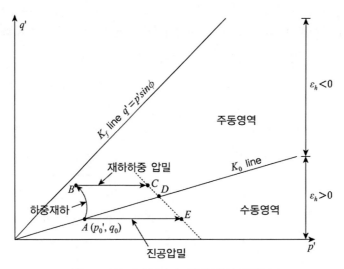

그림 7.5 성토재하압밀과 진공압밀의 응력경로

그러나 진공압밀의 경우에는 진공하중에 의한 압밀촉진과 동시에 대기압 크기의 응력이 최대 주응력, 최소 주응력 면에 같은 크기로 증가되기 때문에 재하중공법과 같이 AB 응력경로를 따르지 않는다. 지중에 설치된 연직배수재와 진공펌프, 멤브레인에 의하여 지반이 진공상태로 되기 때문에 외부에는 대기압이 작용하게 되고 성토하중 대신 대기압 진공하중을 이용하여 압밀을 촉진시키게 된다. 이때 지중에 발생된 간극수압은 지중에 설치된 연직배수재를 통하여 소산하게 된다. 소산되는 간극수압에 따라 지중의 σ_v와 σ_h는 증가하는데, 대기압 진공하중은 등방압축상태이므로 증가하는 유효응력의 크기는 같다. 따라서 응력경로는 AE를 따르게 되므로 파괴포락선(K_f-line)으로부터 안전 측으로 거동하기 때문에 성토재하공법과는 달리 급격한 하중을 가하더라도 지반의 전단파괴를 방지할 수 있는 장점이 있다.

예제7.1 그림과 같이 대기압 P_a가 100kPa일 때, 모래층과 점토층의 진공압밀응력을 산정하고 모래층에서의 진공하중으로 인한 유효응력 차이를 구하시오.

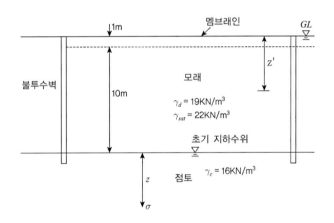

(1) 점토층

a. 진공상태가 아닌 자연상태(원지반 지하수위 EL.−11.0m)

• 전응력 $\sigma_v = \gamma_c z + 11\gamma_d + P_a = 16z + (11)(19) + 100\,(\text{kPa})$

$\qquad\qquad = 16z + 309$

• 간극수압 $u = z \cdot \gamma_w + P_a = 10z + 10$

• 유효응력 $\sigma'_v = \sigma_v - u$

$\qquad\qquad = (16z + 309) - (10z + 100)$

$\qquad\qquad = 6z + 209\,(\text{kPa})$ ·· ①

b. 진공상태의 경우(지하수위 EL. -1.0m로 상승)

- 전응력 $\sigma_v = \gamma_c z + 10 \cdot \gamma_{sat} + 1 \cdot \gamma_d + P_a = 16z + 339\,(\mathrm{kPa})$

- 간극수압 $u = (10 + z)\gamma_w + P_a\,(=0.0,\ \text{진공})$

$$= 10z + 100$$

- 유효응력 $\sigma'_v = \sigma_v - u$

$$= (16z + 339) - (10z + 100)$$

$$= 6z + 239\,(\mathrm{kPa}) \cdots\cdots\cdots\cdots\cdots\cdots ②$$

c. 유효응력의 차 : $\Delta\sigma'_v = ②-①$

$$\Delta\sigma'_v = (6z + 239) - (6z + 209) = 30\,\mathrm{kPa}$$

d. 만약 지하수위의 변동이 없었다면, 진공상태의 경우 전응력은 동일하므로

- 전응력 $\sigma_v = 16z + 309$

- 간극수압 $u = \gamma_w \cdot z$

- 유효응력 $\sigma'_v = (16z + 309) - (10z) = 6z + 309$

이때 유효응력의 차 $\Delta\sigma_v = (6z + 309) - (6z + 209) = 100\,\mathrm{kPa}$(대기압)

(2) 모래층($1\mathrm{m} \leq z' \leq 11.0\mathrm{m}$)

a. 진공상태가 아닌 자연상태(원 지반 지하수위 EL. -11.0m)

- 전응력 $\sigma_v = \gamma_d z' + P_a = 19z' + 100$

- 간극수압 $u = 0 + P_a$

- 유효응력 $\sigma'_v = (19z' + 100) - (100) = 19z'$

b. 진공상태의 경우(지하수위 EL. -1.0m 상승)

- 전응력 $\sigma_v = \gamma_{sat}(z' - 1) + \gamma_d(1) + P_a$

$$= 22z' - (22.0)(1) + (19)(1) + 100$$

$$= 22z' + 97.0\,(\mathrm{kPa}) \cdots\cdots\cdots\cdots\cdots\cdots ③$$

- 간극수압 $u = \gamma_w(z'-1) + P_a(=0.0, \ 진공)$

$$= 10z' + 100$$

- 유효응력 $\sigma' = \sigma - u$ ⋯⋯⋯⋯⋯⋯⋯⋯⋯⋯⋯⋯⋯⋯⋯⋯⋯⋯⋯⋯ ④

$$= (22z' + 97) - (10z' + 10)$$

$$= 12z' + 107 (\text{kPa})$$

c. 유효응력의 차 : $\Delta\sigma'_v = ④-③$

$$= (12z' + 108) - (19z') = 107 - 7z' (\text{kPa})$$

d. 마찬가지로 만약 지하수위의 변동이 없었다면, 진공상태의 경우 전응력은 동일하므로

- 전응력 $\sigma = \gamma_d\, z' + P_a = 19z' + 100$
- 간극수압 $u = 0.0$
- 유효응력 $\sigma'_v = \sigma = 19z' + 100$

    이때, 유효응력의 차 $\Delta\sigma'_v = (19z' + 100) - (10z')$

$$= 100\,\text{kPa}(대기압)$$

3) 모래층에서 진공하중으로 인한 유효응력의 차 $\Delta\sigma'_v$는 다음과 같다.

$$\Delta\sigma'_v = 100 \ \text{for} \ z' = 1.0\text{m}$$

$$\Delta\sigma'_v = 30 \ \text{for} \ z' = 11.0\text{m}$$

7.3 공법 설계 및 시공

7.3.1 고려사항

7.3.1.1 연직배수재를 설치하지 않은 경우

그림 7.6과 같이 지중에 연직배수재를 설치하지 않고 진공하중을 가하게 되면, 지중의 간극수는 하부에서 상부 쪽으로 계속 흐르게 된다. 이때 진공막 하부의 과잉간극수압의 분포를 살펴보면 그림 7.7과 같이 진공하중의 영향이 깊이에 따라 감소한다. 실제로 측정한 결과에

의하면 진공하중의 영향은 그림 7.8과 진공막의 폭을 L이라고 할 때, 중심부 $L/4$ 정도의 깊이에서 상부 진공하중의 반 정도가 작용하는 것으로 알려져 있다.

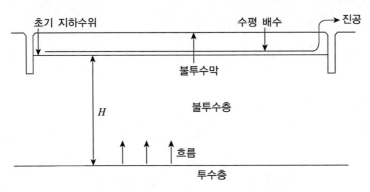

그림 7.6 연직배수재가 없는 경우의 진공하중

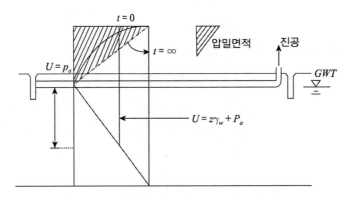

그림 7.7 연직배수재가 없는 경우의 진공압밀

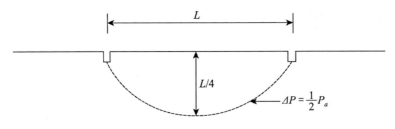

그림 7.8 진공하중의 영향감소

7.3.1.2 연직배수재를 설치한 경우

그림 7.9와 같이 지중에 연직배수재를 설치한 경우, 대기압 하중에 의해 발생한 과잉간극수는 진공막 아래 설치된 연직배수재와 수평배수재를 통해 즉시 배출된다. 연직배수재를 설치한 경우 지중에 작용하는 진공압의 분포는 그림 7.10과 같다.

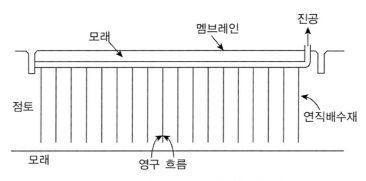

그림 7.9 연직배수재를 설치한 경우 진공하중

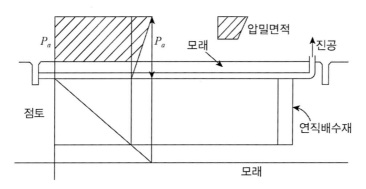

그림 7.10 연직배수재를 설치한 경우의 진공압밀

7.3.1.3 경계조건

진공압밀공법이 기존 성토재하공법과 또 다른 차이점은 하중재하 시 경계부에서 간극수의 흐름이다. 성토재하공법에서는 하중이 재하될 때 지반이 연직방향으로 압축되면서 과잉간극수가 그림 7.11과 같이 내부로부터 외부로 배출된다.

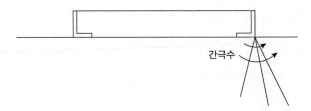

그림 7.11 성토하중공법 적용 시 경계부의 간극수 흐름

그러나 진공압밀공법의 경우에는 지중이 진공상태가 되면서 외부에서 내부로 대기압이 작용하므로 등방압축상태가 되며, 그림 7.12와 같이 간극수는 외부로부터 내부로 유입되어 배수재를 통해 배출된다.

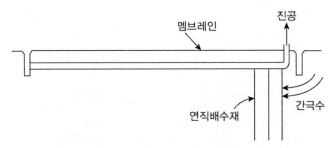

그림 7.12 진공압밀공법 적용 시 경계부의 간극수 흐름

7.3.2 설계방법

7.3.2.1 사전 조사

설계에 앞서서 지하수위 저하공법의 경우와 마찬가지로 원지반의 지하수위, 투수계수 등을 조사해야 하며 특히 용존가스 분석 등 투기성에 관한 조사를 추가해야 한다. 진공압밀공법을 적용하고자 하는 연약지반 내에 투수성 또는 투기성이 좋은 샌드심(sand seam) 등이 존재하는 경우에는 진공압이 새어 공기나 물 등이 예상하지 못한 곳으로 이동할 수 있으므로 주의해야 한다. 또한 지하수위 심도를 조사하여 멤브레인 근입 깊이를 결정하거나 대수층으로부터 물과 공기를 빼내는 경우의 배기, 배수 능력을 결정하기 위하여 지하수와 투기성 조사가 필요하다.

이 외에도 용존가스가 진공압에 의해 기화함으로써 진공압이 설계대로 작용하지 않는 경우도 발생할 수 있으므로 용존가스 분석도 하는 편이 좋다.

7.3.2.2 설계방법

진공압밀공법에서 사용할 수 있는 최대 하중은 이론적으로 101.3kPa(1대기압)이지만 실제로 멤브레인을 이용하여 완전한 기밀성을 유지하기 어려우며 지하수 기화 등에 의해 부압이 감소하므로 실제로는 최대 50~70kPa 정도밖에는 가할 수 없다. 진공압밀공법의 설계방법은 선행하중공법과 유사하며 주요 사항을 정리하면 다음과 같다.

(1) 연직배수재 설계

진공압밀공법에 사용하는 연직배수재 설계는 일반적인 연직배수재 설계방법을 사용하며, 6장에서 설명한 Barron(1948)의 횡방향 압밀이론을 사용하는 경우가 많다. 이때 전체 압밀도 (U)는 연직방향 압밀도(U_v)와 횡방향 압밀도(U_r)를 모두 고려한다.

$$U = 1 - (1 - U_v)(1 - U_r) \tag{7.1}$$

연직배수재는 수평배수 모래층(모래매트) 위까지 나올 수 있도록 충분한 길이로 설치하는데, 이것은 지중을 진공상태로 계속 유지하기 위한 것으로써 연직배수재의 길이가 충분히 길지 않은 경우에는 배수기능에 문제가 발생할 수 있다. 일반적으로 수평배수 모래층보다 50cm 가량 위로 나오도록 설치한다.

(2) 압밀침하량

압밀침하량은 일반적인 연약지반 압밀침하량 산정방법인 Terzaghi의 1차 압밀이론식을 많이 사용하고 있다. 그러나 실제 침하량은 등방압밀에 따른 횡방향 압축효과로 인해 총침하량이 25~50%까지 감소하는 것으로 알려져 있으므로 이를 고려하여 설계하는 것이 경제적이다.

(3) 설계 시 유의사항

그 밖에 설계 시 유의사항으로는 모래매트 내의 부압을 균일하게 하기 위해 배기용 유공파이프를 모래매트 중에 그물망식으로 매설하고 그 끝부분을 진공펌프에 접속한다. 또한 진공펌프의 용량은 1마력당 개량면적 $20 \sim 25m^2$ 정도가 되도록 선택하는 것이 좋다. 이는 용존 기체와 물 자체의 증발 등으로 인해 60cmHg 이상의 진공 상태를 얻기 어렵기 때문에 용량이 큰 진공펌프를 사용하는 것이 바람직하다. 연직배수재를 함께 사용하는 경우에는 연직배수재 선단은 점성토 내에 위치해야 하는데, 이는 연직배수재 선단이 하부의 사질토층에 도달해 있는 경우에는 진공압이 샐 수 있기 때문이다.

7.3.3 시공방법

일본의 ○○도로개량공사 현장(2013)에서 적용된 진공압밀공법 시공 예를 통해 다음과 같이 시공방법을 소개한다.

(1) 연직배수재 설치

연약지반의 압밀촉진을 목적으로 연직배수재를 설계 간격으로 개량목표 심도까지 타입하며 리더(leader), 케이싱(casing), 슈(shoe) 등을 사용하여 유압이나 윈치(winch)에 의한 압입 또는 진동해머에 의해 타설한다.

그림 7.13 연직배수재 설치

(2) 수평배수재 및 유공관 설치

연약지반 내부의 간극수와 공기를 배출하기 위한 연직배수재와 이를 외부로 배출하기 위한 수평배수재를 연결하고(그림 7.14, 그림 7.15) 수평배수재 사이에 유공관을 설치한다(그림 7.16). 유공관에 모아진 간극수와 공기를 진공펌프를 통해 외부로 배출하기 위해 유공관을 분리 탱크와 연결한다(그림 7.17).

그림 7.14 수평배수재 설치

그림 7.15 수평배수재와 연직배수재 연결

그림 7.16 유공관 설치

그림 7.17 분리 탱크와 연결

(3) 진공보호막(geotextile membrane)

개량 예정지역의 지표에 기밀성 진공보호막을 설치하고(그림 7.18), 가장자리는 벤토나이트 트렌치를 설치하여 공기차단막을 형성한다(그림 7.19).

그림 7.18 진공보호막 설치 　　　　　　　　그림 7.19 진공보호막 가장자리 처리

(4) 공기차단벽(peripheral wall)

필요에 따라 진공압밀 시에 개량지역 외부로부터 공기차단 및 차수목적으로 널말뚝(sheet pile), 격막(membrane), 슬러리벽체(slurry wall) 등을 설치한다.

(5) 진공펌프(multi-ventri air pump)

진공펌프를 사용하여 지중을 진공상태로 만든다.

그림 7.20 진공펌프

이 외에도 시공 시 진공보호막 내부가 계속해서 높은 부압 상태로 유지되도록 진공보호막 끝부분을 점토 등으로 세밀하게 밀봉하는 등 공기나 물 등의 출입에 대해 충분히 배려할 필요가 있다. 또한, 문제 발생 시 펌프의 정지로 인해 연약지반 내부에서 외부로 배출된 물이 멤브레인 내부로 역류하는 것을 방지해야 한다.

7.4 공법 종류

7.4.1 메나드 진공압밀공법

7.4.1.1 배수재 특성

　메나드 진공압밀공법은 최근까지도 가장 널리 사용한 진공압밀공법으로 그림 7.21과 같은 PVC 연성주름관에 부직포를 감싼 형태의 연직배수재를 지중에 설치하고, 이들을 다시 수평배수층에 연결하여 대기압의 하중을 지반에 작용시켜 연약지반을 압밀시키는 공법이다. 메나드 진공압밀공법에서는 보통 외경(D) 50.0mm, 내경(d) 44.0mm의 원형연성주름관을 사용한다. 또한 원형주름관을 감싼 필터는 7.0×10^{-2} cm/sec 정도의 투수계수를 갖는 부직포를 사용한다.

그림. 7.21 원형연성 주름관 설치 모습

표 7.1 원형연성 주름관의 특징

형태	특징
O.D 50.5mm I.D 44.0mm Flexible PVC Corrugated and perforated FILTER Nonwoven Geotextile Filter 공칭직경 : Φ50mm	• 원형주름관은 토압에 의한 구속압 조건에 대하여 통수단면의 변화가 없어 유로기능 확실 • 매우 두꺼운 연약지반에 큰 침하 발생 시에도 단면축소 및 만곡부에 대한 단면 변화가 없어 배수기능 확보 • 수평배수재로 사용하는 경우 큰 침하 가 발생하여 모래매트의 배수기능이 저하되더라도 배수기능 확보 • 심도 50.0m까지 시공 가능

7.4.1.2 시 공

메나드 진공압밀공법은 7.3.3 시공 방법을 따른다.

7.4.2 캡형 진공압밀공법

최근에는 원형연성 주름관 대신에 기존의 플라스틱드레인보드를 그대로 사용하는 진공압밀공법도 개발되있는데, 이와 같은 공법을 캡형 진공압밀공법이라고도 부른다. 캡형 진공압밀공법은 메나드 진공압밀공법의 기술적인 문제 중 하나인 지오멤브레인 차단막의 기밀성 유지를 해결하기 위해 개발된 진공압밀공법으로 기존 인공배수재 상부에 캡을 씌우고 호스로 상부의 수평관과 연결시키고 수평관과 펌프를 연결시켜 지반의 간극수를 배출하는 방법으로 현재까지 개발된 제품으로는 그림 7.22와 같이 관련 제품이 개발되어 있다.

그림 7.22 캡형 진공압밀공법에 사용되는 캡, 배수재, 연결호스

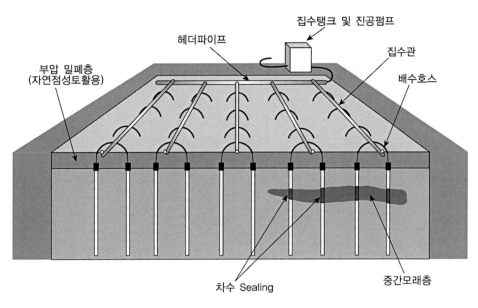

집수탱크 및 진공펌프

헤더파이프

부압 밀폐층
(자연점성토활용)

집수관

배수호스

차수 Sealing

중간모래층

그림 7.23 캡형 진공압밀공법의 시공단면도

그림 7.23은 캡형 진공압밀공법의 시공단면도를 나타낸 것으로 캡형 진공압밀공법은 먼저 공장 제작 단계에서 소정 길이의 연직배수재에 배수 호스 캡을 설치하고 롤 모양으로 현장에 반입한 후 이 롤을 연직배수재 설치 장치로 지반에 설치한 후 지표면에 나온 배수호스를 개별적으로 지상의 집수관에 연결하고 최종적으로는 진공 펌프에 연결한다. 캡형 진공압밀공법은 기존의 진공압밀공법에서 기밀성을 유지를 위한 지오멤브레인 차단막이나 모래매트 등의 수평배수재는 사용하지 않는 것이 특징이다. 진공 펌프는 약 $50 \sim 70 \text{kN/m}^2$ 정도의 부압을 이용하여 캡 하부의 연약지반 내의 과잉간극수를 흡입하여 압밀을 진행시킨다. 그림 7.24는 캡형 진공압밀공법의 현장시공 사진이다.

캡형 진공압밀공법은 여러 가지 장점이 있는데, 이를 정리하면 다음과 같다.

① 캡과 배수 호스를 조립한 상태에서 작업하기 때문에 현장 작업을 최소화할 수 있다.
② 압밀촉진 효과가 우수하여 연약지반 개량공사 기간을 상당기간 단축할 수 있으며, 공사비 절감도 가능하다.
③ 종래공법으로는 시공이 곤란했던 표층이 두꺼운 모래층이 있는 지반이나 수면 아래의 시공에 사용할 수 있다.
④ 진공압밀공법의 단점이었던 기밀성 유지가 상대적으로 우수하며, 개별 배수재에 진공압

이 작용하기 때문에 개량효과가 우수하다.

⑤ 성토 속도를 높일 수 있어 압밀촉진 및 공기 단축의 효과가 우수하다.

⑥ 수평배수를 위한 상부 모래매트가 필요없다.

(a) 시공사진 (1)   (b) 시공사진 (2)

그림 7.24 캡형 진공압밀공법 현장시공 사진

| 참고문헌 |

이송, 정연인, 이규환, 전제성(1996), "진공압밀공법이 적용된 해성 점토지반의 거동분석", 대한토목학회 1996년도 학술발표회 논문집(Ⅲ), pp.563~566.

Barron, R. A.(1948), "Consolidation of Fine-grained Soils by Drain Wells", Transactions ASCE, (113), pp.718~754.

Brand, E. W. & Brenner, R. P.(1981), "SOFT CLAY ENGINEERING", ELSEVIER, pp. 129~133.

Holtz, Robert D.(1975), "Preloading by Vacuum : Current Prospects", Soil and rock Mechanics, Culverts and Compaction, Transprotion Research Record No. 548.

Kjellman, W.(1952), "Consolidation of clay soil by means of atmospheric pressure," Conference on soil stabilization MIT, pp.258~263.

Sangji Menard Texsol Co. Ltd.(1992), "Vacuum Consolidation Method," pp.1~22.

Tang and Gao(1993), "Experimental Study and Application of Vacuum Preloading for Consolidating Soft Soil," Proc. of 12th ICSMFE, Rio de Janeiro, Vol. 2.

Youn-in chung(1993), "Vacuum Consolidation of Highly Compressible Soil with Vertical Wick Drain," South Dakota School of Mines and Technology, pp.1~209.

08
—
모래다짐 말뚝공법

08 모래다짐 말뚝공법

연약지반 개량공법

8.1 공법 개요

모래다짐말뚝(SCP, Sand Compaction Pile)공법은 연약지반에 모래를 압입, 시공하여 큰 직경의 다져진 모래말뚝을 조성하는 공법이다. SCP공법은 동일한 시공기계로 사질토 지반뿐만 아니라 점성토지반에도 적용한다. 시공은 진동식 해머로 케이싱관을 지중에 관입하고 그 내부로 모래를 공급하여 다지면서 모래기둥을 조성하는 진동식 콤포져공법을 주로 사용한다.

모래지반의 개량 목적은 지지력 증가, 침하 저감, 액상화 방지, 수평저항 증가 등을 들 수 있으며, 점성토지반에서는 지지력 증가, 압밀시간 단축, 침하량 저감을 목적으로 한다. 지반개량공법의 원리에는 치환, 압밀배수, 다짐, 고결, 보강 등이 있는데 모래다짐 말뚝공법은 다짐과 보강 및 압밀배수를 기본 원리로 하고 있다. 이 공법은 이러한 기본 원리들을 포함함으로써 모래지반, 점성토지반, 유기질지반, 암쇄지반, 화산회 퇴적지반 등 거의 모든 지반에 적용할 수 있다.

한편, 점성토, 유기질토지반의 지반개량에서는 단기적으로는 주변 점토보다 큰 전단강도를 가진 모래다짐말뚝을 촘촘히 조성해서 모래말뚝과 점토로 된 복합지반을 형성함으로써 지반의 지지력을 증가시키고, 장기적으로는 모래말뚝의 배수효과와 모래말뚝의 응력분담에 의해 압밀시간을 단축함과 함께 압밀침하량을 감소시킨다. SCP공법과 유사한 공법으로는 샌드드레인(sand drain), 팩드레인(pack drain), 페이퍼드레인(paper drain)공법 등의 연직배수공법과 암석기둥(stone column)공법 등이 있다(7장, 9장 참조). 표 8.1은 SCP공법과 연직배수공법의 특성을 비교, 정리한 것이다.

8.2 설계 시 고려사항

8.2.1 치환율과 모래말뚝간격

치환율(a_s)이란 지반 면적에 대한 모래말뚝이 차지하는 부분의 면적비로 정의되고, 모래말뚝의 지름과 타설 간격에 의해 결정된다. 성토 등 상부구조물이 비교적 경량인 경우에는 치환율(a_s)이 20~40% 정도인 '저치환율 SCP공법'이 많이 사용되며, 항만공사 등 모래말뚝 자체로 지지력, 전단강도 증가효과 등을 발휘해야 하는 경우에는 치환율(a_s)이 70% 정도인 '고치환율 SCP공법'이 사용된다(末松直幹 외, 1984).

표 8.1 SCP와 유사공법의 특성 비교

| 공법 | 공법의 효과 | | | | | | 시공 | | | | | |
| | 침하대책 | | 안정대책 | | | | | | | | | |
	압밀 촉진	침하 감소	전단변형 억제	강도증가 촉진	활동 저항	액상화 방지	대상 토질	개량 효과	공기	공비	시공 한계	표준 모래 말뚝 직경
샌드 드레인	●	×	○	○	○	×	점성토	○	중	보통	30m	400~500mm
모래다짐 말뚝공법	●	●	●	●	●	○	점성토, 사질토	●	단가~중	약간 높음	30m	700mm (육상)
팩드레인	●	×	○	○	×	×	점성토	○	중	보통	20m	120mm
페이퍼 드레인	●	×	○	○	×	×	점성토	○	중	보통	20m	50mm

● : 매우 양호   ○ : 양호   × : 효과 없음
* 팩드레인, 페이퍼드레인공법은 $N=10$의 모래층이 1~2m 이상일 경우 사용 곤란

그러나 항만공사에서 주로 사용하던 '고치환율 SCP공법'은 모래의 공급부족현상으로 인해서 '저치환율 SCP공법'으로 바뀌었다. '저치환율 SCP공법'은 '고치환율 SCP공법'에 비해서 모래말뚝 사이 점성토의 압밀에 의한 강도 증가, 모래말뚝과 점성토의 응력분담비(m) 등이 명확하게 해명되지 않은 상태이다. 최근에는 국내에서 모래다짐 말뚝공법이 많이 사용되면서 공법에 대한 연구도 많이 수행된 바 있다. 그림 8.1은 모래말뚝에 의한 치환율을 보여준다. 저치환율 SCP공법은 샌드드레인(SD)공법과 고치환율 SCP공법의 중간적인 형태라고 할 수 있으며, 그 특징은 다음과 같다(柳生忠彦, 1989).

① 고치환율 SCP공법에 비해서 경제적이다.

② 샌드드레인공법에 비해서 침하량이 작다.

③ 샌드드레인공법에 비해서 공기가 단축된다.

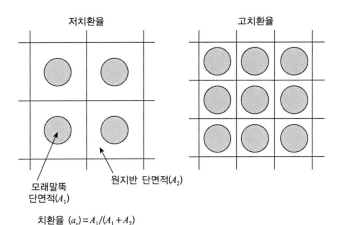

그림 8.1 치환율(a_s)

모래말뚝의 배치는 정방형, 삼각형, 그리고 평행사변형으로 시공될 수 있으며, 각각의 치환율은 식 (8.1), (8.2)에 의해서 구할 수 있다.

① 정방형, 평행사변형 배치

$$a_s = \frac{A_s}{A} = \frac{A_s}{x^2} = \frac{A_s}{x_1 \times x_2}$$ (8.1)

② 삼각형 배치

$$a_s = \frac{A_s}{A} = \frac{2}{\sqrt{3}} \cdot \frac{A_s}{x^2}$$ (8.2)

여기서, A_s : 모래말뚝 단면적

A : 모래말뚝 1개가 분담하는 면적(분담면적)

x : 말뚝 중심간 거리(그림 8.2 참조)

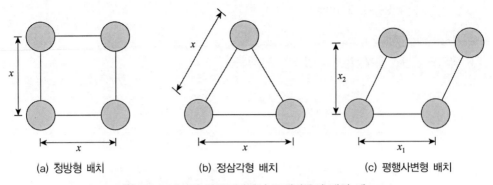

| (a) 정방형 배치 | (b) 정삼각형 배치 | (c) 평행사변형 배치 |

그림 8.2 모래다짐 말뚝공법에서 모래말뚝의 배치 예

육상공사에서는 모래말뚝 지름이 60~80cm(표준 70cm), 해상공사의 점성토 지반개량에서는 100~200cm(표준은 160cm 또는 200cm), 해상공사의 모래지반개량에서는 80~120cm 정도가 일반적으로 많이 사용된다. 또한 육상공사에서는 최근 시공 시 진동·소음을 감소시키기 위해서 35~45cm의 지름을 사용하는 경우도 있다. 모래말뚝의 지름은 시공기계의 능력과 지반 강도, 주변 환경에 미치는 영향 등을 고려하여 적절하게 선정되어야 한다. 표 8.2는 지반조건, 개량목적, 그리고 시공되는 구조물 형식에 따른 일반적인 치환율 범위이다.

일본에서 항만구조물 시공을 위해 SCP공법을 사용한 최근 시공예 189건을 치환율별로 정리한 것이 그림 8.3(a)~(d)이다. SCP공법은 대부분 원호활동에 대한 안전율을 확보하기 위해 선택되었는데, 그림 8.3(a)처럼 가장 많이 사용된 치환율은 70~80%이며, 20~30%, 50~60% 순으로 나타났다. 전체 조사건수 중 중력식 구조물 시공을 위해 SCP공법이 선택된 경우는 전체 건수의 약 절반인 89건이었으며 치환율 빈도는 그림 8.3(b)와 같다. 중력식 구조물에서 사용된 치환율은 항만 구조물 전체의 경향과 마찬가지로 70~80%, 20~30%, 50~60% 순이나 빈도는 큰 차이가 없다. 또한 10~40%의 저치환율을 사용한 시공 예도 많았다. 널말뚝 구조물에 대해 사용된 치환율 빈도를 정리한 것이 그림 8.3(c)이며, 70~80%의 고치환율이 가장 많이 사용되었고 20~30%의 저치환율도 비교적 많이 사용되었다. SCP공법이 원호활동에 대한 안전율 확보 이외에 사용된 경우도 그림 8.3(d)와 같이 4건이 있었는데, 그 목적은 횡방향 저항력 증대였으며 사용된 치환율은 모두 70~90%의 고치환율이었다.

표 8.2 여러 가지 조건에 따른 개략적인 치환율 범위

지반 조건	목적	구조물 형식	치환율(a_s)
해상점토	안정, 침하	중력식 호안, 방파제	0.3~0.8
육, 해상 모래	액상화	널말뚝	0.05~0.25
육상점토	안정, 침하	성토	0.1~0.3
육상점토, 모래	안정, 침하, k_h, 액상화	교대, 교각, 배면성토	0.1~0.3
육상점토, 모래	액상화, 침하, 안정, k_h	탱크(tank) 건설	0.05~0.3
육상점토, 모래	액상화, 토압, 융기	지하 매설물	0.0~0.3

* (주) k_h는 횡방향 지반반력계수

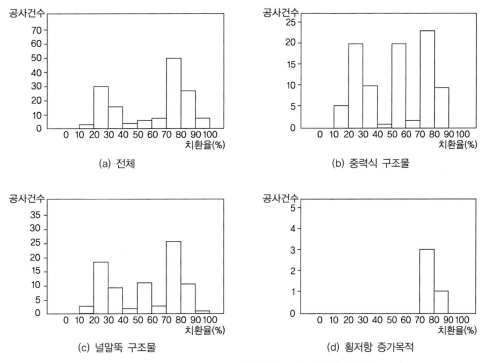

그림 8.3 항만공사를 위한 SCP 치환율별 공사건수(柳生忠言, 1989)

8.2.2 점성토지반에 대한 설계법

모래다짐 말뚝공법은 모래지반에 적용하여 지진 시 액상화 방지를 주목적으로 개발되었다. 하지만 현재에는 점성토지반에 모래말뚝을 시공하여 복합지반을 조성하는 공법으로 많이 이용되고 있다. 점성토지반에 대한 모래다짐말뚝의 이론적 고찰은 村山(1962)에 의해 현재적인

개념이 정립되었다.

　모래지반인 경우 조밀화에 의한 원지반 강도 증가는 명확하지 않으며, 점성토에 적용되었을 때에는 점성토와 모래말뚝으로 이루어진 복합지반으로서의 효과를 고려한 이론에 의하여 설명되고 있다. 모래다짐말뚝이 연약한 점성토층에 다수 조성되어 이루어진 복합지반 위에 하중이 재하된 경우, 점성토와 압축 조성된 모래말뚝과는 그 물리적, 역학적 성질이 서로 다르기 때문에 각각 분담하는 응력이 다르며 이는 모래말뚝 쪽으로 응력이 분담하는 원인이 된다. 이 때문에 점성토에 걸리는 응력이 대폭 감소하게 되고 지지력 증대, 침하감소 등의 효과가 나타나게 된다.

　복합지반은 그림 8.4와 같이 복합지반 위에 평균응력 σ 가 재하되어 지반반력으로 말뚝에 σ_s , 점성토에 σ_c의 응력이 발생하고, 각각의 면적 A_s, A_c의 범위 내에서 응력이 일정하다고 하면 다음 식을 구할 수 있다.

$$\sigma A = \sigma_s A_s + \sigma_c A_c \tag{8.3}$$

응력분담비$(m = \sigma_s / \sigma_c)$를 이용하여 이 식을 변형하면,

$$\sigma A = m\sigma_c A_s + \sigma_c A_c = \sigma_c(mA_s + A_c) \tag{8.4}$$

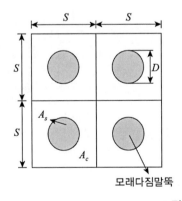
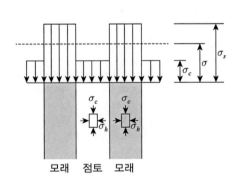

그림 8.4 복합지반의 기본개념

$$\frac{\sigma_c}{\sigma} = \frac{A}{mA_s + A_c} = \frac{1}{(m-1)a_s + 1} = \mu_c \tag{8.5}$$

$$\frac{\sigma_s}{\sigma} = \frac{mA}{mA_s + A_c} = \frac{m}{(m-1)a_s + 1} = \mu_s \qquad (8.6)$$

여기서, μ_c와 μ_s는 상재압에 의해 각각 점토층과 모래 말뚝에 발생하는 응력비이며, μ_c를 응력감소계수, μ_s를 응력증가계수라고도 한다. 식 (8.3)과 식 (8.5) 및 (8.6)으로부터 다음 식을 얻을 수 있다.

$$\mu_s \cdot a_s + \mu_c(1 - a_s) = 1 \qquad (8.7)$$

식 (8.5), (8.6), 그리고 식 (8.7)은 복합지반에 대한 기본적인 식이다. SCP 복합지반의 거동 해석에 사용되는 기본 개념은 하나의 모래말뚝이 분담하는 등가유효원주(unit cell)를 대상으로 한다. 등가원주의 직경은

• 정삼각형 배치일 때

$$D_e = 1.05s \qquad (8.8a)$$

• 정사각형 배치일 때

$$D_e = 1.13s \qquad (8.8b)$$

이다. 여기서 $s =$ 말뚝 중심간격이다. 말뚝의 직경을 D라 하면, 등가원주 내의 간격비(n)와 치환율의 관계를 식 (8.9)와 같이 나타낼 수 있다.

$$n = \frac{D_e}{D} = \sqrt{\frac{1}{a_s}} \qquad (8.9)$$

그림 8.5는 등가원주의 개념도이다. 정삼각형 배치와 정사각형 배치에서의 치환율은 각각 다음과 같다.

- 정삼각형 배치

$$a_s = \frac{\pi}{2\sqrt{3}}\left(\frac{D}{s}\right)^2 = 0.907\left(\frac{D}{s}\right)^2 \qquad (8.10a)$$

- 정사각형 배치

$$a_s = \frac{\pi}{4}\left(\frac{D}{s}\right)^2 = 0.785\left(\frac{D}{s}\right)^2 \qquad (8.10b)$$

이 등가원주에서, ① 원지반과 모래기둥은 같이 침하한다. ② 원주 윤변에서 수평방향 변위는 구속되고 연직방향으로만 변위가 발생한다. ③ 원주저면은 강성지반에 놓여 있다고, 가정되며 따라서, 강성이 상대적으로 큰 모래말뚝에 상재압보다 큰 응력이 발생하고 이 응력은 말뚝길이에 따라 균등하게 분포한다고 가정된다. 이러한 응력분담은 SCP 복합지반거동(지지력, 안정해석, 침하)에 매우 중요한 요소이다.

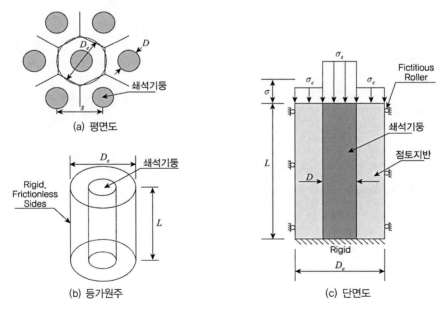

그림 8.5 등가원주 개념도

8.2.3 복합지반의 전단강도

복합지반의 전단강도를 나타내는 방법으로 가중평균법이 가장 흔하게 사용된다. 이 방법은 모래와 점토지반의 치환율에 비례하여 각각의 전단강도를 가중평균하여 사용하는 방법으로서, 모래와 점토에 발생하는 응력(응력분담비)을 고려하는가, 압밀진행에 따라 발생하는 점토의 전단강도 증가를 고려하는가의 여부에 따라 몇 가지 공식이 제안되어 있다. 복합지반 전단강도 가중평균은 다음과 같이 계산된다.

$$\overline{\tau_s} = (\mu_s \sigma_z + \gamma_s' z)\tan\phi_s \cos^2\theta \tag{8.11}$$

$$\overline{\tau_c} = c + (\mu_c \sigma_z + \gamma_c' z)\tan\phi_c \cos^2\theta + \Delta c \tag{8.12}$$

$$= c + \Delta c (\phi_c = 0 일\ 때)$$

$$\overline{\tau_{sc}} = (1 - a_s)\overline{\tau_c} + a_s \overline{\tau_s} \tag{8.13}$$

※ 복합지반의 전단강도

복합지반의 전단강도를 나타내는 식 (8.13)을 구성하는 항 중 모래의 전단강도를 나타내는 $\overline{\tau_s}$는 $\tau = \sigma \tan\phi$에서 출발한 것이다. 식 (8.11)에서 괄호 안의 첫 번째 항인 $\mu_s \sigma_z$은 지표면에 작용한 하중에 의해 모래말뚝에 발생하는 응력의 증가량을 나타내며, 두 번째 항인 $\gamma_s' z$는 자중에 의한 응력을 나타낸다. 식 마지막에 $\cos^2\theta$가 붙은 것은 그림처럼 기울어진 평면에 작용하는 연직응력은 $\gamma_s z \cos\theta$이며, 전단강도는 파괴면에 수직으로 작용하는 응력인 수직응력에 비례하기 때문이다.

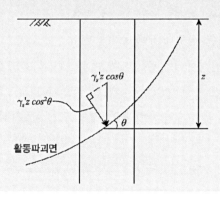

위 식을 응력분담과 점토층 강도 증가를 고려하여 다시 나타낸 것이 식 (8.14) 및 (8.15)이며, 식 (8.16) 및 (8.17)은 점토지반의 응력분담은 고려하지 않으며 식 (8.16)은 모래말뚝에 응력이 집중하는 것으로 식 (8.17)은 모래말뚝의 응력집중을 고려하지 않는 방법이다. 식 (8.16)은 치환율 50% 이상에만 적용하는 것이 보통이다.

$$\bar{\tau} = (1-a_s) \cdot (c_u + \Delta c) + (\gamma_s' \cdot z + \mu_s \cdot \sigma) \cdot a_s \cdot \tan\phi_s \cdot \cos^2\theta \qquad (8.14)$$

$$\Delta c = (c'/p') \cdot \mu_c \sigma \cdot U$$

$$\bar{\tau} = (1-a_s) \cdot (c_u + \Delta c) + (\gamma_m' \cdot z + \sigma) \cdot \mu_s \cdot a_s \cdot \tan\phi_s \cdot \cos^2\theta \qquad (8.15)$$

$$\bar{\tau} = (\gamma_m' \cdot z + \sigma) \cdot \mu_s \cdot a_s \cdot \tan\phi_s \cdot \cos^2\theta \qquad (8.16)$$

$$\bar{\tau} = (\gamma_m' \cdot z + \sigma) \cdot \tan\phi_m \cdot \cos^2\theta \qquad (8.17)$$

여기서, $\bar{\tau}$: 전단면에서 발휘되는 전단강도, a_s : 모래말뚝의 치환율

c_u : 점성토의 비배수 전단강도, z : 전단파괴면의 깊이

σ : 전단파괴면에서 외력에 의한 연직응력증분의 평균치

μ_c : 점토의 응력감소계수, $\mu_c = [1/\{1+(m-1)a_s\}]$

μ_s : 모래말뚝의 응력집중계수, $\mu_s = [m/\{1+(m-1)a_s\}]$

m : 응력분담비, $m = \Delta\sigma_s / \Delta\sigma_c$

$\Delta\sigma_s$: 외력에 의한 모래말뚝의 연직응력증분

$\Delta\sigma_c$: 외력에 의한 점토의 연직응력증분

c'/p' : 원지반 점성토의 강도 증가율($= 0.11 + 0.0037I_p$)

$\Delta p'$: 성토하중에 의해 발생하는 지중응력의 평균값

γ_s' : 모래말뚝의 유효단위중량, γ_c' : 점성토의 유효단위중량

ϕ_s : 모래말뚝의 내부 마찰각, U : 점토의 평균압밀도

θ : 대상으로 하는 전단면 접선이 수평면과 이루는 각도

γ_m' : 복합지반의 평균단위중량

$\qquad \gamma_m' = a_s\gamma_s' + (1-a_s)\gamma_c'$

ϕ_m : 복합지반의 환산내부 마찰각, $\tan\phi_m = \mu_s a_s \tan\phi_s$

神田・寺師(1983)은 실용 설계식을 식 (8.14)~(8.17)까지와 같이 정리분석하고, 또한 기존의 실단면 역해석에 의해 식 (8.14)이 표준적인 방법이라 하였다. 일반적으로 사용하고 있는 식 (8.14)은 응력집중계수(μ_s)와 응력감소계수(μ_c)를 포함하고 있고, μ_c와 μ_s는 응력분담비(m)에 따라 달라지므로 식 (8.14)에 의한 복합지반 강도는 응력분담비의 영향을 받는다. 실무에서 적용하고 있는 일반적인 응력분담비는 치환율에 따라 표 8.3과 같다.

표 8.3 치환율과 응력분담비(日本土質工學會, 1988)

치환율(a_s)	ϕ_s	m
0~0.4	30°	3
0.4~0.7	30°	2
0.7 이상	30°~35°	1

모래다짐 말뚝공법에서 모래말뚝의 타설에 의한 점성토의 교란이 발생되는 때가 있지만 보통의 설계에서는 이것을 고려하지 않는 때가 많다. 이것은 교란에 따른 강도저하가 1~3개월 후에는 회복되기 때문이다. 그러나 모래다짐말뚝 타설 후 바로 구조물을 만들 때에는 강도의 저하를 고려한 설계를 실시하는 경우도 있다.

8.2.4 복합지반의 침하량

복합지반에서 압밀계산은 샌드드레인과 큰 차이가 없지만 설계방법이 다르다. 침하에 대한 문제는 현장에서 시공결과에 따라 관측되고, 경험적으로도 어느 정도 정량적으로 파악되고 있다. 일반적으로 무처리 지반 침하량의 1/3~2/3로 감소되는 것으로 알려져 있다(神田・寺師, 1991). 이 원인은 원지반의 개량효과와 복합지반으로서의 특성에 의한 것이다. 복합지반의 침하량은 점성토에 걸리는 연직응력에 의하여 결정되며, 식 (8.21)을 이용하여 계산할 수도 있다.

모래다짐말뚝은 연직배수재로서 역할을 수행할 수 있으므로 점성토 원지반은 압밀에 의해 전단강도가 증가한다고 생각하는 것이 보통이다. 침하계산에는 근사계산법과 탄성론 또는 소성론을 이용한 FEM 해석법이 있는데, 여기서는 일반적으로 가장 많이 사용되고 있는 근사해법인 평형법에 대해서만 설명하기로 한다. 다음은 평형법에 대한 설명이다.

평형법은 Aboshi 등(1979)과 Barksdale(1981) 등에 의해 제시되었으며, 응력분담비 m을 이용하여 복합지반의 침하량을 계산한다. 이 방법에 사용된 가정은 다음과 같다.

① 등가유효원주 개념이 전 지반에 적용된다.

② 등가유효원주에 가해진 상재하중은 점토와 모래말뚝에 발생한 응력의 합과 같다(평형상태 유지).

③ 모래말뚝과 점토의 침하량은 같다.

④ 상재압에 의해 모래말뚝에 유발된 응력은 말뚝 전 길이에 걸쳐 일정하거나 압축지층을 몇 개의 요소로 분할했을 때 요소 내에서 일정하다.

일차원 압밀침하량은,

$$S_f = \frac{C_c}{1+e_0} \cdot H_0 \cdot \log\left(\frac{\sigma_0' + \mu_c\sigma}{\sigma_0'}\right) \tag{8.18}$$

무처리 점토지반 침하량에 대한 복합지반 침하량의 비는 침하감소계수 β로 표시되며, 다음과 같다.

$$\beta = \frac{S_f}{S_{of}} = \log\left(\frac{\sigma_0' + \mu_c\sigma}{\sigma_0'}\right) \Big/ \log\left(\frac{\sigma_0' + \sigma}{\sigma_0'}\right) \tag{8.19}$$

위 식에서, 복합지반의 압밀침하량 저감효과의 영향요소는 ① 응력분담비 m (즉, μ_c), ② 점토층 초기 유효응력 σ_0', ③ 상재압 σ의 크기 등이다. 유효응력 σ_0'가 매우 크고(모래말뚝이 길고), 상재압 σ가 작으면 β 값은 μ_c 값에 수렴한다. 즉,

$$\beta = \mu_c = \frac{1}{1 + (m-1)a_s} \tag{8.20}$$

체적압축계수 m_v를 사용하고 복합지반의 최종침하량을 S_f, 무처리 지반의 최종침하량을 S_{of}로 하면 각각에 대하여 다음 식으로 표시된다.

$$S_f = \epsilon_z \cdot H = m_v \cdot \mu_c \cdot \Delta\sigma \cdot H \tag{8.21}$$

$$S_{of} = m_v \cdot \Delta\sigma \cdot H \tag{8.22}$$

여기서, ϵ_z : 응력분담이 있을 경우의 점성토의 연직변형률

H : 압밀층 두께

m_v : 원지반의 체적압축계수

$\Delta\sigma$: 성토하중에 의한 증가유효응력

위 식으로부터 침하감소계수 β는 다음과 같이 나타낼 수 있다.

$$\beta = \frac{S_f}{S_{of}} = \frac{m_v \cdot \mu_c \cdot \Delta \cdot \sigma \cdot H}{m_v \cdot \Delta \cdot \sigma \cdot H} = \mu_c \tag{8.23}$$

$$\therefore \ S_f = S_{of} \cdot \mu_c (\text{or } S_{of} \cdot \beta) \tag{8.24}$$

침하감소계수 β는 저치환개량에서 응력분담효과, 고치환개량에서는 치환효과를 기대하여 다음 식으로 계산한다.

• 저치환개량의 경우

$$\beta = \mu_c = \frac{1}{1 + (m-1) \cdot a_s} \tag{8.25}$$

• 고치환개량의 경우

$$\beta = 1 - a_s \tag{8.26}$$

보통 $a_s < 0.5$의 경우 $m = 3$을 사용하여 식 (8.25)를, $a_s > 0.5$인 경우 식 (8.26)을 이용할 것을 추천하고 있다.

※ 모래다짐 말뚝공법의 시공 시 문제점

모래다짐 말뚝공법은 시공 시 진동, 소음이 커서 도심지에서는 사용할 수 없다. 특히, 시공 시 주변 지반의 변위가 크게 발생하며, 기존 구조물 주변에서 시공하는 경우 모래말뚝의 강제 압입 때문에 배제되는 흙의 상당 부분이 압출되어 기존 구조물에 나쁜 영향을 미칠 수 있다. 해안매립지 개량공법 중 가장 확실한 방법 중의 하나이나 공사비가 비싸고, 공사 기간도 길다는 단점이 있다. 또한 대형장비가 사용되므로 장비반입의 어려움도 있다.

8.2.5 SCP 시공지반의 지지력

SCP가 시공된 지반의 지지력 계산방법에는 점성토지반의 지지력 증가로 계산하는 방법과 모래다짐말뚝의 지지력으로 계산하는 방법이 있다.

8.2.5.1 복합지반의 지지력 계산

모레디짐말뚝이 시공된 복합지반에 하중이 작용하는 경우, 그림 8.5와 같이 모래말뚝 내의 연직응력(σ_s)과 점토층내의 연직응력(σ_c), 그리고 가해준 하중(σ) 사이의 관계는

$$\sigma A = \sigma_s A_s + \sigma_c (A - A_s) \tag{8.27}$$

$$\sigma_s = \frac{\sigma A - \sigma_c (A - A_s)}{A_s} \tag{8.28}$$

이 된다. 한편, 村山(1957) 등은 복합지반의 응력상태를 소성평형상태로 보고, 복합 지반에 하중 σ가 재하되면 강성의 차이로 인해 σ는 모래말뚝에 분담되어 압축상태가 되고, 모래다짐말뚝은 압축상태에서 벌징(bulging)하려고 한다. 그림 8.4에서 σ_h는 주응력 상태에 있을 때 최댓값을 가지므로 모래다짐말뚝은 주동파괴, 점토는 수동파괴로 가정하여 모래말뚝에서는 다음과 같은 식이 성립한다.

$$\sigma_{hs} = \frac{1 - \sin\phi_s}{1 + \sin\phi_s} \sigma_s \tag{8.29}$$

또한 점토지반에서는 다음과 같이 나타낼 수 있고,

$$\sigma_{hc} = (\gamma_c \cdot z \cdot K_{pc} + 2c_u \cdot \sqrt{K_{pc}}) \tag{8.30}$$

$\phi_c = 0$으로 가정하면 다음 식을 얻을 수 있다.

$$\sigma_{hc} = \sigma_c + 2c_u \tag{8.31}$$

모래말뚝에서 벌징(bulging) 파괴가 일어나지 않으려면 σ_{hs}보다 σ_{hc}가 커야 하므로

$$\sigma_{hs} - \sigma_c \leq 2c_u \tag{8.32}$$

인 조건을 얻을 수 있다. 여기서, $2c_u$는 비배수강도이므로 일축압축강도 q_u로 나타낼 수 있고, 시공 후 일축압축강도는 $(q_u + \Delta q_u)$가 된다. 그러나 실험결과에 따라 식 (8.33)과 같이 대략 70% 값을 적용한다.

$$\sigma_u \fallingdotseq 0.7(q_u + \Delta q_u) \tag{8.33}$$

여기서, σ_u : 점성토의 극한 항복응력

q_u : SCP 시공 전 점토의 일축압축강도

Δq_u : SCP 시공 후 일축압축강도 증가량

식 (8.32)에서 극한상태일 때에는 $\sigma_c = \sigma_{hs} - 2c_u$가 성립하고, 여기에 식 (8.29)와 식 (8.33)을 대입하면 다음 식을 얻는다.

$$\sigma_c = \frac{1 - \sin\phi_s}{1 + \sin\phi_s}\sigma_s - 0.7(q_u + \Delta q_u) \tag{8.34}$$

식 (8.28)을 식 (8.34)에 대입하고 정리하면,

$$\sigma_c = \frac{\sigma A - 0.7(q_u + \Delta q_u)N_\phi A_s}{A + (N_\phi - 1)A_s} \tag{8.35}$$

단, $N_\phi = \dfrac{1 + \sin\phi_s}{1 - \sin\phi_s}$

을 얻을 수 있으며, 식 (8.35)에 의해 산정되는 σ_c 값이 식 (8.36)과 같이 점토의 허용 지지력을 초과하지 않으면 된다. 식 (8.36)에서 복합지반의 극한 지지력 $q_{ult} = 5.7c_u$ 및 $c_u = q_u/2$로부터 $q_{ult} = (5.7/2)q_u = 2.85q_u$을 얻어 사용한 것이며, F_s는 안전율로 3을 사용하는 것이 보통이다.

$$q_a = \frac{2.85(q_u + \Delta q_u)}{F_s} \geq \sigma_c \tag{8.36}$$

8.2.5.2 파괴형태에 따른 지지력

모래다짐말뚝의 파괴형태는 그림 8.6과 같이 벌징파괴(bulging failure), 전단파괴(shear failure), 관입파괴(punching failure)로 구분할 수 있으나, 대부분 파괴형태는 벌징파괴(bulging failure)로 볼 수 있다. 각 파괴형태에 따른 모래다짐말뚝 시공지반의 지지력은 다음과 같다.

(1) 벌징파괴

• Greenwood(1970)

$$q_{ult} = (\gamma_c \cdot z \cdot K_{pc} + 2c_o \sqrt{K_{pc}}) \frac{1 + \sin\phi_s}{1 - \sin\phi_s} \tag{8.37}$$

여기서, γ_c : 점성토의 단위중량

z : 복합지반의 깊이

K_{pc} : 점성토지반의 수동토압계수

c_o : 점성토지반의 비배수강도

ϕ_s : 모래말뚝의 내부 마찰각

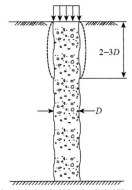
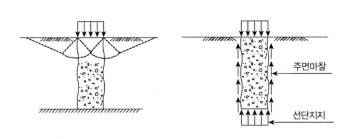

(a) 선단이 지지된 긴 다짐말뚝:　(b) 선단이 지지된 짧은 말뚝: 전단파괴　(c) 선단이 지지되지 않은 짧은 말뚝:
　　벌징파괴　　　　　　　　　　　　　　　　　　　　　　　　　　　　관입파괴

그림 8.6 SCP의 파괴형태

• Vesic(1972), Datye & Nagaraju(1975)

$$q_{ult} = (F_o{'}c_o + F_q{'}q)\frac{1+\sin\phi_s}{1-\sin\phi_s}$$　　　　　　　　(8.38)

여기서, $F_o{'}$, $F_q{'}$: 말뚝 지름에 대한 공동팽창계수

　　　　c_o : 점성토지반의 비배수강도

　　　　ϕ_s : 모래다짐말뚝의 내부 마찰각

　　　　q : 등가파괴깊이에서의 평균 응력

• Hughes & Withers(1974)

$$q_{ult} = (\sigma_{ro}{'} + 4c_o)\frac{1+\sin\phi_s}{1-\sin\phi_s}$$　　　　　　　　(8.39)

여기서, $\sigma_{ro}{'}$: 프레셔미터에 의한 초기 유효방사응력

　　　　c_o : 점성토지반의 비배수강도

　　　　ϕ_s : 모래말뚝의 내부 마찰각

식 (8.39)에서 초기 유효방사응력은 다음 식으로 계산한다.

$$\sigma_{ro} = K_0(\gamma_c \cdot h + p)$$　　　　　　　　(8.40)

여기서, K_0 : 정지토압계수

　　　　γ_c : 점성토의 단위중량

　　　　h : 팽창파괴가 발생하는 깊이(보통 말뚝직경의 1~2배)

　　　　p : 상재하중

(2) 전단파괴

• Madhav & Vitkar(1978)

$$q_{ult} = c_o\,N_c + \frac{1}{2}\,\gamma_c\,B\,N_\gamma + \gamma_c\,D_f\,N_q \tag{8.41}$$

여기서, B : 재하폭, c_o : 점성토의 비배수강도

  $\gamma_c,\ \gamma_s$: 모래다짐말뚝과 섬토의 단위중량

  D_f : 기초깊이

  $N_c,\ N_\gamma,\ N_q$: 치환율과 모래말뚝과 점토에 의한 계수

• Wong(1975)

$$\text{(1)}\quad q_{ult} = 2\left\{(K_{pc}q_0 + 2c_u\sqrt{K_{pc}}) + 3aK_a\gamma_c\!\left(1 - \frac{3a}{2H}\right)\right\}\!\left(\frac{1}{K_a}\right) \tag{8.42}$$

  침하량이 큰 경우에 적용 $\left(q_0 = 3c_u,\ K_a = \dfrac{(1 - \sin^2\phi_s)}{(1 + \sin^2\phi_s)}\right)$

$$\text{(2)}\quad q_{ult} = (K_p q_0 + 2c_u\sqrt{K_{pc}})\left(\frac{1}{\sqrt{K_a}}\right) \tag{8.43}$$

  침하량이 작은 경우에 적용 $\left(q_0 = 1.5c_u,\ K_a = \dfrac{(1 - \sin\phi_s)}{(1 + \sin\phi_s)}\right)$

여기서, γ_c : 점토의 단위중량, z : 복합지반의 깊이

  c_u : 점성토 지반의 비배수강도

  ϕ_s : 모래(쇄석) 말뚝의 내부 마찰각

  q : 등가파괴심도에서의 평균응력, K_{pc} : 점성토 지반의 수동토압계수

  $F_c^{'},\ F_q^{'}$: 말뚝 지름에 대한 공동팽창계수

  σ_{rL} : 전 한계 방사응력, $\sigma_{ro}^{'}$: 초기 측방응력

  a : 모래(쇄석) 말뚝의 지름, K_a : 모래(쇄석) 말뚝의 주동토압계수

  H : 모래(쇄석) 말뚝의 길이, q_0 : 흙 표면 위의 연직응력

8.3 공법 설계

점성토지반에서 SCP공법의 설계 절차는 일반적으로 그림 8.7과 같다. 그러나 SCP공법의 설계는 개량 후 지반 특성이 모래말뚝의 강도, 치환율, 개량범위, 외력 조건, 원지반강도 및 구속압력, 모래말뚝 타설에 의한 지표면 융기 등의 영향을 받게 되므로 매우 복잡한 과정을 거쳐야 한다. 그림 8.7에 나타난 설계 절차의 각 항목을 설명하면 다음과 같다.

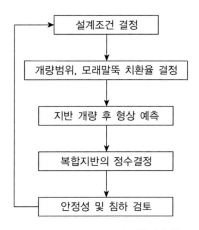

그림 8.7 SCP공법의 설계 절차(柳生忠言, 1989)

8.3.1 개량범위 및 모래말뚝 치환율의 결정

지반개량의 목적은 축조하는 구조물에 대하여 지반이 충분한 지지력을 얻도록 하는 것이다. 지지력에는 크게 나누어서 연직방향과 수평방향의 두 방향이 있다. 연직방향에 대해 충분한 지지력을 얻기 위한 지반개량의 범위 및 모래말뚝 치환율은 기초의 지지력 검토 외에 구조물을 포함한 지반 전체의 원형활동에 대한 안정성을 검토하여야 한다. 일반적으로는 원형활동의 안전율이 소정의 안전율이 되도록 개량깊이나 폭을 변화시켜 개량범위를 결정한다. 수평방향의 지지력 증대를 목표로 하는 경우에는 개량범위를 결정하는 명확한 방법이 확립되지 않은 상태이다.

치환율(a_s)이란 모래말뚝 체적의 개량 원지반 체적에 대한 비를 말하며 개량의 정도를 나타내는 정수이다. 모래말뚝은 그 중심위치가 정방형, 삼각형 및 구형으로 배치된다. 치환율과 개량된 지반강도와의 관계는 앞서 설명한 식 (8.14)~(8.17)과 같이 여러 가지 제안식이 있으며, 그 가운데 적절한 공식을 선택한 후 지지력 검토 또는 원호활동 계산 시 사용하면 된다. 모래말뚝 치환율에 의해서 지반개량의 범위는 달라진다.

8.3.2 지반개량 후의 형상 예측

모래말뚝 타설 후 지반은 부풀어 오르게 된다. 이 지반의 융기 높이에 대해서는 많은 연구가 있으나 지반 융기높이를 엄밀하게 추정하는 것은 어려우며, 기존의 시공사례를 통계적으로 분석해서 융기율 μ(융기 토량/설계투입 모래량)을 이용하여 설계에 이용하는 경우가 보통이다. 융기율 μ는 식 (8.44)에 의해 추정할 수 있다.

$$\mu = 2.803(1/L) + 0.356a_s + 0.112 \tag{8.44}$$

여기서, L은 해저면에서 말뚝 하단까지의 깊이(m)

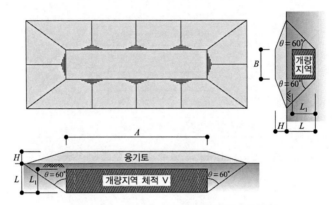

그림 8.8 SCP 시공 시 지반융기범위 및 형상

융기량은 경험적으로 식 (8.44)에서 구한 융기율에 투기모래량을 곱하여 구할 수 있는데, 이때 구한 융기량은 그림 8.8의 전체 융기량 V와 같은 것으로 가정할 수 있다.

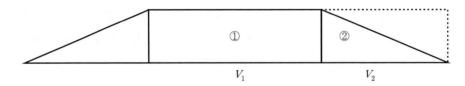

그림 8.9 SCP 시공 시 지반융기량 산정을 위한 개념도

• 경험식에 의한 융기량

$$융기율 \times 투입모래량 = \mu \cdot V_s = \mu \cdot A \cdot L_1 \cdot a_s \tag{8.45}$$

• 그림 8.9의 개념도에 의한 융기량

$$V = V_1 + V_2 = \boxed{} + (\triangle + \triangleright)$$

$$= A \times H + 2 \cdot (1/2 \times L \cdot \tan\theta \times H)$$

$$= (A + L \cdot \tan\theta) \cdot H$$

(8.46)

따라서 식 (8.45)와 (8.46)을 같다고 하면, 융기고는 식 (8.47)과 같다.

$$H = \frac{\mu \cdot a_s \cdot A \cdot L_1}{A + L \cdot \tan\theta}$$

(8.47)

8.3.3 복합지반의 설계법과 정수 산정

SCP에 의해서 지반을 개량하면 성질이 다른 점성토와 모래말뚝으로 이루어진 복합지반이 형성되므로, 지반은 점성토와 모래의 중간적 성질을 가지게 되고 이러한 지반을 토질공학적으로 어떻게 다루는가는 매우 어려운 문제이다. 재하 시 모래말뚝과 점성토가 받는 응력은 응력분담비($m = \sigma_s / \sigma_c$)와 치환율(a_s)을 매개변수로 하여 결정할 수 있다. 일반적으로 응력분담비에 대해서는 현장실측 데이터에서 역해석한 결과를 바탕으로 2~6 정도의 범위 값을 쓰는 경우가 많다.

8.3.4 안정성 검토

개량지반의 안정해석을 위해서는 원호활동 계산, 지지력 계산, 침하량 계산, 토압 계산, 횡방향 지반반력 계산 등을 수행해야 하는데, 그중에서 가장 중요하게 고려하고 있는 것은 원호활동에 대한 안정성 검토와 침하에 대한 검토이다.

8.4 공법 시공

모래다짐말뚝을 시공하는 방법에는 진동식 콤포져(vibro compozer)공법과 충격식 콤포져 (hammering compozer)공법이 있으며, 일반적으로 진동식 콤포져공법을 많이 사용되고 있다. 진동식 콤포져공법은 강관을 진동기로 관입시킨 후 모래를 투입하고 진동으로 다지며 강관을 인발하여 모래말뚝을 조성하는 방법으로 시공순서는 그림 8.10과 같다. 충격식 콤포져공법은 내관을 해머로 사용하여 외관의 모래마개를 때려서 관입시킨 후, 모래를 투입하고 내관을 낙하하여 모래를 다지면서 외관을 인발하여 모래말뚝을 조성하는 방법이다. 진동식 콤포져공법과 충격식 콤포져공법의 특징을 정리하면 다음과 같다.

(1) 진동식 콤포져공법

① 기계고장이 적고, 시공관리가 쉽다.
② 진동과 소음이 작다.
③ 균일한 모래말뚝의 시공이 가능하다.
④ 지표면 근처는 다짐효과가 떨어진다.

(2) 충격식 콤포져공법

① 전력설비가 없어도 시공이 가능하다.
② 충격시공이므로 진동, 소음이 크다.
③ 시공관리가 힘들고 주변 흙을 교란시킨다.
④ 낙하고 조절이 가능하며 강력한 타격에너지가 얻어진다.

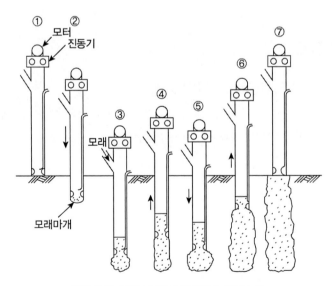

그림 8.10 진동식 콤포져공법의 시공순서

| 참고문헌 |

Aboshi, H., Ichimoto, E., Enoki, M. & Harada, K.(1979), "The Compozer-a Method to Improve Characteristics of Soft Clays by Inclusion of Larger Diameter Sand Column", Proc. of Int. Conf. on Soil Reinforcement, Paris, pp.211~216.

Barksdale, R. D.(1981), "Site Improvement in Japan Using Sand Compaction Piles", Georgia Institute of Technology, Atlanta.

Datye, K. R., Nagaraju, S. S.(1975), "Installation and Testing of Rammed Stone Columns", Proceedings, IGS Specialty Session, 5th Asian Resional Conference on Soil Mechanics and Foundation Engineering, Bangalore, India, pp.101~104.

GIT(1983), "Design and Construction of Stone Columns", Vol. I, ASCE, Atlanta.

Hughes, J. M. O., Withers, N. J.(1974), "Reinforcing of Soft Cohesive Soils with Stone Columns", Ground Engineering, Vol.7, No.3, pp.42~49.

Jong-Bung Jung(1998), "Study on Consolidation Behavior of Clay Ground Improved by the partly Penetrated Sand Compaction Piles", pp.6~23.

Madhav, M. R., Vitkar, P. P.(1978), "Strip Footing on Weak Clay Stabilized with a Granular Trench or Pile", Canadian Geotechnical Journal, Vol. 15, pp.605~609.

末松直幹, 坪井英夫(1984), "複合地盤の應力分擔比に關する考察, 複合地盤の 强度および變形に關するシソ ポジュウム發表論文集", 日本土質工學會, pp.165~170.

山口相樹, 村上幸利(1977), "複合地盤の應力分擔比について", 第12回土質工學研究發表會, pp.543~546.

神田勝己, 寺師昌師(1990), "粘性土地盤を對象とするSCP工法の實用設計法(感度分板と實態調査)", 港滿枝研資料, No. 669.

柳生忠言(1989), "サソドコソパクショソパィルによつて改良された 粘土地盤上の港灣構造物の擧動に關す ゐ研究", pp.4~38.

村山朔郎(1962), "粘性土に對するバイブロコンポーザー工法の考察", 建設機械化, 日本建設機械化協會, Vol. 150.

最近の軟弱地盤工法と施工例, 社團法人 日本建設機械化協會 編, pp.169~191.

09
—

쇄석말뚝공법

09 쇄석말뚝공법

9.1 공법 개요

최근 모래 자원의 부족현상 및 단가 상승으로 인하여 모래를 사용하는 모래다짐 말뚝공법을 대신하여 자갈이나 쇄석, 슬래그를 이용하는 쇄석말뚝(CSP, Crushed Stone Pile)공법을 적용하는 사례가 증가하는 추세이다. 암석기둥(stone column)공법이라고도 불리는 이 공법은 1830년 프랑스에서 고유기질 흙의 개량을 위해 처음으로 사용된 이래 1950년대부터 유럽에서 널리 이용되었으며, 미국에서는 1976년 이후부터 사용량이 증가하고 있다(Barksdale 등, 1983). 우리나라의 경우 최근 들어 쇄석말뚝을 사용한 예가 늘고 있고, 이에 따라 연구도 활발하게 진행된 바 있다.

쇄석말뚝공법은 비교적 강성이 크고 압축성이 작은 조립질 재료를 연약한 점성토 지반 및 느슨한 사질토 지반에 치환율 10~35%로 쇄석말뚝을 조성함으로써, 연약한 점성토 지반에서는 기초지반의 지지력 증가와 침하량 감소 및 압밀배수에 의한 지반개량 효과 등을 얻을 수 있으며 사질토 지반에서는 지진발생 시 액상화 방지를 목적으로 하는 공법이다. 쇄석말뚝공법의 주요 특징은 다음과 같다.

- 지반 자체의 강도 및 밀도를 증가시킨다.
- 간극수압이 소산할 수 있는 배수경로를 형성한다.
- 진동과 변위로 인한 피해를 감소시킨다.
- 쇄석말뚝 주변 지반의 측방응력을 증가시킨다.

※ 암석기둥(stone column)공법(Mitchell, 1981)

쇄석말뚝공법과 유사한 공법인 암석기둥공법은 주로 미국을 중심으로 발전해왔다. 1970년대 캘리포니아에서 대규모 쓰레기 처리공장을 세울 때 암석기둥공법의 사용이 검토되었는데, 이때 주관심사는 지진하중에 대한 저항력, 액상화에 대한 억제 효과 등 두 가지였다. 이를 위한 시험 결과 암석기둥은 지진하중에 충분히 견딜 수 있는 저항력을 가지며, 액상화 억제효과도 충분한 것으로 나타났다. 시험 결과를 바탕으로 암석기둥공법이 채택되어 사용되었는데 그 후 진도 5.1의 지진에도 기초에 아무런 이상이 없는 것으로 관측되었다고 한다.

9.2 설계 시 고려사항

9.2.1 원지반 토질 조건

쇄석말뚝은 진동다짐(vibro-compaction), 진동치환(vibro-replacement), 바이브로플로테이션(vibroflotation) 등 다양한 방법에 의해 시공되며, 개량할 원지반의 토질조건에 적합한 시공방법을 선택해야 한다.

9.2.1.1 원지반의 입도분포

진동다짐공법(vibro-compaction, vibroflotation)은 진동과 압력수를 지중에 가하여 입자 사이의 유효응력이 0이 되게 함으로써 구속력이 없어진 흙입자를 더욱 조밀하게 재배열하는 공법이다. 이처럼 진동다짐공법은 주로 사질토 지반에 사용되는 방법이며, 진동치환공법(vibro-replacement)은 압밀된 점토지반, 얇은 이탄층, 포화된 실트, 미세입자가 15% 이상 함유된 느슨한 실트질 모래, 충적토와 하구 지역의 지반개량에 적합한 시공법이다. 진동다짐공법(vibro-compaction)과 진동치환공법(vibro-replacement)의 적용토층은 표 9.1과 같다.

표 9.1 진동다짐공법과 진동치환공법의 지반 종류에 따른 적용성

지반 종류	진동다짐공법	진동치환공법
모래	대단히 양호	대단히 양호
실트질 모래	양호한 편	대단히 양호
실트	불충분	양호
점토	비적용	양호한 편
Mine spoils(폐광)	양호	양호
Dumped fill	채움재의 자연상태로 결정	양호
Garbage(쓰레기)	비적용	비적용

9.2.1.2 원지반의 전단강도

쇄석말뚝공법은 원지반의 전단강도가 $0.7t/m^2$ 이하이고, 예민비가 5 이상인 지반에서는 적용성이 떨어진다. 이러한 연약 또는 매우 연약한 지반에서는 시추공의 붕괴가능성, 시공기법상의 문제, 쇄석말뚝과 주변 지반과의 상호작용 등이 공법 적용 시 주요 검토사항이 되고, 강도가 매우 낮은 지반에서는 쇄석 사이의 틈으로 연약한 흙이 들어가는 현상이 발생할 수 있기 때문이다. 원지반의 강도가 $1.7\sim1.9t/m^2$ 정도인 지반에서는 모래를 사용할 수 있으며, 모래는 건설재료로서 사용하기에 용이하지만 쇄석에 비해 고가이다. 일반적으로 모래말뚝은 쇄석말뚝보다 침하량이 더 클 수 있다.

쇄석말뚝은 실트 성분이 많은 점성토 또는 모래와 자갈이 섞인 실트질 점토 지반에서 지반개량의 효과가 크며, 투수성이 작고 비배수 전단강도가 $1.5\sim5.0t/m^2$ 범위의 점성토 지반에 적용하기에 적합하다. 그러나 단단한 점토 지반에서는 진동기의 관입이 어려워 적용하기가 곤란하다.

점성토 지반에서는 진동의 영향이 작아 연직배수(vertical drain)공법에서 발생하는 교란의 영향은 쇄석말뚝에서는 무시할 만큼 작다. 이것은 심하게 교란된 영역이 진동과 압력수에 의해 원지반으로부터 탈락·분출되고 그 공간은 쇄석으로 채워 다져지며 그 외의 부분은 거의 영향이 없기 때문인 것으로 보고 있다.

9.2.2 채움재의 특성

쇄석말뚝 시공에 채움재로 사용되는 골재 크기는 보통 $12\sim75mm$로 다양하다. 모래질 정도 크기의 입자는 물분사 시 시추공의 바닥에 제대로 안착되기 힘들어 진동방법으로 시공되는 말뚝에서는 사용하기가 어렵다.

9.2.2.1 쇄석재의 입도분포

쇄석은 경제적이고 손쉽게 구할 수 있어야 하고, 매우 연약한 지반에서는 쇄석의 간극 사이로 흙이 유입되는 현상(clogging)에 주의하여야 한다. 채움재의 입도분포에 대한 기준은 여러 가지가 있으나, 진동치환공법에 의한 쇄석말뚝의 재료조건에 대해 미연방도로국(FHWA, 1983)에서 제시한 기준은 표 9.2와 같다. 일반적으로 Alternate No.1 또는 No.3이 쇄석말뚝의 채움재로 추천되고 있으며, No.2 또는 No.4는 큰 입경의 재료가 없을 때 사용할 수 있다. 전단강도가 $1.2t/m^2$ 이상인 지반에서는 Alternate No.1 또는 No.3가 비슷한 입경의 사용을 추천하고, 전단강도가 $1.2t/m^2$ 이하인 지반에서는 보다 가는 입경분포인 No.2나 No.4 또는 모래와 같은 가는 입경의 쇄석이 사용될 수 있다.

표 9.2 쇄석 채움재의 입도분포(FHWA, 1983)

체눈 크기 (inch)	통과율(%)			
	Alternate No.1	Alternate No.2	Alternate No.3	Alternate No.4
4.0	–	–	100	–
3.5	–	–	90~100	–
3.0	90~100	–	–	–
2.5	–	–	25~100	100
2.0	40~90	100	–	65~100
1.5	–	–	0~60	–
1.0	–	2	–	20~100
0.75	0~10	–	0~10	10~55
0.50	0~5	–	0~5	0~5

9.2.2.2 쇄석말뚝의 내부 마찰각

쇄석의 내부 마찰각은 시공방법이나 재료의 입도분포에 따라 차이가 있으므로, 설계 시 어느 특정 값만을 사용할 수 없다. 따라서 중요한 구조물에 대해서는 현장에서 특정 시험에 의해 결정하여야 한다. 일반적인 쇄석의 내부 마찰각에 대한 실내시험 자료와 외국 기관에서 제안한 값은 표 9.3 및 표 9.4에 나타나 있다. 일반적으로 설계에는 응력분담비(m) 2, 내부 마찰각(ϕ) 42°의 값이 추천된다.

표 9.3 기관별로 추천하는 내부 마찰각과 응력분담비

기관	응력분담비(m)	내부 마찰각(°)
Vibrofloation Foundation company	2.0	42
GKN Keller	2.0	45(쇄석), 40(자갈)
PBQD	1.0~2.0	42

표 9.4 조립재의 일반적인 내부 마찰각

재료 종류	현장 밀도(kN/m^3)	내부 마찰각(°)
모래	14.3~17.3	35.1~39.1
자갈	16.9~18.1	42.5~44.1
모래+자갈	18.9~19.9	37.4~37.9

9.2.3 쇄석말뚝의 개량 효과

9.2.3.1 개량 심도

유럽에서는 일반적으로 4~10m의 쇄석말뚝을 사용하는 경우가 많으나, 보통 원지반을 완전히 제거하고 치환된 쇄석말뚝은 6m보다 작은 개량심도에서 경제적이고 확실한 효과가 있는 것으로 알려져 있다. 쇄석말뚝의 깊이가 10m보다 크면 일반적으로 말뚝 등의 깊은 기초와 비교할 때 비경제적이다. 그러므로 개량심도가 매우 깊은 쇄석말뚝 시공은 쇄석이 시추공 바닥까지 도달한 후 공내에서 조밀화된다는 확실성과 시추공의 안정성 유지 등의 여러 시공 문제성을 고려하여 시공해야 한다. 그러나 유럽과 미국에서 시공 시 약간의 문제가 있었지만, 개량깊이 21m의 쇄석말뚝을 설계하고 시공한 경험을 갖고 있다.

9.2.3.2 쇄석말뚝의 개량 기간

쇄석말뚝에 의한 지반개량의 두 가지 주요 관점은 압밀을 위한 배수 촉진효과와 치환재로 인한 지반강도의 개량 효과라고 할 수 있다. 배수촉진효과는 부수적인 효과로 보통 설계과정에서 무시되는 것이 보통이며, 따라서 지반개량속도는 압밀대기 시간과 무관하므로 개량 기간은 일반적으로 시공 기간과 3~4주 정도의 기간이면 충분하다.

9.2.3.3 쇄석말뚝의 극한 지지력

쇄석말뚝의 지지력을 예측하기 위해서 여러 학자들에 의해 제시된 지지력 이론을 적용할 수 있다. 그러나 설계하중을 결정하는 데 지반조건이나 과거의 경험 및 공학적 판단 등 전반적인 사항들을 고려하여야 한다. 단일 쇄석말뚝에 작용하는 설계하중은 보통 15~60t 정도로서 현장조건에 따라 다르다. 설계하중은 침하를 어느 정도 허용하느냐에 따라 다를 수 있는데, 예를 들어 성토와 같은 안정문제에서는 설계하중이 증가될 수 있다.

9.2.3.4 쇄석말뚝의 압밀침하량 및 액상화 방지 효과

쇄석말뚝은 연직배수재의 역할을 하여 1차 압밀에 필요한 시간을 상당히 단축시킨다. 따라서 쇄석말뚝으로 시공한 지반은 압밀침하가 빨리 끝나 2차 압축침하를 보다 더 중요하게 고려하기도 한다. 지진에 대해서는 쇄석말뚝의 시공에 의해 쇄석말뚝의 주위지반이 밀도가 증가되고, 과잉간극수압이 배수에 의해 쉽게 소산되고 큰 전단강도가 발휘되므로 액상화의 가능성을 완화시킬 수 있다.

9.3 공법 설계

쇄석말뚝은 주변 지반에 비하여 비교적 강성이 크고, 채움재인 쇄석은 비점착성이기 때문에 쇄석말뚝의 강성은 주변 지반에 의한 측면지지에 의존한다. 만일 측면지지가 충분하지 않다면, 말뚝은 팽창에 의해 파괴된다. 또한 주변 지반-쇄석말뚝 복합지반의 안전성은 쇄석말뚝과 주변 지반 사이의 전단저항(주면마찰)에 달려 있다. 반면에, 만약 하중이 주변 지반에 재하되지 않은 상태로 말뚝에 재하되거나 또는 말뚝이 넓은 재하 지역상에서 주위 흙의 상부에 발생한 불규칙한 침하에 의한 힘을 받는 경우, 전단력은 말뚝-흙 표면에서 말뚝을 따라 발생할 것이다. 이런 경우에 말뚝은 충분하지 않은 주면 마찰력과 선단지지력 때문에 말뚝처럼 파괴될 것이다. 쇄석말뚝은 팽창 또는 전단파괴에 대하여 모두 해석해야 한다(Greenwood & Kirsch, 1984).

쇄석말뚝에 의하여 개량된 연약 점성토 지반의 압밀이 발생하면 무처리 지반에 비하여 매우 작은 침하량을 보인다. 재하된 하중에서 발생하는 쇄석말뚝의 팽창은 주변 연약 점성토 지반의 수평 압축을 발생시키고, 쇄석말뚝의 평형상태는 주변 연약 점성토 지반과 비교하여 수직이동이 감소된 것으로 나타난다.

주변 지반-쇄석말뚝에 대한 해석은 쇄석말뚝 직경, 간격, 쇄석의 내부 마찰각, 주변 지반의 전단강도, 응력분담비(m), 그리고 주변 지반과 쇄석말뚝 사이의 응력-변형 관계에 대한 항목으로 구분이 된다.

9.3.1 기본 설계개념

9.3.1.1 등가원주(unit cell) 개념

등가원주 개념은 모래다짐말뚝과 같다. 그림 8.5처럼 정삼각형 배열로 설치된 쇄석말뚝에서 주변 지반에 영향을 주는 범위는 규칙적인 육각형 형태이지만 등가원으로 표현할 수 있다. 쇄석말뚝 등가원의 유효직경은 모래다짐말뚝과 마찬가지로 다음과 같다.

$$D_e = 1.05s \quad \text{(삼각형 배열)} \tag{9.1}$$

$$D_e = 1.13s \quad \text{(사각형 배열)} \tag{9.2}$$

여기서, s는 쇄석말뚝의 간격이다. 쇄석말뚝 설치된 지반에서 치환율(a_s)은 다음과 같이 표시할 수 있다.

$$a_s = A_s/A \tag{9.3}$$

$$a_c = A_c/A = 1 - a_s \tag{9.4}$$

여기서, A_s : 쇄석말뚝의 면적
A : 등가원주 내부의 총면적

치환율(a_s)은 쇄석말뚝의 직경과 간격의 형태로 표현될 수 있으며, 다음과 같이 표현된다.

$$a_s = C_1 \cdot \left(\frac{D}{s}\right)^2 \tag{9.5}$$

여기서, 사각형 배열 : $C_1 = \pi/4$

정삼각형 배열 : $C_1 = \pi/2\sqrt{3}$

9.3.1.2 쇄석말뚝의 응력집중

쇄석말뚝의 강성이 주변 흙의 강성보다 실제적으로 크기 때문에 작용된 하중의 큰 부분이 쇄석으로 전이된다. 점토의 압밀처럼 시간을 가진 하중전이는 주변 지반 침하 감소에서 추가적인 부마찰력 결과로 인해 자연상태 흙으로부터 쇄석말뚝으로 전이가 발생된다(Munfakh 등, 1984). 등가원주[그림 8.5(c)] 내부의 수직응력의 분포는 응력분담비로 표현할 수 있다.

$$m = \sigma_s/\sigma_c \tag{9.6}$$

여기서, σ_s : 쇄석말뚝의 응력

σ_c : 주변 점성토의 응력

평균응력이 등 변형률 조건에서 평형을 유지한다면, 다음 식이 성립된다.

$$\sigma = \sigma_s a_s + \sigma_c(1 - a_s) \tag{9.7}$$

응력분담비(m)을 사용하여 점토와 쇄석이 받는 응력에 대한 식 (9.7)을 풀면 다음과 같다.

$$\sigma_c = \sigma/[1 + (m-1)a_s] = \mu_c\sigma \tag{9.8a}$$

$$\sigma_s = m\sigma/[1 + (m-1)a_s] = \mu_s\sigma \tag{9.8b}$$

여기서, μ_c : 응력감소계수

μ_s : 응력증가계수

9.3.2 파괴거동

쇄석말뚝은 일반적으로 연약층을 통과하여 지지층에 도달되도록 설계 및 시공되며, 연약층 심도가 깊은 경우에 선단이 연약층 내에 있도록 하는 경우도 있다. 파괴형상은 단일말뚝 (single column) 또는 무리말뚝(group column), 그리고 짧은 말뚝(short column) 또는 긴 말뚝(long column)에 따라 차이가 있다.

9.3.2.1 균질한 지반에서 단일 쇄석말뚝의 파괴거동

단일말뚝의 파괴형상은 그림 9.1과 같이 팽창파괴, 전단파괴, 관입파괴의 세 가지 형태로 구분되며, 보통 점성토 지반인 경우 지반의 전단강도가 최소가 되는 지점에서 팽창파괴가 일어난다. 그림 9.1(a)와 같이 말뚝 길이가 말뚝 직경의 2~3배 이상의 길이가 긴 쇄석말뚝에서는 팽창파괴가 일어난다. 그림 9.1(b)와 같이 쇄석말뚝의 선단이 단단한 지지층에 지지된 길이가 짧은 말뚝에서는 지표면 부근에서 전단파괴가 일어나며, 그림 9.1(c)와 같이 쇄석말뚝의 선단이 연약층 내에 있고 길이가 짧은 말뚝에서는 관입파괴가 일어난다.

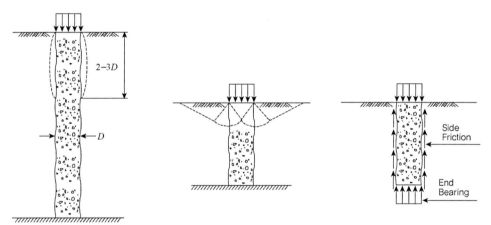

(a) Long Stone column with Firm of Floating Support – Bulging Failure   (b) Short Column with Rigid Base – Shear Failure   (c) Short Floating Column – Punching Failure

Note : Shear Failure could also occur

그림 9.1 균질한 연약지반에서 단일 쇄석말뚝의 파괴형태

9.3.2.2 비균질 지반에서 단일 쇄석말뚝의 파괴거동

지층이 비균질이고 상당히 연약한 지층이 존재할 경우의 파괴형태는 그림 9.2와 같다. 그림 9.2(a)와 같이 상부층이 하부층에 비해 매우 연약한 경우에는 지지력과 침하에 미치는 영향이 크며, 그림 9.2(b), (c)와 같이 연약층 중간에 이탄토 등 매우 연약한 층이 존재하면 쇄석말뚝 형성에 심각한 영향을 줄 수 있다.

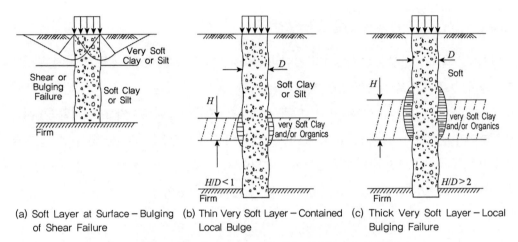

(a) Soft Layer at Surface – Bulging of Shear Failure

(b) Thin Very Soft Layer – Contained Local Bulge

(c) Thick Very Soft Layer – Local Bulging Failure

그림 9.2 비균질 연약지반에서 단일 쇄석말뚝의 파괴형태

9.3.2.3 쇄석말뚝 무리의 파괴 메커니즘

쇄석말뚝이 무리로 있는 경우의 파괴형태는 그림 9.3과 같다. 그림 9.3(a)와 같이 쇄석말뚝으로 개량된 지반에 성토하중이 재하되는 경우, 성토하부의 지반은 성토 바깥쪽 측방으로 이동할 수 있는데, 과도한 측방이동이 발생하는 현상을 퍼짐(spreading)이라 한다. 이러한 퍼짐현상이 발생하면 침하량은 더욱 증가하게 된다. 그림 9.3(b)와 같이 선단지지된 쇄석말뚝의 경우 상부에서 팽창 또는 전단파괴가 일어나게 되며, 그림 9.3(c)와 같이 선단이 지지되지 않은 쇄석말뚝의 경우에는 관입파괴가 일어날 수 있다.

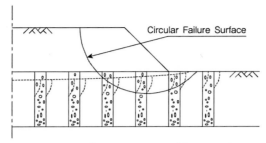

(a) Embankment Foundation(Lateral spreading / Gerneral circuler failure)

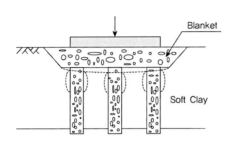

(b) Raft Foundation for long column group
(Bulging failure)

(c) Raft Foundation for short column group
(Punching failure)

그림 9.3 쇄석말뚝 무리의 파괴 형태

9.3.3 쇄석말뚝의 압밀침하량 산정

현재 침하 계산을 위해 사용되는 방법들은 일반적으로 사용되는 수많은 가정에 따라 단순화하여 만든 근사계산법들과 탄성이나 소성이론을 기본으로 하는 FEM 해석법으로 분류된다. 침하를 추정하기 위한 방법들은 모두 일정한 직경과 간격을 갖는 쇄석말뚝으로 보강된 재하면적이 무한히 넓다고 가정한다. 이러한 조건에 대하여 확장된 등가유효원주 개념은 이론적으로 유효하며,

Aboshi(1979), Goughnour(1979) 등과 같은 학자들이 예상침하에 대한 이론적인 해를 발견하기 위하여 유한요소법에 사용하였다.

9.3.3.1 평형법(Equilibrium Method)

Aboshi(1979)와 Barksdale(1981) 등에 의한 평형법은 모래다짐말뚝의 침하 예측을 위하여 주로 이용되는 방법이다. 이 방법은 매우 단순한 쇄석말뚝으로 개량된 지반의 침하 감소를 평가하기 위한 현실적인 공학적 접근방법이다. 이러한 간단한 접근법을 적용하는 경우 응력분

담비(m)는 경험에 의하거나 현장 실험 결과를 이용하여 추정해야 한다.

쇄석말뚝으로 보강된 지반에 발생된 침하 역시 고려해야 하지만 일반적으로 이 침하는 미소하거나 종종 무시된다. 작용된 외부응력으로 인한 점토에서의 연직응력 σ_c는

$$\sigma_c = \mu_c \sigma \qquad (9.9)$$

여기서, σ : 상재압

μ_c: 응력감소계수

1차원 압밀이론으로부터 개량된 지반의 침하량은

$$S_f = \left(\frac{C_c}{1+e_o}\right)\log\left(\frac{\overline{\sigma_o}+\sigma_c}{\overline{\sigma_o}}\right)\cdot H \qquad (9.10)$$

여기서, S_f : 쇄석말뚝으로 처리된 지반의 1차 압밀침하량

S : 무처리지반의 최종침하량

H : 쇄석말뚝으로 처리된 지반의 두께

$\overline{\sigma_o}$: 점토층의 평균 초기응력

σ_c : 외부에 적용된 하중에 의한 점토층에서의 응력변화

C_c : 1차원 압밀시험으로 부터의 압축지수

e_0 : 초기 간극비

무처리 점토지반에 대한 복합지반 침하량의 비(정규압밀점토)의 경우

$$S_f/S = \frac{\log\left(\dfrac{\overline{\sigma_o}+\mu_c\sigma}{\overline{\sigma_o}}\right)}{\log\left(\dfrac{\overline{\sigma_o}+\sigma}{\overline{\sigma_o}}\right)} \qquad (9.11)$$

$\overline{\sigma_o}$이 매우 크고(쇄석말뚝의 길이가 긴 경우) 상재압 σ가 작은 경우에 대한 침하비는 다음과 같다.

$$S_f/S = 1/[1+(m-1)a_s] = \mu_c \qquad (9.12)$$

식 (9.12)는 그림 9.4처럼 지반개량의 예측에 어느 정도 안전한 평가를 내리게 되어 예비 설계에 유용하다.

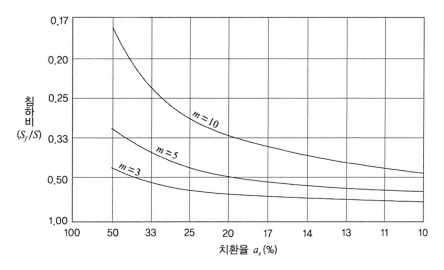

그림 9.4 치환율과 침하비의 관계(평형법)

9.3.3.2 β 법(체적변형계수에 의한 방법)

미개량 점성토 지반에 대한 침하량은 식 (9.13)에 의해 산정할 수 있으며, 응력저감효과를 고려한 복합지반의 침하량 산정식은 식 (9.14)와 같다.

$$S = m_v \cdot \Delta\sigma \cdot H \qquad (9.13)$$

$$S_f = m_v \cdot \mu_c \cdot \Delta\sigma \cdot H \qquad (9.14)$$

침하감소계수(β)는 다음과 같이 식 (9.13)과 식 (9.14)의 비로 나타낼 수 있다.

$$\beta = \frac{S_f}{S} = \frac{m_v \mu_c \Delta \sigma H}{m_v \Delta \sigma H} = \mu_c \tag{9.15}$$

여기서, S_f : 쇄석말뚝으로 개량된 지반의 침하량

　　　S : 무처리 지반의 최종침하량

β는 응력저감계수(μ_c)와 같으며, 다음과 같이 나타낼 수 있다.

$$\beta = \mu_c = \frac{1}{1 + (m-1)a_s} \tag{9.16}$$

9.3.3.3 Priebe 법(1976)

Priebe(1976)는 쇄석말뚝으로 개량된 지반의 침하 감소를 예측하기 위해서 등가단일원주 모형을 사용하였고, 쇄석말뚝은 소성평형상태에 있으며 등가유효원주 내의 흙은 탄성체로 가정하였다. Priebe의 제안식은 다음과 같다.

$$S_f = \frac{S}{n} \tag{9.17}$$

여기서, S : 무처리지반의 최종침하량$\left(= \frac{\sigma \cdot l}{E_c} \right)$

　　　n : 침하개량계수(factor of settlement improvement)

　　　σ : 작용하중

　　　l : 연약층 두께

　　　E_c : 연약점성토의 탄성계수

$$n = 1 + a_s \left(\frac{0.5 + F}{\tan^2(45 - \phi_s/2) \times F} - 1 \right) \tag{9.18}$$

$$F = \frac{1 - \mu^2}{1 - \mu - 2\mu^2} \times \frac{(1 - 2\mu)(1 - a_s)}{1 - 2\mu + a_s} \tag{9.19}$$

식 (9.19)에서 μ는 포아송비이다.

9.3.4 극한 지지력 산정

쇄석말뚝은 쇄석말뚝-주변 지반, 그리고 쇄석말뚝 간의 상호작용을 포함한 복잡한 쇄석말뚝 그룹의 특성, 즉 단말뚝과는 달리 인접한 말뚝에 의한 구속효과 및 변형억제 등의 현상으로 인하여 하부 기초지반의 하중분담효과와 함께 복합적인 거동 특성을 지니고 있다. 쇄석말뚝의 거동에 영향을 주는 요소는 주변 지반의 비배수 전단강도 및 방사방향 응력-변형특성, 시공초기 쇄석말뚝의 직경, 그리고 채움재의 응력-변형 특성과 내부 마찰각이며, 하중 작용으로 발생하는 압밀은 무시한다.

쇄석말뚝의 지지력을 얻는 방법에는 여러 식이 제안되어 있지만 제안식의 지지력은 차이가 있을 수 있어 중요 구조물인 경우 재하시험을 통한 설계지지력이 요구된다.

쇄석말뚝을 지지하는 측방구속응력 σ_3는 일반적으로 쇄석말뚝 팽창에 대한 주변 지반의 극한 수동 저항이다. 쇄석말뚝이 파괴상태로 가정되기 때문에 최대 수직응력(σ_1)은 쇄석말뚝의 수동토압계수(K_p)에 측방구속응력(σ_3)를 곱한 것과 같다고 할 수 있다.

$$\sigma_1/\sigma_3 = \frac{1+\sin\phi_s}{1-\sin\phi_s} \tag{9.20}$$

여기서, ϕ_s : 쇄석말뚝의 내부 마찰각

9.3.4.1 공동확장이론(Gibson & Anderson, 1961)

이것은 주변 지반에 의한 수동저항은 주변 지반의 극한 수동저항이 발휘될 때까지 대칭축에 대해 확장한 무한히 긴 원통으로 모형화할 수 있으며, 확장된 공동은 쇄석말뚝의 측방팽창과 유사하다고 생각하는 이론이다. Hughes and Withers(1974), Datye 등(1975) 그리고 Walleys 등(1981)은 이 접근을 이용해서 쇄석말뚝의 구속압을 구하였다.

$$\sigma_3 = \sigma_{ro} + c_u\left[1 + \ln\frac{E_c}{2c_u(1+\nu)}\right] \tag{9.21}$$

여기서, σ_3 : 최대 비배수 측방응력

$\quad\quad\quad \sigma_{ro}$: 현장 측방응력(초기)

E_c : 흙의 탄성계수

c_u : 비배수 전단강도

ν : 포아송비

식 (9.20)와 식 (9.21)을 조합하면, 쇄석말뚝의 극한 지지력(q_{ult})은 식 (9.22)과 같이 표현된다.

$$q_{ult} = \left\{ \sigma_{ro} + c_u \left[1 + \ln \frac{E}{2c_u(1+\nu)} \right] \right\} \left(\frac{1 + \sin\phi_s}{1 - \sin\phi_s} \right) \tag{9.22}$$

9.3.4.2 Hughes & Withers(1974)의 제안식

$$\sigma_v = \sigma_{rL} \left(\frac{1 + \sin\phi'}{1 - \sin\phi'} \right) \tag{9.23}$$

$$= \sigma_{rL} \cdot K_p$$

여기서, σ_v : 쇄석말뚝의 한계 축응력

$\qquad \sigma_{rL}$: 전 한계 방사응력

$\qquad \sigma_{rL} \fallingdotseq 4c_u + \sigma_{ro}' + u_o$

$\qquad c_u$: 비배수 전단강도

$\qquad \phi'$: 쇄석말뚝의 내부 마찰각

$\qquad \sigma_{ro}'$: 초기 유효방사응력

$\qquad u_0$: 초기 과잉간극수압

과잉간극수압이 쇄석말뚝으로 완전 배수된다고 가정하면, 과잉간극수압은 발생하지 않으므로($\Delta u \approx 0$), 식 (9.22)는 다음과 같이 된다.

$$\sigma_v = \left(\frac{1 + \sin\phi'}{1 - \sin\phi'} \right) (4c_u + \sigma_{ro}') \tag{9.24}$$

$$\sigma_{ro}' = K_o (\gamma \cdot h + p) \tag{9.25}$$

여기서, K_0 : 정지토압계수

γ : 원지반 점성토의 단위중량

h : 팽창파괴가 발생하는 깊이(보통 말뚝직경의 1~2배)

p : 상재하중

σ_{rL} 또는 c_u 값은 쇄석말뚝의 한계길이 범위 내에서 최솟값을 택한다. 여기서, 쇄석말뚝의 한계길이는 '팽창파괴와 선단파괴가 동시에 발생하는 최소 길이' 또는 '침하에 무관하게 극한 하중을 지지할 수 있는 쇄석말뚝의 최소 길이'로 정의된다.

이때 쇄석말뚝 측면을 따라 유발되는 연직전단응력이 흙의 평균 전단응력과 같다면 전단파괴가 발생할 수 있으며, 쇄석말뚝의 지지력은 주면마찰저항과 선단지지력의 합과 같다는 조건에 의해 한계길이를 계산할 수 있다.

$$P = \bar{c}A_s + cN_cA_c = \bar{c}(\pi DL_c) + cN_cA_c \tag{9.26}$$

$$\therefore \ L_c = \frac{A_c(\sigma_v - cN_c)}{\bar{c}\pi D} \tag{9.27}$$

여기서, P : 쇄석말뚝의 극한하중($= \sigma_v \times A_c$)

N_c : 지지력계수(긴 말뚝은 보통 9 사용)

A_s : 쇄석말뚝의 표면적(πDL_c)

L_c : 쇄석말뚝의 한계길이

A_c : 쇄석말뚝의 선단면적($\pi D^2/4$)

$\bar{c}$: 주면의 평균 점착력

c : 한계길이 아래의 점착력

9.3.4.3 Hansbo(1994)의 제안식

쇄석말뚝의 파괴 시 방사응력은 식 (9.28)과 같다.

$$\sigma_{rf} = \sigma_{ro} + c_u \left[1 + \ln \frac{E_c}{2c_u (1 + \nu_c)} \right]$$ (9.28)

여기서, E_c : 점토의 탄성계수

ν_c : 점토의 포아송비

점성토의 탄성계수는 보통 $150 \sim 500 c_u$ 의 범위이며, 비배수 상태에서 포아송비를 0.5로 가정하면, σ_{rf} 는 $(\sigma_{ro} + 5 c_u) \sim (\sigma_{ro} + 6 c_u)$ 의 범위가 된다. 대부분의 경우 파괴 시 방사응력은 $(\sigma_{ro} + 5 c_u)$ 로 가정할 수 있다. 따라서 쇄석말뚝의 한계축응력은 다음과 같다.

$$\sigma_v = (\sigma_{ro} + 5 c_u) \frac{1 + \sin \phi'}{1 - \sin \phi'}$$ (9.29)

여기서, σ_v : 쇄석말뚝의 한계축응력

ϕ' : 쇄석말뚝의 내부 마찰각

σ_{ro} : 수평상재압

9.3.4.4 기타 제안식(경험식)

쇄석말뚝의 극한 지지력 산정식은 여러 기관과 제안자에 의해 차이가 있으며, 식 (9.30)과 같다.

$$q_{ult} = N_c \cdot c_u$$ (9.30)

여기서, q_{ult} : 쇄석말뚝이 지지할 수 있는 극한응력

c_u : 점성토의 비배수 전단강도

N_c : 지지력계수

표 9.5 제안된 지지력계수

제안자 또는 기관	지지력계수(N_c)		비고
NAVFAC DM 7.3	25		안전율(보통 3.0)
Bergado & Lam(1987)	15~20		–
FHWA(1983)	18~22	18	강성이 작은 흙 (피트, 유기질토, 소성지수 30 이상의 매우 연약한 점토)
		22	초기 강성이 큰 흙(무기질의 연약부터 단단한 점토 및 실트)
Mitchell(1981)	25		진동치환공법
Datye(1982)	25~30		진동치환공법
	45~50		유각 쇄석말뚝공법
	40		무각 쇄석말뚝공법

| 참고문헌 |

이승련(1998), "진동 다짐 쇄석 말뚝의 적용성에 관한 연구", 산업대학원 석사학위논문, 한양대학교.

천병식, 최현식 & 이용한(2000), "Gravel Pile의 지지력 특성에 관한 연구", 대한토목학회 2000 학술발표회 논문집, pp.493~496.

Aboshi, H., Ichimoto, E., Enoki, M. & Harada, K.(1979), "The Compozer-a Method to Improve Characteristics of Soft Clays by Inclusion of Larger Diameter Sand Column", Proc. of International Conference on Soil Reinforcement, Paris, pp.211~216.

Bachus, R. C. & Barksdale, R. D.(1984), "The Behavior of Foundations Supported by Clay Stabilized by Stone Columns", Eighth European Conference on Coil Mechanics and Foundation Engineering, Helsinki, pp.199~204.

Barkdal, R. D. & Bachus, R. C.(1983), "Design and Construction of Stone Columns", Vol. 1, Report No. FHWA/RD-83/026, National Technical Imformation Service, Springfield, Verginia.

Bergado, D, T., Rantucci, G. & Widoo, S.(1984), "Full Scale Load Test of Granular Piles and Sand Drains in the Soft Bangkok Clay", In-situ Soil and Rock Reinforcement Conference, Paris, pp.11~118.

Bergado, D. T.(1992), "Ground Improvement Using Granular Piles", GEOTECH 92, Applied Ground Improvement Techniques, Improvement techniques of soft ground in subsiding and lowland environment, Chapter 3, pp.57~96.

Datye, K. R. & Nagaraju, S. S.(1977), "Behaviour of Foundations on Stone Column Treated Ground", Proceeding of the 9th International Conference on Soil Mechanics and Foundation Engineering, pp.467~470.

Datye, K. R. & Nagaraju, S. S.(1981), "Design Approach and Field Control for Stone Columns", Proceedings of the Tenth Internations Conference on Soil Mechanics and Foundation Engineering, pp.637~640.

Goughnour, R. R. & Bayuk, A. A.(1979), "A Field Study of Long-Term Settlements of Loads Supported by Stone Columns in Soft Ground", Proceedings, International Conf. on Soil Reinforcement : Reinforced Earth and Other Techniques, Vol.1, Paris, pp.279~286.

Greenwood, D. A.(1970), "Mechanical Improvement of Soils below Ground Surface", Proceedings, Ground Engineering Conf., Institution of Civil Engineering, June 11~12.

Greenwood, D. A. & Kirsch, K.(1984), "Specialist Ground Treatment by Vibratory and Dynamic Methods", State-of-the-Art Report, Piling and Ground Treatment, Thomas Telford Ltd, pp.17~45.

Hughes, J. M. O. & Withers, N. J.(1974), "Reinforcing of Soft Cohesive Soils with Stone Column", Ground Engineering, Vol. 7, No. 3, May, pp.42~49.

Mitchell, J. K. (1981), "State-of-the-Art Report on Soil Improvement", Tenth International Conference on Soil Mechanics and Foundation Engineering.

Munfakh, G. A. (1984), "Soil Reinforcement by Sone Columns-Varied Case Application.", Int. Conference on In-Situ Soil and Rock Reinforcement, pp.157~162.

Priebe, H. J. (1995), "The Design of Vibro-Replacement", Journal of Ground Engineering, December, pp.31~37.

Wallays, M., Dalapierre, J. & Van Den Poel, J. (1983), "Load Transfer Mechanism in Soil Reinforced by Stone or Sand Columns", Eighth European Conference on Soil Mechanics and Foundation Engineering, pp.313~317.

10
—
치환공법

10 치환공법

10.1 공법 개요

　치환공법은 연약층을 양질의 재료로 대체시켜 지반의 지지력을 증가시키고, 성토사면활동에 대한 전단저항력을 증가시키며, 연약층의 압밀침하량 감소 및 압밀시간을 단축시키고자하는 목적으로 사용된다. 시공방법에 따라 연약층을 굴착·제거하는 굴착치환공법, 연약층 내에 폭발을 야기하여 연약층을 제거하고 치환하는 폭파치환공법, 그리고 성토하중에 의해 연약층을 측방과 전방으로 밀어내고 치환하는 강제치환공법이 있다. 이 중 강제치환공법은 경제적측면에서 가장 우수한 공법에 해당되나(Weber, 1962), 치환깊이의 정확한 이론적 산정 기법이정립되어 있지 않고 치환 시 발생하는 융기와 측방유동, 그리고 치환층 주변 지반의 토질 특성변화 등을 파악하기 어렵다는 단점이 있다. 치환공법의 효과는 그림 10.1과 같이 양질의 재료로 치환된 부분이 사면활동에 대한 전단저항력을 개선시키는데 있으며, 치환에 의하여 연약층이 얇게 되어 압밀침하량이 감소하고 침하 종료까지의 시간이 짧아지는 효과가 있다.

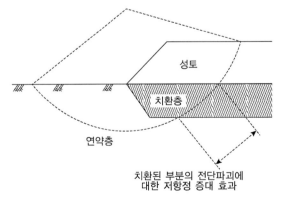

그림 10.1 치환공법의 효과

10.2 굴착치환공법

10.2.1 개 요

굴착치환은 연약층 전체를 굴착하여 치환할 경우 매우 만족할 만한 결과를 얻을 수 있지만 일정 깊이 이상으로 굴착하는 데 경제적인 부담이 커지고 시공상의 한계를 가지고 있다. 이 공법은 폭파치환공법, 강제치환공법에 비하여 효과면에서 가장 우수하지만 그 경제성을 고려하면 반드시 유리하다고는 할 수 없다. 굴착치환공법은 그 시공범위에 따라 다음과 같이 분류할 수 있다.

(1) 전체굴착 치환공법

이 공법은 연약층을 전부 제거하고, 양질의 재료로 치환하여 전단파괴나 침하를 완전히 방지하는 공법이다. 이 공법은 침하가 생겨서는 안 될 구조물, 예를 들어 성토 후 즉시 포장해야 할 도로나 연약층 두께가 2m 이하인 곳으로서 전체굴착을 시행해도 그다지 비경제적이지 않은 곳에서 이용한다.

(2) 부분굴착 치환공법

연약층의 깊이가 깊고, 경제적인 측면에서 전체굴착공법을 적용하는 것이 무리일 것 같은 곳에 부분굴착공법이 적용된다. 특히, 상부의 연약층이 하부의 연약층에 비하여 강도가 약해서 전단파괴가 발생한다거나 침하량이 크다고 추정되는 곳으로써 상부 연약층만 양질토로 치환하면 그 효과가 큰 곳에 적합한 공법이다. 또 전단파괴만이 문제가 되는 경우에는 그림 10.2와 같이 문제 부분만 치환하기도 한다.

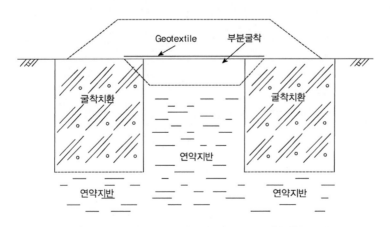

그림 10.2 제방 경사면 하부에 대한 부분굴착치환의 예

굴착치환공법에 적용되는 치환재료는 일반적으로 비점착성 흙이 사용되며, 굴착깊이와 폭이 적절히 설계된다면 매우 효과적으로 안정성을 확보할 수 있는 공법이다. 치환재료에는 이탄(peat), 나무뿌리나 점토가 함유되어 있어서는 곤란하며, 수면(수위) 아래에서의 치환재료는 마찰이 큰 사석이나 비습윤 재료를 사용한다. 가급적 굵은 사석이나 굵은 자갈을 함유한 파쇄석을 사용하여 점토층 바닥에 자리 잡게 한다. 일반적으로 고압축성 연약한 유기질토는 전부 굴착해야 하지만 층 전체의 굴착이 매우 곤란한 경우가 있다. 무리한 굴착은 측면이 함몰되어 붕괴될 수 있으며, 이러한 경우에는 굴착을 중지하고 연약층 위로 0.5m 이상의 치환재료로 조밀하게 다져 굴착사면의 안정성을 확보하는 것이 중요하다.

10.2.2 설계방법

굴착의 범위는 주로 연약점토 두께와 전단강도에 의해 지배되며, 제방 높이와 기울기, 치환재료의 성질 또한 굴착범위를 결정하는 데 중요한 변수로 작용한다. 스웨덴 국립도로 관리국(1991)은 그림 10.3과 같은 제체사면의 안정성 평가를 위하여 식 (10.1)과 같은 설계기준을 제시하였다.

$$1.7 \cdot P_a \leq P_{p1} \text{ 또는 } 1.7 \cdot P_a \leq P_{p2} + T \tag{10.1}$$

여기서, T: 굴착면 하부의 저항력($= \tau \cdot l$)

굴착폭 계산은 식 (10.1)을 만족하는 폭(l)으로 결정되며, 연약층 전체를 굴착할 경우의 경험적인 굴착폭 산정 방법은 다음과 같다.

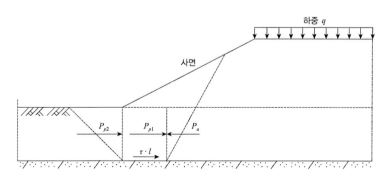

그림 10.3 활동지중응력과 수동지중응력의 비교

(1) 경험적인 방법 I

치환재료와 제방이 비점착 재료($\phi = 35°$)이고, 사면기울기가 $1:3$인 경우의 연약층 두께(D)에 따른 굴착폭(x) 산정 그래프는 그림 10.4와 같다.

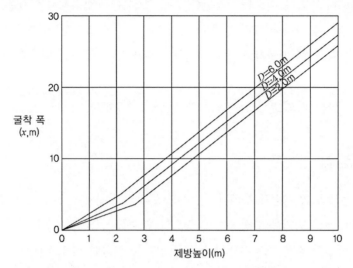

그림 10.4 연약층 두께와 제방높이를 이용한 굴착폭 산정($\phi = 35°$)

(2) 경험적인 방법 II

치환재료와 제방의 내부 마찰각이 $42°$인 파쇄석이고, 사면 기울기가 $1:1.5$, $1:2$인 경우의 연약층 두께(D)에 따른 굴착폭(x) 산정 그래프는 그림 10.5와 같다.

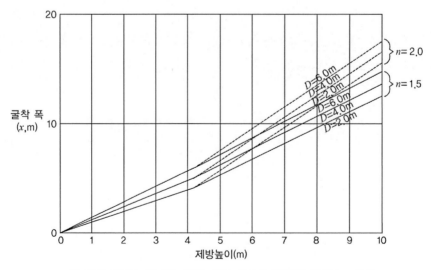

그림 10.5 연약층 두께와 제방높이를 이용한 굴착폭 산정($\phi = 42°$)

10.2.3 굴착장비

굴착치환공법이 적용되는 연약지반은 지지력이 충분치 않기 때문에 시공장비를 선택하는데 신중한 고려가 필요하다. 일반적으로 굴착치환공법에 사용되는 장비로는 드래그라인, 크램셸이 있는데 매립지나 수중시공에서는 준설선이 사용된다.

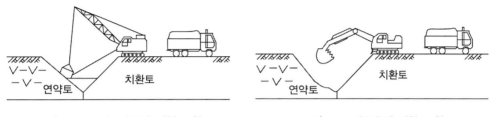

그림 10.6 드래그라인에 의한 굴착   그림 10.7 백호우에 의한 굴착

10.2.4 공법의 한계

굴착장비를 적용할 수 있는 작업한계가 5~6m 정도이므로 그 이상 깊은 곳은 일반적으로 굴착을 할 수 없으며, 굴착깊이가 깊어질수록 비경제적인 공법이다. 또한 지하수위보다 낮은 곳을 굴착할 때는 치환재료의 다짐이 어려우므로 다짐이 필요한 재료로 치환할 경우에는 충분한 고찰이 필요하다.

10.3 폭파치환공법

10.3.1 개 요

폭파치환공법은 폭발에 의하여 연약층을 제거하고 양질토로 치환하는 공법으로 일반적으로 강제치환공법을 용이하게 시공하기 위해서 적용되고 있다. 이 공법은 미국에서 1930년경부터 이용되는 공법으로 최근에는 네덜란드, 독일 등에서 이탄(peat) 지반상의 도로건설에 이용되고 있다.

10.3.2 폭파치환공법의 분류

폭파치환공법은 폭약 에너지의 활용방법에 따라 다음과 같이 분류할 수 있다.

- 폭파에너지만을 이용하여 연약층을 제거하는 방법
- 성토에 의한 하중을 폭파에너지와 같이 이용하여 성토 하부의 연약층을 주위로 이동시키는 방법

이 방법들은 그 시공규모, 토질 또는 지하수위 등에 의해서 그 적용이 다르나 폭파에너지를 유용하게 사용하려면 후자의 방법을 사용하는 것이 유리하다. 또 폭파치환공법은 폭파방법에 의하여 다음과 같이 분류된다.

(1) 트렌치슈팅공법(trench shooting method)

이 공법은 이탄(peat)층의 두께가 6m를 넘지 않는 경우에 적용하며, 성토가 진행되는 선단에서 폭파시켜 이 폭파에 의하여 생긴 공간을 성토해 나가는 방법이다. 성토진행을 효과적으로 하기 위해서는 그림 10.8과 같이 성토선단 부분에 여성토를 하고, 폭파에너지를 이용하여 이 여성토가 전방에 움푹 파인 곳으로 유동하도록 방치하면 더 효과가 있다.

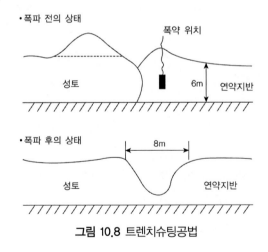

그림 10.8 트렌치슈팅공법

(2) 릴리프슈팅공법(relief shooting method)

이 공법은 그림 10.9와 같이 연약토층 위에 성토를 하고 그 성토 양측의 연약토층 밑에 폭약

을 장전, 폭파하여 도랑을 만들어서 성토를 양쪽으로 확폭하는 방법이다. 성토체를 완전히 안정시키기 위해서는 성토를 지지층에 도달시킬 필요가 있다. 1회뿐인 폭파로는 효과가 없고, 성토고를 높여가면서 반복적인 시공이 필요하다.

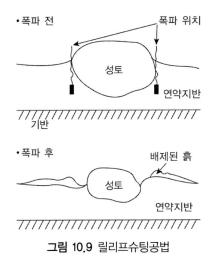

그림 10.9 릴리프슈팅공법

(3) 토우슈팅공법(toe shooting method)

이 공법은 그림 10.10과 같이 연약토층의 치환선단부 속에 폭약을 장전하고 폭파시켜 연약토를 제거하는 공법이다. 이 방법은 연약토층이 3~5m 정도로 비교적 얇을 때 가장 효과적이다. 또 이 공법은 성토의 횡단폭이 10m 이상인 광범위한 경우에 효과적이다.

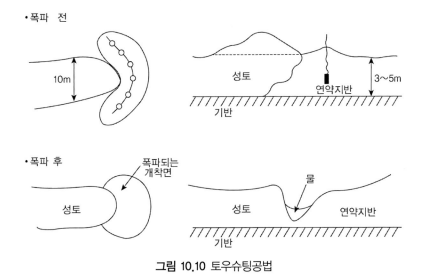

그림 10.10 토우슈팅공법

(4) 토페도슈팅공법(torpedo shooting method)

이 공법은 토우슈팅공법과 유사하나, 연약층의 두께가 15m 정도 깊이인 경우에 가장 효과적인 공법이다. 이 공법은 그림 10.11처럼 성토부 선단면 연약토층 속으로 다량의 폭약을 분산장약하여, 일시에 폭파시킴으로써 다량의 연약토를 제거하고 치환하는 공법이다. 이 경우에도 성토 선단에 여성토를 해놓고 폭파진동에 의하여 개착부분으로 밀어 떨어뜨리는 방법을 병행하면 더욱 효과적이다.

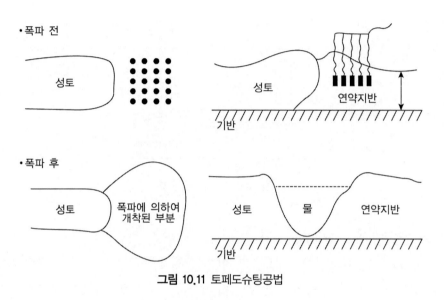

그림 10.11 토페도슈팅공법

(5) 성토하부 폭파공법(under shooting method)

이 공법은 폭이 넓은 성토 밑의 깊은 연약토층을 치환하는 경우에 이용되는 방법이다. 이 방법은 그림 10.12처럼 성토 밑에 케이싱 파이프를 타입하고, 케이싱 파이프를 통해 폭약을 장전하여 폭파하는 방법이다. 일반적으로 이 케이싱 파이프는 폭약장전 후에 제거한다. 깊은 연약토층에서 성토재료를 지지기반에 이르게 하기 위해서는 반복하여 폭파할 필요가 있고, 1회의 폭파로 30~100cm 정도의 침하를 일으킨다.

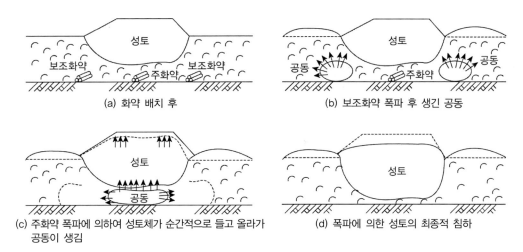

(a) 화약 배치 후

(b) 보조화약 폭파 후 생긴 공동

(c) 주화약 폭파에 의하여 성토체가 순간적으로 들고 올라가 공동이 생김

(d) 폭파에 의한 성토의 최종적 침하

그림 10.12 성토하부 폭파공법

10.4 강제치환공법

10.4.1 개 요

강제치환공법이란 그림 10.13과 같이 양질의 재료를 지표면에 과대하게 재하시켜 제방을 축조하는 공법으로 과대한 하중에 의해 연속적인 전단파괴를 유도하여 연약점토를 압축시키고 치환시키는 공법이다. 이 공법은 연약층의 두께가 비교적 얇은 경우에는 매우 효과적이고, 공사의 종류 및 목적에 따라서 연약층의 두께가 상당히 두꺼운 지반에서도 효과적이고 경제적인 공법으로 채택할 수 있다. 이 공법은 연장이 긴 제방과 하부지반이 매우 연약하고 굴착이 곤란한 지반에서 효과적인 공법이지만, 주변 지반의 변형 및 융기가 많이 발생하기 때문에 이에 대한 영향이 크지 않은 지역에서만 적용이 가능하다. 강제치환공법은 미국, 캐나다, 스칸디나비아에서 과거부터 주로 사용된 공법으로 각 나라별 연구결과를 보았을 때 대규모 축조시 사석치환을 적절히 적용하였을 때 매우 좋은 결과를 얻었다.

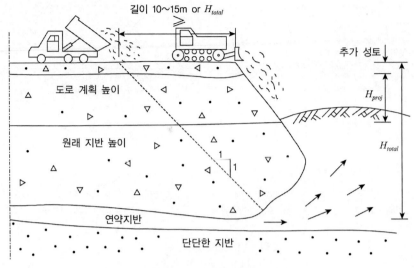

길이 10~15m or H_{total}

추가 성토

도로 계획 높이

H_{proj}

원래 지반 높이

H_{total}

연약지반

단단한 지반

그림 10.13 강제치환공법 개요

10.4.2 연약지반의 파괴이론 및 성토계획

성토사면의 안정해석은 일반적으로 그림 10.14와 같은 원호활동에 대하여 절편법을 이용하여 검토하며, Fellinius 법에 의한 안전율은 식 (10.2)로 나타낼 수 있다.

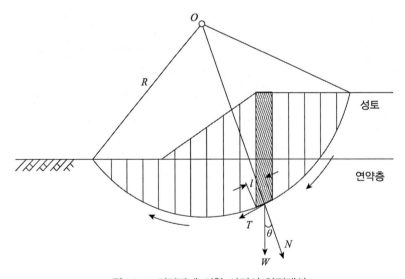

그림 10.14 절편법에 의한 사면의 안정해석

$$F_s = \frac{\sum \tau \cdot l}{\sum W \cdot \sin\theta} \tag{10.2}$$

여기서, F_s : 안전율, l : n번째 절편 폭

W : 절편 무게

θ : 파괴면에 대한 수직선과 연직선이 이루는 각

τ : 전단강도

성토사면이 파괴되지 않는 조건은 위 식에서의 안전율이 1 이하로 떨어지지 않도록 성토하는 것으로 일반적으로 여유를 고려하여 1.25~1.5 정도로 한다. 그러나 강제치환공법은 이와 반대로 의도적으로 안전율을 1 이하가 되도록 성토를 하고, 지반의 전단파괴를 일으켜서 양질의 성토재료로 치환한다. 즉, 지반의 극한 지지력 이상의 성토하중을 가하여 성토제체를 연약층 하부로 밀어 넣고 주위 지반을 융기시키는 공법이다. 강제치환공법에 대한 설계는 이론적, 정량적으로 취급하기 곤란하므로 과거의 시공사례나 경험을 참고로 하여 개략적인 목표를 세워 착공하는 경우가 많으므로 계획내용이 시공상황에 따라서 변할 것을 항상 생각해두어야 한다. 물론 시공 전에는 토질조사를 하여 지반의 지층구성 및 토질 특성을 충분히 확인하고, 치환깊이 및 형상과 성토 예정 물량 등을 계획할 필요가 있으나, 실제의 시공에서는 연약층의 융기 및 치환깊이 등이 토질, 입지조건, 시공속도에 따라 다르므로 시공 중에도 수시로 조사를 실시하여 치환된 실태를 파악하면서 공사를 진행하는 것이 중요하다.

10.4.3 공법의 한계

강제치환공법은 연약층 두께가 얇고 지반이 매우 연약할 경우는 거의 완벽한 치환이 가능한 경우도 있지만, 일반적으로 하부에 연약층을 불규칙한 기복으로 남기기 쉽기 때문에 장래에 부등침하를 유발할 가능성이 크다. 이 공법의 적용에는 대상 구조물의 중요성을 충분히 고려해서 선택해야 한다. 또한 강제치환공법은 시공 중에 주변 지반에 과도한 변형을 유발시키기 때문에 인접구조물에 대한 영향을 충분히 고찰하여야 한다. 그 밖에 설계에 영향을 미치는 인자에 대한 고찰로서 적당한 재료의 이용(예를 들어 파쇄석), 건설에 요구되는 시간, 장기간에 걸친 변형에 따른 유지관리 비용 등이 있다. 이 공법은 가능하면 높이가 높은 제방에 적용하는 것이 효과적이다. 낮은 높이의 제방일 경우보다 경제적이고 효율적인 다른 공법을 선택하는

것이 좋다. 일반적으로 치환재료가 단단한 기반층에 이르지 못하므로 압축성흙이 치환재료 아래 부분에 남아 있게 된다. 이 층은 오랜 시간 동안 압밀이 진행되어 그 두께가 매우 얇아지게 된다. 강제치환공법은 선행재하공법과 병행되어야 하므로 최소한 4~6년 정도는 방치해야 하고 치환되는 동안의 침하측정이 지속적으로 이루어져야 한다.

10.4.4 치환깊이 산정의 메커니즘

강제치환 깊이는 일반적으로 성토하중(P)과 지반의 극한 지지력(Q_{ult})이 일치하는 위치로 산정한다. 즉, 어떤 깊이에서의 작용하중(P)과 그 지점에서의 극한 지지력(Q_{ult})이 같을 때의 깊이를 구하면 강제치환이 발생되는 최대 심도로 가정할 수 있다.

$$P = Q_{ult} \tag{10.3}$$

여기서 임의의 깊이에서의 작용하중(P)은 Osterberg 도표(1957), Newmark 해법(1935) 및 유한요소 해석 등을 이용하여 산정할 수 있다. 만일, Boussinesq의 연직하중 근사법을 적용하면 P는 식 (10.4)와 같이 표현되고, 지반의 극한 지지력(Q_{ult})은 여러 제안자에 따라 다음 절에 보인 바와 같다.

$$P = (H - h_w)\gamma_t + h_w\gamma_{sub} + D_z\gamma_{sub} \tag{10.4}$$

이때, 지반의 전단강도는 식 (10.5)와 같이 표현되며,

$$\tau = c + \sigma'\tan\phi \tag{10.5}$$

여기서 점성토 지반의 경우는 $\phi \approx 0$이라 할 수 있으므로, 근사적으로 $\tau \approx c$로 쓸 수 있다. 그리고 연약점성토 지반의 점착력은 깊이에 따라 α의 비로 증가하므로 식 (10.6)과 같이 나타낼 수 있다.

$$c = c_0 + \alpha D_z \tag{10.6}$$

따라서 기존의 제안식에서 점착력 c의 값은 식 (10.6)을 이용하여 깊이에 따른 점착력 증가 기울기의 항으로 보정해주어야 한다.

지금까지 강제치환깊이에 대한 경험식으로 국내외에서 여러 가지 공식이 제안되어 사용되고 있으나, 여기서는 국외에서 개발된 공식만 소개하기로 한다. 각 제안공식에 사용되는 기호에 대한 설명은 그림 10.15와 같다.

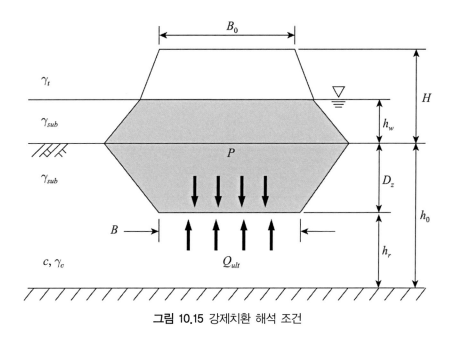

그림 10.15 강제치환 해석 조건

여기서, H : 축조고, h_w : 수심

h_0 : 연약층두께, h_r : 치환 후 잔류심도

D_z : 치환깊이, B_0 : 제체의 상부폭

B : 치환층 하부폭

γ_t : 제체의 전체단위중량(사석의 경우 일반적으로 $1.8 \sim 2.0 \text{t/m}^3$)

γ_{sub} : 제체의 수중단위중량(사석의 경우 일반적으로 1.0t/m^3)

γ : 원지반 전체단위중량

γ_{sub} : 원지반 수중단위중량

c : 원지반 점착력

(1) Terzaghi and Peck(1948)의 공식

Terzaghi는 연약점성토지반의 극한 지지력을 다음과 같이 제시하였다.

$$q_{ult} = c \cdot N_c + \gamma \cdot D_z \tag{10.7}$$

여기서, N_c : 지지력계수

또한 Terzaghi는 점성토 지반에 대한 N_c를 5.7로 제시하였으며, 다른 연구자들이 제시한 지지력계수의 범위는 표 10.1과 같다.

표 10.1 지지력 계수 N_c의 제안된 값

기준	값
구조물 기초설계 기준	$N_c = 5.3$
Prandtl	$N_c = 5.14$
Terzaghi	$N_c = 5.7$
Fellenius	$N_c = 5.52$
Meyerhof and Hansen	$N_c = 5.14$

기초 폭에 비하여 두께가 얇은 연약지반일 경우 지반 지지력이 증가된다. 이러한 효과를 고려하기 위하여, Mandel and Salencon(1972)은 제체폭과 연약층 두께비(B/h_r)를 고려하여 N_c를 산정하는 식을 다음과 같이 제안하였다.

$$N_c = (\pi + 2) + 0.47 \left(\frac{B}{h_r} - 1.48 \right) \geq 5.14 \tag{10.8}$$

이때, $P = Q_{ult}$로 놓고, 점착력 증가율을 고려하여 D_z에 대하여 유도하면,

① 제체의 수위를 고려할 때

$$D_z = \frac{(H-h_w) \cdot \gamma_t + h_w \cdot \gamma_{sub} - N_c \cdot c_0}{\alpha \cdot N_c + \gamma'_c - \gamma_{sub}}$$

(10.9)

② 제체의 수위를 고려하지 않을 때

$$D_z = \frac{H \cdot \gamma_t - N_c \cdot c_0}{\alpha \cdot N_c + \gamma_c - \gamma_{sub}}$$

(10.10)

(2) Timoshenko and Goodier(1951)의 공식

Timoshenko and Goodier(1951)은 연약층의 깊이가 반무한인 경우 치환깊이를 다음과 같이 정의하였다.

$$D_z = \frac{\gamma_t H - q_a}{\frac{7}{6}\gamma'_c - \gamma_{sub}}$$

(10.11)

이때, 허용 지지력 $q_a = Q_{ult}/F_s$와 점착력 증가율을 고려하면,

$$q_a = \frac{Q_{ult}}{F_s} = \frac{(c + \alpha\, D_z)\, N_c + \gamma\, D_z}{F_s}$$

(10.12)

식 (10.11)과 식 (10.12)를 이용하여 D_z에 대해 정리하면,

① 제체의 수위를 고려할 때

$$D_z = \frac{F_s \gamma_t (H - h_w) + h_w \gamma_{sub}}{(1 + c_0) F_s \left\{ \frac{7}{6}\gamma_t - \gamma_{sub} \right\} + \alpha N_c + \gamma'_c}$$

(10.13)

② 제체의 수위를 고려하지 않을 때

$$D_z = \frac{F_s \gamma_t H}{(1+c_0)F_s \left\{ \frac{7}{6}\gamma_t - \gamma_{sub} \right\} + \alpha N_c + \gamma'_c}$$　　　　　　　　(10.14)

(3) Badiou(1953)의 제안

Badiou(1953)는 $w \simeq 90\%$와 $w_l \simeq 95\%$ 정도에 해당하는 지역에 대한 연구 결과 성토하중과 잔류치환깊이 사이에 그림 10.16과 같은 관계가 있다고 제시하였다. 이 그림에서 연약층 깊이별 제체 축조고에 따른 치환 후 잔류량을 대략적으로 파악할 수 있으나, 특정 지역에 대해서만 적용성을 갖는 한계점이 있다.

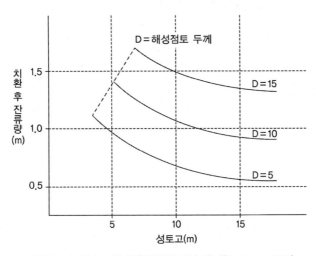

그림 10.16 성토고와 치환잔류량과의 관계(Badiou, 1953)

(4) Fellenius(1964)의 공식

Fellenius(1964)는 등분포하중이 작용하는 연약지반의 치환깊이를 산정할 때 제체의 상단 폭(B_0)보다 치환층의 저부폭(B)이 다소 크게 발생한다는 사실을 고려하여, 식 (10.15)와 식 (10.16)의 경험식을 제시하였다.

$$B = \frac{(\gamma_t H + q_0)B_0}{q_a}$$　　　　　　　　(10.15)

$$D_z = \frac{\sqrt{3}}{2}(B - B_0) \tag{10.16}$$

식 (10.14)에서 일반적으로 $q_0 = 0$이라 가정하고, $q_a = Q_{ult}/F_s$와 Terzaghi의 극한 지지력 공식 $Q_{ult} = cN_c + \gamma D_z$을 도입하는 경우, q_a내에 D_z를 포함하는 형태가 된다. 식 (10.15)를 B에 대해 정리하고, 이를 식 (10.16)에 대입하여 다시 D_z에 대해 정리하면,

$$AD_z^2 + BD_z + C = 0 \tag{10.17}$$

이 경우 각각의 계수값을 구하면,

① 제체가 수위의 영향을 받을 때

$$A = \frac{2}{\sqrt{3}}(\alpha_1 N_c + \gamma) \tag{10.18}$$

$$B = B_0(\alpha_1 N_c + \gamma) + \frac{2}{\sqrt{3}}c_0 N_c$$

$$C = B_0[c_0 N_c - F_s\{(H - h_w)\gamma_t + h_w\gamma_{sub}\}]$$

② 제체가 수위의 영향을 받지 않을 경우

$$C = B_0[c_0 N_c - F_s(H \cdot \gamma_t)] \tag{10.19}$$

(5) Yasuhara and Tsukamoto(1982)의 공식

Yasuhara and Tsukamoto(1982)는 점성토 지반의 허용 지지력을 경험적으로 다음과 같이 제시하였다. 이 식은 Terzaghi가 제안한 점성토 지반의 지지력계수 $N_c \simeq 5.7$ 대신 $N_c \simeq 5.3$ 을 사용하고 있음을 알 수 있다.

$$\gamma_t H + \gamma_{sub} D_z = \gamma D_z + \gamma_{용기부}\frac{D_z}{6} + 5.3c \tag{10.20}$$

① 이 식을 이용하여 제안한 치환깊이 산정식

$$D_z = \frac{\gamma_t H - 5.3c}{\frac{7}{6}\gamma - \gamma_{sub}}$$

(10.21)

② 제체의 수위를 고려할 경우

$$D_z = \frac{(H - h_w)\gamma_t + h_w \gamma_{sub} - 5.3c_0}{\frac{7}{6}\gamma_c - \gamma_{sub} + 5.3\alpha}$$

(10.22)

③ 제체의 수위를 고려하지 않을 경우

$$D_z = \frac{H\gamma_t - 5.3c_0}{\frac{7}{6}\gamma_c - \gamma_{sub} + 5.3\alpha}$$

(10.23)

(6) 수치해석에 의한 방법

앞서 제시된 이론식들은 힘의 평형조건만을 고려하여 치환깊이를 산정하므로 치환형상 등을 파악할 수 없다. 이러한 단점을 보완하기 위하여 유한차분법 및 유한요소법 등과 같이 지반 거동을 비교적 정확하게 모사할 수 있는 수치해석법을 이용할 수 있다. 수치해석법은 지반의 응력-변형률 거동을 재현하여 치환깊이 및 치환형상 등을 보다 현실적으로 파악할 수 있는 장점이 있다.

| 참고문헌 |

신현영(1999), 강제치환 심도산정에 영향을 미치는 인자에 관한 연구, 중앙대학교, 석사학위 논문.

이승원 외(2000), "원심모형시험을 통한 연약지반의 강제치환거동 연구", 한국지반공학회, 제16권, 제6호, pp.141~151.

한양대학교 부속 산업과학연구소(1991), '토공구조물에 의한 연약점토 지반의변형 해석에 관한 연구 (II)', 농어촌진흥공사/농어촌연구원 연구보고서.

한국지반공학회(2004), "준설매립", 지반공학 시리즈 10, pp.512~517.

Newmark, N.M.(1935), "Simplified Computation of Vertical Pressure in Elastic Foundation", Circular 24, University of Illinois Engineering Experiment Station, Urbana, IL.

Mandel, J. and Salencon, J.(1972), "Force portante d'un sol sur une assise rigide (Etude Theorique)", Geotechnique, 22(1), pp.79~93

Osterberg, J. O.(1957), "Influence Values for Vertical Stresses in a SemiInfinite Mass Due to an Embankment Loading," Proc., Fourth Intern. Conf. on Soil Mech. and Found. Engr., Vol. 1, pp.393~394.

Perloff, W. H. and Baron, W.(1976), Soil Mechanics-Principles and Applications, The Ronard Press Company, New York.

Terzaghi, K. and Peck, R.B.(1948), Soil Mechanics in Engineering Practice, New York, John Wiley & Sons.

Terzaghi. K.(1943), Theoretical Soil Mechanics, John Wiley and Sons, pp.256~296.

Timoshenko S.P. and Goodier J.N.(1951), Theory of Elasticity, McGraw-Hill, New York.

Weber, W.G.(1962), "Construction of a Fill by a Mud Displacement Method", Highway Research Board Proceedings, Vol 41, pp.591~610.

Yashuhara, K. and Tsukamoto, Y.(1982), "A Rapid Banking Method Using the Resinous Mesh on Soft Reclaimed Land", 2nd International Conference on Geotextiles, Las Vegas, USA.

11
—
보강토공법

11 보강토공법

11.1 공법 개요

어느 정도의 다짐과 입도분포를 가진 흙은 압축과 전단에는 강한 반면 인장에는 약한 단점을 가지고 있다. 따라서 이런 흙에 인장에 강한 보강재를 삽입하면 선형적이고 높은 인장계수를 가진 보강토라는 새로운 재료를 얻을 수 있다. 보강토는 점성적 거동 및 휨성을 가지며, 파괴 없이 약간의 변형을 허용하여 옹벽, 교대, 제방, 저장탱크, 경사진 사면(30~40m 이하 높이) 등에 적용 가능하다.

일반적으로 보강토공법은 보강띠를 설치하고 뒤채움 지반을 다져서 일정한 높이로 성토하며 그 위에 다시 보강띠를 설치하는 작업을 반복 수행하여 일정한 규모의 지지구조물, 즉 보강토옹벽을 축조하는 공법이다. 이 공법은 구속압력이 존재하는 흙에서 더욱 명백하게 나타나며, 보강재는 흙덩이(soil mass)가 파괴되는 것을 방지하는 역할도 하며, 공학적인 뒤채움 재료나 보강재로 사용될 뿐만 아니라 구조물 표면의 부식을 방지하거나 미학적인 요소가 가미된 마감재료로도 사용된다. 인장 파괴나 인발(pull-out)에 의한 파괴에 저항되는 보강재를 설계하는 것을 원칙으로 한다.

11.2 공법 설계이론

50년대 말 프랑스의 건축가이자 공학자인 Henri Vidal이 흙 속에 있는 보강재의 마찰효과를 조사하여 보강토(reinforced earth)로 알려진 새로운 토목재료를 탄생시키고 세계 각국으로부터 특허권을 획득하였다. 1976년 미국의 펜실베니아주 Lehigh 대학에서 개최된 'New Horizons in Materials' 국제 학술회의에서 많은 논문이 발표된 후 세계 각지에 수십만 개의 보강토 구조물이 현재까지 축조되었다. 국내에서는 1979년부터 시험 시공을 시작하였으며, 수많은 시공실적이 있다.

그러나 이 공법은 실제적으로는 국내외에서 아주 오래전부터 사용되어 왔다. 역사적으로 가장 오래된 현존하는 보강토 구조물은 약 3000년 전에 건설된 Agar Quf 신전이며, 0.5~2m 간격마다 갈대로 엮은 매트를 흙 사이에 깔아 시공했다고 한다. 또한 기원전 200년경에 건설된 고비사막 지역의 만리장성은 다른 지역의 돌로 축조된 성과는 달리 그림 11.1과 같이 갈대를 이용한 보강토공법으로 시공되었다고 한다. 우리나라에서는 아주 오래전부터 흙담을 시공할 때 점토에 볏짚을 섞어서 사용하였으며 이것은 보강토공법으로 볼 수 있다. 5세기에 축조된 풍납리 토성의 남벽과 삼국시대에 건설된 왕궁리토성, 목천토성 등 수많은 토성은 판축법으로 시공되었는데, 흙을 단순히 쌓아 올리는 것이 아니고 일정한 두께로 흙을 펴서 다진 다음 다시 쌓아 올리는 판축법을 사용하였으며, 이 축조공법은 보강토공법의 일종이다.

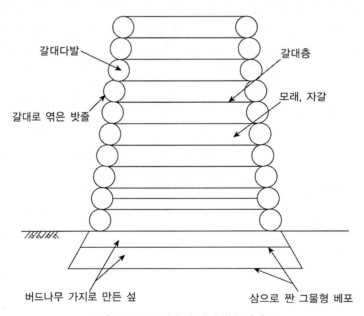

그림 11.1 중국 감숙성 만리장성 단면도

11.2.1 기본 개념

과일을 상자 안에 담을 때 각 층 사이에 신문지 또는 스티로폼 등을 끼워넣는다. 이것은 과일이 상하지 않게 하지 위한 목적도 있지만 옆으로 무너지지 않도록 하는 목적이다. 만약 신문지나 스티로폼이 없다면 과일은 쉽게 무너질 것이다. 이러한 현상으로 보강토공법의 원리를 설명할 수 있다. 즉, 과일은 흙입자이며 신문지는 흙의 수평이동을 제어하는 보강재이다. 흙입자 사이에 얇은 판상의 연속체를 삽입하면 흙입자와 연속체 사이의 마찰력에 의해 흙입자의 횡방향 이동이 억제되며 더 큰 하중을 받을 수 있다.

Vidal은 연구결과 입상토(granular soil)가 인장력을 가진 표면이 거친 재료와 결합하면 순수한 흙일 때보다 훨씬 큰 강도를 발휘한다는 것을 알았다. 보강토의 강도증가 개념은 일반적으로 두 가지 방법으로 설명한다. 첫 번째는 구속응력 증가 개념이고, 두 번째는 비등방성 점착력 발생 개념이다.

구속응력 증가 개념은 다음과 같다. 그림 11.2에서 왼쪽에 있는 작은 실선 원은 구속응력 $\sigma_3{}'$의 비보강토를 나타낸다. 이런 흙에 보강재가 삽입되면 보강재와 흙 사이에 발생하는 마찰력에 의해 측압에 새로운 구속응력이 더 가해져서 $\sigma_3{}' + \varDelta\sigma_3{}'$로 구속응력이 증가하게 되고 이에 따라 파괴 시 응력은 $(\sigma_1{}')_r$로 커지게 된다는 개념이다. 비등방성 점착력 발생 개념은 흙의 강도가 증가하는 이유는 수평으로 설치된 보강재에 의하여 그림 11.3과 같이 흙에 비등방성 점착력이 발생하기 때문이라고 생각한다.

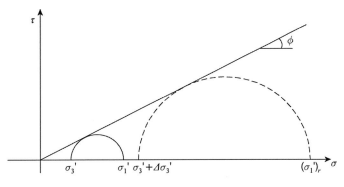

그림 11.2 구속응력 증가 개념

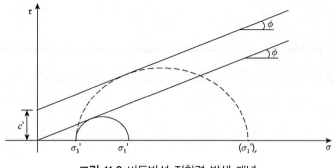

그림 11.3 비등방성 점착력 발생 개념

두 가지 개념 모두 흙과 보강재 사이에 발생하는 마찰력이 강도 증가의 원인으로 본다. 보강토에서 강도 증가의 원인이 되는 마찰력을 겉보기 마찰계수(f^*)라고 하는데, f^*에 영향을 미치는 요소로는 뒤채움 흙의 밀도, 보강재 표면 거칠기, 토피하중 등을 들 수 있다. 뒤채움 흙의 밀도가 클수록 보강재 표면이 거칠수록 f^* 값은 커지며, 토피하중은 커질수록 보강재 부근 흙의 팽창이 억제되어 f^* 값은 오히려 감소한다.

11.2.2 응력전달 기구

보강토의 역학적 거동개념은 주 변형률이 발생하는 방향과 평행하게 보강재를 포설하여 흙의 인장 저항력을 증가시키는 방법으로 흙의 공학적 특성을 개선하는 것이다. 보강토의 인장특성은 흙과 보강재의 상호작용에 좌우된다. 흙과 보강재의 상호작용에서 흙과 보강재 사이의 응력 전달은 보강재를 따라서 연속적으로 이루어지고, 보강재에 의한 보강효과는 국부적이 아니라 전 토체에 고르게 나타난다.

흙과 보강재 사이의 응력전달은 보강재의 형상에 따라 마찰저항과 수동저항에 의해 이루어진다. 마찰저항은 흙과 보강재의 접촉면에서 상대변위가 발생함으로써 발현되며, 금속성 띠, 격자 보강재의 길이 방향 요소, 지오텍스타일 및 지오그리드 등이 마찰저항에 의해 주된 보강효과를 나타낸다. 수동저항은 보강토체에 변위가 발생할 경우 보강재의 구성요소 중 변위가 발생하는 방향에 직각 방향으로 배열된 요소에 의해 발현된다. 지오그리드 또는 강격자 형태의 보강재에서 수동저항이 매우 중요하다. 이러한 응력전달 기구(stress transfer mechanism)인 마찰저항과 수동저항은 보강재의 형태 및 표면의 거칠기, 작용하는 연직응력, 격자의 크기, 신장률 등에 따라 좌우되며, 주변 흙의 입도분포, 입자형상, 단위중량, 함수비, 점착력 및 강성 등에도 영향을 받는다.

표 11.1 보강재 종류에 따른 응력전달기구

보강재 종류	응력전달기구	보강재 종류	응력전달기구
비신장성띠 (매끄러운면)	마찰저항	강봉매트	수동저항+마찰저항
비신장성띠 (굴곡면)	마찰저항	강격자	수동저항+마찰저항
신장성 프라스틱 띠	마찰저항	지오그리드	수동저항+마찰저항
지오텍스타일	마찰저항	직조망	수동저항+마찰저항

11.2.3 흙과 보강재의 상호작용

흙과 보강재의 상호작용 정도는 인발저항계수(pullout capacity coefficient)와 직접전단계수(direct shear capacity coefficient)에 의해 나타낸다.

(1) 인발저항계수

보강토 구조물의 설계를 위해서는 인발저항력(pullout capacity), 허용변위(allowable displacement), 장기변위(long term displacement) 등을 고려하여 보강재의 인발 저항력을 평가해야 한다.

① 인발저항력(pullout capacity)

보강재의 인발저항력은 보강재에 작용하는 설계인장력에 충분히 견뎌야 한다. 보강재의 인발저항력은 보강재를 보강토체로부터 인발 시키는데 요구되는 최대 인발하중으로 정의되며, 보강재의 단위 폭당 인발저항력은 다음 식 (11.1)과 같이 나타난다.

$$P_r = F^* \cdot \alpha \cdot \sigma_n' \cdot L_e \cdot C \tag{11.1}$$

여기서, L_e : 파괴면 후방의 저항 영역에서의 정착길이

C : 보강재의 유효단위 원주길이

F^* : 인발저항계수

α : 치수보정계수(비신장성 보강재 : 1.0, 신장성 : 0.6)

σ_n' : 흙-보강재 경계면에서의 유효연직응력

인발저항계수 F^*는 실내 인발시험을 수행하여 결정해야 하나, 다음과 같은 이론식으로 결정할 수 있다.

$$F^* = F_q \cdot \alpha_\beta + \tan\rho \tag{11.2}$$

여기서, F_q : 지지력계수(bearing capacity factor)

α_β : 수동저항계수

ρ : 흙-보강재 마찰각

② 허용변위(allowable displacement)

보강재의 설계인장력을 유발하는 데 요구되는 흙과 보강재의 상대 변위는 허용변위보다 작아야 한다.

③ 장기변위(long term displacement)

보강재의 인발하중은 보강재의 임계 크리프 하중보다 작아야 한다.

보강재의 인발저항은 마찰저항이나 수동저항같은 흙-보강재의 상호작용 기구를 통해 발휘되며, 흙-보강재의 상대변위의 크기는 응력전달 기구, 보강재의 신장성, 흙의 종류와 구속압 등에 영향을 받는다.

(2) 직접전단계수

보강토에서 보강재와 뒤채움 흙 접촉면에서의 마찰각은 흙의 내부 마찰각보다 작으므로 보강재의 표면은 수평 활동면으로서 작용할 가능성이 있다. 따라서 내적 안정성 검토 시에는 보강재 표면을 따라 발생하는 보강토체의 직접전단 파괴 가능성에 대해 검토해야 한다. 보강재와 흙 사이의 전단 저항 정도는 식 (11.3)에 의해 직접전단계수로 표현된다.

$$C_{ds} = \frac{R_{ds}}{L\sigma_n{'}\tan\phi} \leq 1.0 \tag{11.3}$$

여기서, R_{ds} : 직접전단시험에서의 최대 저항력

L : 보강재의 길이

σ_n' : 보강재 상부에 작용하는 연직응력

ϕ : 흙의 내부 마찰각

11.3 공법 설계 및 시공

11.3.1 설계개요

보강토 공법을 이용한 토류구조물은 안정성과 경제성이 뛰어난 것이 입증되어 왔다. 즉, 보강토 구조물은 시공이 간편하며, 기초 지반의 부등침하나 지진 등에 대해 상대적으로 안정적이며, 미적 외관도 뛰어나다는 장점이 있다. 반면, 적합한 뒤채움재를 사용해야 한다는 점과 보강재의 부식 위험성이 있다는 점 등이 단점이다. 보강토공법은 사면 조성, 옹벽 등에 가장 많이 적용되는데, 일반적으로 경사각이 70°가 넘으면 보강토옹벽, 그 이하면 보강토사면이라고 한다. 보강토옹벽은 거푸집을 제작하지 않기 때문에 옹벽의 높이가 높고 공사물량이 클수록 공기 단축과 공사비 절감 효과가 커진다고 한다.

보강토옹벽은 그림 11.4와 같이 앞판, 보강재, 뒤채움 흙 등으로 구성된다. 앞판(전면판)은 철망, 섬유, 아연 도금 철판, 주름진 앞판, 콘크리트 패널 등이 사용되며, 보강재(보강띠)는 플라스틱, 강철, 지오텍스타일 등 다양한 재료가 사용된다. 보강재의 길이는 보통 벽 높이의 0.7~0.8배이며, 보강재 선택 시 중요한 요소로는 보강재의 강도, 탄성계수, 내구성 등을 들 수 있다. 뒤채움 흙은 둥근 흙으로 제한되어 있으며, 점착성이 있는 흙은 부적합하다. 시방서에는 소성지수(PI) 6% 이하, 15μm보다 미세한 입자의 무게가 전체 무게의 15% 이하인 흙으로 규정되어 있다.

보강토 구조물의 설계 시에는 안정성 검토를 수행해야 한다. 안정성 검토는 내적 및 외적 안정성 검토로 나눌 수 있다. 내적 안정성 검토 사항으로는 보강재의 인발력과 파괴에 대한 안정성 검토 등이 있으며, 외적 안정성 검토에는 구조물의 활동, 전도, 기초지지력, 사면안정에 대한 해석 등이 포함되고 재래적인 방법을 이용하여 검토한다. 보강토옹벽의 주요 파괴형태를 정리하면 그림 11.5와 같다.

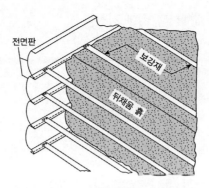

그림 11.4 보강토옹벽의 구조

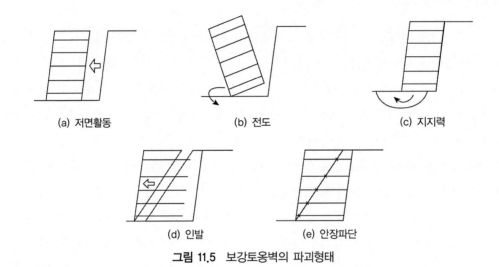

(a) 저면활동   (b) 전도   (c) 지지력

(d) 인발   (e) 안장파단

그림 11.5 보강토옹벽의 파괴형태

11.3.2 뒤채움 흙의 공학적 특성

보강토체 내 뒤채움 흙을 선정할 때는 구조물의 장기 안정성, 시공단계별 안정성, 보강재의 부식 유발 가능성을 고려하여야 한다. 입도분포, 소성지수, 전기화학성분, 다짐, 전단강도에 대하여 북미 콘크리트 석조협회(NCMA, National Concrete Masonry Association)는 다음과 같은 조건을 제시하였다. 일반적으로 뒤채움 흙으로는 조립토가 적당하다.

① 입도분포

뒤채움 흙의 최대 입경은 보강재의 파손을 방지하기 위하여 200mm 이하인 것을 주로 사용한다.

표 11.2 뒤채움 흙의 입도 분포

입경(mm)	통과백분율(%)
100	100~75
4.75(No.4)	100~20
0.425(No.40)	0~60
0.075(No.200)	0~35

② 소성지수

뒤채움은 흙은 소성지수가 20 이하인 흙을 사용해야 한다.

③ 전기화학 성분

보강토옹벽 설계에서는 보강재에 대한 뒤 채움 흙의 전기 화학적 특성을 고려하여 보강재의 부식 및 분해를 반영해야 한다. 미국 연방도로청(FHWA, Federal Highway Administration) 에서 제시하는 전기화학적 성분 허용기준치는 표 11.3 및 11.4와 같다.

표 11.3 전기화학적성분 허용치(토목섬유 보강재)

폴리머	성분	허용 기준
Polyester(PET)	pH	3 < pH < 9
Polyolefin(PP & HDPE)	pH	3 < pH

표 11.4 전기화학적성분 허용치(금속성 보강재)

성분	허용 기준
저항(resistivity)	> 300ohm-cm
pH	5 < pH < 10
염화물(chlorides)	100PPM
황산염(sulfates)	200PPM
유기물(organic content)	최대 1%

④ 다짐

뒤채움 흙의 포설 후 표준다짐의 95% 이상 또는 최적 함수비의 2% 내외로 다짐하여야 한다. 전면판으로부터 1.5~2.0m 이내의 인접부의 다짐 시에는 측방 응력의 발생과 전면판의 변위 를 억제하기 위해 경량의 장비를 사용하여야 한다.

⑤ 전단강도

뒤채움 흙의 전단특성은 직접전단시험 또는 삼축압축시험을 통해서 결정하며, 일반적으로 34° 이상의 내부 마찰각을 지닌 흙을 사용한다. No.200체 통과율이 15% 이하인 사질토에는 배수 전단강도정수(직접전단시험 또는 압밀-배수 삼축압축시험)를 사용한다. 그 밖의 흙에 대해서는 배수-비배수 전단강도정수를 결정하고 시공 직후 및 장기 안정을 검토해야 한다.

배수 전단강도정수는 압밀-배수 직접전단시험이나 압밀-비배수 삼축압축시험을 수행하여 결정하고, 비배수 전단강도는 압밀 비배수 직접전단시험 또는 압밀-비배수 삼축압축시험을 통해 결정한다.

11.3.3 보강재의 역학적 특성

보강재는 금속성 보강재와 토목섬유 보강재로 구분할 수 있다.

① 금속성 보강재

금속성 보강재의 두께는 설계하는 동안 예상되는 부식에 의한 두께 손실량을 빼줌으로써 산정할 수 있다.

$$E_c = E_n - E_s \qquad (11.4)$$

여기서, E_c : 설계 수명에서의 보강재 두께

E_n : 시공 시 보강재 두께

E_s : 설계 동안의 부식에 의한 두께 손실

보강재의 단위폭당 허용 인장력(T_a)은 다음과 같이 표현된다.

$$T_a = FS \cdot A_c \cdot F_y \qquad (11.5)$$

여기서, FS : 0.55(금속띠 또는 강봉), 0.48(강격자)

A_c : 보강재의 단위 폭당 설계 단면적

F_y : 금속재의 항복응력

위의 식 (11.5)에서 적용되는 안전율(FS)은 영구구조물의 경우 구조물의 형태, 뒤채움 흙, 외부하중, 국부적 응력 집중 등을 고려한 안전율의 개념이 적용되며, 설계 수명이 3년 이하인 가설 구조물의 경우에는 40% 정도 증가시켜 사용한다. 강격자 보강재의 안전율(0.48)을 금속 띠 또는 강봉 형태의 보강재의 안전율(0.55)보다 작게 하는 이유는 강격자의 구조적 특성상 국부적 응력집중이 발생할 가능성이 크기 때문이다. 금속성 보강재를 사용할 때는 보강재의 부식방지를 위하여 아연도금연강을 사용한다. 강격자의 보강재를 사용할 때는 0.4mm 정도의 PVC, 에폭시코팅으로 부식을 방지하며, 이러한 경우에는 뒤채움 흙의 최대 입경을 20mm 이하로 하여 시공 중 파손을 방지해야 한다. 설계 시에 적용하는 금속의 부식률은 표 11.5를 근거로 결정할 수 있다.

표 11.5 금속성 보강재에 적용하는 부식률

기간＼재질	아연	탄소강
처음 2년	$15\mu\text{m/year}$	$12\mu\text{m/year}$
처음 2년 후	$4\mu\text{m/year}$	

② 토목섬유 보강재

토목섬유 보강재는 자체의 크리프 특성, 설치 시 부주의로 인한 손상, 노화, 구속응력 등 시공 시 주변 환경 요소에 의해 많은 영향을 받는다. 토목섬유 보강재의 허용인장력은 감소계수를 이용하여 감소시키는 방법으로 다음 식 (11.6)으로 결정할 수 있다.

$$T_a = \frac{T_{ult}}{RF} \tag{11.6}$$

여기서, RF : $RF_{CR} \times RF_{ID} \times RF_D \times FS$

T_a : 토목섬유의 허용인장강도(kN/m)

T_{ult} : 토목섬유의 극한인장강도(kN/m)

RF_{CR} : 크리프 변형에 대한 감소계수

RF_{ID} : 시공 중 손상에 대한 감소계수

RF_D : 내구성에 대한 감소계수

FS : 안전율(일반적으로 1.5)

영구적인 보강토옹벽의 경우 $RF \geq 3.5$여야 한다. 일반적으로 감소계수는 표 11.6과 같다.

표 11.6 허용 인장강도 설정 시 적용되는 감소계수와 안전율

항목	적용값
RF_{CR}	2.0~2.5(polyester) 4.0~5.0(polypropylene) 2.5~5.0(polyethylene)
RF_{ID}	1.1~3.0
RF_D	1.2~2.0
FS	1.5

11.3.4 시공순서

일반적으로 보강토공법은 보강띠를 설치하고 뒤채움 지반을 다져서 일정한 높이로 성토하며 그 위에 다시 보강띠를 설치하는 작업을 반복수행하여 일정한 규모의 지지구조물, 즉 보강토옹벽을 축조한다. 보강토옹벽의 시공순서는 그림 11.6과 같다.

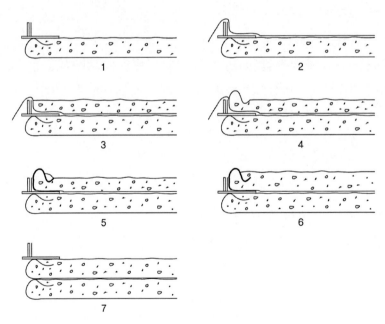

그림 11.6 보강토옹벽의 시공순서

11.4 지오텍스타일공법(geotextile method)

11.4.1 토목섬유의 종류

토목섬유(geosynthetics)는 흙이나 구조물과 접하여 사용하는 고분자 재료의 섬유제품을 통칭하는 것으로, 1970년대 초반부터 토사의 세굴방지와 여과 등에 주로 이용되다가 점차 지층 분리, 지반보강 또는 배수 목적으로 활용되기 시작하여 최근에는 방수, 균열방지, 지반구조물 보호, 충격흡수 등에도 적용되고 있다. 상업적으로 생산되는 토목섬유는 원재료와 형상, 제조방법 등에 따라 지오텍스타일(geotextiles), 지오멤브레인(geomembranes), 지오그리드(geogrids), 지오네트(geonets), 지오웹(geowebs), 토목섬유-점토차수재(geosynthetic clay liner) 및 복합포(geocomposites) 등으로 대별된다(표 11.7). 이 중에서 앞의 세 종류가 가장 널리 사용되며, 특히 지오텍스타일은 국내 연약지반 공사 시 성토체 및 하부지반의 안정성 확보를 위한 필수적인 건설재료로 자리하고 있다. 이 외에도 연약지반 처리를 위한 공사 시에는 압밀촉진을 위해 토목섬유 연직배수재(vertical drain)가 사용되고 있으며, 기존 샌드매트 대용으로 토목섬유 수평배수재가 이용되고 있다. 성토체 보강을 위하여 지오그리드를 사용할 수도 있다. 여기서는 지오텍스타일에 국한하여 설명하기로 한다.

표 11.7 일반적인 토목섬유의 종류와 주요 기능

종류	기본 재질	주용도
지오텍스타일(geotextiles)	PP, PET, PE, PA	**보강**, 분리, 배수, 필터, 차단
지오그리드(geogrids)	HDPE, PP, PET	**보강**
지오네트(geonets)	PE	배수
지오멤브레인(geomembranes)	HDPE, VFPE, fPP	차수, 방수, 차단
섬유-점토라이너 (geosynthetic clay liner)	PP, PET, PE, 벤토나이트	차수, 방수, 차단
지오파이프(geopipe)	PVC, HDPE, PB, ABS, CAB	배수
복합포(geocomposites)	상기 모든 소재	보강, 분리, 배수, 차수

* PP : polypropylene, PET : polyester, PE : polyethylene, PA : polyamide, PB : polybutylene,
  ABS : acrylonitrile butadiene styrene, CAB : cellulose acetate buytrate,
  HDPE : high-density-PE, VFPE : very-flexible-PE, fPP : flexible-PP, PVC : polyvinyl chloride

11.4.2 지오텍스타일공법 개요

토목섬유용 고분자 재료의 원료는 폴리에스테르(PET), 폴리에틸렌(PE), 폴리프로필렌(PP), 폴리비닐크로라이드(PVC), 폴리아미드(PA), 염화폴리에틸렌(CPE), 염황화폴리에틸렌(CSPE) 등이며, 성질 개선 및 보완을 위해 탄산칼슘, 카본블랙, 목재분말, 규화 광물(점토, 활석, 운모 등), 금속산화물 등의 첨가제가 사용된다. 연약지반 처리에 사용되는 지오텍스타일 매트는 폴리프로필렌, 폴리에스테르 재질이 대부분이다(표 11.8).

표 11.8 지오텍스타일 제조에 사용되는 고분자 재료의 개요

종류	융점(°C)	밀도(g/cm³)	특성
폴리프로필렌 PP polypropylene	165	0.90~0.91	• 열가소성수지이며 PE에 비해 산화가 쉬움 • 첨가제 : 열안정제(내구성 향상), 카본블랙(자외선 저항), 산화방지제 등
폴리에스테르 PET* polyester	260	1.38	• 열가소성수지(에틸렌글리콜과 디메틸 테레프탈레이트, 또는 테레프탈산 중합)
폴리에틸렌 PE polyethylene	135	0.91~0.96	• 밀도에 따라 LDPE(저밀도), MDPE(중밀도), HDPE(고밀도)로 구분하며, 토목섬유로는 고결정성 열가소성수지인 HDPE를 주로 이용 • 첨가제 : 열안정제, 카본블랙, 산화방지제 등
폴리아미드 PA** polyamide	215(6) 260(66)	1.13(6) 1.14(66)	• 수분 흡수에 의해 강성과 치수 안정성이 감소 • 첨가제 : 금속 화합물(산화 방지), 카본블랙 등

* 지오텍스타일의 경우 약자를 PES로 사용하기도 함
** 나일론(nylon)으로 잘 알려져 있으며, 나일론 6과 나일론 66이 일반적인 형태임

지오텍스타일은 직포형(woven type)과 부직포형(nonwoven type)으로 나눌 수 있는데, 직포는 필라멘트사, 방적사를 이용하여 경, 위사를 직각으로 교차시켜 직조하며, 부직포는 장섬유, 단섬유를 스펀본드나 니들펀칭 방식에 따라 임의로 배열하여 결합시켜 제조한다. 지반보강, 층분리 등의 목적으로는 주로 직포를 사용하며, 배수 목적으로는 수리적 특성이 우수한 부직포를 사용한다. 현재 연약지반에 성토체를 시공하는 국내 대부분의 현장에서는 원지반과 수평배수층(샌드매트) 사이에 PP, 또는 PET 재질의 지오텍스타일을 수평배수층과 노체 성토부 사이에 PET 지오텍스타일을 포설하며, 외국의 경우 성토체 사면부에 지오그리드를 설치하기도 한다(그림 11.7). PP 매트는 장비 주행성 개선 및 지지력 확보, 배수, 층분리 목적으로 사용된다. PET 매트는 지반 보강과 층분리를 위해 적용되는데 대부분 직포 제품이다. 그러나

배수 기능이 중요할 경우에는 부직포 매트를 사용하는 것이 보다 적절할 수 있다. PP, PET 지오텍스타일 매트는 여러 매를 일정 간격으로 설치하기도 한다.

현재 신설 또는 확장 중인 고속도로의 경우, 연약지반 구간에서 설계에 반영된 지오텍스타일은 계획량을 포함하여 총 890만 m^2에 이른다. 이 중 지반 보강용으로 사용되는 PET 매트(주로 인장강도 30, 40t/m)가 470만 m^2, 층 분리 및 장비 주행성 확보를 위해 사용되는 PP 매트(주로 인장강도 5t/m)가 420만 m^2를 차지하고 있다.

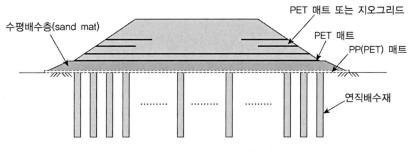

그림 11.7 연약지반 성토 시공에 사용되는 토목섬유

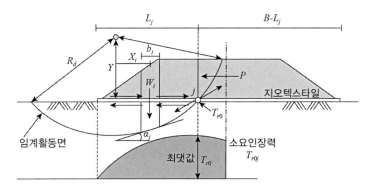

그림 11.8 토목섬유에 의한 성토체 보강의 도해적 개념

11.4.3 지오텍스타일의 기능

지오텍스타일은 1961년 Agershou가 최초로 필터용 지오텍스타일의 사용에 관한 논문을 발표한 이후 매우 효과적이고 경제적인 재료임이 현장에서 입증되어 사용이 기하급수적으로 증가하였다. 우리나라에서는 1975년 창원종합기계공업기지 조성공사에 처음으로 시험 시공을 실시한 이후 사용이 급증하고 있다. 지오텍스타일의 기능은 배수, 필터, 분리, 보강 등 4가지 기능이 있다.

(1) 배수

 지오텍스타일의 배수기능은 투수성이 낮은 재료(세립토, 콘크리트, 지오멤브레인)와 밀착, 설치되어 물을 모아 출구로 배출시키는 것으로 배수 기능이 목적인 지오텍스타일은 전달성 (transmissivity)이 있어야 한다.

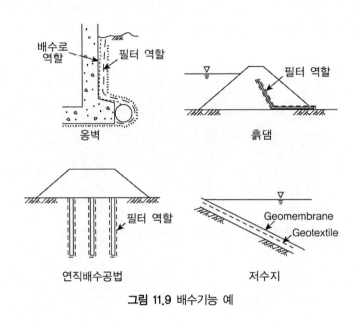

그림 11.9 배수기능 예

(2) 필터

① 액체 필터 기능

 액체 중에 부유되어 있는 세립자를 운반하는 흐름에 직각으로 지오텍스타일을 설치해서 세립자의 이동을 막고 물만 통과시키는 기능

② 정적고체 필터 기능

 흙과 유공재료(골재, 유공관, 다공 플라스틱 매트) 사이에 설치된 지오텍 스타일은 배수 또는 양수에 의해 물을 집수하여 운반하는 동안, 토립자의 이동을 막아주는 기능

③ 동적고체 필터 기능

 파랑의 작용으로부터 보호되어야 하는 흙과 피복재료(암석, 콘크리트블록, 돌망태) 사이에 설치된 지오텍스타일이 물을 통과하는 동안 토립자 이동을 최소 한도로 막아주는 기능

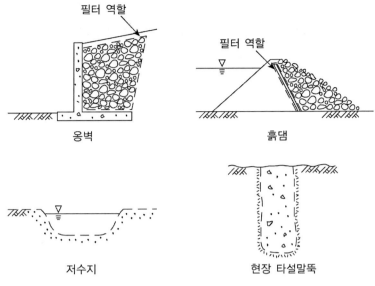

옹벽   흙댐

저수지   현장 타설말뚝

그림 11.10 필터 기능 예

(3) 분리

분리 기능은 세립토와 자갈, 돌덩어리, 블록 등의 조립재료가 외부 하중에 의해 서로 압착되어질 때 두 재료 사이에 놓인 지오텍스타일이 세립토와 조립토가 혼합되는 것을 막아주는 기능이다. 이때 지오텍스타일은 토립자를 보존시키는 보존성과 외부 하중에 의해 생기는 응력에 견딜 수 있는 충분한 강도를 가져야 한다.

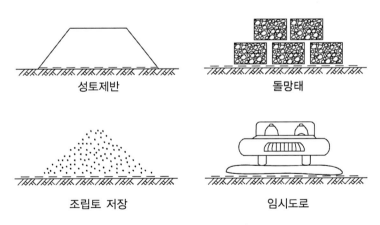

성토제반   돌망태

조립토 저장   임시도로

그림 11.11 분리 기능 예

(4) 보강

지오텍스타일의 인장강도에 의해 토류구조물의 안정성을 증진시키는 기능. 이때 지오텍스타일은 인장강도는 물론 흙과의 마찰력이 커야 한다. 보강 기능은 하중에 의해 유발된 지오텍스타일의 인장력 T의 수직성분 합력만큼의 하중감소효과로서 나타난다.

균열보강   비포장도로 보강   보강토 옹벽

그림 11.12 보강 기능 예

그 밖에 흡수, 포장, 울타리, 봉쇄, 연결끈, 활면 등의 기능이 있다. 표 11.9는 지오텍스타일의 기능 및 적용 예이다.

표 11.9 지오텍스타일의 기능 및 적용 예(McGown, 1976)

적용 예	지오텍스타일 기능			
	분리	필터	배수	보강
도로, 철도, 노상안정	○	△		△
배수	△	○		
습윤성토 제방공사	△	○	○	△
해안, 하천의 호안공사	○	○		△
간척공사	△	○		△
아스팔트 도로포장				○
흙의 보강	○			○
해안제방과 성토				△

* ○ : 주기능, △ : 보조기능

11.4.4 지오텍스타일의 품질 기준

지오텍스타일의 기본 품질 항목은 단위면적당 중량, 두께, 인장강도, 투수계수, 봉합강도, 인열강도, 꿰뚫림강도, 파열강도, 크리이프 특성 등이며 연약지반에 사용될 경우 인장강도가 가장 중요한 항목이라고 할 수 있다. 토목섬유는 인장 도중 두께 변화가 크므로 인장강도는 두께를 고려하지 않고 단위길이당 인장력(예 : tf/m, N/m)으로 표시하는 것이 일반적이다.

한편, 흙과 섬유의 응력-변형률 특성은 상이하므로, 지반 보강의 목적으로 토목섬유를 사용할 때에는 흙의 응력-변형률 특성에 준하여 토목섬유의 역학적 특성을 반영해야 한다. 따라서 보강용 매트를 설계할 때에는 지반조건, 매트의 응력-변형률 특성, 지중에서 주변 흙과의 상호작용 특성을 충분히 반영하여야 하며 경우에 따라 크리프 등 시간 의존성을 고려하여 장기적인 내구성을 가지도록 해야 한다. 그림 11.13은 직조방식별 지오텍스타일의 강도-변형률 곡선이다.

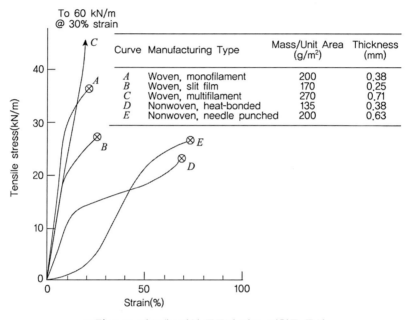

그림 11.13 지오텍스타일 종류별 강도-변형률 특성

고속도로 건설 공사에 적용되는 지오텍스타일 품질 기준을 소개하면 표 11.10과 같다. 여기서 보강용 토목섬유를 도로 성토에 적용하는 경우에는 인장강도 기준을 기초 지반의 주된 인장 변형 방향인 도로 폭 방향에 국한하여 적용할 수 있다. 봉합은 도로 폭 방향과 평행하게 이루어져야 한다.

표 11.10 연약지반 구간 고속도로 건설공사에 적용되는 지오텍스타일 품질 기준

항목	구분		시험 규격
주용도	지반 보강(활동 방지) 지지력 증진	배수 및 층 분리	–
재질	폴리에스테르(PET), 폴리프로필렌(PP), 기타		KS K 0210
최대 인장변형률	30% 이하*	–	KS K 0753
인장강도	토목섬유의 인장응력–변형률 특성은 설계 조선에 부합해야 하며, 설계에 명시되지 않은 경우는 인장변형률 10% 이내에서 설계인장강도(계산 시 사용한 인장력)가 발휘되어야 함	3ton/m 이상	KS K 0753 (광폭스트립법)
수직투수계수	1×10^{-5}cm/sec 이상 (단, 원지반과 수평 배수층 사이에 포설 시는 1×10^{-3}cm/sec 이상)	1×10^{-3}cm/sec 이상	KS F 2128
봉합강도	봉합 직각 방향 원단 강도의 50% 이상		KS K 0753 적용

* 설계 시 별도 명시되었거나, 배수 및 기타 다른 기능을 병행하고자 할 때에는 감독원의 승인을 얻어 조정

11.4.5 지오텍스타일의 시공방법 및 기준

지오텍스타일 매트는 용도와 시공 편의성을 고려한 규격으로 현장 접합량을 최소화하고 취급 및 보관이 용이하도록 포장되어 납품해야 하며, 납품 즉시 제반 규정에 따라 시료를 채취하여 확인 시험을 실시하여야 한다. 이 시험 결과가 정해진 품질 기준에 미달할 경우에는 해당 자재를 사용해서는 안 된다. 그리고 납품된 토목섬유 매트는 현장에 깔기 전까지 햇빛이나 자외선을 방사하는 인공조명에 노출되지 않고 지면과 맞닿지 않으며 건조한 상태로 보관해야 한다.

현장에 매트를 깔기 전에 지표면의 돌출물, 잡목, 웅덩이 등을 제거하고 평탄하게 하며, 매트는 인장강도가 발휘되는 주방향이 지반 내에서 최대 인장응력이 발생하는 방향(도로 성토의 경우 도로 폭 방향)과 일치하도록 깔아야 한다. 매트를 현장에서 접합하여 연결할 때에는 최대 인장변형 방향(도로 성토의 경우 도로 폭 방향)과 평행하게 봉합해야 하며, 역학적으로 문제가 없을 경우에는 감독원 승인 아래 일정 길이 이상 단부를 겹치는 방법을 적용할 수 있다. 포설되는 매트는 심한 주름이 지거나 서로 겹치지 않도록 주의해야 하며, 자외선, 공사 장비 등에 의한 매트의 손상을 방지하기 위하여 가급적 빠른 시일 내에 수평배수재나 초벌성토재로 복토해야 한다. 복토 직전에는 매트의 손상 여부를 검사하여 과도하게 손상된 부분을 수선하거

나 재시공해야 한다. 복토는 매트 전 부분을 대상으로 골고루 진행하여 특정 부위에서의 응력 집중을 방지해야 하며, 복토층의 두께가 기준(고속도로의 경우 20cm) 미만인 곳은 공사 장비를 통행시켜서는 안 된다. 초벌 성토층에는 쇄석, 자갈 이상의 암석이 포함되어서는 안 되며 그 두께는 기초 지반 조건, 성토재의 특성 등에 따라 적절하게 결정한다.

11.5 보강토옹벽 붕괴사례 및 원인

11.5.1 보강토옹벽 시공현황

○○대학교 캠퍼스 내 교통순환을 원활하게 하기 위해서 대운동장 하단면을 따라 시외버스가 이동할 수 있도록 2011년 12월부터 2012년 3월에 걸쳐 보강토옹벽이 시공되었다. 보강토옹벽의 높이는 최저 약 3m~최고 약 11m이며, 길이는 2단부 144m, 1단부는 179m로 시공되었으며 전체 종단 길이는 323m이다. 곡선부의 회전반경은 약 61m이며, 전체적으로 곡선 형태로 이루어져 있다(그림 11.14 참조). 전면판은 높이 30cm, 폭 68cm, 길이 29cm의 콘크리트 블록이며, 보강재는 인장강도 60kN/m, 80kN, 10kN/m, 150kN/m의 지오그리드가 사용되었다. 보강토옹벽의 곡선부인 7, 8 구간의 상단 옹벽에는 주변 하수관로와 연결된 2개의 우수관이 시공되어 있다.

보강토옹벽이 시공된 후 몇 차례 강우가 있었으며 2012년 4월 중순에 보강토옹벽에 경미한 문제가 발생하기 시작하여, 옹벽 상단의 1차 도로면에 침하 및 균열이 발생하여 최대 곡선부 도로의 바깥쪽 차선 중앙 포장부분에 종방향 균열이 비교적 크게 발생하고 이에 동반하여 과다한 침하가 발생하였으며, 인접한 인도가 바깥쪽으로 기울어지고 지반침하가 상당히 발생하였다. 또한 최대 곡선부 근처의 보강토옹벽이 전면으로 돌출되는 배부름 현상이 발생하였으며, 일부 보강토 블록에 세로방향으로 균열이 발생되어 육안으로 확인할 수 있는 틈이 발생하였다. 보강토옹벽 상단에 시공된 2개의 PE 이중벽 배수관은 보강토체의 침하로 인하여 심하게 휘어진 상태였을 뿐 아니라 휨에 의한 파단으로 타원형태의 변형이 발생되었고, PE 이중벽관 내부의 일부 및 집수정과의 연결부에 다소 큰 유격이 발생되었다. 이후 5월 말에 최대 곡선부의 상단 옹벽이 일부 떨어져 나갔고, 최대 곡선부 왼쪽의 보강토옹벽 일부가 붕괴되면서 상단 콘크리트 블록에 설치한 철재펜스 여러 칸이 함께 추락하는 일이 발생하였다.

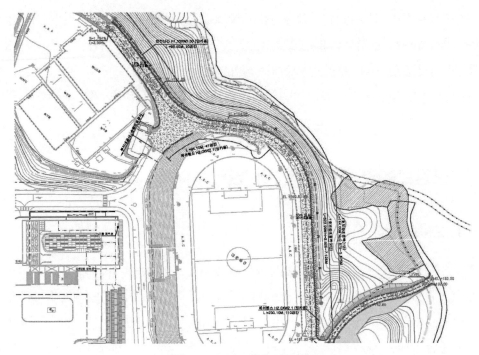

그림 11.14 보강토옹벽 시공평면도

보강토옹벽 붕괴 현장에서의 현장조사와 그림 11.15와 같은 보강토옹벽의 균열 및 붕괴 상태를 고려해볼 때 이 현장의 보강토옹벽에 발생한 문제점의 발생 원인으로는 보강토옹벽의 다짐토체 및 뒤채움재의 다짐 불량으로 인한 과다침하 발생, 보강토옹벽 기초지반의 부등침하, 보강재의 시공 불량 등을 고려할 수 있었다. 또한 보강토체의 침하로 인하여 우수배수관의 동반침하가 발생하여 배수관이 기능을 상실하였고 그 결과 우수가 보강토체 내로의 유입되면서 다짐이 불량한 보강토체에 유실이 발생했을 것으로 예측하였다.

그림 11.15 보강토옹벽의 균열 및 붕괴 상태

11.5.2 붕괴원인 조사

11.5.2.1 다짐토체 및 뒤채움재의 다짐 불량

붕괴된 보강토옹벽은 겨울철에 시공되었다. 겨울철에 시공되는 보강토옹벽의 경우에는 뒤채움 흙의 함수상태, 기온 등을 고려하여 다짐관리를 철저히 해야 한다. 하지만 이 현장에서는 보강토체 및 뒤채움 지반에 대한 철저한 다짐관리가 이루어지지 않은 관계로 시공완료 후 기온 상승에 따른 잔류침하가 크게 발생한 것으로 판단된다. 이러한 문제는 보강토옹벽 시공 시 뒤채움 재료를 충분히 다짐하지 않을 경우에 나타나는 상부 지표면 침하, 전면 블록의 부등침하 등의 문제를 야기하였다. 보강토옹벽의 1차 붕괴 후 일부 드러난 보강토 단면의 보강재 아래에서 빈 공간을 육안으로 확인할 수 있었던 점(그림 11.16 참조)을 미루어볼 때 다짐불량으로 인한 침하가 상당히 크게 발생했으며, 이는 보강토옹벽 붕괴의 가장 주된 원인인 것으로 판단된다.

그림 11.16 1차 붕괴 발생모습 및 붕괴부 상황

재시공을 위하여 철거된 보강토의 시공단면을 확인한 결과, 보강토체 및 뒤채움재로 사용된 재료가 전석 및 폐콘크리트 조각의 혼입으로 다짐시공이 매우 불량하였음을 확인할 수 있었다 (그림 11.17 참조).

그림 11.17 보강토체내 전석 및 폐콘크리트 혼입

11.5.2.2 보강토옹벽 기초지반의 부등침하

박종권 등(2012)은 국내 보강토옹벽 적용 현황 및 문제점에 대한 연구에서 기초지반조사에 대한 결여와 대부분 기초지반의 내부 마찰각을 30° 정도로 가정하여 설계하는 문제점을 지적한 바 있다. 이 보강토옹벽 시공현장 역시 기초지반에 대한 지반조사를 실시하지 않았으며,

보강토옹벽의 기초지반에 대한 평판재하시험도 실시하지 않은 것으로 조사되었다. 보강토옹벽 전면부 하단 지표면에서 흙을 파내어 확인한 결과 기초의 근입깊이가 원설계인 90cm보다 훨씬 작은 약 30cm 정도로 파악되었으며, 따라서 근입깊이 부족으로 보강토옹벽 기초지반이 예상보다 크게 침하를 일으키고 또한 옹벽 높이 차이에 따라 기초 간 부등침하도 발생한 것으로 판단된다.

11.5.2.3 보강재 시공 불량

건설공사 비탈면 설계기준의 보강토옹벽 적용기준에 따르면 보강재의 최소 설치길이는 전면벽체의 기초로부터 벽체높이의 0.7배 이상, 최소 2.5m보다 길어야 하는 것으로 규정되어 있다. 하지만 옹벽 상단의 지표면에 균열이 발생한 상태로 미루어 보았을 때 이 현장의 보강토옹벽에 설치된 보강재의 길이는 원설계보다 작게 설계 또는 시공되었을 가능성이 있는 것으로 예측되었다. 그리고 보강재가 설치된 구간에서도 침하가 크게 발생한 것을 고려해볼 때 보강재의 연직 설치간격 또한 원설계보다 크게 시공되었을 수도 있다고 판단된다. 또한 콘크리트 블록 전면판과 보강재의 연결이 튼튼하지 않아 블록과 보강재가 따로따로 거동하여 보강재 역할을 제대로 수행하지 못한 것도 침하의 원인 중 하나로 판단된다.

그림 11.18 지반침하에 의한 보강재 이탈

11.5.2.4 보강토옹벽 내부에 배수시설 설치

보강토옹벽 시공 시 보강토체 내부에는 배수시설을 설치하지 않는 것이 일반적이다. 하지만 이 현장의 보강토옹벽에는 옹벽 상단에 2개의 배수관($D \approx 60\text{cm}$)을 설치하여 인접한 배수관과 연결 시공하였다. 2개의 배수관 설치로 이 구간의 보강재가 원설계보다 큰 연직간격으로 설치되었고, 이것은 보강토옹벽의 안정성 저하에 영향을 미친 것으로 판단된다. 그리고 철거 후 보강토옹벽 내에 설치된 배수관(PE 이중벽관)의 상태를 확인한 결과, 보강토체의 다짐시공 부실에 의한 침하로 배수관이 휘어진 모습을 확인하였다(그림 11.19 참조).

그림 11.19 철거 후 휘어진 배수관(PE 이중벽관) 모습

11.5.2.5 보강토옹벽 외부 배수시설 미설치

일반적으로 보강토옹벽 시공 시에는 침투 문제가 발생하지 않도록 가능한 물이 침투되지 않도록 시공해야 하고 침투된 물은 빨리 배수가 되도록 시공해야 한다. 내부로 침투되는 물을 빨리 배수시키기 위해서는 전면판 뒤의 흙은 양질의 배수층으로 일정한 두께 이상 조성하는 것이 일반적이다. 그러나 이 현장의 경우에는 시공불량 등의 원인으로 강우 시 여러 가지 침투경로를 따라 보강토 내부로 물이 쉽게 침투되었다. 또한 보강토옹벽 블록 뒷면에 배수층을 설치하지 않아 보강토옹벽의 안정성을 저하시키는 원인을 제공한 것으로 판단된다.

그림 11.20 보강토옹벽 블록 뒷면에 배수층 미설치

11.5.2.6 설계도서 검토 결과

붕괴된 보강토옹벽의 구조계산서를 검토한 결과 보강토옹벽에서 가장 중요한 요소인 뒤채움 재료로 사용된 흙의 토질정수는 표 11.11과 같다. 앞에서 언급한 바와 같이 이 현장에서 기초지반에 대한 지반조사를 실시하지 않았으며, 설계에 필요한 토질정수는 보강토옹벽 설계 시 일반적인 기초지반 특성 값으로 사용하는 전단저항각 30°를 적용한 것으로 확인되었다.

표 11.11 기존 설계에 적용된 토질정수

구분	점착절편, c(kPa)	전단저항각, ϕ(deg)	단위중량, γ(kN/m³)
보강토체	N/A	30.0	18.9
배면토	N/A	30.0	18.9
기초지반	0.0	30.0	18.9

보강토옹벽에서 뒤채움 재료와 더불어 가장 중요한 요소 중 하나인 보강재는 인장강도 60kN/m, 80kN, 10kN/m, 150kN/m의 지오그리드가 사용되었다. 보강토옹벽 설계 시 지오그리드 보강재의 인장강도는 재료의 극한인장강도를 사용하는 것이 아니라 장기설계 인장강도를 사용해야 한다. 그런데 이러한 장기 설계인장강도의 경우 지오그리드의 허용인장변형과 크리

프 특성 및 가능한 모든 강도저하 요인 등을 고려한 후 결정해야 한다. 하지만 설계내용을 검토한 결과 검토대상 보강토옹벽에서는 이러한 보강재의 강도저하 요인을 고려하지 않은 것으로 확인되었다. 이 현장의 보강토옹벽은 2단으로 구성되어 있는 보강토옹벽으로 설계도서상에서는 2단 옹벽 중 하단(1단) 옹벽의 경우 하단(1단) 옹벽과 상단(2단) 옹벽의 높이를 합한 전체 높이에 대한 구조계산 결과 중 하단(1단) 옹벽 높이에 해당하는 보강재 층까지만 선택하여 적용하는 방법으로 설계하였다. 그러나 이러한 방법은 일반적인 2단 옹벽 설계의 개념과는 다른 방법이라고 할 수 있다. 우리나라 건설공사 비탈면 설계기준에서 인용하고 있는 미연방도로국의 보강토옹벽 설계기준서인 FHWA-NHI-00-043에서는 2단 옹벽을 하나의 옹벽으로 보고 설계하도록 규정하고 있으며, 미국 NCMA의 설계 매뉴얼에서는 상단 옹벽은 독립된 보강토옹벽으로 설계하고 하단옹벽의 설계에서는 상단옹벽의 자중을 하중으로 재하하여 설계하도록 규정하고 있다.

이 현장의 보강토옹벽은 경사면에 시공된 상태로 건설공사 보강토옹벽 설계 시공 및 유지관리 잠정지침에 따라 대표 단면에 대한 전반활동파괴 검토를 실시해야 하지만 보강토옹벽을 포함한 전체 사면에 대한 안정성 검토도 누락되어 있었다. 보강토옹벽 파괴 후 실시한 사면안정 해석결과에서는 보강토옹벽 전면 사면의 경사가 급한 일부 대표 단면에서는 전체사면활동에 대한 안정성 확보가 미흡한 상태인 것으로 확인되었다.

11.5.3 안정성 확보를 위한 보완방법

이 현장은 보강토옹벽에 발생한 이상 징후를 발견하여 안전진단을 실시하던 중 계속 붕괴가 진행되어 결국 붕괴구간을 포함한 일부 구간에 대해서 재시공을 실시하기로 결정하였다. 이에 따라 보강토옹벽의 재시공 시에는 앞에서 살펴본 여러 문제점을 보완하여 보강토옹벽의 안정성 확보를 위해 다음과 같이 다양한 방법을 고려하였다.

11.5.3.1 단면설계

이 현장의 경우 보강토옹벽 상부에 도로가 있는 점을 고려하여 재시공 시 상부 약 1m 정도는 현장 타설 L형 옹벽으로 처리하고, 보강재 길이를 전면판 기초로부터 벽체높이의 0.7배 이상으로 하여 최소 2.5m보다 길게 적용하였다. 또한 보강재 수직 간격은 최대 간격을 블록 깊이(뒷길이)의 2배를 초과하지 않도록 하여 전면벽 상부의 전도, 활동 등을 방지하기 위해 최상단 보강재의 설치위치를 전면벽 최상부 표면에서 0.5m 이내로 하였다. 또한 그 바로 아래층 보강재는 최대 수직 간격의 1/2 정도의 간격으로 배치하도록 하였다. 전면 블록과 보강재의 연결이 단순한 마찰 및 전단저항력에 의한 방식이고 전면 블록의 길이가 비교적 짧은 0.29m인 점을 고려하여 주 보강재 사이에 길이 2.0m 정도의 보조 보강재를 배치함으로써 국부적인 안정 증가를 도모하였다. 그림 11.21은 기존 단면설계와 개선사항을 반영한 개선 단면을 비교하여 나타낸 것이다.

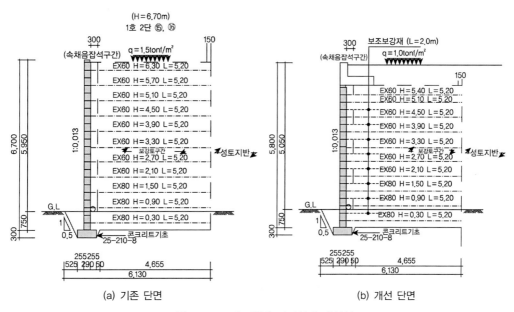

(a) 기존 단면

(b) 개선 단면

그림 11.21 보강토옹벽 단면설계 개선안

11.5.3.2 전체 사면활동에 대한 안정성 검토

이 현장의 보강토옹벽은 기존 설계에서 전체 사면활동에 대한 안정성 검토가 누락되었다. 이에 재시공 구간에서 지반조사를 임의적으로 선정한 4개 지점에서 실시하였고, 이 결과를 바탕으로 5개의 대표 단면에 대해서 사면안정 해석을 실시하였다. 사면안정 해석결과 보강토 옹벽의 재시공 단면에 대한 전체 사면활동의 안정성은 대체로 적정한 안전율을 확보하는 상태 인 것으로 나타났다. 그러나 우기 시 지하수위 상승에 의한 전체 사면활동의 안정성 저하가 우려되어 재시공 단면에서는 배수를 원활하게 유도할 수 있는 배수라인(맹암거 또는 유공관 등을 이용)에 대한 설계가 고려되어야 할 것으로 판단되었다. 또한 현재의 지반조건에서 추가 적인 사면보강공법을 적용하지 않고 안전율 증가를 도모하기 위해서 보강토옹벽의 기초지반을

0.5~1.0m 정도 골재(잡석)로 치환하고 다짐을 통해서 하부 지반의 전단강도를 증가시키는 방법을 적용하도록 하였다.

11.5.3.3 시공 관련 사항

기존에 시공된 보강토옹벽에서는 블록 속채움 및 뒤채움이 불량한 곳이 있었고 그 결과 블록/그리드 연결부가 취약해지는 현상이 발생할 수 있었다. 따라서 재시공 시에는 블록을 쌓는 매 층마다 블록 속 뒤채움을 철저히 하도록 하였고, 보강재와 블록사이에 결속력을 최대로 증가시키기 위해서 보강재 설치 시 보강재의 선단을 블록 전면까지 연장시켜 설치하도록 하였다.

뒤채움재의 경우 보강토옹벽 뒤채움 재료의 입도기준에 따라 뒤채움 재료의 최대 입경을 102mm가 초과되지 않도록 하였으며, 102mm가 초과되는 재료에 대해서는 선별과정을 거치도록 하였다. 이 보강토옹벽 붕괴의 가장 큰 원인으로 판단되었던 다짐 관련 문제에 대해서는 블록 1단의 높이를 고려하여 층당 다짐 후의 성토두께가 0.2~0.3m를 초과하지 않도록 하였고 다짐 후 다짐평가는 현장 들밀도시험을 이용하여 상대다짐도 95% 이상의 다짐도를 유지할 수 있도록 다짐관리를 하도록 하였다.

11.5.3.4 배수시설

보강토옹벽 시공 시 보강토체 내부에는 배수시설을 설치하지 않는 것이 일반적인데 이 현장의 경우에는 옹벽 상단에 2개의 배수관을 설치하여 붕괴의 원인을 제공하였다. 따라서 붕괴된 보강토옹벽을 재시공하는 경우 옹벽 내부에 배수관을 설치하지 않고, 그림 11.22와 같이 배수시설을 설치할 것을 제안하였다. 즉, 토체 바닥과 뒤쪽에 맹암거 또는 토목섬유 배수재를 설치하고 또한 전면판 뒤에는 투수성이 높은 조립토를 뒤채움하여 안정성을 높이도록 하였다. 보강토옹벽의 경우 옹벽 상단에 불투수 포장을 실시하여 가능하면 토체 내부에 물이 유입되지 않도록 하는 것이 좋다.

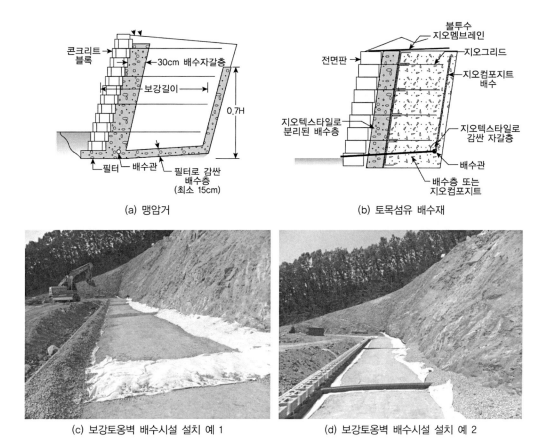

(a) 맹암거

(b) 토목섬유 배수재

(c) 보강토옹벽 배수시설 설치 예 1

(d) 보강토옹벽 배수시설 설치 예 2

그림 11.22 보강토옹벽 배면 배수시설 예

| 참고문헌 |

김병일, 유완규, 김경모, 이봉열(2013), "블록식 보강토옹벽의 붕괴사례 연구", 한국산학기술학회, 논문지, 제14권 제4호, 한국산학기술학회, pp.2006~2012.

도덕현 편저(1992), 보강토구조물 -이론설계 및 시공-, 탐구문화사.

조성민 외(1999), "고속도로 건설에 사용되는 토목섬유 현황과 개선사항 고찰", 1999년도 토목섬유 학술발표회 논문집, 국제토목섬유학회 한국지부, pp.159~168.

한국도로공사(1999), 연약지반상의 성토체 보강방법에 관한 연구, 연구보고서 도로연-99-47-9.

한국지반공학회(1997), 구조물 기초 설계 기준, 한국지반공학회.

한국지반공학회(1998), 토목섬유, 지반공학시리즈 9, 구미서관.

홍성완, 조삼덕(1985), Geotextile 및 보강토공법에 관한 연구, 한국건설기술연구원.

ASCE(1978), Proceedings of the Symposium on Earth Reinforcement. Pitts.

King, R. A.(1977), A Review of Soil Corrosiveness with Particular Reference to Reinforced Earth, Transport and Road Research Laboratory, SR 316.

Koerner, R. M. & Welsh, J. P.(1980), Construction and Geotechnical Engineering using Synthetic Fabrics, p.267, John Wiley & Sons, New York.

Koerner, R. M.(1990), Designing with Geosynthetics, 2nd ed., Prentice Hall Inc.

Leroueil, S., Magna, J. and Tavenas, F.(1990), Embankment on Soft Clays, Ellis Horwood.

NCMA, "Design Manual for Segmental Retaining Walls", National Concrete Masonry Association, Collin, J. G., editor 2nd Edition, Herndon, VA, TR-127A, 1997.

Minister of Land, Transport and Maritime Affairs(Korean), "Design Standard, Specification and Management Guideline for Man-made Slope", 2011[In Korean].

Park, J. K. and Lee, K. W., "A Study on Practices and Trubles of Reinforced Soil Wall", Journal of the Korean Geosynthetics Society, Vol.11, No.1, pp.65~75, 2012[In Korean].

12
—
소일네일링공법

12 소일네일링공법

12.1 공법 개요

소일네일링공법은 굴착된 지역에 인장력만을 받는 수동 저항체(passive bar)를 설치하여 토체를 안정화시키는 공법으로, 절토사면의 안정을 확보하기 위한 사면보강공법과 굴착 가시설 벽체의 안정성을 확보하기 위한 굴착면 보강공법으로 활용된다. 이 수동 저항체는 보통 네일(nail)로 불리며 수평 또는 약간 경사진 각도로 설치된다. 네일의 시공방법은 Top-Down 방식으로 굴착면의 상부에서 하부 쪽으로 굴착과 동시에 순차적으로 시공된다. 소일네일링 시스템은 그림 12.1과 같이 네일, 그라우트, 네일두부, 지압판, 전면판, 배수재 등으로 구성된다.

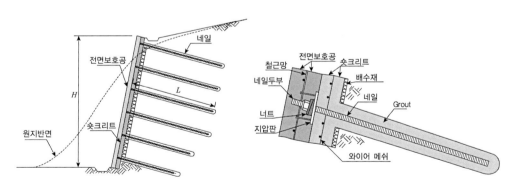

그림 12.1 소일네일링 단면

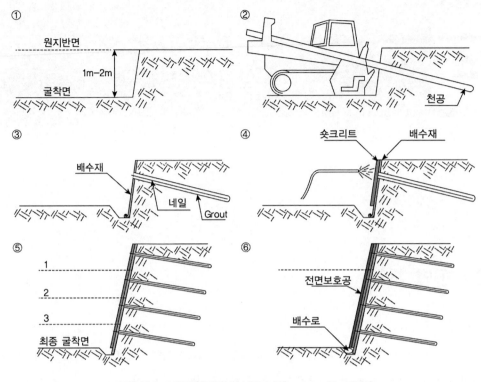

그림 12.2 소일네일링공법 시공순서(Lazarte 등, 2003)

소일네일링공법의 시공순서는 다음과 같다(그림 12.2 참조).

① 상부에서 하부로 굴착 시 가능하면 안정한 지반상태를 유지할 수 있도록 1~2m의 제한된 굴착을 실시한다.

② 노출된 굴착면에서 수평 또는 하향으로 천공을 실시한다.

③ 네일을 삽입하고, 공내를 그라우팅(중력식 또는 가압식) 처리한다. 네일과 네일 사이에 수평, 수직방향으로 띠 형태로 배수재를 설치한다. 배수재는 굴착바닥면의 배수로까지 연결되도록 한다.

④ 와이어 메시(wire mesh)와 숏크리트를 이용하여 전면 보강을 실시한다. 숏크리트 벽체가 양생된 후에, 네일 두부에 지압판을 설치하고 너트로 고정한다.

⑤ ①~④의 절차를 반복하여 최종 굴착면까지 시공한다.

⑥ 전면보호공을 시공한다. 전면보호공의 종류에는 철근콘크리트, 철근숏크리트, 또는 기성 판넬 등이 있으며, 용도에 맞게 선택한다.

소일네일 보강체의 저항원리는 1) 원지반과 보강재 주위 그라우팅체의 주면 마찰 저항력과 2) 이로 인해 보강재에 전달되는 인장력이다. 즉, 최종적으로는 보강재의 인장 저항력이 소일네일 보강체의 저항원이며, 지반파괴를 일으키려는 주변 지반의 변형에 저항하게 된다.

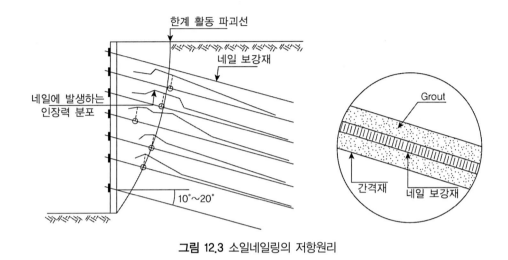

그림 12.3 소일네일링의 저항원리

소일네일링공법은 다양한 지반조건의 굴착사면에 적용이 가능하며, 비교적 경량의 시공장비로 신속한 시공이 가능한 장점을 가지고 있다. 특히 경장비를 이용하여 접근이 어려운 사면에서의 시공이 가능하고, 단계별 분할시공이 가능하며, 필요시에는 계단식 시공과 곡선형 시공도 가능하다. 또한 굴착과 동시에 이루어지는 작업 특성으로 말미암아 굴착 후 쉽게 무너지는 풍화대와 같은 연약지층에서의 사면보강 시 유리한 강점을 가지고 있다. 소일네일링의 시공을 위해 필요한 장비는 굴착을 위한 토공장비, 네일 설치를 위한 천공장비, 네일 삽입공에 대한 그라우팅 장비, 그리고 전면 숏크리트 시공을 위한 콘크리트 펌프장비 등으로 구성되어 있다.

소일네일링공법은 신속성, 단순성, 경장비의 사용이라는 점에서 우수한 공법으로 인정되지만 공법 자체의 특성(수동 저항 구조체)으로 인해 수평 및 수직변위가 발생한다는 단점이 있다. 또한 절토 사면의 수위변화에 따른 토체의 안정성 확보 문제와 전면판에 작용하는 수압 경감 방안 등과 같은 배수 체계에 대한 세심한 주의가 요망되며, 부식성 토양에 시공된 장기 구조물에서의 네일의 내구성 확보와 점성토 지반에서의 크리프(creep) 변형에 대한 주의가 요구된다.

12.2 공법 설계

사면이나 옹벽에 네일을 설치하여 지반을 보강하는 소일네일링공법에 대한 해석방법으로는
데이비스 방법(Davis method), 수정 데이비스 방법(modified Davis method), 프랑스 방법
(French method), 독일 방법(German method), 운동학적 방법(kinematic method) 등이 있
는데, 이들 해석방법들의 특징은 표 12.1과 같다. 최근에는 프로그램들을 이용한 설계가 널리
수행되고 있다.

표 12.1 소일네일링공법 해석방법의 특징

분류	데이비스 방법 (Shen et al, 1981)	수정 데이비스 방법 (Elias & Juran, 1991)	프랑스 방법 (Schlosser, 1983)	독일 방법 (Stocker et al, 1979)	운동학적 방법 (Juran et al, 1990)
해석방법	극한 힘 평형법 전체 안정성 해석	극한 힘 평형법 전체 안정성 해석	극한 모멘트 평형법 전체 안정성 해석	극한 힘 평형법 전체 안정성 해석	일 응력 해석법 국부 안정성 해석
입력 재료 값	흙 강도정수 (c, ϕ) 극한네일강도 수평 마찰력	흙 강도정수 (c, ϕ) 극한네일강도 수평 마찰력	흙 강도 정수 (c, ϕ) 극한네일강도 네일의 휨강성	흙 강도정수 (c, ϕ) 수평 마찰력	흙 강도정수 $(c/\gamma H, \phi)$ 극한네일강도 무차원 휨강성정수(N)
네일의 힘	인장력	인장력	인장력, 전단력, 모멘트	인장력	인장력, 전단력, 모멘트
파괴 형상	포물선 형상	포물선 형상	원호, 임의의 형상	bilinear	대수 나선 형상
파괴 메커니즘	Mixed[a]	Mixed[a]	Mixed[a]	인발 저항	해당 사항 없음
안전율 흙의 강도 인발 저항력	1.5 1.5	1.0 2.0	1.5 1.5	1.0(잔류전단강도) 1.5~2.0	1.0 2.0
인장력, 휨모멘트의 적용 한계 값	항복응력	항복응력	항복응력 소성 모멘트	항복응력	항복응력 소성 모멘트
해석 단면 해석 결과	CFS[c] GSF[b]	CFS[c] GSF[b]	CFS[c] GSF[b]	CFS[c] GSF[b]	CFS[c] 네일의 힘들을 출력
지하수위의 고려	–	–	가능	–	가능
지층 구분	–	–	가능	–	가능
하중 조건	등분포하중	경사하중 또는 등분포하중	경사하중 또는 임의의 하중상태	경사하중	경사하중
단면 형상	수직 벽면	경사진 벽면 또는 수직 벽면	임의의 형상	경사진 벽면 또는 수직 벽면	경사진 벽면 또는 수직 벽면

* [a] mixed failure mechanics : 각 네일의 극한 인장력은 안전율을 곱한 각 네일의 인발 저항력과 네일의 항복강도
중에서 작은 값을 선택하여 네일의 파괴 메커니즘을 구성한다.
* [b] GSF: global safety factor, [c] CFS : critical failure surface

12.2.1 해석방법

(1) 데이비스 방법(Davis Method)

데이비스 방법은 수직 벽의 앞부리를 통과하는 포물선 형상의 파괴면을 가정하고, 절편법을 이용하여 네일이 옹벽(또는 사면)의 안정에 기여하는 정도를 해석하는 힘의 극한평형 해석방법이다(그림 12.4 참조). 이때 고려되는 네일의 힘은 인장력으로 파괴면과 평행한 성분(T_T)과 수직한 성분(T_N)으로 나뉘어지는데, 식 (12.1)에서 가상 파괴면을 따라 저항하는 힘의 성분으로 고려할 수 있다.

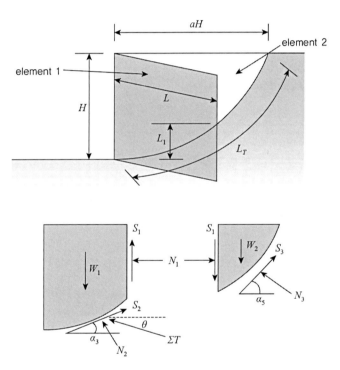

그림 12.4 데이비스 방법에 의한 해석

• 절편 1에서의 힘의 평형식

$$N_2 = (W_1 - S_1)\cos\alpha_3 - N_1\sin\alpha_3 \tag{12.1}$$

$$S_2 = (W_1 - S_1)\sin\alpha_3 - N_1\cos\alpha_3 \tag{12.2}$$

여기서, W_1 : 절편 1의 무게

　　　S_1 : 절편 1과 절편 2 사이에 작용하는 측면 수직력

　　　α_3 : 절편 1의 파괴면 경사각

　　　N_1 : 절편 1과 절편 2 사이에 작용하는 수평력= $K_0 r (H - L_1)^2$

　　　K_0 : 정지토압계수

　　　γ : 흙의 단위중량

• 절편 2에서의 힘의 평형식

$$N_3 = (W_2 + S_1)\cos\alpha_5 + N_1 \sin\alpha_5 \tag{12.3}$$

$$S_3 = (W_2 + S_1)\sin\alpha_5 - N_1 \cos\alpha_5 \tag{12.4}$$

여기서, W_2 : 절편 2의 무게

　　　α_5 : 절편 2의 파괴면 경사각

• 가상파괴면을 따라 발휘되는 힘, S_D

$$S_D = (W_1 - S_1)\sin\alpha_3 + (W_2 + S_1)\sin\alpha_5 + N_1(\cos\alpha_3 - \cos\alpha_5) \tag{12.5}$$

• 가상파괴면을 따라 저항하는 힘, S_R

$$S_R = c' L_T + N_3 \tan\phi_2' + (N_2 + T_N)\tan\phi_1' + T_T \tag{12.6}$$

여기서, c' : 안전율을 고려한 지반의 점착력(c/FS)

　　　ϕ_1', ϕ_2' : 안전율을 고려한 지반의 내부 마찰각(ϕ/FS)

　　　L_T : 파괴면의 길이

　　　N_2, N_3 : 절편 1과 절편 2의 파괴면에 작용하는 수직력

　　　T_N : 파괴면에 작용하는 네일 인장력의 수직성분($T\cos\theta\sin\alpha$)

T_T : 파괴면에 작용하는 네일 인장력의 접선성분($T\sin\theta\cos\alpha$)

T : 네일의 인장저항력 $\left(= \dfrac{\pi D L_e f_{\max}}{S_H FS} \le R_n\right)$

D : 네일의 직경

FS : 안전율

L_e : 파괴면 밖의 네일의 유효 부착길이

S_H : 네일의 수평 설치 간격

$f_{\max}$: 흙-네일 간의 최대 마찰력

R_n : 네일의 인장강도

(2) 수정 데이비스 방법(modified Davis method)

Elias와 Juran(1991)은 기존의 데이비스 방법에 네일의 인발 저항력, 다양한 네일 길이, 앞벽면의 경사와 벽 상부의 경사 및 안전율을 고려한 토질 강도 정수의 입력을 허용하는 수정 해석방법을 제시하였다.

(3) 프랑스 방법(French method)

프랑스 방법은 데이비스 방법과 마찬가지로 절편법을 이용하는 방법으로 원호 및 비원호 파괴면에 적용시킬 수 있다(그림 12.5 참조). 이 방법은 다른 방법과 달리 다음의 4가지 파괴 기준을 적용하고 있는데, 각 네일은 네일 자체, 네일 주변의 흙, 그리고 네일과 흙 사이의 관계에 대한 4가지의 파괴 기준에 따라 그 네일이 발휘하는 힘을 평가하게 된다.

〈파괴 기준〉
- 네일의 전단 저항력 : $T_{\max} \le A_s f_y$, $T_c \le R_c = A_s f_y$
- 네일의 마찰 저항에 의한 인장력 : $T_{\max} = \pi D f_{\max} L_e$
- 네일에 작용하는 연직 수평 토압 : $p \le p_{\max} = k_h y D$
- 흙의 전단 저항력 : $\tau < c + \sigma \tan\phi$

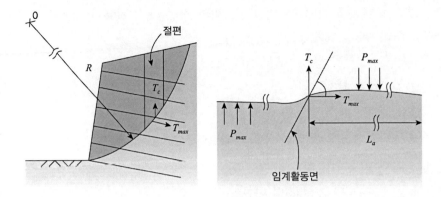

그림 12.5 프랑스 방법에 의한 해석

네일의 최대 전단력(V_{max})과 최대 인장력(T_{max})에 대한 파괴 기준식은 식 (12.7)과 같으며, 네일의 극한 전단력(V_f)과 인장력(T_f)에 대한 식은 식 (12.8)과 같다.

$$\frac{V_{max}^2}{R_c^2} + \frac{T_{max}^2}{R_n^2} = 1 \tag{12.7}$$

여기서, $V_{max} = \dfrac{1}{2} p_{max} D L_o \leq V_f$, $T_{max} = \sqrt{R_n^2 - 4 V_{max}^2}$

$p_{max} = p_u/2 = k_s y D/2$, $L_o = \sqrt[4]{\dfrac{4EI}{k_s D}}$

D : 네일의 직경(네일봉의 직경 + 그라우트의 직경)

f_{max} : 최대 흙-네일 간 마찰력

$\quad (f_{max} = \mu^* \gamma h$ or $f_{max} = \sigma_N \tan \phi_a' + c_a')$

R_n : 네일의 인장 강도, k_s : 지반반력계수

y : 네일의 수평 변형량, V_f : 파괴 시 네일의 전단력

p_u : 극한 수동저항력, p_{max} : 최대허용 수동저항력

T_{max} : 네일의 허용인장력

V_{max} : 네일의 허용 전단력

$$V_f = \frac{R_c}{\left\{1 + 4\tan^2\left(\dfrac{\pi}{2} - \alpha\right)\right\}^{1/2}} \tag{12.8a}$$

$$T_f = 4 V_f \tan\left(\frac{\pi}{2} - \alpha\right) \tag{12.8b}$$

여기서, R_c : 네일의 전단 강도$(R_c = R_n/2)$

$\quad\quad\quad \alpha$: 네일과 파괴면이 이루는 각

$\quad\quad\quad T_f$: 파괴 시의 네일의 인장력

네일이 설치된 지반의 안정 해석을 위해서 Fellenius 방법과 Bishop의 간편법을 이용하면 식 (12.9), 식 (12.10)과 같은 안전율을 얻을 수 있는데, 여기에 작용하는 각 네일의 전단력(V_i) 과 인장력(T_i)은 앞의 파괴 기준을 만족시켜야 한다. 즉, $V_i \leq V_f$, $T_i \leq T_f$가 되어야 한다.

① Fellenius의 방법

$$FS = \frac{\Sigma\{W\cos\alpha + T_i(\sin\theta\cos\alpha + \cos\theta\sin\alpha) - V_i(\sin\xi\sin\alpha - \cos\xi\cos\alpha) - ul\}\tan\overline{\phi} + \Sigma\overline{c}\,1}{\Sigma W\sin\alpha + \Sigma T_i(\sin\theta\sin\alpha - \cos\theta\cos\alpha) - \Sigma V_i(\sin\xi\sin\alpha + \cos\xi\cos\alpha)} \tag{12.9}$$

② Bishop의 간편법

$$FS = \frac{\Sigma\{\overline{c}\,b + [W + T_i\sin\theta/FS + V_i\sin\xi/FS - ub]\tan\overline{\phi}\}}{\Sigma W\sin\alpha + \Sigma T_i(\sin\theta\sin\alpha - \cos\theta\cos\alpha)/FS - \Sigma V_i(\sin\xi\sin\alpha + \cos\xi\cos\alpha)/FS}\,\frac{\sec\alpha}{1 + \tan\alpha\tan\overline{\phi}/FS} \tag{12.10}$$

(4) 독일 방법(German method)

독일 방법은 힘의 극한평형 원리를 이용하여 직선으로 형성된 가상 파괴면을 가정하며, 흙의 전단 저항력은 Mohr-Coulomb의 파괴 기준을 따라 파괴면에 전부 작용하는 것으로 생각한다(그림 12.6 참조). 그리고 데이비스의 방법과 마찬가지로 네일의 인장력만 고려하며, 전제 안전율은 평형을 유지하는 데 필요한 네일의 힘에 대한 발휘 가능한 네일의 저항력(파괴면

밖의 유효 길이 부분에 대한 힘)의 비로 나타낸다. 파괴면의 기울기를 달리하여 가장 작은 안전율이 나오는 기울기를 파괴면으로 생각한다. Gassler & Gudehus(1981)는 보강된 토체의 끝부분과 그곳에서의 θ_a로 경사진 파괴면을 가정할 때 최소의 안전율을 구할 수 있다고 하였다. 여기서, θ_a는 식 (12.11)과 같다.

$$\theta_a = \frac{\pi}{4} - \frac{\phi}{2} \tag{12.11}$$

여기서, θ_a : 잠재적인 활동면의 경사각

ϕ : 흙의 내부 마찰각

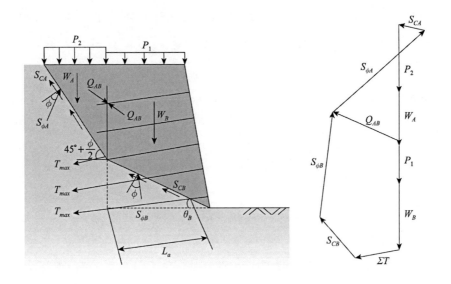

그림 12.6 독일 방법에 의한 해석

(5) 운동학적 방법(kinematic method)

이 방법은 모형 벽에서 관찰되는 운동학적인 변위 파괴 형상을 이용한 정적인 극한평형 해석 방법이다(그림 12.7 참조). 이 방법은 다른 여러 방법과 달리 절편법을 사용하지 않으며, 원호나 대수 나선형으로 가정된 파괴면으로 정의되는 유사 강체 회전(quasi-rigid body rotation)으로 해석한다. 반면에 흙은 Mohr-Coulomb의 파괴 기준을 따르며, 네일은 Tresca의 파괴 기준을 사용하여 프랑스 방법과 유사한 점을 가지고 있다.

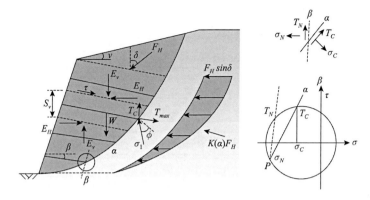

그림 12.7 운동학적 방법에 의한 해석

(6) 설계 프로그램을 이용한 방법

앞서 설명된 해석방법들은 실제 수계산으로 수행하기 어렵기 때문에 프로그램들을 이용하여 설계를 수행하는 경우가 많다. 소일네일 설계 프로그램에는 소일네일 전용 프로그램과 일반 사면안정 프로그램 등이 있다. 소일네일 전용 프로그램에는 NailM, SNAIL, SNAP, TALREN 등이 있다. 기본적인 해석방법은 토체의 파괴형상을 원호, 쌍곡선, 직선 등으로 가정한 후 파괴면 밖에 위치한 네일의 인장저항력을 고려하여 토체파괴 안전율을 계산한다.

이 외에도 유한요소해석 또는 유한차분해석 프로그램과 같이 지반거동을 비교적 정확하게 모사할 수 있는 수치해석법을 이용할 수 있다. 이 방법은 지반의 강도정수를 감소시키거나 응력수준을 증가시키면서 소성파괴 영역에 따른 활동 파괴면을 찾고 안전율을 예측한다.

12.2.2 소일네일링 시스템의 설계

소일네일링 시스템 설계는 네일의 제원과 간격의 설계, 그리고 벽면의 설계를 포함하고 있다. 네일의 직경과 길이는 전체 안정 해석과 내부 안정성 해석을 근거로 결정된다. 이때 네일의 간격도 같이 고려되어 결정된다. 설계 조건을 만족시키는 해는 항상 여러 가지가 존재하지만 마지막 선택은 경제성에 좌우된다. 그리고 부식방지 방법에 대한 설계도 가능하면 설계 단계에서 고려하는 것이 좋다.

벽면에 대한 설계(벽면 재료, 두께, 구속 방법 등)는 설계된 네일에 작용하는 힘에 좌우된다. 이때 지반의 강성은 중요한 변수가 되는데, 탄성 지반 위의 보로 해석하는 경우는 특히 지반의 강성이 더 중요한 변수가 된다. 설계 과정에서 벽체가 일시적인 구조물인지, 영구적인 구조물인지를 확실하게 결정해야 하는 데 이에 따라 벽체의 재료와 해석시의 안전율이 달라진다.

(1) 네일(제원 및 간격)에 대한 설계

① 경험적인 방법에 의한 설계

Bruce & Jewell(1987)은 기존의 굴착에 대한 여러 사례들을 근거로 하여 표 12.2와 같은 계수를 제안하였다.

표 12.2 흙과 네일의 종류에 따른 네일비(nail ratio)

분류	길이비 (L/H)	본드비 (dL/S)	강도비 (d_{bar}^2/S)
천공네일 또는 그라우팅네일 (조립지반)	0.5~0.8	0.5~0.6	0.0004~0.0008
항타네일(조립지반)	0.5~0.6	0.6~1.1	0.0013~0.0019
퇴적토 지반	0.5~1.0	0.15~0.2	0.0001~0.00025

* L : 네일의 길이, H : 벽 높이, S : 네일의 간격(면적), d : 본드비 계산을 위한 네일 구멍의 직경,
d_{bar} : 강도비 계산을 위한 네일봉의 직경

② 전체 구조물의 안정성 해석에 의한 설계

일반적으로 소일네일링 시스템의 상세 설계는 전체적인 안정해석에서 시작하여야 한다. 이때 이용되는 해석방법은 기존의 사면안정 해석방법에 12.2절에서 제시한 각 네일 해석방법들을 적용한다. 이 중에 데이비스의 방법이 가장 사용하기 편리한 장점을 가지고 있지만, 네일의 전단력과 휨모멘트에 대한 고려가 생략되어 있고 파괴 형상을 포물선으로만 가정하는 단점을 가지고 있다. 마찬가지로 독일 방법과 운동학적 방법들도 파괴기준과 파괴형상에서 제한점을 가지고 있다. 그러나 프랑스 방법은 이들 제한점을 극복하고 있으며 기존의 사면안정 해석방법에 이러한 고려사항들을 충분히 반영할 수 있는 해석방법으로 평가되고 있다.

③ 내부 안정성 해석

네일의 내부 안정성을 판단하는 기준은 네일의 인장력, 전단력, 휨모멘트 등에 대한 안전율이다. 이 값들은 전체 안정성을 계산하는 과정에서 네일에 작용하는 힘의 분포와 파괴형태들을 같이 계산할 때 얻을 수 있다. 이렇게 구한 각 기준의 안전율은 네일의 제원이나 배치형태 등을 결정하는 기본 자료가 되는 것으로 설계자가 필수적으로 알아야 할 항목이다.

(2) 전면판, 배수, 부식 방지에 대한 설계

① 전면판 설계

철근 숏크리트 전면판의 설계는 탄성 지반에서의 2방향 슬래브에 대한 일반적인 철근콘크리트 설계방법을 사용하여 설계할 수 있다. ACI(American Concrete Institute)의 설계 기준을 사용하면 식 (12.12)로 숏크리트의 두께를 결정할 수 있다(이때 숏크리트의 강도는 280kg/cm², 철근 강도는 4,250kg/cm²이다).

$$d = \sqrt{0.00095T\,S} \tag{12.12}$$

여기서, d : 숏크리트의 두께(m)

T : 네일의 최대 인장력(t)

S : 네일의 간격(m)

일반적으로 숏크리트는 5~10cm 두께로 두 번에 걸쳐서 시공되는 경우가 제일 많다. 이때 첫 번째 숏크리트 층은 지반이 굴착되어 노출된 직후에 시공하는 것이고, 두 번째 층은 네일이 설치된 후에 시공하는 것이다. 이때의 숏크리트의 최소 두께는 네일 두부 위로 5cm이다. 안쪽 면과 바깥쪽면의 숏크리트에 대한 대략적인 철근의 단면적은 식 (12.13)으로 계산할 수 있다

$$A_s = 1.32d\,(\text{cm}^2) \tag{12.13}$$

여기서, d : 숏크리트의 두께(m)

② 배수 설계

네일이 설치된 벽에 대한 일차적인 배수 방법은 숏크리트와 위프(Weep)에 연속 배수재(strip drains)를 묻는 것이다(그림 12.8 및 그림 12.9 참조). 연속 배수재는 배수성이 좋은 합성재(geosynthetic 또는 geocomposite materials)로 만들어지며, 그 너비가 30cm 미만이고 연속해서 사용할 수 있다. 위프는 PVC 파이프에 끼워서 사용할 수도 있어 일반적으로 벽의 바닥부 등과 같이 시공자가 원하는 위치에 설치할 수 있다.

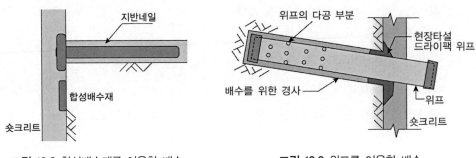

그림 12.8 합성배수재를 이용한 배수 그림 12.9 위프를 이용한 배수

③ 부식 방지 설계

강철봉 네일을 영구적으로 사용하고자 할 경우에 대한 적절한 부식 방지책을 마련하기는 상당히 어렵거나 거의 불가능하지만, 네일을 시멘트로 에워싸는 방법이 가장 많이 사용된다. 이 방법은 네일이 전기적으로 절연되어 있거나, 지반내에 산소가 적고, 지반의 pH가 4.5 이상일 때, 그리고 황화물(sufides)이 네일 주변 지반에 존재하지 않는 경우에 사용된다. 이상의 조건들 중에서 하나라도 만족하지 않은 것이 있을 때는 플라스틱 파이프나 쉬스(sheaths)를 사용하여 추가적으로 에워쌀 필요가 있다. 강철봉 네일에 대한 일반적인 부식 방지 대책은 다음과 같다.

a. 최소한 네일 둘레로 1.5~5cm 두께로 완벽하게 시멘트 그라우팅을 실시한다.
b. 시멘트 모르타르 드라이 팩(cement mortar dry-pack)으로 네일 두부를 처리한다.
c. 영구적으로 네일을 설치하는 경우나 지반 주변 환경이 부식성이 아주 강할 때는 에폭시-레진으로 네일봉을 코팅하고 그라우팅도 최대한의 두께로 시공한다.
d. 네일봉 등의 강철을 고온에 노출시켜 응력의 이완을 초래하는 일이 없도록 한다.
e. 슬래그 성토, 습윤 산성 지반, 산업 폐기물이 방치된 지반, 그리고 유기질 지반은 피한다.

12.3 공법 종류

12.3.1 항타 네일(driven nail)

주로 프랑스와 독일에서 사용되며 값이 싸고 350MPa의 항복강도를 갖춘 연강으로 제조되는 롯드(rod) 또는 바(bar)로 직경은 15~46mm 정도로 비교적 촘촘한 간격(2~4개/m^2)으로 설치한다. 선행천공 없이 해머를 이용하여 항타하여 설치한다. 그러므로 시공속도가 빠르고 (시간당 4~6개) 경제적이지만 최대 20m의 길이 제한이 따르고 이물질(전석 등)이 있는 지반인 경우 설치에 문제가 따른다.

12.3.2 그라우팅된 네일(grouted nail)

고강도 강봉(직경 15~46mm 정도)으로 1,050MPa의 항복강도를 갖는다. 흙의 특성에 따라 1~3m 정도의 수직·수평 간격으로 직경 10~15cm 정도로 천공하여 네일을 설치한다. 일반적으로 네일은 시멘트 또는 레진(Resin)을 중력 또는 낮은 압력으로 그라우팅한다. 이형바는 네일-그라우트 부착력을 향상시키기 위해 쓰이기도 한다.

12.3.3 가압식 그라우팅 네일(jet-grouted nail)

가압식 그라우팅 네일은 중앙부 강재 롯드와 그라우팅된 흙의 합성 삽입재로 롯드의 두께는 30~40cm 정도이다. 네일이 설치되는 동안이나 설치 후에도 시멘트나 레진으로 그라우팅할 수 있다. 그라우트 주입재는 수 mm의 작은 직경의 종방향 관을 통해 주입된다. 가압 압력은 주변 지반의 수압파쇄(hydraulic fracture)를 일으킬 수 정도의 압력을 가하는데, 조립토인 경우 낮은 압력에서도(약 4MPa) 성공적으로 시공될 수 있다. 가압식 그라우팅을 시행하면 주변 지반의 재다짐과 개량을 유발시키고 합성 보강재의 전단 저항력과 인발 저항력을 크게 증가시킨다.

12.3.4 부식 방지 네일(corrosion-protected nail)

부식 방지 네일은 최근 영구 구조물로의 사용을 목적으로 개발되었는데, 기존의 강철봉을 부식으로부터 보호하는 방법과 네일의 재질을 부식이 일어나지 않는 FRP로 대체하는 방법이 사용되고 있다. 강철봉을 물의 침투에서 보호하기 위해서는 플라스틱으로 만들어진 케이싱 내에 강철봉을 삽입한 후에 그라우팅 처리하는 방법이 사용되고 있다.

| 참고문헌 |

김홍택(2001), 쏘일네일링의 원리 및 지침, 평문각, pp.1~28.

임해식(2012), 쏘일네일링, 퍼플.

Bruce, D. and Jewell, R.A.(1987), Soil nailing: Application and practice, Ground Engineering, Part 2 January 1987.

Elias, V. and Juran, I.(1991), Soil Nailing for Stabilization of Highway Slopes and Excavations, Publication FHWA-RD-89-198, Federal Highway Administration, Washington D.C.

Huang, Y.H.(1983), Stability Analysis of Earth Slope, Van Nostrand Reinhold Company, pp.223~225.

Juran, I., Baudrand, G., Farrag, K., and Elias, V.(1990), "Kinematical limit analysis for design of nailed structures," Journal of Geotechnical Engineering, American Society of Civil Engineers, Vol. 116, No. 1, pp.54~72.

Lazarte, C.A., Elias, V., Espinoza, D. and Sabatini, P.J.(2003), Geotechnical Engineering Circular No.7: Soil Nail Walls, FHWA Report No. 0-1F-03-017.

Rathmayer, H.G. & Saar, K.H.O.(1983), Improvement of Ground, Proceedings of 8th ECSMFE, Vol. 1, Vol. 2, Vol. 3.

Schlosser, F.(1983), "Analogies et differences dans le comportement et le calcul des ouvrages de soutenement en terre armee et par clouage du sol. Annales ITBTP, No. 418, Sols et Foundations 184, October 1983, 8~23.

Shen, C.K., Herrmann, L.R., Romstand, K.M., Bang, S., Kim, Y.S. and Denatale, J.S.(1981), In-situ Earth Reinforcement Lateral Support System, Report Nop.81-03, Depart. of Civil Engrg, University of California, Davis

Stocker, M.F., Korber, G.W., Gassler, G. and Gudehus, G.(1979), "Soil nailing", International Conference on Soil Reinforcement, Paris, 2, pp.463~474

Winterkorn, H.F. & Fang, H.Y.(1975), Foundation Engineering Handbook, Van Nostrand Reinhold Company, pp.121~196.

Xanthakos, P.P., Abramson, L.W. & Bruce, D.A.(1994), Ground Control And Improvement, John Wiley & Sons, pp.331~405.

13

약액주입공법

약액주입공법

13.1 공법 개요

그라우팅(grouting)이라고도 불리는 이 공법은 지반 내에 주입관을 삽입하여 적당한 양의 약액(주입재)을 압력으로 주입하거나 혼합하여 지반을 고결 또는 경화시켜 강도증대 또는 차수효과를 높이는 공법이다. 이 공법의 사용목적은 다음과 같다.

- 용수, 누수의 방지 목적
    댐, 터널, 제방, 지하철, 흙막이공 등의 차수
- 지반의 고결 목적
    - 기초 지반의 지지력 강화
    - 기존 기초의 보강(underpinning)
    - 굴착저면과 벽면의 보강 및 안정
    - 터널공, 실드(shield)공 등의 전면지반의 안정

주입공법은 위에서 살펴 본 목적 이외에 최근에는 지반진동을 경감하기 위한 대책으로도 사용되고 있다. 주입공법은 준비 및 설비가 간단하고 소규모여서 협소한 장소에서도 시공할 수 있고, 진동이나 소음에 대한 영향이 작을 뿐만 아니라 공기가 짧은 장점을 가지고 있으나 공사비용이 비교적 비싸다. 이 공법은 주로 응급대책 또는 보조공법으로 사용되어 왔으나 점차 본격적·항구적 지반개량공법으로 사용되고 있다.

현재 국내 건설현장에서 사용되고 있는 주입공법에는 물유리계 약액(LW, SGR 등), 우레탄, 고압분사주입 등이 단독으로 또는 2~3가지가 병행되어 쓰이고 있다. 제한된 공간, 복잡한 지하매설물 등 여러 가지 악조건하에서 주입공법을 성공적으로 사용하기 위해서는 공사규모, 지반조건, 현장 시공여건, 공사비용, 공사기간 등을 고려하여 최적의 공법을 채택하는 것이 중요하다. 주입공법은 그림 13.1과 같이 침투, 다짐(변위), 화학식 그라우팅 등으로 나눌 수 있다.

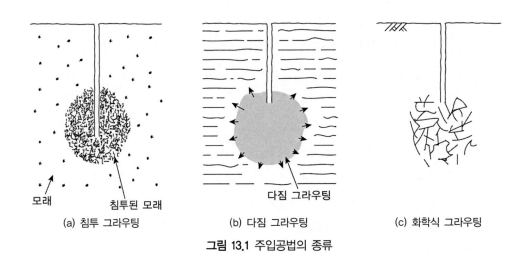

| (a) 침투 그라우팅 | (b) 다짐 그라우팅 | (c) 화학식 그라우팅 |

그림 13.1 주입공법의 종류

약액주입공법은 유럽에서 시작된 후 미국, 일본 등에서 발전된 공법으로 미국의 American Cyanamide Co.가 1953년에 특허를 얻은 아크릴아미드계의 AM-9에 의해 전 세계적으로 퍼져 사용되기 시작하였다. 일본에서는 1964년 동경올림픽 이후 건설공사의 급격한 신장과 함께 그 사용량이 급격하게 증가하였다. 1974년 미국과 일본에서 고분자계 약액으로 인한 공해 문제 발생 후 현재는 현탁액형 약액 및 물유리계 약액이 주로 사용되고 있다. 약액 종류를 정리하면 표 13.1과 같으며, 각 약액의 특성은 표 13.2와 같다.

표 13.1 약액의 종류

현탁액형	시멘트계	
	점토계	
	아스팔트계	
용액형	물유리계	알카리계
		비알카리계
		특수실리카계
		기·액반응계
	고분자계	크롬리그닌계
		아크릴아미드계
		요소계
		우레탄계

표 13.2 약액의 특징

구분	현탁액형			용액형				
				물유리계	고분자계			
	시멘트계	점토계	아스팔트계		크롬리그닌계	아크릴아미드계	요소계	우레탄계
주입목적	강도	차수	차수	차수	강도	강도+차수	강도	강도+차수
침투성	불량			양호	우수	가장 우수	양호	불량
고결시간	완결			순결~완결	순결~완결	순결~완결	–	순결
내구성	1~1.5년			0.5~1년				
비용	저가			중간	저가	저가	중간	–
유독성	비유독성			비유독성	유독지하수오염	독성이 적음	–	유독가스 유출
특징	용수, 누수 처리 못함	강도 기대 못함		공해우려 적음	–	강산성 지반에서 응고되지 않음	강산성에서만 응고됨	물이 없으면 응고되지 않음

　현탁액형의 가장 대표적인 시멘트는 강도나 경제적인 면에서 뛰어나나 주입이 잘되지 않으며, 경화하기까지 많은 시간이 요구되므로 긴급 처리되어야 하는 용수, 누수 등의 지하수 처리나 유수 중에서의 주입에는 사용하기가 어렵다. 점토계, 아스팔트계 약액은 강도 목적에는 사용하기가 어렵고 차수목적에만 사용한다. 용액형 약액은 점성이 낮고 침투력이 좋아 시멘트로는 기대할 수 없는 협소한 균열 깊숙이 주입, 충전될 수 있으며 시멘트와 병용으로 부족한

강도를 보완할 수 있다. 고분자계 약액은 특수한 목적 이외에는 공해문제로 거의 사용하지 않는다.

13.2 공법 설계

약액주입공법 설계 시 주입압, 주입량, 주입시간, 주입공의 간격 등을 결정해야 하는데, 이들은 약액의 종류와 토질에 관계한다.

(1) 주입공 간격 및 주입시간

① Raffle 식

$$t = \frac{nr^2}{kh}\left\{\frac{\mu_r}{3}\left(\frac{R^3}{r^3}-1\right)-\frac{\mu_r-1}{2}\left(\frac{R^3}{r^3}-1\right)\right\} \tag{13.1}$$

② Maag 식

$$t = \frac{\mu_r n}{3khr}(R^3-r^3) \tag{13.2}$$

여기서, μ_r : 물(1)에 대한 그라우트의 점성비
t : 주입소요시간(sec)
h : 수두(주입압)(cm)
n : 간극률
R : 주입유효반경(cm)
k : 투수계수
r : 주입공 간격(cm)

(2) 주입량

지반 1m^{3}당 주입량＝간극률(n)×주입충진율(α)×손실계수($1+\beta$)

(3) 주입압

주입압력의 하한치는 마찰저항으로 인한 손실값이며, 보통 7~15bar이다(1bar＝100kPa). 주입압의 상한은 지반의 연직토압이다. 일반적으로 약액의 점성은 일정하지 않으며 고결 시간 (gel time)까지 서서히 증가하여 주입이 어려우므로 주입 중에 점차 주입압을 올려주어야 한다.

13.3 공법 시공

13.3.1 약액주입방식

약액의 주입방식은 고결 시간(gel time)을 기준으로 나뉜다. 고결 시간이 20분 이상 걸리는 경우에는 1액 1공정(1 shot system)이 사용되며, 2~10분일 때는 2액 1공정(1.5 shot system), 그리고 고결시간이 2분보다도 작아 순간 고결되는 경우에는 2액 2공정(2 shot system)이 사용된다. 1액 1공정은 2개 이상의 약액을 사용하는 경우라도 1개의 통에서 섞어서 1개의 주입관을 사용하여 주입하는 방법이며, 2액 2공정은 두 주입관을 사용하여 주입하는 순간 혼합하는 방법이며, 마지막으로 2액 1공정은 주입하기 전에 2개의 약액을 혼합하여 하나의 주입관으로 주입하는 방법이다.

지하수 유속이 크지 않을 때는 1 shot system을 사용하며, 유속이 클 때나 용수 및 누수가 많을 때는 2 shot system을 사용한다. 중간인 1.5 shot system은 간편하고 보편적인 방법으로 최근 들어 많이 사용된다. 표 13.3은 이들 주입방식을 이용한 주입 시공공법들을 보인 것이다.

롯드공법은 로타리 보링에 의하여 주입심도까지 천공한 후 보링롯드를 사용하여 주입하는 공법이다. 0.5~1.0m 간격의 주입 포인트(스텝)마다 소정 양을 주입하고 차례로 롯드를 뽑아 올려 시공한다. 주제(A액), 반응제(B액)는 롯드의 두부에 장치한 특수 조인트에서 합류하여 롯드를 통과하는 사이에 자연적으로 혼합된다.

표 13.3 주입공법 시공방식

공법 구분		공법 명	고결 시간 (gel time)	주입방식
단관 주입방식	롯드공법 스트레이너공법	–	길다 (15~60분)	1 shot system
이중관 주입방식	저블 팩커공법	슬리브공법 솔레탄슈공법 더블 스트레이너공법 LW공법	보통 (3~10분)	1.5 shot system
	이중관 롯드공법	DDS공법 LAG공법 MT공법 SGR공법	순결 (3~10초) 완결 (60~90초)	2 shot system
	특수 이중관공법	토련식공법	30~60초	1, 1.5, 2 shot system

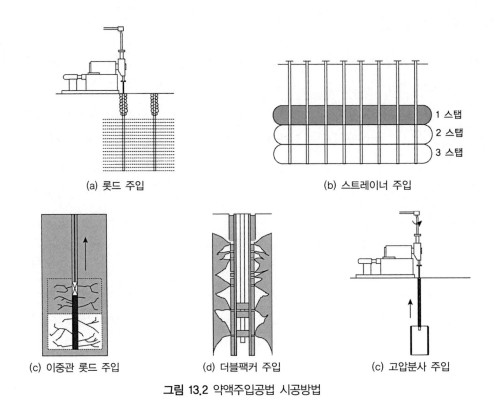

(a) 롯드 주입   (b) 스트레이너 주입

(c) 이중관 롯드 주입   (d) 더블팩커 주입   (c) 고압분사 주입

그림 13.2 약액주입공법 시공방법

스트레이너공법은 스트레이너관을 지중에 설치하여 주입하는 방법을 총칭하는 것으로 약액이 다수공으로부터 분산하여 분출되므로 롯드공법에 비해 균일한 침투가 가능하다. 그러나

주입관을 회수할 수 없어 비경제적이며, 토층이 견고하거나 깊은 심도에서는 스트레이너관의 타설이 어려운 단점이 있다.

더블 팩커공법은 불균일한 지반을 포함하여 대부분의 토질에 적용, 가능하며 각 주입 포인트를 임의의 시기에 수압시험이나 시험주입으로 검토할 수 있어서 시공관리 및 주입효과 판정이 용이하다. 그러나 시공이 복잡하고, 작업 속도도 상당히 낮은 단점이 있다.

이중관 롯드공법은 고결시간이 수초 정도로 매우 짧아 2 shot system이 필요한 경우에 사용하는 것으로 이중관 롯드를 사용하여 A액과 B액을 별도로 압송하여 이중관 롯드 선단에 있는 특수 장치 속에서 혼합시켜 지반 내로 분사시키는 방법이다.

13.3.2 분사식 그라우팅

분사식 그라우팅공법은 주입공법의 한 종류라고 할 수 있다. 이 공법은 물과 주입재를 높은 압력(약 15~75MPa)으로 분사시켜, 원지반에서 즉석으로 혼합 고결시키거나 단단한 불투수 기둥(3m 이내) 또는 패널을 형성하는 공법이다.

이 공법은 공기 제트를 병행하여 사용할 수 있어 지름을 4배까지 확대할 수 있으며, 처리하고자 하는 지역에 대한 정확한 조절이 가능하고 일축압축강도 및 탄성계수를 크게 개량할 수 있는 특징이 있다. 분사식 그라우팅공법의 시공방법은 보통의 로타리 보링과 마찬가지 방법으로 소정의 깊이까지 구멍을 뚫고 고화제를 함유한 고압분사로 바꾸어 롯드를 회전시키면서 뽑아 올림으로써 원주상의 개량토를 조성한다. 시공순서를 나타내면 그림 13.3과 같다.

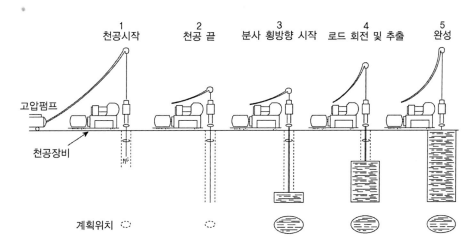

그림 13.3 분사식 그라우팅(Jet Grouting)공법

분사식 그라우팅공법과 심층혼합공법의 구분은 어려우며, 두 가지 모두 그라우팅공법의 종류라고 할 수 있다. 국내 건설현장에서 많이 사용되고 있는 그라우팅공법으로는 물유리계 약액을 사용하는 LW(Labile Wassen glass)공법과 SGR(Space Grouting Rocket system)공법 등을 들 수 있으며, 최근에는 심층혼합공법의 일종인 JSP(Jumbo Special Pile)공법, SIG(Super Injection Grouting), RJP(Rodin Jet Pile)공법 등이 개발되어 많이 사용되고 있다. 그 밖에 터널굴착 보조공법으로 특히 지하철 공사에서 많이 사용되고 있는 파이프루프(pipe roof)공법, 강관다단 보강형주입(umbrella)공법, 포폴링(forepoling)공법 등도 그라우팅공법의 일종이다.

13.3.3 심층혼합공법(deep mixing method)

이 공법은 현장 흙에 혼화제를 섞어 안정을 꾀하는 공법으로 혼화제에 따라 점성토, 사질토, 유기질토 등 모든 연약토에 적용할 수 있으나 일반적으로 점성토에 사용되며, 저소음, 저진동으로 공해가 없고 단시간에 큰 강도를 얻을 수 있는 장점이 있다.

현재까지 개발되어 사용되고 있는 심층혼합공법을 정리하면 표 13.4와 같다. 시공방법에는 교반날개로 강제혼합하는 기계식 혼합처리방식과 약액주입공법을 발전시킨 분사식 혼합처리 방식이 있다. 기계식 혼합처리는 석회, 시멘트 등의 혼화제를 압축공기를 이용하여 공급한 후 교반날개로 현장 흙과 혼합하는 방식이며, 분사식 혼합처리는 고압을 이용하여 혼화재를 분사하며 동시에 현장 흙을 교반시켜 혼합하는 방식으로 작업 공간이 작은 장점이 있다.

표 13.4 심층혼합공법의 종류

구분	공법 이름	상세 이름	특징
기계식	CDM	Cement Deep Mixing	시멘트 용액을 혼합
	CGS	Compaction Grouting System	점성이 작은 주입재 강제 주입
	DMM	Deep Mixing Method	시멘트, 석회분말 교반
	CMC	Clay Mixing Consolidation Method	점토를 혼합
	DECOM	Deep Cement Continuous Mixing Method	시멘트 용액 주입
분사식	DJM	Dry Jet Mixing	시멘트 분말 사용(단관)
	CCP	Chemical Churning Pile	시멘트 용액 주입(단관)
	JSP	Jumbo Special Pile	공기와 시멘트 용액 주입(이중관)
	JSG	Jumbo Jet Special Grouting	공기와 시멘트 용액 주입(이중관)
	SIG	Super Injection Grout	공기, 물, 시멘트 용액 주입(삼중관)
	RJP	Rodin Jet Pile	공기, 물, 시멘트 용액 주입(삼중관)
	CJG	Column Jet Grouting	공기, 물, 시멘트 용액 주입(삼중관)

예제 13.1 주입공법의 용도를 예를 들어 설명하시오.

풀이

주입공법은 그림과 같이 지반의 차수성 증가, 지반의 강도 및 지지력 증가, 기존 구조물의 기초 보강(underpinning), 터널 굴진 시의 붕괴방지, 흙막이벽의 토압감소, 굴착바닥면의 분사현상과 융기현상 방지 등을 목적으로 사용한다.

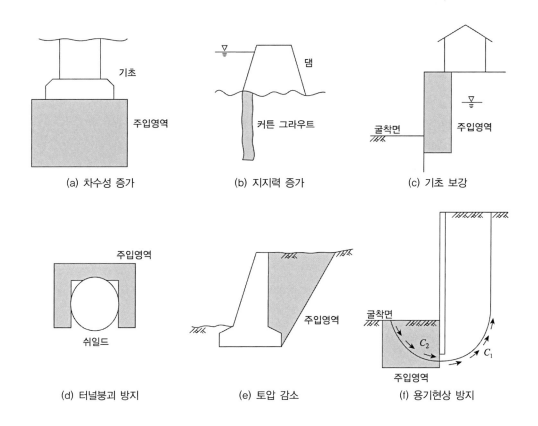

(a) 차수성 증가　　(b) 지지력 증가　　(c) 기초 보강

(d) 터널붕괴 방지　　(e) 토압 감소　　(f) 용기현상 방지

| 참고문헌 |

김민수(1987), 물유리계 주입재에 의한 차수 및 지반강도 증대효과에 관한 연구, 석사학위논문, 한양 대학교.

이용재(1984), 약액주입에 의한 지반강도 증대에 관한 연구, 석사학위논문, 한양대학교.

천병식(1990), 기초지반개량공법, 건설연구사, pp.86~112.

천병식(1995), 건설기술자를 위한 지반주입공법, 원기술.

日本土質工學會(1978), 地盤 改良の 調査, 設計 から 施工まで.

日本土質工學會(1988), 軟弱地盤對策工法 - 調査, 設計, から施工まで -.

ASCE(1980), "Preliminary Glossary of Terms Relating to Grouting", J. Geotech. Engng. Div. ASCE, (106), GT7, pp.803~815.

Bowen, R.(1975), Grouting in Engineering Practice, John Wiley & Sons, New York, p.187.

Graf, E. D.(1969), "Compaction Grouting Technique and Operations", J. Soil Mech. and Found. Div. ASCE, (95), SM5, pp.1151~1158.

Greenwood, D. A. & Thomson, G. H.(1983), Ground Stabilization : Deep Compaction and Grouting, ICE Works Construction Guides, pp.5~43.

Karol, R. H.(1990), Chemical Grouting, 2nd ed., Marcel Dekker, Inc.

Lambe, T. W. & Whitman, R. V.(1979), Soil Mechanics, SI Version, John Wiley and Sons.

Miki, G.(1973), "Chemical Stabilization of Sandy Soils by Grouting in Japan. Proc. 8th ICSMFE", (43), p.395.

Mitchell, J. K.(1981), "Soil Improvement, State of the Art Report", Proc. 10th Int. Conf. on Soil Mech. and Found. Eng., Vol. 4, pp.509~565.

Okumura, T. & Terashi, M.(1975), "Deep-Lime-Mixing Method of Stabilization for Marine Clays", Proc. 5th Asian Regional Conf. on Soil Mech. and Found. Engng., (1), pp.69~75, Bangalore, India.

Perez, J. Y., Davidson, R. R. & Lacroix, Y.(1981), Locks and Dam No. 26 Chemical Grouting Test Program, Geotechnique, in press.

Tan, D. Y. & Clough, G. W.(1980), "Ground Control for Shallow Tunnels by Soil Grouting", J. Geotech. Engng. Div., ASCE, (106), GT9, pp.1037~1057.

14
—

표층처리공법

14 표층처리공법

14.1 공법 개요

　수출입이 많은 산업의 경우 해안 지역에 단지를 형성하는 경우가 많은데, 이 경우 바다에서 쉽게 구할 수 있는 준설토를 이용하여 단지 조성을 위한 매립공사를 수행하는 경우가 많다. 특히, 해양에서 얻은 준설 점토는 일반적으로 고함수비이며, 압축성이 크고, 장기간에 걸쳐 압밀이 이루어지므로 지반을 안정시키는 데 장시간이 소요된다. 따라서 해양 준설 점토로 매립된 부지에서는 지반이 너무 연약해 연직배수설치 장비나 덤프트럭, 굴착기 등 건설에 필요한 중장비들이 진입하기조차 어려운 경우가 많다. 따라서 초연약상태의 매립지반의 표층을 조기에 처리할 수 있는 표층처리공법의 적용이 필요하다. 연약지반의 표층처리공법은 주로 후속공정을 위한 시공장비의 주행성 확보를 위한 목적으로 적용되므로, 표층처리 후 지반의 지지력 증진효과가 우수하고 시공성이 뛰어난 공법을 선정하는 것이 중요하다. 또한 지반의 연약 정도와 후속공정의 시급성 등을 고려하여 경제적이고 효율적인 공법의 선정도 중요하다.

　표층처리공법은 표층부의 배수 및 건조효과를 극대화시켜 표층강도 증진을 촉진시키는 배수건조공법, 연약지반의 지지력을 증대시키기 위하여 모래, 토목섬유 또는 대나무 등을 균등하게 포설하는 표층포설 보강공법, 그리고 석회계, 시멘트계 또는 플라이애쉬계의 안정제를 연약토와 혼합 교반하여 표층의 강도를 발현시키는 표층고화 처리공법 등이 있다. 표 14.1은 표층처리공법의 종류 및 특징을 나타낸 것이다.

표 14.1 표층처리공법의 종류 및 특징

분류	공법	개요	특징
배수 및 건조	표층배수	표층에 배수로를 설치하여 지반의 수위를 저하시키는 방법	• 시공이 간편하고 경제적인 공법 • 점성토지반에서는 충분한 효과를 기대하기 어려움
	PTM	표층에 점진적인 트렌치를 시공하여 표면의 배수 및 건조층 형성을 촉진시키는 공법	• 초연약지반에서 시공이 가능하고 경제적인 공법 • 공기가 긴 경우에 효과적인 개량공법
	진공수평배수	표층부에 수평배수재를 설치하여 진공압으로 배수를 촉진시키는 공법	• 단기간 내에 표층 배수 및 압밀을 촉진시는 공법 • 시공 및 품질관리가 필요하고 고가의 공법
포설공법	토목섬유	연약토 표층에 토목섬유를 포설하여 인력 및 장비의 진입이 가능하게 하는 공법	• 인장보강재로 작용하여 장비의 주행성 확보 가능 • 현장포설 및 연결부 이음 등에 대한 관리 필요
	대나무 매트	대나무를 연속 또는 격자로 묶어 연약층 위에 포설하여 지지력을 확보하는 공법	• 연약지반의 침하 및 치환량을 감소시킬 수 있음 • 대나무 재질 및 연결부 품질관리가 어려움
	샌드매트	연약토 표층에 모래를 포설하여 장비 주행성 확보 및 수평배수 역할 수행	연약 표층의 교란 및 파괴 없이 일정한 두께로 모래를 포설하는 것이 중요
고화처리	석회계	생석회, 소석회 등을 연약토와 첨가/혼합하여 개량하는 방법	• 사용재료 및 시공방법에 대한 품질관리가 중요 • 비교적 고가의 공법
	시멘트계	시멘트를 연약토와 혼합하여 표층의 강도를 증진시키는 방법	• 교반방법에 대한 품질관리가 중요 • 비교적 고가의 공법
	플라이애쉬계	산업부산물인 플라이애쉬(석탄회, 제지회)를 연약토와 혼합하여 개량하는 방법	재료의 수급 및 현장설비에 대한 충분한 조사 필요

14.2 공법 설계

표층처리공법 설계를 위해 제안되어 있는 설계방법으로는 기존 지지력 이론을 활용하는 기법과 케이블 이론에 의한 해석기법, 판 이론에 의한 해석기법, 막 이론에 의한 해석기법 등이 있다.

14.2.1 지지력 이론

(1) Terzaghi 지지력 이론을 이용하는 방법

Terzaghi가 제안한 지지력 이론에 보강재에 유발되는 인장응력효과와 보강재의 측방융기 억제효과, 성토침하/측방융기에 의한 근입효과 등을 포함시켜 보강된 연약지반의 지지력을 평가하는 해석기법이다. 그림 14.1과 같이 지반의 변형형상 및 토목섬유의 인장효과를 고려하여 식 (14.1)과 같은 지지력 산정식을 사용할 수 있다.

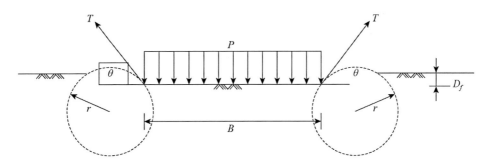

그림 14.1 Terzaghi 지지력 이론

$$F_s = \frac{Q_d}{Q} = \frac{\alpha c N_c + \dfrac{2\,T\sin\theta}{B} + \dfrac{T}{r}N_q + \gamma D_f N_q}{Q_B + Q_M} \tag{14.1}$$

여기서, F_s : 설계안전율 $=1.5$, Q_d : 극한 지지력

Q : 상재하중, Q_B : 복토(부설모래) 하중

Q_M : 장비하중, N_c, N_q : 지지력 계수

c : 연약층 전단강도, B : 장비하중 재하 폭

θ : 토목섬유가 수평면과 이루는 각

γ : 복토(부설모래) 단위중량, D_f : 재하지역의 연약지반 근입깊이

(2) Meyerhof 지지력 공식에 의한 방법

강도특성이 다른 2개의 지층으로 구성된 기초지반에 대한 Meyerhof의 지지력공식을 기반으로 토목섬유의 보강효과를 고려하여 검토하는 방법으로 지지력 산정식은 식 (14.2)와 같다.

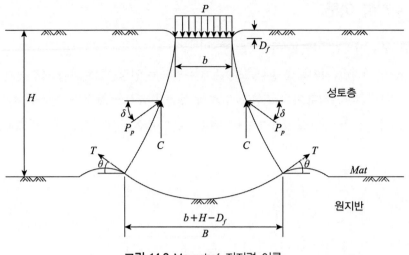

그림 14.2 Meyerhof 지지력 이론

$$q_a = \frac{1}{F_s}\left\{5.14\,c\left(1+0.2\frac{B}{L}\right)+\gamma\,H^2\left(1+\frac{B}{L}\right)\left(1+\frac{2\,D_f}{H}\right)\frac{K_s\tan\phi}{B}+\gamma\,D_f\right\}+\frac{2\,T_a\sin\theta}{B}$$

$$(14.2)$$

여기서, L : 하중의 작용길이, H : 복토층 두께, K_s : 펀칭전단계수

(3) Yamanouchi 지지력 공식에 의한 방법

Yamanouchi(1985)는 연약지반 위에 토목섬유 설치 후 성토 상단부에서 재하시험을 수행한 결과, 하중강도와 침하량과의 관계에서 하중이 가해지는 바로 밑 부분 흙 쐐기가 토목섬유에 닿고 토목섬유를 통해 새로운 형태의 쐐기대가 형성되는 2층계 지반으로 모델화하여 지지력 식 (14.3)을 제안하였다. 이 식은 대나무 매트 등과 같이 상대적으로 강성이 큰 보강재를 표층 처리공법에 사용했을 때 설계식으로 적합하다.

$$q_a = \frac{1}{F_s}\left(1+\frac{d-D_f}{b}\right)\left[\left\{5.3\,c+T_a\left(\frac{2\sin\theta}{b}+\frac{1}{R}\right)+\frac{4\,S_a\,R\,(1-\cos\theta)}{b+d-D_f}\right\}+\gamma\,D_f\right]\qquad(14.3)$$

여기서, F_s : 단기안전율, d : 복토두께

D_f : 재하지역에서의 연약지반 근입깊이

b : 장비하중 재하 폭, c : 연약층 전단강도

T_a : 천공 시 손상을 고려한 토목섬유의 허용인장력

θ : 토목섬유가 수평면과 이루는 각

R : 장비하중이 연약층에 전달되는 반경

γ : 복토(부설모래) 단위중량

S_a : 토목섬유와 연약층의 마찰 저항력

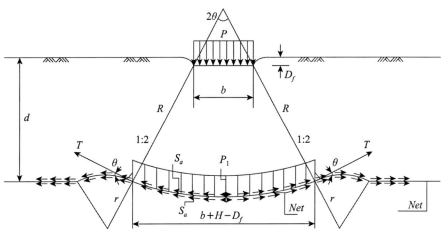

그림 14.3 Yamanouchi 지지력 이론

식 (14.3)에서 $S_a, R,\ D_f$의 영향을 무시하면, 식 (14.4)와 같은 간편식으로 표현할 수 있다.

$$q_a = \frac{1}{F_s}\left(1 + \frac{d}{b}\right)\left(5.3\,c + \frac{2\,T_a \sin\theta}{b}\right) \qquad (14.4)$$

14.2.2 판 이론

판 이론은 표층처리공법에 사용된 보강재와 주위의 흙이 일체화되어 하나의 판상구조를 형성한다는 가정하에 보강된 연약지반의 지지력(식 14.5 참조)을 평가하는 방법이다. 판 이론에 의한 해석기법은 보강재의 휨강성과 전단저항력을 고려할 수 있는 장점이 있으나, 보강재의 인장강도를 무시하였고 성토재와 연약지반이 섞여지는 경우에는 적용할 수 없는 문제점을 갖고 있다.

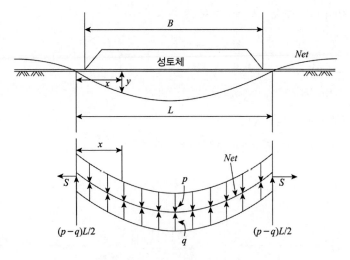

그림 14.4 판 이론에 의한 방법

$$y = \frac{(p-q)}{S^2} \frac{D\mathrm{sinh}\,\sqrt{S/Dx} \times \mathrm{sinh}\,\sqrt{S/D(L-x)}}{\mathrm{sinh}\,\sqrt{S/DL}} - \left(\frac{p-q}{2S}\right)\left(x^2 - Lx + \frac{2D}{S}\right) \qquad (14.5)$$

여기서, y : 네트 침하량, x : 단부 거리

   D : 네트의 휨강성, p : 성토의 하중강도

   q : 지반반력, S : 네트와 흙 사이의 전단강도

   L : 네트를 단순지지력으로 볼 수 있는 지점 간의 거리

14.2.3 케이블 이론

케이블 이론은 보강재를 Winkler 모델 지반상의 케이블로 간주하여 보강재의 강성을 무시하고 침하곡선식과 하중강도의 관계를 이용하여 보강된 연약지반의 지지력을 평가하는 방법이다.

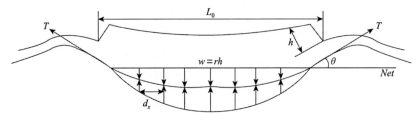

그림 14.5 케이블 이론에 의한 방법

$$y = \frac{W}{k}\left\{1 - \frac{0.5}{\sinh\beta}\left[(1-e^{-\beta})e^{\beta x/L_0} + (e^{\beta}-1)\times e^{-\beta x/L_0}\right]\right\} \tag{14.6}$$

$$\beta = \sqrt{\frac{kL_o^2}{T_o\cos\theta_o}}\ ,\ \ L_o = 2B = 2(b+d)$$

$$W = \gamma\times abh/[(a+d)(b+d)]$$

여기서, k : Winkler의 지반계수법에 근거한 지반반력계수

y : 네트의 침하량

d : 부설두께, h : 성토고

r : 성토의 단위체적중량

T : 네트에 발생하는 최대 인장력

θ : 네트의 경사각

케이블 이론에 의한 해석 기법은 보강재의 인장강도와 전단저항을 모두 고려할 수 있는 장점이 있으나 보강재의 강성을 무시하였고, 지반계수를 얻기 위해 현장시험을 수행해야 하는 단점이 있다.

14.2.4 막 이론

막 이론은 초연약지반에 토목섬유 등을 포설하였을 때, 내부에서 발생하는 압력의 형태에 따라 부풀어 오르는 토목섬유를 불투수성 탄성막으로 가정하여 지지력을 산정하는 이론으로 간극수압을 고려하고 있다. 또한 비배수 변형($\Delta = 0$)을 가정하여 미지의 파라미터(r, θ, D_f) 항을 없앤 지지력 평가기법이다.

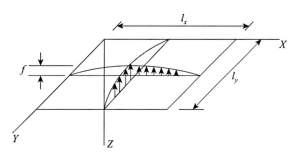

그림 14.6 막 이론에 의한 방법

$$H_x\frac{\partial^2}{\partial x^2}(z+w)+H_y\frac{\partial^2}{\partial y^2}(z+w)-p=0 \qquad (14.7)$$

$$H_x=\frac{E_x\cdot t_x}{2S_x-i_x}\left(-\int_0^{l_x}\frac{\partial^2 z}{\partial x^2}wd_x+\frac{1}{2}\int_0^{l_x}\left(\frac{\partial w}{\partial x}\right)^2 d_x\right)$$

$$H_y=\frac{E_y\cdot t_y}{2S_y-i_y}\left(-\int_0^{l_y}\frac{\partial^2 z}{\partial y^2}wd_y+\frac{1}{2}\int_0^{l_y}\left(\frac{\partial w}{\partial y}\right)^2 d_y\right)$$

여기서, w : 막의 연직변위

H_x, H_y : x방향, y방향의 막의 장력 수평성분

E : 막의 탄성계수

t : 막의 두께

s : 막의 초기길이

막 이론에 의한 해석기법은 미지의 파라미터가 들어가 있지 않아 설계가 간편한 장점이 있다. 그러나 연약지반의 점착력을 무시하고 보강재를 불투수성으로 간주하고 있으며, 보강재의 종류별로 간극수압 거동이 상이할 수 있다는 등의 문제점을 갖고 있다.

14.3 공법 종류

14.3.1 배수 및 건조공법

배수 및 건조공법으로는 연약지반의 표면에 배수로를 시공하여 표층수를 신속히 외부로 배수시키고 지하수위를 저하시킴으로써 표면의 연약층을 개선시키는 표층배수공법(그림 14.7)과 수륙양용형 트렌치 시공장비를 이용하여 표층의 연약지반에 점진적인 트렌치를 시공하여 표층수를 신속히 배수시키고 표층지반을 태양열에 노출시켜 건조층 형성을 촉진시키는 PTM 공법(Progressive Trenching Method, 그림 14.8) 그리고 표층부에 수평배수재를 설치하여 진공압으로 배수를 촉진시키는 진공수평 배수공법(그림 14.9) 등이 있다. 여기서 PTM공법은 표층배수공법 중 그림 14.7(a)의 트렌치 시공방법과 유사하나 초연약지반에서 그림 14.8과 같은 특수장비를 사용하여 점진적인 트렌치를 시공하는 점과 표면 건조를 촉진시킨다는 점에서 표층배수공법과 차이를 둘 수 있다.

(a) 트렌치에 의한 배수

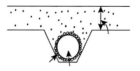

(b) 유공관에 의한 배수

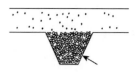

(c) 쇄석 배수구에 의한 배수

그림 14.7 표층배수 시공방법

그림 14.8 초연약지반 수륙양용 트렌치 시공장비

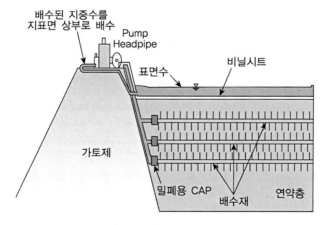

그림 14.9 진공수평배수공법

표층배수공법에서 트렌치 시공방법 및 시공장비는 대상 연약지반의 상태에 따라 달라지는데 인력 및 일반 습지장비의 진입이 어려운 초연약지반에서는 수륙양용의 초저 접지압의 특수장비를 이용하여 그림 14.7(a)와 같이 트렌치를 시공하여 자연 노출시키는 방법을 사용한다. 반면에 인력 및 습지장비의 진입이 가능한 연약지반에서는 그림 14.7(b), (c)와 같이 트렌치 시공후 유공관이나 쇄석 배수구를 트렌치 내에 설치하고 그 위에 모래를 포설하여 안정된 트렌치를 형성할 수 있다. 그리고 부지 내에서 배수된 물을 외부로 배출하기 위한 외곽 트렌치가 일반적으로 시공되는데, 이 트렌치는 내부의 트렌치에 비하여 폭과 깊이를 크게 형성시기고 이를 위한 시공 장비도 외부 제체 등에서 글로브 버킷(glove bucket)이나 롱-붐 백호(long-boom backhoe) 등을 이용하여 시공한다.

PTM공법은 해성점토로 준설 매립된 초연약지반에 인력이나 습지도져와 같은 경량장비가 진입할 수 있는 수준으로 표층의 건조층을 최소의 공사비로 형성하고자 할 때 매우 효과적인 공법이다. 트렌치는 보통 폭 0.5~1m, 깊이 0.2~0.6m 정도로 시공되며 표층의 건조 상태에 따라 단계적으로 트렌치의 깊이를 증가시킬 수 있다. 또한 트렌치의 간격은 일반적으로 5~20m 정도로 시공되는데, 트렌치 시공으로 인한 부지 내 표층수의 배수 효율, 그리고 트렌치 시공으로 인한 지하수위 저하 효과 등을 고려하여 그 간격을 결정하게 된다.

진공수평배수공법은 초연약지반 표층부에 배수재를 수평으로 타설하고 배수재의 끝부분에서 진공압을 작용시켜 지반 내 간극수를 강제적으로 배수시키는 공법으로 일본과 벨기에 등지에서 준설투기장의 투기용량 증대를 목적으로 1980년대 말부터 적용되어 온 공법이다. 이 공법은 그림 14.9와 같이 연약토 표층부 약 2~3m 깊이에 수평배수재를 0.5~1.0m 깊이 간격으로 2~3층을 매설하며, 표면에 비닐시트를 포설하거나 물을 채워 표면 균열에 의한 진공압 손실을 막고 있다. 수평배수재를 통하여 연약토층에 작용하는 진공압은 진공펌프실의 압력에 비해 작게 나타나는데, 그 주된 원인은 진공펌프의 설치위치에 따른 위치수두차, 관로 손실수두, 배수재 및 배관 연결부 누기에 의한 진공압 손실이다. 따라서 설계 시에 이러한 진공압 손실분에 대한 고려가 검토되어야 하며, 배수재의 매설심도에 의한 유효 토피 자중압력으로 인한 추가 압밀하중도 고려되어야 한다.

표면의 기밀을 유지하는 방법으로는 기중(氣中) 시공법과 수중(水中) 시공법으로 나눌 수 있다. 기중 시공법은 표층에 밀폐 비닐시트를 포설하여 진공압 손실을 막는 방법이고, 수중 시공법은 밀폐 비닐시트를 포설하지 않고 최상단 배수재를 설치간격(d)과 같은 깊이에 설치하여 표층으로부터 설치간격의 반 만큼의 깊이에 압력손실 방지를 위한 밀봉층으로 남겨놓는 방법이다. 기중시공법은 표층 비닐시트의 포설 및 유지관리 비용이 추가로 발생하고 표면의 완벽한 기밀유지를 위한 철저한 품질관리가 요구되며, 수중시공법은 상부 0.5d 깊이만큼의 미개량층에 대한 추가적인 표층처리가 필요하다.

14.3.2 표층포설공법

표층포설공법은 연약토 표층에서 장비의 주행성 확보를 위하여 토목섬유나 대나무 매트 같은 인장 보강재를 포설하거나 모래를 일정한 두께로 포설하여 지지력을 확보하는 공법이다. 일반적으로 연약지반의 장비 주행성 확보 및 수평배수를 위해 모래를 일정한 두께로 포설하는데, 추가적인 지지력 확보를 위해서 토목섬유나 대나무 매트 같은 보강재를 포설하게 된다.

(1) 토목섬유공법

토목섬유공법은 보강재를 연약지반의 표면에 직접 깔고 그 위에 양질의 흙을 성토하는 공법으로 하부에 부설된 토목섬유가 상부토사의 함몰을 방지하여 건설장비의 주행을 가능하게 하고 단시간 내에 시공이 가능하도록 하는 초연약지반의 표층처리공법 중 하나이다. 토목섬유공법은 단독으로 사용하기보다는 샌드매트공법이나 대나무 매트공법과 같이 혼용하여 사용하는 것이 일반적이다.

그림 14.10 토목섬유공법

토목섬유를 사용하는 표층처리공법을 적용하는 경우 상부하중은 토목섬유의 인장력, 성토가 지반 내부로 침하함에 따라 발생하는 부력, 지반의 역학적 성상에 따라 소성유동 전파가 지연되면서 발생하는 구속효과, 그리고 잔류 점착력에 의한 지지력으로 지지된다. 설계 시에는 토목섬유의 인장력만을 고려하는데, 토목섬유는 대체로 현장에 넓게 설치되어 있고 끝 부분이 고정되어 있지 않기 때문에 토목섬유에 생기는 최대 인장력 발생 시점은 성토 종료 후가 아니라 구조물이 전체적으로 안정된 후이다. 따라서 토목섬유 인장력 산정 시에는 이에 대한 고려가 반드시 있어야 한다.

표 14.2와 표 14.3은 표층처리공법에 사용되는 토목섬유의 재질별, 직조 방법별 공학적 특성이다. 최근에는 고밀도 고강도 폴리머 중합체로 제작한 지오그리드를 표층처리공법에 사용하기도 한다.

표 14.2 토목섬유 재질별 공학적 특성

구분	PET(Polyester)	PE(Polyethylene)	PP(Polypropylene)
특징	• 무거움 • 신율이 작음	• 무게 보통 • 신율이 작음	• PE보다 가볍고 신율이 큼 • PE보다 강도가 낮음
장점	• 강도가 큼 • UV에 대해 내구성이 가장 우수 • 내열성, 내한성 큼	• 강도가 큼 • 생물학적, 화학적 저항 큼 • 내한성이 큼 • UV에 의한 열화가 큼	• 강도가 큼 • 생물학적, 화학적 저항 큼 • PE보다 장기적 안정
단점	내알칼리성 작음	PP보다 중량 큼	UV에 대해 약함

표 14.3 토목섬유 직조 방법별 공학적 특성

구분	직포(Woven)	부직포(Non-Woven)
특징	• 날줄과 씨줄로 교차하여 엮어 만듦 • 주로 보강재, 분리재로 사용	• 섬유를 불규칙하게 배열 결합시킴 • 간극이 많아 필터재, 보강재, 분리재 등에 광범위하게 사용
장점	• 인장강도가 부직포보다 매우 큼 • 신율이 작음	• 꿰뚫림이나 파열에 강함 • 성토 시공 시 충격 흡수성이 좋음
단점	필터 기능이 좋지 않음	• 인장강도가 직포보다 작음 • 신율이 크므로 지반변형이 큼

초연약지반상에 토목섬유를 설치하는 방법으로는 인력 설치와 크레인, 백호, 윈치 등과 같은 장비에 의한 설치 그리고 수중에서는 바지선 등을 이용한 설치 방법이 있다. 현재까지도 많이 사용하는 방법은 인력에 의한 방법인데, 이 경우에 발판을 확보하기 위하여 목재, 판재 또는 스티로폼 등을 사용하고 있으며 발판 확보가 어려운 경우에는 초연약지반에서는 배 또는 간단한 뗏목을 만들어 사용하거나 윈치를 병용하여 토목섬유를 설치한다.

| (a) 인력 설치 | (b) 장비에 의한 설치 |

그림 14.11 토목섬유 설치 방법

(2) 대나무 망공법

대나무 망공법은 휨강성이 크고 인장과 비틀림 저항성이 강한 대나무의 역학적, 재료적인 장점을 이용하여 초연약지반 표층 개량 시 지반의 국부파괴 및 불규칙 침하를 억제하는 공법이다. 대나무 망공법은 그림 14.12와 같이 대나무 망과 토목섬유를 함께 설치하여 균등한 성토가 가능도록 되어 있다.

그림 14.12 대나무 망 표층처리공법

대나무 망 표층처리공법을 적용하는 경우에는 토목섬유를 단독으로 적용하는 표층처리공법보다 지반의 소성유동을 최소화할 수 있으므로 장비의 안정성 확보를 위한 성토 두께를 최소화할 수 있다. 또한 대나무 망 설치 후 인력이 직접 진입할 수 있기 때문에 실무적으로 어려웠던 직접적인 지반 조사가 가능하기 때문에 초기 준설매립지반에 대한 초기물성 값에 대한 조사가 가능하여 효율적인 시공관리, 시공 관리기준 설정 등과 같은 시공 전반에 관련한 예측이 용이한 장점이 있다.

대나무 망 제작은 지경 4cm 이상의 대나무를 사용하고, 대상 지반의 비배수 전단강도를 고려하여 소철선이나 플라스틱 밴드 등을 이용하여 약 0.4~1.0m 간격으로 겹쳐 결속한다. 대나무의 겹 이음 최소 길이는 1.5m로 하고 결속재를 2겹으로 3개소 이상 결속한다.

그림 14.13 대나무 망 결속 방법

(3) 샌드매트공법

샌드매트에 의한 표층처리공법은 양질의 모래를 연약한 준설매립토층 상부에 일정 두께로 설치하는 공법으로 상부 하중을 분산시키는 효과가 있으므로 중장비의 주행성을 확보할 수 있으며 동시에 횡방향 배수의 기능을 확보할 수 있는 장점이 있는 공법이다. 샌드매트공법은 단독으로 사용되기도 하나 단독으로 사용되는 경우에는 모래층 두께가 두꺼워지기 때문에 토목섬유공법이나 대나무 망공법 등과 같은 보강재와 함께 복합적으로 사용하는 것이 일반적이다.

샌드매트공법을 적용하는 데 가장 중요한 것은 첫 번째 층을 설치하는 일이다. 첫 번째 층 두께를 두껍게 하게 되면 불균일한 침하의 원인이 되어 추후 시공하는 두 번째 또는 세 번째

층에서 불균일한 표면 상태를 바로잡기가 어려워지고 활모양으로 휘어지는 경우가 많기 때문에 주의가 필요하다. 따라서 첫 번째 층의 모래 설치는 얇은 층은 여러 단계에 걸쳐 설치하는 방법을 사용하고 있다.

샌드매트를 설치하는 방법에는 습지도져와 덤프트럭을 이용하는 방법, 벨트컨베이어를 이용하는 방법, 강압건식에 의한 방법, 고압습식에 의한 방법 등이 있다.

① 습지도져와 덤프트럭을 이용하는 방법

습지도져와 덤프트럭을 이용한 샌드매트 설치 방법은 덤프트럭을 통해 모래를 현장까지 운반한 후 접지압이 상대적으로 작은 습지도져를 이용하여 샌드매트 두께를 30~50cm 정도로 얇게 설치하는 방법이다.

그림 14.14 습지도져와 덤프트럭을 이용하는 방법

이 방법은 비교적 비배수 전단강도가 큰 육상부 연약점성토층 상에 샌드매트를 설치할 때 사용하는 방법으로 비배수 전단강도가 거의 '0'에 가까운 초연약 준설매립지반의 경우에는 사용이 곤란한 방법이다.

② 벨트 컨베이어를 이용하는 방법

벨트 컨베이어를 이용하는 방법은 대상 지반이 너무 연약해 앞서 언급한 것과 같은 습지도저 등의 진입이 어려울 때 사용하는 방법으로 그림 14.15와 같이 특수하게 제작된 벨트 컨베이어를 이용하여 샌드매트를 설치하는 공법이다. 벨트 컨베이어를 장비의 전방주행궤도보다 약 5~6m 정도 켄틸레버식으로 돌출시키고 벨트 컨베이어를 빠른 속도로 이동시켜 모래를 전방으로 뿌리는 이 방법을 이용하면 모래 두께 조절이 용이하므로 현장 여건에 따라 1회 시공후 전방으로 조금씩 이동하면서 균질한 샌드매트 설치가 가능하나.

그림 14.15 벨트 컨베이어를 이용하는 방법

③ 강압건식공법

강압건식공법은 그림 14.16과 같이 고압의 컴프레셔와 크레인 그리고 배사관을 이용하여 매립지 내에 장비 진입 없이 샌드매트를 설치하는 공법이다. 이 공법은 고압에 의해 모래를 배출해야 하므로 크레인을 이용하며 일반적으로 지름 150mm의 배사관을 사용한다. 크레인의 용량에 따라 배사 거리 조정이 가능하며 최대 배사 거리는 약 150m 정도이다. 인력진입이 가능할 경우에는 사람이 배사관을 들고 시공할 수 있는데, 이 경우에는 거리의 큰 제약 없이 샌드매트를 설치할 수 있다.

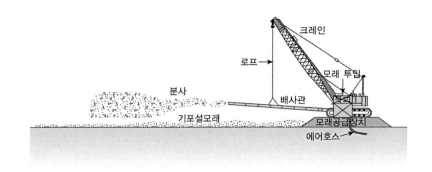

그림 14.16 강압건식공법

④ 고압습식공법

고압습식공법은 고압의 펌프를 이용하여 물과 모래를 동시에 흡입하고 노즐 선단부로부터 공기를 자연 흡입하여 배사관을 통해 샌드매트를 설치하는 공법으로 비교적 간단한 구조로 작업효율이 상당히 높은 것이 장점이다. 이 공법은 일본에서 개발된 고압의 혼기식 Jet Pump(AMJP, Air Mixed Jet Pump)를 이용한 것으로 원래 AMJP공법은 하천이나 댐, 저수지 등에 퇴적된 세립의 퇴적토를 준설할 목적으로 개발된 공법으로 일본에서는 준설공사, 항만매립공사, 해상에서의 모래 제방 축조 등의 목적으로 사용되고 있다.

그림 14.17 고압습식공법

14.3.3 표층고화 처리공법

표층고화 처리공법은 지반의 표층 부분을 대상으로 시멘트 및 생석회와 같은 고화재를 주재료로 하여 원지반과 교반·혼합한 후 고화재의 화학적인 고결작용을 이용하여 지반의 강도나 변형특성, 내구성 등을 개선하는 지반개량공법이다. 표층고화처리공법은 일반적으로 표면에서 1~2m 정도의 표층토를 대상으로 시공하며, 이렇게 고화처리된 지반은 강성이 큰 구조체를 형성하여 하부 미개량층과 분리된 2층 지반의 형태가 된다. 고화처리공법의 특성은 투입되는 고화재의 화학적 성분과 대상토질에 따라 다르게 나타난다.

표층고화 처리공법은 모래보다 작은 입자의 실트질이나 점성토에 대해 시멘트나 생석회 등과 같은 적절한 고화재를 혼합하여 소요 강도를 얻는 방법으로 고화재의 화학적인 작용에 의하여 개량효과가 나타난다. 따라서 고화 치리 결과를 효과적으로 얻기 위하여 고화를 촉진시키거나 강도를 증대하는 성분을 첨가하기도 하고 성분을 조정하여 사용하기도 한다. 이러한 고화재는 '시멘트, 생석회 또는 플라이애쉬를 모재로 고화를 목적으로 하는 재료'의 의미로서 시멘트계 고화재, 석회계 고화재 또는 플라이애쉬계 고화재라 부르고 있다. 표층고화 처리공법에 주로 사용되는 고화재의 특징은 다음과 같다.

(1) 시멘트

시멘트는 흙의 안정처리 재료로 가장 많이 사용되어 온 고화재로써 산화칼슘(CaO), 이산화규소(SiO_2) 및 산화알루미늄(Al_2O_3)의 3가지 성분의 합이 90% 이상으로 구성되어 있으며, 흙에 시멘트를 섞으면 액성한계가 감소하고 소성지수가 증가하며, 비교적 높은 강도를 얻을 수 있기 때문에 연약지반의 표층고화처리에 많이 사용되고 있다. 또한 시멘트는 공급이 원활하여 재료를 쉽게 구할 수 있어 모든 지역에서 쉽게 사용할 수 있는 장점이 있다. 그러나 초연약지반의 강도확보를 위해 다량의 시멘트를 혼합하는 경우에는 건조수축에 의한 균열발생과 시멘트 고화재의 높은 비중으로 인해 표층지지력이 감소되는 경우도 있다. 그리고 유기질이 많이 포함된 지반에서는 강도발현을 위한 수화반응이 제대로 나타나지 않는 경우가 있으므로 시멘트 고화재를 사용하는 경우 세심한 주의가 필요하다.

(2) 석회

표층처리공법에 일반적으로 사용되는 석회는 수산화칼슘($Ca(OH)_2$), 생석회(CaO) 등이며, 보통 5~10% 정도의 양을 흙에 섞는다. 점성토에 석회를 첨가하면 양이온 교환, 면모 집적화 반응 등의 화학적 반응인 포졸란(pozzolan) 반응을 일으켜 액성한계 감소, 소성한계 증가, 소성지수 감소, 워커빌러티 증가, 강도 증가 등의 효과를 얻을 수 있기 때문에 초연약 점토지반 상의 장비 주행성 확보를 위해 지표면에 석회를 뿌려 연약점토와 혼합처리하는 방법으로 많이 사용된다. 특히, 생석회는 물과 접촉하면 발열을 동반한 급격한 반응을 일으켜 흙의 함수비를 급격하게 저하키고 높은 강도가 발현된다. 그러나 물과 접촉 시 고온이 발생하기 때문에 특별한 취급이 요구되며, 함수비를 저하시켜 고화가 진행된 후에 다시 물과 접촉하는 경우에 고화된 지반이 다시 진탕화되는 단점을 가지고 있다. 또한 석회 고화재의 고화반응에는 장시간이 소요되며, 시공 시 미소화 생석회가 남지 않도록 2차 혼합 작업이 필요하기 때문에 시공 시간이 전체적으로 많이 소요되는 단점이 있다.

(3) 플라이애쉬

일반적으로 플라이애쉬는 화력발전소에서 석탄을 연소시킬 때 발생되는 석탄회를 의미하며, 산화칼슘(CaO), 이산화규소(SiO_2) 및 산화알루미늄(Al_2O_3)의 3가지 성분의 합이 약 80% 정도이며, 그 외에 SO_3, Fe_2O_3, MgO, K_2O, Na_2O 등의 성분으로 구성되어 있다. 플라이애쉬는 단독으로 고화재로 사용하기보다는 시멘트나 석회 등을 함께 섞어 사용하는 것이 일반적이다. 최근에는 플라이애쉬를 성토재 및 기타 토공재료 또는 차수재 등의 재료로 그 사용 범위를 넓혀가고 있다. 플라이애쉬는 비중이 작고 자체의 경화작용에 의하여 경량 구조체를 형성할 수 있으며, 플라이애쉬에 시멘트 등의 첨가를 통하여 높은 강도발현과 내구성을 증대할 수 있다. 특히 플라이애쉬는 인공 포졸란재료로써 수화열의 감소, 건조수축의 억제, 양호한 포졸란 반응에 의한 강도증진 등의 장점을 가지고 있으며, 자원 재활용에 의한 경제성 제고 측면에서도 유리한 고화재로 평가되고 있다.

그림 14.18 표층고화공법 적용을 위한 교반 작업

시멘트계, 석회계, 플라이애쉬계 고화재의 특징 및 장단점을 비교 정리하면 표 14.4와 같다.

표 14.4 시멘트계, 석회계, 플라이애쉬계 고화재의 비교

구분	시멘트계	석회계	플라이애쉬계
주재료	시멘트	석회	플라이애쉬
강도발현	장기강도 (28일)	장기강도 (28일)	조기강도 (3일 이내)
투수성	불투수	불투수	일정한 투수계수 확보 가능
환경성	중금속 일부 검출	발열반응 시 위험물로 취급됨	중금속 오염 없음
비중	큼	큼	작음
경제성	중간	고가	저가
건조수축	발생	발생	없음
장점	• 원자재 풍부 • 공급 원활 • 높은 강도 발현	• 원자재 풍부 • 공급 원활	• 조기강도 발현 • 투수계수 확보 및 미량 원소 공급으로 원활한 식생 가능 • 개량지반 해체 시 유용토로 사용 가능
단점	• 지반의 영구적 변화 • 폐기 시 폐기물 처리 • 시멘트가 주원료로 Cr^{+6} 용출 가능 • 동결융해 발생	• 위험물 취급 • 백화수 발생 • 진탕화 발생 • 지반의 영구적 변화 • 폐기 시 폐기물 처리	• 슬러리화가 어려워 이용대상의 한계가 있음 • 지역에 따라 원자재 공급에 어려움 발생 가능

예제 14.1 PTM공법(Progressive Trenching Method)에 대하여 설명하시오.

풀이

이 공법은 준설매립지반과 같은 초연약지반에 수륙양용형 트렌치 시공장비를 투입시켜 점진적으로 트렌치의 깊이를 증가시켜 인력 및 장비가 진입할 수 있도록 표층수를 신속히 배수시키고, 태양열에 의한 자연건조로 표면 건조층을 형성하여 지지력을 확보하는 공법이다. 이 공법은 해성점토로 준설 매립된 초연약지반을 중장비가 작업할 수 있는 수준으로 비교적 짧은 기간에 최소의 공사비로 표층을 건조 처리해야 할 필요가 있을 때 매우 효과적인 공법이다. 트렌치는 보통 폭 0.5~1m, 깊이 0.5m 정도이고, 트렌치 간 간격은 5~20m 정도로 시공한다. 이 공법은 트렌치를 이용하여 준설매립 표층의 여수를 배수시키고 트렌치 주변의 지하수위

저하를 유도하여 자연건조에 의해 건조층을 형성하고, 트렌치 깊이와 간격을 변화시키면서 건조효과를 극대화하여 자연방치 상태보다 건조기간을 앞당기고 건조층의 두께와 강도는 증가시키는 공법이다.

예제 14.2 표층혼합공법(shallow mixing method)에 대하여 간단히 설명하시오.

풀이

지표면에서 깊이 약 3m 이내의 연약토를 석회, 시멘트, 플라이애쉬 등의 안정재와 혼합하여 지반강도를 증진시키는 공법으로 주로 해안매립지와 같이 초연약지반의 지표면을 고화시키기 위해 사용하는 공법이다. 공사비는 비교적 비싼 편이나 단기간에 개량효과가 확실히 나타나는 공법이다.

| 참고문헌 |

건설교통부(2001), "해양공간개발을 위한 표층안정처리기술 개발", 건설교통부 국책연구과제 최종보고서.

국토해양부(2009), "초연약지반 표층처리를 위한 최적 설계기법 연구", 건설기술혁신사업 최종보고서, p.330.

김홍석, 박중배, 이송, 강명찬(2000), "표층개량을 위한 수평진공배수공법의 모형실험에 관한 연구", 대한토목학회 학술발표회 논문집.

양기석(2009), "대나무 표층처리 준설매립지반의 지지력 특성", 한국시립대학교, 박사학위논문, p.126.

양태선(2002), "항만공사에 있어서 표층처리 시공사례에 대한 고찰", ISSMGE ATC-7 Symposium, pp.463~483.

이승원, 지성현, 이영남(2000), "초연약지반 표층개량을 위한 PTM공법", 초연약 준설매립지반의 특성 및 지반개량기술 특별세미나 논문집, 현대건설, pp.211~234.

항만기술단(2001), "대나무매트를 이용한 초연약지반 호안 및 가설도로 기초처리공법", 기술보고서.

홍의, 나영묵, 한정수, 심동현(1997), "초연약지반 매립에서 토목섬유 시공사례", 한국지반공학회 가을학술발표회 논문집.

Cargrill, K. W.(1984), "Prediction of Consolidation of Very Soft Soil", ASCE, GE 110, No. 6, pp.775~795.

Kamon, M. and Bergado, D. T.(1991), "Ground Improvement Techniques", Proceedings of the Ninth Asian Regional Conference on Soil Mechanics and Foundation Engineering, Vol.2, pp.203~228.

Mitchell, J. K.(1981), "Soil Improvement, State of the Art Report", Proc. 10th Int. Conf. on Soil Mech. and Found. Eng., Vol. 4, pp.509~565.

Yamanouchi(1985), "Recent developements in the used synthetic geofabrics and geogrids", Symposium on Recent Developements in Ground improvement techniques. Bankok, pp.205~224.

15
—
기타 공법

15

기타 공법

15.1 뿌리말뚝공법

15.1.1 공법 개요

뿌리말뚝의 개념은 1950년대 초반 제2차 세계대전의 전화를 입은 이탈리아로 거슬러 올라간다. 이 시기에는 역사적인 건물과 기념물에 대한 혁신적이고 신뢰성 있는 보강방법을 강구할 때로 보강하고자 하는 구조물 또는 인접구조물에 악영향을 끼치지 않고 지반변위를 최소화하면서 구조물 하중을 지지할 뿐만 아니라 제한된 작업공간과 다양한 지반에 대해서도 시공이 가능한 방법 찾게 되었다. 이 기대에 부응하여 이탈리아 건설업체인 Fondedile 사는 Fernando Lizzi의 기술적인 지도 아래 구조물의 보강을 목적으로 한 소구경의 천공, 현장타설말뚝인 Palo Radice(뿌리말뚝)를 개발하였다.

뿌리말뚝(root pile)은 중심에 보강재가 들어 있는 지름 약 75~250mm인 소구경 현장타설말뚝이다. 자연상태 나무의 경우 흙과 강력하게 부착되어 있는 나무뿌리가 흙 속에 사방으로 퍼져 있어 나무뿌리와 흙이 일체로 외력에 저항하는 점에 착안하여 나무뿌리 역할을 하는 다수의 뿌리말뚝을 인공적으로 지반에 삽입하여 구조물을 지지하거나 지반을 보강하고자 하는 아이디어를 현실화한 것이 그물식 뿌리말뚝(RRP, Reticulated Root Piles)공법이다. 이 공법의 이점은 크게 두 가지를 들 수 있다. 첫째는 일체로 거동하는 흙–말뚝 복합체를 구성하기 위하여 효과적으로 흙을 둘러싸는 것이고, 둘째는 인장력에 저항할 수 있도록 흙–말뚝 구조물에 필요한 보강재를 제공하는 것이다. RRP 구조물의 설계는 본질적으로 이들 두 가지 목적을 모두 달성하기 위한 말뚝의 밀도 결정에 근거를 두고 있다. 따라서 말뚝수와 지름, 말뚝간격, 말뚝배치방향의 결정이 설계의 중요한 요인이 된다.

> ※ 뿌리말뚝공법
> 뿌리말뚝공법은 연약지반 개량의 목적보다는 사면안정, 언더피닝(underpinning) 등 주로 기존 지반의 보강 목적으로 사용되어왔다. 뿌리말뚝군 내의 각각의 말뚝은 인장, 압축, 휨 등의 응력을 받으며 흙과의 상호작용은 복잡하다. 말뚝의 크기, 배치, 간격, 관입깊이 등이 설계 시 결정해야 할 중요 사항이다.

15.1.2 시공순서

뿌리말뚝의 시공순서는 그림 15.1과 같다.

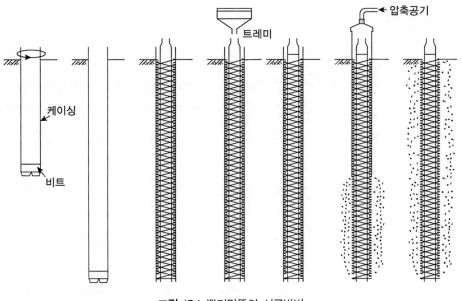

그림 15.1 뿌리말뚝의 시공방법

　(1) 회전하는 케이싱을 지반에 밀어 넣으면서 천공한다. 이때 케이싱 끝단에 있는 회전 비트에 의해 분쇄된 흙은 케이싱 상단에서 공급된 물 또는 벤토나이트 슬러리에 의해 케이싱과 천공벽면 사이로 흘러나오게 된다.

(2) 소정의 깊이까지 천공한 다음에는 보강재를 집어넣는다. 천공지름이 작을 경우(100mm)에는 하나의 강봉을 넣고 천공지름이 큰 경우(약 300mm)에는 철근 케이지 또는 튜브 형태의 강관을 넣는다. 기초보강 시 보통 작은 천공지름으로 시공한다.

(3) 보강강재를 설치한 후에는 트레미 파이프를 이용하여 그라우팅을 한다. 체로 친 모래 $1m^3$당 600~800kg의 시멘트를 배합하여 고강도 그라우트가 되도록 한다.

(4) 그라우팅이 끝나면 케이싱을 추출한다. 이와 동시에 압축공기를 주입하여 그라우트를 천공벽면에 밀착시킨다. 공기압은 지반에 파괴가 발생하지 않으면서 말뚝 표면을 거칠게 할 정도의 6~8bar로 가한다.

15.1.3 뿌리말뚝과 강관 소구경말뚝의 차이점

1970년대에 들어 뿌리말뚝의 특허가 만료된 후 일반적으로 소구경말뚝이라 불리는 다양한 종류의 말뚝이 출현하게 되었다. 뿌리말뚝의 가장 선호할 만한 특징은 소구경인데 반하여 상당히 큰 지지력을 갖는다는 점이다. 따라서 뿌리말뚝의 지지력은 단면의 크기를 고려해볼 때 말뚝재료 자체의 강도에 영향을 받게 마련이므로 말뚝재료의 하중저항능력을 향상시키기 위해 중량이 큰 강관을 보강재로 하는 소구경말뚝을 개발하기에 이르렀다. 이런 소구경말뚝은 북미에서 주로 쓰이는 것으로 강관의 높은 강도로 인해 하중지지 능력이 크지만 뿌리말뚝에 비해 다음과 같은 차이점이 있다.

(1) 강관 소구경말뚝에 있어서 강관과 흙 사이의 부착은 강관을 통하여 주입된 액체 상태의 시멘트 그라우트에 의해 얻어지는 데 강관을 둘러싸는 시멘트 그라우트 두께가 얇아 강재와 그라우트, 그리고 그라우트와 흙 사이에 상당히 효과적인 부착이 확보되기가 힘들다. 따라서 케이싱 선단 부분에 압력 그라우팅을 실시하여 선단저항에 의한 지지력을 확보하게 되는 데 이 점이 주면마찰에 의해 지지력을 확보하는 뿌리말뚝과 다른 점이다. 그림 15.2는 말뚝으로부터 흙으로의 하중전이를 나타내는 전형적인 하중전이곡선 2개를 보여주는데 그림 15.2(a)는 뿌리말뚝에 대한 하중전이곡선을, 그림 15.2(b)는 강관 소구경말뚝의 하중전이곡선을 보여준다.

그림 15.2(b)의 하중전이곡선은 그림 15.2(a)의 하중전이 곡선에 비하여 선단 근처에서 대부분의 하중전이 현상이 나타남을 보이는 것으로 이때의 침하량은 보통 수 cm에 이른다. 반면에

그림 15.2(a)의 경우 침하량은 보통 수 mm에 지나지 않는다. 따라서 강관 소구경말뚝은 침하량이 크기 때문에 언더피닝(Underpinning)에는 사용할 수 없고 새로운 구조물의 기초로서 사용된다.

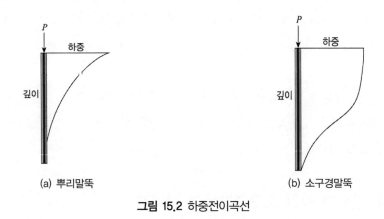

그림 15.2 하중전이곡선

(2) 강관 소구경말뚝의 경우 부식의 위험성을 무시할 수 없다.

(3) 상당히 큰 하중을 받으며 상부토층의 흙에 의해 지지되지 않는 까닭에 강관 소구경말뚝의 좌굴 가능성을 무시할 수 없다.

15.1.4 뿌리말뚝의 용도 및 특징

일반적인 말뚝의 기능은 구조물 하중을 지반하부의 단단한 층에 전달하는 것이다. 그러나 기술자들이 직면하는 모든 문제를 이런 말뚝의 기능만으로 해결하기는 힘들기 때문에 지반 자체를 보강하는 여러 방법들이 개발되었다. 그중에서 RRP공법은 하중을 직접 지지하는 말뚝으로서 그뿐만 아니라 기존 구조물의 존재로 인해 응력상태, 지반체적의 변화, 투수성의 변화가 허용되지 않는 등의 원지반 그 자체의 상태를 유지해야 하는 경우에 적용 가능한 공법이다. RRP을 구성하는 기본 요소는 뿌리말뚝을 그물식으로 배치함으로써 흙을 둘러싸고 있는 흙-말뚝이 일체로 거동하는 데 있다. RRP의 용도는 다음과 같다.

① 도심지 내 지반의 강화 또는 기초지반의 보강
② 사면활동의 방지

③ 다양한 흙으로 구성된 지반에 있는 터널의 보강
④ 재래의 말뚝으로 시공이 어려운 지반의 기초

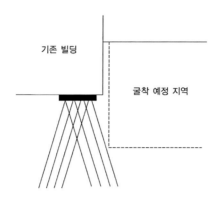

그림 15.3 RRP를 이용한 기초지반의 보강

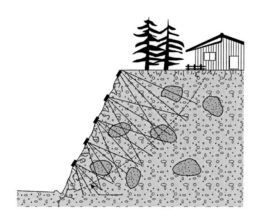

그림 15.4 RRP를 이용한 사면 안정

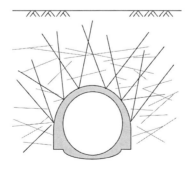

그림 15.5 RRP를 이용한 터널의 보강

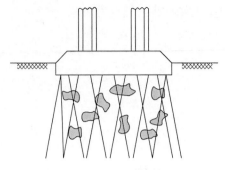

그림 15.6 RRP를 이용한 교각기초

15.2 EPS공법

15.2.1 공법 개요

연약지반에서 교대, 교각, 옹벽과 같은 구조물 배면에 성토를 할 경우는 구조물 배면의 성토 편하중에 의해, 지반의 침하 및 측방유동이 발생하여 구조물과 성토부에 부등침하가 생길 수 있으며, 지반의 침하, 측방유동에 의해 구조물이 측방이동하고 또한 기초 말뚝에 측방유동압과 부마찰력이 작용할 수 있다. 이 경우 여러 가지 지반개량공법을 사용하여 지반을 개량하거나 파일 슬래브공법, 박스형 교대공법, EPS 성토공법 등을 사용함으로써 토압을 경감시키는 방법을 채택하기도 한다.

이 가운데 EPS공법은 경량성토공법 중 가장 대표적인 공법으로 최근 들어 그 사용실적이 급증하고 있다. EPS(Expanded Poly-Styrene)는 폴리스티렌 수지에 발포제를 첨가한 후 가열, 연화시켜서 만든 재료로서, 그동안 주로 단열재로 사용되어 왔다. EPS공법은 단위중량이 일반 흙의 1/100 정도밖에 되지 않는 초경량성, 인력시공과 신속한 시공이 가능한 시공우월성, 탁월한 내구성, 자립성, 작은 흡수성 등의 장점을 가지고 있어 각종 토목구조물에 폭넓게 적용될 수 있으며, 특히 연약지반이나 급경사지 등의 악조건에서도 효율적으로 사용될 수 있는 공법이다.

EPS공법은 1972년 노르웨이 오슬로 부근의 교대 뒤채움성토에 발생한 단차 문제를 해결하기 위해 처음 사용되었다. 그 후 EPS공법은 노르웨이를 중심으로 한 북유럽국가들과 미국, 일본 등지에서 활발하게 사용되어 왔으며, 국내에는 1993년에 고속도로 교대의 뒤채움재로 처음 사용한 이래 연약지반 공사 시 일부 적용되고 있다.

15.2.2 공법 특징

EPS공법은 발포폴리스티렌(EPS)의 대형블록을 이용하는 공법으로 초경량성, 내압축성, 내구성, 시공성, 자립성 등의 특징을 갖는다. 재료 특성과 함께 EPS공법의 특징을 정리하면 다음과 같다.

(1) 초경량성

EPS의 단위중량은 일반 흙의 약 1/100 정도이며, 다른 경량성토 재료와 비교해도 $1/10 \sim 1/20$에 불과하다. 따라서 초경량성토를 요구하는 연약지반이나 수평토압을 감소시켜야 하는 현장에 아주 효과적으로 사용할 수 있다.

(2) 내압축성

EPS의 압축강도는 제조과정에서 폴리스티렌 알갱이의 발포배율에 따라 차이가 있으나 허용압축강도는 대략 $2 \sim 9t/m^2$이며, 성토재로서 충분히 사용할 수 있는 압축강도를 가지고 있다. 또한 대표적인 EPS 블록으로 일축압축강도시험을 수행한 결과, 약 1%의 압축변형률까지 탄성거동을 보이는 것으로 나타났으며, 사용하중 범위 내에서 동적반복하중이 작용할 때 변형이 거의 발생하지 않는 것으로 나타나 장기적인 안정성도 뛰어난 것으로 확인되었다.

(3) 내구성

EPS는 합성 열가소성 수지로 구성되므로 부식성이 없으며, 미생물이나 세균 등에 의한 침식에도 강한 것으로 나타났다. 또한 빗물 등 일시적인 침투조건에서는 흡수에 따른 변화는 없으며, 장기간 지하수위 아래 방치되는 경우 이외에는 흡수로 인한 문제는 크지 않는 것으로 알려져 있다. 그러나 EPS는 자외선에 의해 품질이 저하될 수 있으므로 단기간에 사용하는 것이 좋다. 또한 EPS는 일반적으로 산이나 알칼리, 염류 등에 우수한 저항성을 갖고 있으나 휘발유, 디젤유 등 석유제품과 접착제, 도료제 등에는 약하므로 주의해야 한다.

(4) 시공성

EPS는 경량이기 때문에 인력으로 운반할 수 있고, 설치도 충분히 가능하다. 따라서 대형의 건설기계가 진입하기 어려운 협소한 장소나 연약지반에서도 매우 신속하게 시공할 수 있다는 것이 특징이다.

(5) 내열성

EPS의 원재료는 폴리스티렌 수지로서 열가소성 수지이므로 고온에서 수지 자체가 연화하여 팽창하거나 수축하는 등 변형을 일으킬 수 있다. 보통 EPS는 70℃ 이상의 온도에 노출시키지 않는 것이 좋다. 또한 가연성이므로 주변에서 화재가 발생하지 않도록 해야 한다. 화재 시 EPS에 미치는 온도 상승을 방지하기 위해 EPS 성토 시 30~35cm 이상 복토할 것을 규정하는 것이 보통이다.

15.2.3 EPS공법의 적용

EPS는 경량성, 자립성, 시공성 등이 우수하여 연약지반상 성토, 옹벽 및 교대의 뒤채움, 자립벽, 매설관 기초 등 각종 구조물에의 적용이 가능하다. 또한 시공 시 대형 건설기계가 필요하지 않으므로 장비의 지지력 확보가 어려운 경우에도 사용할 수 있으며, 소음 및 진동이 작고 공사기간도 짧아 적용성이 우수한 공법이다. EPS공법의 주요 적용 분야는 표 15.1과 같다.

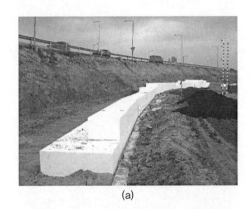

(a)

(b)

그림 15.7 EPS공법 사용 예

표 15.1 EPS공법의 적용 분야

용도	개념도	공법의 장점
연약지반 위 성토		• 침하의 저감 • 유지관리 비용 저감
되메우기		• 상재하중, 토압의 경감 • 구조물 부재단면의 저감 • 부등침하의 방지
교대, 옹벽의 뒤채움		• 측방유동압의 경감 • 단차의 방지
가설 도로		• 시공성의 향상(공사 기간의 단축) • 철거, 복구의 간이화
급경사지 성토		• 사면안정성 확보 • 사면대책공사의 저감 • 용지 절약
자립벽		• 용지의 확보 • 벽면구조의 간이화
성토·조성지의 확폭		• 주변 구조물의 영향 완화 • 용지의 감소 • 내려앉음의 방지
경사지의 두부성토		• 하중 경감 • 사면안정성 향상
재해복구 성토		• 성토의 조기복구 • 임시 및 영구복구
매설관 기초		• 부등침하의 방지 • 하중 경감

15.2.4 EPS공법 사용 시 주의할 점

지형조건의 제약에 의해 굴착면이 지하수위 이하가 되거나 지하수위 변동에 의해 EPS 성토체가 수침의 가능성이 있는 경우에는 부력에 의한 EPS 성토체의 상승 가능성에 대한 검토가 필요하다. 검토결과 소정의 안전율을 만족하지 못하는 경우에는 굴착깊이의 감소, 성토하중의 증가, 앵커 등의 사용, 지하수위 저하공법 사용 등의 대책을 강구해야 한다.

연약지반상에 EPS 성토층을 축조한 후 이와 인접하여 흙을 성토하는 경우 신설 성토층에 의해 압밀침하나 사면활동이 발생할 수 있다. 따라서 이런 경우 신설성토층으로 인해 기존 EPS 성토층이 어떤 영향을 받을 것인지 안정성 검토를 수행해야 한다. EPS 성토층에 침하가 발생하거나 블록 상호 간에 단차가 발생하면 보수가 매우 어려우므로 특히 주의해야 한다. EPS공법 사용 시 블록 치환 높이, 시공 단면의 형상 등에 따라 침하를 포함한 지반 변형이 유발될 수 있는데 그림 15.8은 이러한 상황을 묘사하고 있다.

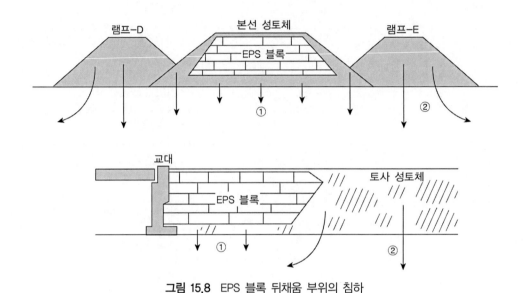

그림 15.8 EPS 블록 뒤채움 부위의 침하

15.3 생석회 말뚝공법(chemico pile method)

생석회 말뚝(chemico pile)공법은 생석회를 점토지반 중에 샌드파일과 같은 방법으로 타설하고 생석회의 수분 흡수력을 이용하여 연약지반의 압밀을 촉진시키고 강도를 증가시키는 공법이다. 또한 생석회는 지반 내 수분과 만나 포졸란 반응을 일으켜 소석회로 변하는 데 이과정에서 생석회 기둥의 체적 팽창으로 인하여 지반 내 구속압을 증가시키는 효과를 발휘한다. 따라서 이 공법을 사용하면 다른 개량공법에서와 같은 심한 침하는 일어나지 않다. 이는 탈수에 의한 지반의 수축을 석회기둥의 팽창이 보충하기 때문이다. 또한 석회기둥이 보강재 역할을 하는 복합 지반이 형성되어 응력 집중이 발생함에 따라 점성토의 침하가 상당히 경감되기 때문이다.

포화된 점성토 지반 중에 설치된 생석회는 실중량의 32% 정도에 상당하는 중량의 물을 흡수하여 반응하고, 생석회 체적의 1.98배의 실체적을 가진 소석회로 된다. 또 이 소석회는 주변 흙과 평형할 때까지 물을 모관흡수하여 습윤상태의 소석회로 된다. 시공 직후의 생석회 말뚝의 체적을 V_c, 말뚝 1개당의 유효 체적을 V, 말뚝 직경을 d_i, 말뚝 1개당의 유효 직경을 D_e로 하여 단위 깊이의 토량에 대한 생석회말뚝 개량률(a_v)을 표현하면 식 (15.1)과 같다.

$$a_v = \frac{V_v}{V} = \left(\frac{d_i}{D_e}\right)^2 \tag{15.1}$$

※ 포졸란 반응(pozzolanic reaction)　　　　　　　　　　　　　　　　(지반공학 용어사전)
그 자체에는 수경성이 없는 어떤 종류의 규산염 물질이 소석회(시멘트에서 용출되는 수산화칼슘을 포함)와의 반응으로 규산 석회수화물, 알루민산 석회수화물 등의 생성에 의해 응결, 경화하는 반응. 이 규산염 물질을 포졸란이라고 하며, 인공포졸란에는 플라이애쉬(fly ash), 고로슬래그(blast-furnace slag) 등이 있다.

이와 같이 시공된 생석회 말뚝의 소화반응 흡수와 모관흡착 흡수에 의한 지반의 평균 함수비 감소량 Δw는 식 (15.2)와 같다.

$$\Delta w = \frac{\gamma_c a_v (100 + w)(0.32 + 0.59 e_l)}{\gamma (1 - a_v)} \tag{15.2}$$

여기서, γ_c : 생석회말뚝 시공 시의 단위체적중량

　　　　e_l : 소화후의 소석회 간극비

　　　　γ : 흙의 초기 단위체적중량

　　　　w : 흙의 초기 함수비

흙입자의 비중을 G_s로 할 때 함수비의 감소량 Δw에 의한 지반의 간극비 감소량은 식 (15.3)과 같고, 따라서 이에 해당하는 만큼의 강도 증가가 발생한 것으로 기대할 수 있다.

$$\Delta e = G_s \Delta w / 100 \tag{15.3}$$

그러나 생석회의 강한 탈수작용을 받은 말뚝 주변 흙의 성질이나 말뚝 자체의 강도 특성 등에 대한 정확한 규명이 요구되고, 유기물 함유량이 많거나 지하수 공급이 과도한 지역에서의 개량효과가 격감하는 문제를 가지고 있다.

생석회 말뚝공법은 성토지반 하부의 기초처리공법, 성토나 절토 사면의 활동 방지 및 융기 방지공법, 그리고 구조물의 부등침하 방지대책공법으로 적용되고 있으며, 말뚝의 직경은 0.3~ 0.5m, 시공간격은 0.7~1.5m 정도로 시공되고 있다.

※ 생석회(生石灰)   (백과사전)

석회·산화칼슘이라고도 한다. 화학식은 CaO. 순수한 것은 등축정계(等軸晶系)의 백색 결정으로 녹는점은 2,570°C이다. 공기 중에 방치하면 수분과 이산화탄소를 흡수하여 수산화칼슘(소석회)과 탄산칼슘으로 분해한다. 또 물을 작용시키면 발열(發熱)하여 수산화칼슘이 된다. 석회석 또는 탄산칼슘 $CaCO_3$을 약 900°C 이상으로 가열하면 생긴다.

※ 석회석 매장량

생석회의 원료인 석회석의 국내 매장량은 비교적 풍부하여 2000년도를 기준으로 약 50억 톤이 매장되어 있는 것으로 보고되었다. 국내 석회석은 전국적으로 분포되어 있으나 강원도에 전체 매장량의 95% 이상이 집중적으로 분포되어 있다.

15.4 전기삼투공법

15.4.1 공법의 개요

1939년 Casagrande가 포화된 점토질 실트지반의 절토사면 안정화를 위해 전기삼투를 지반 공학 분야에 처음으로 적용한 이후 전기삼투공법(electro-osmosis method)은 배수에 의한 연약지반 처리, 기초 지반의 지지력 증대, 지반보강 및 차수를 위한 화학 그라우트제 주입 등 주로 연약지반의 개량을 위해 사용되어 왔다. 최근에는 중금속 또는 유기 오염물 제거에 큰 효과가 있는 것으로 알려져 지반환경 분야에서 활용이 증가하고 있다. 전기삼투공법은 하중 재하 없이 전기삼투에 의해 압밀을 진행시키는 공법으로 압밀 진행에 따라 흙의 공학적 성질이 개선될 뿐만 아니라 흙과 전극재의 전기화학적 반응으로 원지반의 전단강도가 상당히 증가되어, 특히 고함수비의 연약 세립토 지반에 매우 유용하게 사용할 수 있다.

15.4.2 전기삼투 이론

포화된 점토의 입자 표면은 물속에 용해되어 있는 음이온의 흡착이나 점토광물 형성과정에서 발생하는 동형치환(isomorphous substitution) 등의 원인으로 음으로 대전되어 있으며, 간극수의 양이온들을 끌어들여 전기적으로 평형을 유지하려고 한다. 음으로 대전된 점토광물과 평형을 유지하기 위해 양이온이 끌리는 범위를 이중층(double layer)이라고 하며, 이중층은 그림 15.9처럼 Helmholtz 층과 확산층(diffuse layer)으로 이루어져 있다. Helmholtz 층은 양이온과 물분자가 점토광물 표면에 강하게 부착되어 있어 고정층이라고 하며, 확산층의 이온들은 결합력이 상대적으로 약하여 이동할 수 있으므로 확산층을 가동층이라 한다. 즉, 전위차가 생기면 확산층의 양이온은 음극으로 음이온은 양극으로 이동하게 되며, 이때 이중층 바깥의 자유수는 확산층의 이온들이 이동할 때 끌려가게 된다. 확산층에는 음이온보다 양이온이 훨씬 많이 존재하고 따라서 전위차가 있는 경우 물은 양극에서 음극으로 흐르게 되는데, 이러한 현상을 전기삼투라고 한다.

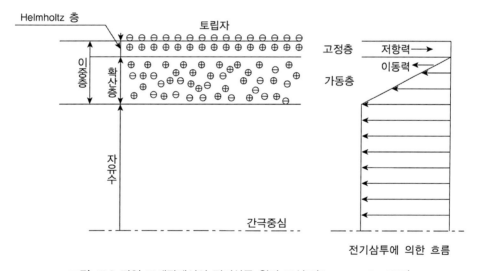

그림 15.9 단일 모세관에서의 전기삼투 원리 모식도(Casagrande, 1952)

전기삼투를 이용하여 지반의 압밀을 촉진시키는 데 영향을 미치는 인자들은 지반조건과 적용 방법에 따라 표 15.2와 같이 나눌 수 있다(Sunderland, 1987).

표 15.2 전기삼투를 이용한 압밀촉진효과에 미치는 영향인자

구분	영향인자	특징
지반조건	토립자의 크기와 광물성분	• 2μm보다 작은 성분을 30% 이상 함유하는 지반에서 효과적 • 고소성 점토보다 중저소성 실트질 점토에서 효과적
	염분 함유율	염분함유율이 높은 지반에서는 효과적이지 못함
	pH	• pH < 4인 지반에서는 거의 효과가 없음 • pH > 9인 지반에서는 염분함유율이 많아도 효과가 좋음
	투수계수	지반의 투수계수(k_h)에 대한 전기삼투 투수계수(k_i)의 상대적인 크기가 클수록 효과적
적용방법	전류밀도	흙의 종류 및 상태에 따라 큰 차이를 보임
	전극재의 종류	• 은, 백금, 구리, 황동 등의 전극재는 전기전도율이 우수 • 경제성을 고려한 경우 강철 재료가 유리
	전극재의 배치 형태	• 지반조건에 따라 배수방향(수평, 수직) 결정 • 적절한 간격 및 설치깊이의 결정이 중요

흙에서 전기와 물의 동수경사에 의한 흐름이 동시에 진행되는 경우에 다음의 이상적인 가정 하에서 식 (15.4)와 같은 전기와 물의 복합 흐름 방정식이 성립한다.

① 흙은 구조적으로 균질하고 완전 포화되어 있다.

② 물리·화학적인 특성이 시간에 따른 변화가 없고 균질하다.

③ 전기삼투에 의한 물 흐름의 속도는 전압경사에 직접적으로 비례한다.

④ 흙 입자의 전기영동현상은 없으며 비압축성이다.

⑤ 전 작용전압은 물의 흐름에 이용되며 손실은 없다.

⑥ 흙 매체 전극 간에 시간에 따른 전기장의 변화는 없다.

⑦ 전극봉에서 전기화학적인 반응은 없다.

⑧ 전기에 의한 흐름과 동수경사에 의한 흐름은 중첩되어 총흐름량이 된다.

$$J_H = L_{HH}X_H + L_{HE}X_E \tag{15.4}$$

여기서, J_H : 동수흐름과 전기흐름에 대한 총유량

$\quad\quad L_{HH}$: 동수흐름에 의한 동수흐름계수

$\quad\quad L_{HE}$: 전기 경사에 의한 전기흐름계수

X_H : 동수경사

X_E : 전기경사

따라서 전기삼투에 의한 배수량은 식 (15.5)로 나타낼 수 있으며, 이때 전기삼투에 의하여 발생되는 양극에서의 간극수압은 식 (15.6)과 같다.

$$Q_h = -k_h \frac{\Delta H}{L} A - k_e \frac{\Delta E}{L} A \qquad\qquad (15.5)$$

여기서, Q_h : 총배수유량(cm^3)

ΔH : 동수두차(cm)

ΔE : 전위차(V)

k_e : 전기삼투 투수계수($cm^2/V \cdot sec$)

k_h : 동수 투수계수(cm/sec)

A : 흐름방향에 직각인 횡단면 면적(cm^2)

$$u = -\frac{k_e}{k_h} \gamma_w V + C \qquad\qquad (15.6)$$

여기서, u : 간극수압(kg/cm^2)

γ_w : 물의 단위중량(kg/cm^3)

V : 전압(Voltage)

C : 상수

식 (15.5), (15.6)의 전기삼투 투수계수 k_e는 단위전압 경사당 물의 흐름속도이며, 일반적인 투수시험과 비슷한 방법으로 구할 수 있다. 즉, 길이와 단면적을 아는 흙시료에 일정한 전압을 가해준 후 단위시간당 유량을 측정하여 결정할 수 있다. 그런데 전기삼투 이론 중 가장 널리 사용되고 있는 Helmholtz-Smolouchowski 이론에 의하면 전기삼투 투수계수는 간극의 크기와는 상관성이 별로 없는 것으로 알려져 있다. 또한 Casagrande(1952)는 다양한 조건의 실험을 수행하여 대부분의 흙에서 전기삼투 투수계수는 일정한 범위의 값을 가지며, 전압경사가 전기삼투 흐름속도를 결정한다고 결론지었다. 전기삼투 투수계수에 대한 과거의 연구성과를 정리한 표 15.3에 의하면 k_e의 범위는 대략 $1{\times}10^{-5}{\sim}1{\times}10^{-4}\mathrm{cm}^2/\mathrm{V}{\cdot}\mathrm{sec}$이고, 흙의 종류에 관계없이 거의 일정한 것으로 나타났다. 따라서 동수 투수계수 k_h에 대한 전기삼투 투수계수 k_e의 상대적인 크기가 큰 세립토에서 전기삼투공법이 효과적이라고 할 수 있다.

표 15.3 흙의 전기삼투 투수계수(Mitchell, 1993)

흙 종류	함수비(%)	$k_e({\times}10^{-5}\mathrm{cm}^2/\mathrm{V}{\cdot}\mathrm{sec})$	대략적인 k_h (cm/sec)
London Clay	52.3	5.8	10^{-8}
Boston Blue Clay	50.8	5.1	10^{-8}
Kaolin	67.7	5.7	10^{-7}
Clayey Silt	31.7	5.0	10^{-6}
Rock Flour	27.2	4.5	10^{-7}
Na−Montmorillonite	170	2.0	10^{-9}
Na−Montmorillonite	2000	12.0	10^{-8}
Mica Powder	49.7	6.9	10^{-5}
Fine Sand	26.0	4.1	10^{-4}
Quartz Powder	23.5	4.3	10^{-4}
Ås Quick Clay	31.0	20.0~2.5	$2.0{\times}10^{-7}$
Bootlegger Cove Clay	30.0	2.4~5.0	$2.0{\times}10^{-7}$
Silty Clay, West Branch Dam	32.0	3.0~6.0	$1.2{\times}10^{-8}{\sim}6.5{\times}10^{-8}$
Clayey Silt, Little Pic River, Ontario	26.0	1.5	$2.0{\times}10^{-5}$

15.4.3 전기화학 반응

전극재로 강철(Fe)을 사용하고 간극수내에 염분이 포함된 경우의 양(+)극과 음(−)극에서의 전기화학적인 반응은 다음과 같이 발생한다.

• 양극

$$2\mathrm{H}_2\mathrm{O} - 4\mathrm{e}^- \;\rightarrow\; \mathrm{O}_2 \uparrow + 4\mathrm{H}^+ \qquad : 산전선 형성$$

$$2\mathrm{Cl}^- - 2\mathrm{e}^- \;\rightarrow\; \mathrm{Cl}_2 \uparrow \qquad : 염소가스 발생$$

$$\mathrm{Fe}^{2+} + 2\mathrm{Cl}^- \;\rightarrow\; \mathrm{FeCl}_2 \downarrow \qquad : 염화철 침전$$

$$\mathrm{H}^+ + \mathrm{Cl}^- \;\rightarrow\; \mathrm{HCl} \qquad : 염산 생성$$

$$Na^+ + Cl^- \rightarrow NaCl \qquad\qquad : 염화나트륨 \ 결정 \ 생성$$

• 음극

$$2H_2O + 2e^- \rightarrow H_2\uparrow + 2OH^- \qquad : 염기전선 \ 형성$$

$$2H^+ + 2e^- \rightarrow H_2\uparrow \qquad\qquad : 수소가스 \ 발생$$

$$Fe^{2+} + 2e^- \rightarrow Fe\downarrow \qquad\qquad : 철 \ 침전$$

$$Na^+ + e^- \rightarrow Na\downarrow \qquad\qquad : 나트륨 \ 침전$$

전기화학적인 반응이 시작되면 양(+)극에서는 산전선이, 음(−)극에서는 염기전선이 형성되며 시간이 지남에 따라 간극수가 양(+)극에서 음(−)극으로 이동하면서 산전선이 음(−)극 쪽으로 확산되어 간다. 그리고 전극재로 이용한 강철 막대(또는 강철봉)는 양(+)극에서의 전기분해 작용을 거쳐 양(+)극 주변에서 염소이온(Cl^-)과 결합하여 염화철로 침전되고, 일부는 음(−)극으로 이동하여 음(−)이온과 결합하여 철로 침전하게 된다. 마찬가지로 염화나트륨($NaCl$)도 양(+)극에서 전기분해되어 나트륨이온(Na^+)은 음(−)극으로 염소이온(Cl^-)은 양극으로 이동하여 제2의 화학결합을 하게 된다. 이러한 화학적인 반응의 정도는 지반 내 간극수와 전극재의 화학적인 성분과 전류량에 좌우되는 것으로 화학적인 반응이 과도한 경우에는 지반의 pH 변화가 크게 발생하고 전기삼투 계수가 급격히 감소하여 전기삼투효과가 떨어지는 문제가 발생할 수 있다. 따라서 장기간의 처리를 요하는 경우와 간극수 내에 염분을 많이 포함하는 경우에는 전기화학적인 반응에 대한 사전검토가 충분히 이루어져야 한다.

15.4.4 전기삼투공법의 활용 범위

Casagrande가 불안정한 굴착문제를 해결하기 위하여 최초로 전기삼투공법을 적용한 이래 여러 방면에서 그 활용범위가 확대되고 있다. 특히 연약지반 압밀촉진 기술과 말뚝 지지력 개선 기술, 그리고 지반환경 정화기술 분야에서 많이 활용되고 있으며, 그 내용을 정리하면 다음과 같다.

(1) 연약지반 압밀촉진
연약지반의 압밀을 촉진시키기 위하여 성토하중 대신에 전기삼투압을 이용할 수 있다. 이 경우 투수계수가 작은 실트 및 점토지반에서 물리적인 하중에 의한 압밀촉진 효과보다 전기삼투압에 의한 압밀촉진 효과가 우수한 것으로 알려져 있다. 반면에 염분을 많이 포함하는 해성 점토지반에서의 장기적인 전기삼투 적용은 전기화학적인 반응 등으로 인하여 압밀촉진 효과가 저감될 수 있다.

(2) 말뚝 지지력 증대

강관말뚝을 연약지반 내에 시공하는 경우에 말뚝 주변에 전극재를 배치하여 전기삼투공법으로 말뚝 주변 연약지반이 강도를 증진시켜 밀뚝의 주면 마찰력을 크게 증대시키는 기술이 적용되고 있다. 이때 증가된 주면 마찰력으로 인하여 말뚝의 연직지지력과 인발저항력이 증대되는 효과를 얻을 수 있다.

(3) 오염지반 정화

포화된 점토지반에서 벤젠, 톨루엔, TCE 등 유기물질과 납, 구리, 카드뮴 등의 중금속을 제거하는 기술로 전기삼투공법이 적용되고 있는데, 양(+)극에 물을 주입하면 오염물질이 간극수를 따라 음(−)극으로 이동하여 전극봉에 모이는 데 이를 펌핑하여 제거한다. 이러한 기술은 다른 오염정화 기술에 비하여 경제성 및 효율성이 높고, 특히 투수성이 매우 낮은 점토지반에서 그 효용성이 매우 크다. 또한 전극에 영양소를 주입하여 오염물질을 정화하는 생물학적 처리방법에도 적용된다.

> ※ 전기화학적 경화(electro chemical hardening)
> 전기삼투공법을 사용하면 양이온인 물분자는 음극을 향하게 되고, 따라서 지반 내 물은 음극으로 흐르게 된다. 이때 전극재 주위에서는 전극재, 흙, 간극수 사이에서 전기화학적 반응이 생기고 이에 따라 지반이 경화되는 현상이 발생한다. 전기화학적 경화라는 이 효과는 탈수에 의한 것보다 더 큰 강도 증진을 가져오는 것이 보통이다. 한편, 전기삼투공법을 사용할 때 양극에 안정약액(stabilizing chemicals)을 주입하면 지반개량을 더욱 확실하게 할 수 있는데, 이러한 공법을 전기주입(electro injection)공법이라고 한다.

예제 15.1 전기삼투공법은 주로 탈수(압밀촉진)을 위해 사용된다. 전기삼투공법이 세립토에 적합한 이유를 설명하시오.

풀이 전기삼투 투수계수는 흙의 종류에 따라 큰 차이가 없어서(표 14.2 참조) 동수 투수계수가 작은 세립토에서 전기삼투 효과가 상대적으로 크기 때문이다.

15.5 열처리공법

15.5.1 동결공법(freezing method)

15.5.1.1 원리 및 방법

젖은 흙을 냉각시키면 흙의 강도를 훨씬 증가시킬 수 있고, 투수성을 크게 감소시킬 수 있다. 냉각공법이라고도 불리는 동결공법은 동결관을 지반에 삽입하고 그 속에 냉매를 통과시켜서 주변 지반을 동결시킴으로써 동결토의 큰 강도와 높은 불투수 특성을 이용하는 공법이다. 이 공법은 주로 토목공사를 안전하게 시공하기 위한 가설 또는 보조공법으로 이용된다.

동결을 위한 냉각방식에는 블래인(blaine) 방식과 저온 액화가스 방식의 두 가지가 있다. 일반적으로 토목공사의 보조공법으로 사용되는 것은 블래인 방식이다. 이 방법은 블래인이라고 불리는 부동액을 냉동기로 −20∼−40℃로 냉각하여 지반을 동결시키며, 지반 열을 흡수하여 온도가 상승한 블래인은 순환되어 다시 냉동기에서 냉각된다.

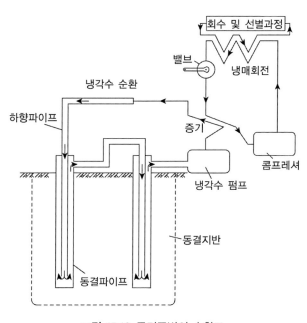

그림 15.10 동결공법의 순환도

블래인은 저렴하고, 성능이 우수하며 무공해인 염화칼슘 용액(비중 1.286, 동결온도 −55°C)을 이용한다. 블래인 방식은 저온 액화가스 방식과 비교하여 동토 조성에 다소 시간이 걸리나 안정적으로 균질한 동토를 조성한다.

15.5.1.2 적용성

동결공법은 1862년 영국 웨일즈에서 연약지반을 관통하는 광산용 수직갱 구축에 최초로 적용된 이후 유럽 및 소련 등에서 연약 대수층 지반을 대상으로 한 공사에 주로 이용되어 왔다. 벨기에에서는 심도 640m까지 동결공법을 적용, 석탄 채취용 수직갱을 시공한 사례가 있으며, 소련에서는 지하철 공사에 적용한 사례가 많다. 최근 들어 이 공법은 일본에서 그 사용이 증가하고 있으며, 상하수도 공사, 지하철 공사, 전력구 및 공동구 공사에 많이 적용되고 있다.

이 공법은 터널이나 수직갱뿐만 아니라 깊은 굴착공간의 안정에도 적용되며, 지반의 함수비가 충분하기만 하면 모든 토질에 적용이 가능하며 주입공법 적용이 문제가 되는 매우 미세한 실트질 지반에서도 적용이 가능하다. 동결 형성된 흙벽은 강성이 있을 뿐만 아니라 가장 확실한 차수벽이 된다. 동결공법 사용 시 주의해야 할 사항은 다음과 같다.

① 냉각시킬 부분의 정확한 포착
② 지하수 흐름과 성분에 대한 명확한 구분
③ 냉각에 의한 지반의 잠재적인 움직임과 압력 상태의 파악
④ 냉각 지반의 장기적인 강도와 응력−변형률 특성에 대한 파악

15.5.1.3 동결공법의 특징

동결공법의 일반적인 특징은 다음과 같다.

(1) 동토의 역학적 강도가 우수하다.

압축강도 $0.3kg/cm^2$의 연약토를 −10°C로 동결하면 $40kg/cm^2$까지 강도가 증가하는 것으로 나타났다. 따라서 온도만 유지된다면 구조부재로서 취급될 수도 있다. 일반적으로 동토의 강도는 온도가 낮을수록 커지며 같은 온도에서는 구성입자가 클수록 증가한다. 흙에 염분이 많으면 동토의 강도는 저하되며 이러한 경향은 특히 사질토에서 현저하게 나타난다. 동토의 설계기준강도는 표 15.4와 같다.

표 15.4 동토의 설계기준 강도

강도(kg/cm²) \ 흙 종류	점성토	사질토
압축강도	30	46
전단강도	15	18
휨강도	18	28

(2) 동토의 차수성이 완전하다.

동토의 차수성은 매우 우수하며, 널말뚝, 콘크리트, 쉴드 세그먼트 등과의 동착력도 크고 이런 부재와 동토를 −10°C로 유지하면 10kg/cm² 이상의 동착강도를 얻을 수 있다.

(3) 동토의 균질성이 우수하다.

열은 항상 고온에서 저온으로 이동하기 때문에 냉각 작용을 계속 유지한다면 일정한 동토 블록이 형성된다. 이렇게 형성된 동토는 흙의 종류에 관계없이 균질성을 가지며, 온도 유지 방법에 따라 동결 범위나 온도 분포를 확실히 추정할 수 있다.

(4) 동토의 해동속도가 작으므로 불의의 냉각정지에도 안전하다.

미동결토의 온도 전파율은 동토 그 자체의 1/2 정도이므로 냉동기의 고장이나 정전 시 쉽게 해동되지 않아 안전하다.

(5) 대기 오염이나 지하수 오염의 우려가 없다.

지반 동결은 완전 밀폐 사이클 조건에서 시공되기 때문에 무공해공법이며 또한 사용 냉매인 염화칼슘 수용액은 환경오염 문제가 전혀 없다. 냉동과정에서 소음이 발생할 수 있으나 방음벽을 설치하면 된다.

(6) 동결팽창과 해동수축에 의해 주위에 영향을 받을 수 있다.

물이 얼음이 되면 약 9%의 부피팽창을 일으키며, 따라서 포화된 흙을 동결시키면 간극수가 얼면서 팽창됨에 따라 흙의 부피가 팽창하게 된다. 지반의 팽창률은 세립분 함량이 많을수록 간극률이 커짐에 따라 증가하게 되며, 이러한 지반이 팽창되면 주변 구조물에 팽창압을 작용시켜 악영향을 미치기도 한다. 한편, 동결된 지반이 다시 해동됨에 따라 팽창된 지반은 원래 부피로 돌아가는 것이 보통이나 토질 및 압밀상태에 따라서는 수축하기도 한다. 이렇게 부피가 커지거나 수축함으로써 지표면 및 인접 구조물에 영향을 줄 것으로 예상되는 경우에는 대책을 수립해야 한다.

(7) 지하수 유속이 빠른 경우 시공 시 유의해야 한다.

동결시키려는 지반의 지하수의 흐름이 어느 한계를 넘어서면 정상적으로 동결이 되지 않는 경우가 있다. 동결이 되지 않는 한계유속을 산정할 수 있는 이론적 방법은 아직까지는 없으며, 경험에 의하면 1m/day 이하의 지하수 흐름에서는 농결에 영향이 없다고 한다. 동결한계를 넘는 지하수 흐름이 예상되는 경우에는 그라우팅 차수 등의 대책이 요구된다.

(8) 경제성이 타 공법에 비해 떨어진다.

경제성이 개선되고 있으나 다른 공법에 비해 고가이며, 비교적 비싼 비용이 요구되는 약액 주입공법에 비해서도 개량 토량당 공사비가 더 높다.

15.5.1.4 설계순서

동결공법 설계 시 기본적으로 시공목적, 지반조건(토질, 지하수위, 함수비, 지하수 염분농도, 지반온도), 토목공사 개요 및 공정, 시공환경 등이 미리 결정 또는 조사되어야 한다. 설계순서는 다음과 같다.

① 동결형식(냉각방식)의 결정
② 필요 동토두께 계산
③ 동결관 배관
④ 동결속도, 부하계산
⑤ 동결일수, 동결설비 계산
⑥ 블래인 온도, 동토온도 확인
⑦ 시공계획 작성
⑧ 문제점 검토

15.5.2 가열공법(heating method)

15.5.2.1 개 론

가열공법은 지반에 열을 가하여 물을 증발시킴으로써 함수비를 낮추어 지반의 강도를 증가시키는 공법이다. 함수비 시험용 노건조기의 온도는 보통 105°C 전후이며, 이 온도에서 모든 수분은 증발되는 것으로 알려져 있다. 그러나 점토광물에 붙어 있는 물분자는 이 정도 온도에서는 잘 떨어지지 않으며, 특히 그림 15.11과 같이 카올리나이트(Kaolinite)의 경우에는 500°C가 넘을 때까지 함수비 변화가 거의 없다. 가열공법에서 사용하는 온도는 보통 600°C~1,000°C이며, 이렇게 높은 온도로 가열하면 물에 대한 예민도나 팽창성, 압축성 등을 감소시킬 수 있고, 강도를 증가시킬 수 있어 상당히 오랜 기간 지반의 성질을 개선할 수 있다. 이보다 높은 온도로 가열하면 흙 입자를 융해시킬 수도 있다.

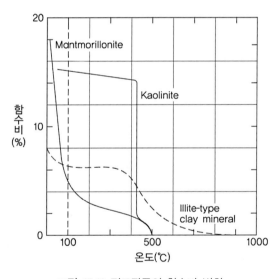

그림 15.11 점토광물의 함수비 변화

가열공법에 의한 개량은 실트 크기 이하의 세립토에 적용되며 사면 안정, 구조물 아래 붕괴토의 개량, 기초 지지를 위한 구조적인 매트를 시공할 때, 그리고 옹벽이나 매립구조물에 작용하는 수평응력을 감소시키는데 성공적으로 쓰일 수 있다. 가열에 의해 개량된 지반은 전단저항각과 점착력이 현저하게 증가하고, 압축성도 상당히 감소한다. 그러나 개량 정도는 지반의 초기 상태와 가열온도 등에 따라 다르며 아직 해결해야 할 문제점이 많은 공법이다.

가열하는 방법으로는 연소 방법과 전기적 방법 등이 사용되는데, 황토 흙과 같이 부분적으로 포화된 세립토에 대부분 성공적으로 적용되어 왔다. 이때 지반은 흙 속의 수증기와 안정제가 통과할 수 있을 정도의 투수성을 가져야 한다. 가열에 의한 방법은 약 10m 깊이까지의 개량에는 어느 정도 경제성이 있으며, 그 이상 깊이를 개량하는 경우에는 에너지 비용 때문에 경제적으로 많은 제약을 받게 된다.

15.5.2.2 적용 사례

(1) 지표면 가열

호주의 Irvine은 1930년 그림과 같은 지표면 가열 장비를 개발하여 도로건설에 사용하였다. 이 장비는 나무 연료를 사용하여 지표면을 가열한 후 흙덩이를 롤러로 다짐하도록 만들어졌으며, 2~10m/hr의 속도로 지표면 아래 200mm까지 가열할 수 있었다. Irvine은 포장층 바로 아래 지반을 개량하는 데 이 장비를 사용하였으며, 호주의 퀸즐랜드(Queensland) 근처에서 수 마일을 시공하였다. 그러나 이 공법은 경제성이 떨어져 많이 사용되지는 않았으며 호주 외에 아르헨티나에서 시공한 적이 있다.

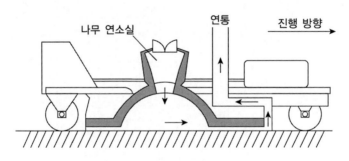

그림 15.12 지표면 가열 장비

(2) 시추공을 통한 가열

러시아, 루마니아, 일본 등지에서 시추공을 통해 지반을 가열한 예가 있다. 러시아의 Litvinov(1960)는 시추공을 이용한 가열공법을 최초로 개발하였으며, 1971년 일본의 Fujii는 그림 15.13과 같은 연소 시스템을 이용하여 깊이 2m~6m, 간격 5m의 시추공 200여 개를 파고 7~15일 동안 지반을 가열하여 지반강도를 10~20배까지 증가시켰다.

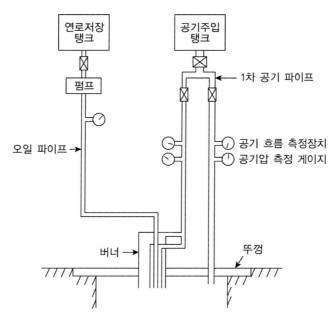

그림 15.13 폐쇄형 연소 시스템

| 참고문헌 |

김수삼, 한상재(2003), 동전기 오염지반 정화기술, 구미서관.

이승현(1997), 그물식 뿌리말뚝의 최적 타설경사각, 박사학위논문, 서울대학교.

임종석, 이원택, 권호진, 송영우, 박용원 편역(1996), 지반공학용어사전, 도서출판 엔지니어지, p.369.

천병식, 고갑수, 장은석(1998), "국내 산지별 생석회에 따른 생석회 파일의 연약지반 개량효과 비교", '98 가을학술발표회, 한국지반공학회, pp.389～396.

下田正雄, 高橋秀雄, 大森啓至, 山根行弘(1982), 生石灰系杭による改良の強度評價, 日本土質工學研究發表會, pp.2625～2628.

현대건설 기술연구소(2000), Electrokinetics를 이용한 연약지반처리공법 연구, 연구보고서(96GEOS05)

Broms, B. B. & Boman, P.(1979), "Stabilization of Soil with Lime Columns", Ground Engng., (12), 4, pp.23～32.

Casagrande, Leo(1952), "Electro-Osmotic Stabilization of Soils", Journal of Boston Society of Civil Engineers, Vol 39, pp.51～83

Casagrande, Leo(1983), "Stabilization of Soils by means of Electro-Osmosis - State of the Art", Journal of Boston Society of Civil Engineering, ASCE, 69(2), pp.255～302.

Esrig, M. I.(1968), "Pore Pressures, Consolidation, and Electro-Kinetics", J. Soil Mech. and Found. Div., ASCE, (94), SM4, pp.899～921.

Gray, D. H. & Mitchell, J. K.(1967), "Fundamental Aspects of Electro-Osmosis in Soils", J. Soil Mech. and Found. Div. ASCE, (93), SM4, pp.209～236.

Hausmann, M. R.(1990), Engineeing Principles of Ground Modification, international edition, McGraw-Hill, pp.385～387.

Jones, J. S. & Brown, R. E.(1978), "Design of Tunnel Support Systems Using Ground Freezing", Proc. 1st Int. Symposium on Ground Freezing, Bochum, pp.375～395.

Juran, I. & Elias, V.(1991), "Soil Nailing for Stabilization of Highway Slopes and Excavations", FHWA-RD-89-193.

Kamon, M. and Bergado, D. T.(1991), "Ground Improvement Techniques", Proceedings of the Ninth Asian Regional Conference on Soil Mechanics and Foundation Engineering, Vol.2, pp.203～228.

Kersten, M. S.(1949), The Thermal Properties of Soils, Bulletin 28, Engineering Experiment Station, University of Minnesota, USA.

Kuroda, E., Ohashi, Y. & Tsuyoshi, M.(1980), Expansive Pressure of Quick Lime Pile, Research Institute of Technology, Tokyo Construction Co., Ltd., Japan.

Lambe, T. W. & Whitman, R. V.(1979), Soil Mechanics, SI Version, John Wiely & Sons.

Leonards, G. A.(1962), Foundation Engineering, McGraw-Hill, New York.

Litvinov, I. M.(1960), Stabilization of Settling and Weak Clayey Soils by Thermal Treatment, Highway Research Board Special Report No. 60, pp.94~112.

Lizzi, F.(1964), "Root Pattern Piles Underpinning", In Symposium on Bearing Capacity of Piles, Roorkee, India.

Lizzi, F.(1977), "Practical Engineering in Structurally Complex Formations (The "In-situ Reinforced Earth")", Proc. Int. Symp. on Formations, Capri, pp.327~333.

Mitchell, J. K.(1981), "Soil Improvement, State of the Art Report", Proc. 10th Int. Conf. on Soil Mech. and Found. Eng., Vol. 4, pp.509~565.

Mitchell, J. K.(1981), "Soil Improvement, State of the Art Report", Proc. 10th Int. Conf. on Soil Mech. and Found. Eng., Vol. 4, pp.509~565.

Mitchell, J. K.(1993), Fundamentals of Soil Behavior, 2nd ed, John Wiley & Sons, New York, pp.111~130, pp.256~257, pp.269~283.

Sanger, F. J. & Juran, I.(1979), "Thermal and Rheological Computations for Artificially Frozen Ground Construction", Engineering Geology, (13), pp.311~337.

Sanger, F. J.(1968), "Ground Freezing in Construction", J. Soil Mech. Found. Div., ASCE, (94), SM1, pp.131~158.

Sunderland, J. G.(1987), "Electrokinetic Dewatering and Thickening", Journal of Applied Electrochemistry, Vol. 17, pp.889~1056.

Thorburn, S. & Littlejohn, G. S.(1993), Underpinning and Retention, 2nd edition, Blackie Academic & Professional, pp.84~156.

Tomlinson, M. J.(1986), Foundation Design and Construction, Longman Scientific & Technical, pp.398~501.

Wan, T. Y. & Mitchell, J. K.(1976), "Electro-Osmotic Consolidation of Soils", J. Geotechnical Engng. Div., ASCE, (102), GT5, pp.473~491.

16
—

계측 관리

16 계측 관리

16.1 목 적

흙이 가지고 있는 불확실성과 현장의 특수한 조건 등은 지반공학적 설계 시 현장지반의 실제 상태를 정확하게 파악하기가 어렵다. 흙과 암석은 고유의 불균질성, 이방성 및 간극 존재로 인하여 구성하는 지층의 공학적 특성 값들의 변화 폭이 크다. 지반조사는 한정된 범위에서 실시될 수밖에 없으며, 각종 시험의 경우도 지반의 실제 상태를 그대로 모사하지 못하기 때문에 산정한 지반정수의 신뢰성도 문제가 될 수 있다. 또한 대부분의 지반공학 이론과 해석법들은 경험에 의존한 확률, 통계적 방법들이므로 지반의 거동을 정확하게 나타내지 못한다.

계측 관리는 건설공사 시 제기되는 이러한 문제들을 극복하기 위한 대안이다. 계측을 통해 설계 시 가정조건의 타당성을 검증할 수 있고, 측정 결과에 따라 설계를 수정할 수 있으므로 현장 조건에 맞는 유연한 시공이 가능하다. 즉, 현장계측을 실시하여 조사, 설계 및 시공상 부득이 고려하지 못한 점이나 각 단계에서 발생하는 오류를 수정할 수 있고, 지반의 실제 거동을 파악하여 합리적이고 경제적인 공정 관리를 도모할 수 있다. 그러나 계측 관리에 지나치게 의존하여 낙관적인 가정만을 갖는 것은 옳지 못하며, 시공상 우려되는 위험성과 경제적 부담을 합리적으로 비교 평가하여 계측 관리의 적용 여부와 규모를 결정하여야 한다.

계측 관리의 이점들을 표 16.1에 간단하게 정리하였다.

표 16.1 계측 관리를 통해 얻을 수 있는 이점

설계 측면	시공 측면	시공 이후
• 초기 지반조건의 파악 • 설계 내용 검증 • 문제 발생 시 규명 수단	• 안정성 확보 및 시공관리 • 거동 관측 • 법적 보호막 제공 • 자재량의 합리적 결정 • 공공 이미지 제고	• 구조물의 안전성 및 사용성 보장 • 장기거동 분석 • 관련 학문의 발전 촉진

※ **계측 관리는 만병통치?**

계측 관리의 목적은 '계측' 그 자체가 아니다. 형식적인 차원의 계측 관리, 또는 불명확한 이유의 계측으로는 당초 기대하는 성과를 이루기 힘들다. 반면에 계측 관리의 중요성에도 불구하고, 계측을 통해 설계나 시공상의 모든 문제를 해결할 수 있다고 여겨서도 곤란하다. 1976년 6월 5일, 미국 아이다호주에 소재한 Teton 댐에서 제체와 접안부 사이로 침투수가 흘러나오면서 제체의 일부가 붕괴되었다. 파괴를 촉발한 메커니즘으로 제체 하부의 그라우트 캡 아래에 있는 암석 절리를 통하여 침식성이 큰 키-트랜치 채움재를 통해 침투가 발생하여 트랜치 바닥을 가로지르는 침식 수로가 형성되었다는 가설과 트랜치 채움재의 부등침하와 수압파쇄에 의한 균열로 파이핑이 일어나 급격한 내부 침식이 이루어졌다는 가설이 유력하였다. 한 조사보고서에서는 이 댐에는 제체 자체의 거동을 감시하기 위한 침하량 측정 장치 외에는 다른 어떤 계측기도 설치되지 않았다고 지적하였다. 당시 토질역학의 대가였던 R.B. Peck은 많은 사람들이 불충분한 계측 등 계측 관리의 소홀이 댐 파괴의 원인이라는 주장에 대해서 그것이 많은 이유 중 하나가 될 수 있겠지만 <u>계측이 잘못된 설계까지 책임질 수는 없</u>다고 하였다. 계측 무용론도 문제지만 계측에 대한 과신도 위험한 것이다.

16.2 역사와 전망

현장의 상태를 잘 관찰하여 보다 안전하고 신속한 시공을 도모하기 위해 노력하던 때부터 계측 관리의 역사는 시작된다. 1930, 1940년대에는 계측보다는 시공상태와 지반조건의 변화를 면밀하게 관찰하려는 시도로 행해졌는데, 토질역학의 학문 분야 발전에 궤를 맞추어 현장 계측의 개념이 정식으로 도입되었다.

국제토질공학회가 창립된 이후 현장 계측과 관련된 시공사례에 대해서 지속적으로 논문이 발표되었으며, 1967년 Terzaghi와 Peck은 그들의 저서에 현재의 계측 관리 개념과 유사한 내용을 수록하였다. 그들은 저서에서 설계와 실제 시공의 차이점을 보완하고 시공으로 인한 지반 특성 변화를 확인하기 위하여 시공 시에는 '관측(observation)'을 실시할 필요가 있다고 하였다 (Terzaghi & Peck, 1967). 이후로 Peck(1969)이 '관측 접근법(observational approach)'에 대한 논문을 발표하면서 계측에 대한 관심과 인식의 폭이 넓어지기 시작했다. Peck은 관측 시공의 구성 요소로 ① 지반 조건 및 물성치에 대한 충분한 조사, ② 지반조사를 토대로 가정한 가장 가능성이 큰 거동 양상과 최악의 상황에 대한 평가, ③ 가정한 거동에 대하여 가설, 이론 등에 근거한 설계 실시, ④ 시공 진행과 함께 관측 항목 선정과 각각의 예상 값 계산, ⑤ 동일한 지반 데이터를 이용한 최악의 조건에 대한 예상 값 계산, ⑥ 설계 시의 가정과 관측 결과를 비교하여 설계를 변경하거나 적절한 대책 마련, ⑦ 관측 대상 항목 측정 및 실제 조건 평가, ⑧ 실제 조건에 맞도록 설계 수정 등을 들었다.

1973년 MIT의 Lambe은 한 논문을 통해 토질공학에서 '예측(predictions)'이 얼마나 중요한지를 강조하였다. 그는 예측의 유형을 그 시기를 중심으로 표 16.2와 같이 구분하였다(Lambe, 1973).

표 16.2 예측의 유형(Lambe, 1973)

유형	예측이 행해지는 시기	예측 시의 결과
A	시공 이전	−
B	시공 도중	알 수 **없음**
B₁	시공 도중	알 수 있음
C	시공 이후	알 수 **없음**
C₁	시공 이후	알 수 있음

표 16.2에서 A형은 가능한 모든 조사, 시험 자료를 근거로 시공이 시작되기 전에 실시하는 예측 유형으로 예를 들면 설계 단계에서 침하량을 예측하는 것 등이다. B형은 주로 시공 초기의 데이터와 실제 측정 값에 근거하여 행하는 예측으로 그 결과를 즉각 확인할 수 있는지 여부를 기준으로 다시 두 가지(B, B₁)로 구분한다. C형은 시공이 끝난 후에 실시하는 데 예측이라기보다는 '사후 검증(autopsies)'의 의미를 갖는다. Lambe에 의하면 가장 중요한 것은 A형 예측인데, 실제로는 흙이 갖는 물리적 성질의 다양성과 자료의 부족 등 여러 요인으로 인해 정확한 거동을 미리 파악하기가 힘들므로 B형 예측을 병행하여 시공관리를 해야 한다. 이 구분으로 B형 예측의 임무가 곧 계측을 실시해야 하는 목적일 것이다.

하지만 이 무렵만 하더라도 실용적인 계측기의 개발이 미진하였으며 관측 자료의 해석 이론이 취약하고 계산에 많은 시일이 소요되어 실질적으로 시공에 도움을 주기는 힘들었다. 또한 당시에는 토목 기술자가 계측의 모든 부분을 맡아 이론의 확립뿐 아니라 계기의 개발까지도 책임지고 있어 정확하고 편리한 장비를 갖추기가 어려운 형편이었다. 따라서 일부 특수한 기능을 보유한 기술자들에 의해서만 한정된 계측이 이루어졌으며, 이 과정에서 많은 실패와 성공을 되풀이하였다. 그러다가 약 20여 년 전부터 전기, 전자 기술의 발전에 힘입어 전문적인 인력에 의한 계기의 개발과 생산이 가속화되어 보다 신뢰성 높은 계측 장비를 사용할 수 있게 되었으며, 초기에 사용되던 기계식 계측기는 센서를 이용한 전자식으로 발전하여 측정의 정밀도와 신뢰성이 높아지고 동시에 소형화되어 운반과 설치 면에서도 편리함을 구현하였다. 또한 1980년대에 들어서면서 개인용 컴퓨터(PC)가 널리 보급되어 계측 결과의 해석과 계산에 소요되는 시간이 현저히게 줄어들고 통신을 이용한 즉각적인 데이터 전송이 가능해지면서 한 곳에서 여러 현장의 상황을 종합 관리할 수 있는 체제를 구축할 수 있게 되었다.

과거에는 계측 데이터를 예측치와 비교하거나 관리 기준과의 부합성 여부를 따지는 데 주로 이용하였으나, 근래에는 특정 시점의 안정성 검토나 설계 변경을 통한 공기 단축 및 공사비 절감을 위한 방편으로 활용하는 등 보다 적극적인 방향으로 계측 관리를 수행하고 있다. 계측 이론도 꾸준히 발전하여 결과의 해석뿐 아니라 역해석을 통하여 설계 정수를 재산정거나 지반의 추후 거동을 미리 예측할 수 있는 정도에 이르러, 현장의 계측 관리는 시공관리에서 필수적인 과정으로 받아들여지고 있다.

현재는 데이터 자동 획득 시스템(automatic data acquisition system)과 컴퓨터를 이용한 분석 시스템을 보편적으로 사용하고 있으며, 계측 성과는 수치해석에 의한 설계를 검증하는 수준으로까지 발전하였다. 궁극적으로 계측 관리는 설계 및 해석 기술을 보다 발전시키고, 시공법 개선을 촉진하게 될 것이다.

※ 오차(error)와 불확도(uncertainty)

모든 측정값에는 오차(error)가 포함되어 있다. 참값(true value)과 측정값의 차로 정의되는 오차는 측정의 정확성을 표현하는 지표로서 널리 사용되고 있으나, 이는 개념상의 정의일 뿐이며 실제로는 구할 수 없는 값이다. 참값 자체가 본질적으로 알 수 없는 값이기 때문에 여기에서 계산되는 오차 역시 근본적으로 계산될 수 없는 것이다. 불확도(uncertainty)는 이러한 모순을 배제하기 위하여 적용되는 개념으로 측정량을 합리적으로 추정한 값의 분산 상태를 나타내는 정수로 정의한다. 불확도는 측정학(metrology)에 있어 오차를 대체하는 개념이지만 오차와는 명백히 다르다. 어떤 대상(measutand)에 대한 측정 결과는 그 대상에 대한 추정값일 뿐이므로, 측정 결과와 불확도를 함께 정량적으로 표시해야만 완전해질 수 있다. 국제표준화기구(ISO)에서는 지난 1993년 "측정불확도 표현지침"을 발간하여 모든 측정 현장에서 통일적으로 적용하도록 하고 있으며, 우리나라도 국가표준기본법의 운용규정을 통해 국가공인시험·검사기관에서는 반드시 불확도 요인을 분석하고, 산정방법을 개발하도록 하고 있다.

16.3 계측 관리 계획

16.3.1 개 요

계측계획의 수립 과정은 여타의 공학적 설계 과정과 유사하게 목표 설정에서부터 최종적으로 계측 데이터의 분석, 활용방안 제시에 이르기까지 논리적이고 단계적인 절차를 거쳐야 한다. Franklin(1977)은 계측 시스템을 곳곳에 약한 고리가 있는 사슬에 비유하고, 일반적인 공학의 범주를 넘어서거나 일정 수준에 미달 시 고리가 끊어져 계측 자체가 실패할 가능성이 있다고 경고하였다. 따라서 시공 형태 및 지반 조건에 따라 관리 항목을 명확히 하고 적절한 계측기를 배치하여 얻어진 데이터를 적절한 시기에 해석, 평가함으로써 이들이 시공에 즉각 반영되도록 하는 것이 중요하다(표 16.3, 16.4).

계획 단계에서 고려할 사항은 공사 개요와 지반·환경 조건, 인접 구조물 현황, 기초의 상태, 계측 목적, 계측 위치와 빈도, 계측기의 종류와 사양, 계측 요원의 수와 자질, 계측기의 설치·검정·관리 방법, 측정 기록의 보존 설비, 계측 결과의 수집·관리·분류 양식, 계측 정보 운용 체계 등이다. 계측 관련 자료는 편리하고 간편한 양식으로 정리해야 하며 능력과 자격을 갖춘 기술자가 분석한 후 지체 없이 담당자에게 전달하는 체계를 갖추어야 한다. 그리고 보다 효율적인 계측 관리를 위해서는 발주자, 감리자, 계측 담당자, 시공자별로 관련 업무를 적절하게 분담하여 책임 소재를 명확히 해야 하며, 분담된 업무의 유기적 통합을 위하여 각 당사자 상호 간에 상설적인 연락 통로를 갖추고 데이터를 주고받거나 필요할 경우 토론이나 의견 교환을 할 수 있어야 한다.

표 16.3 시공 시기별 현장 계측 관리의 진행

시기	내용	
시공 전	• 계측 계획의 수립 • 계측기 배치, 점검	• 지하수압 측정 • 비상시를 대비한 대책공법 수립
시공 도중	• 재하 하중 관리 • 지반 및 구조물 변위 관리 • 위험 징후 시 즉각적으로 대책공법 적용	• 과잉간극수압 관리 • 설계 시 예측치와 비교 • 역해석을 통한 설계정수 검증
시공 후	• 계측 결과를 토대로 설계시의 가정 검증 • 장기 안정성 관찰 • 향상된 설계기법 제시	• 역해석을 통한 설계정수 검증 • 거동상의 변화 검토

표 16.4 공사 종류별 주요 계측 항목

시공 분야	계측 항목	
성토 구조물	• 지중 수평변위 • 수직변위(지표면 침하, 지중 층별 침하) • 간극수압/지하수위 • 연직 토압	
굴착 및 토류구조물	• 지중 수평 변위 • 수직 변위(지표면 침하, 지중 층별 침하) • 간극수압/지하수위 • 토압 • strut 응력/anchor 하중 • 인접 구조물 경사도 • 균열, 진동, 소음	
터널 및 지하 구조물	**A 계측(일상계측)** • 갱내 관찰 • 내공 변위 • 천단 침하 • rock bolt 인발력	**B 계측(주계측)** • 수직변위(침하) • shotcrete 응력 • 지중 수평 변위 • 지중 변위 • rock bolt 축력 • 갱내 탄성파 속도

※ 성공적인 계측 관리를 위한 명언

"… every instrument installed on a project should be selected and placed to assist in answering a specific question. Following this simple rule is the key to successful field instrumentation." (R.B. Peck)

"… if there is no question, there should be no instrumentation." (C.J. Dunnicliff)

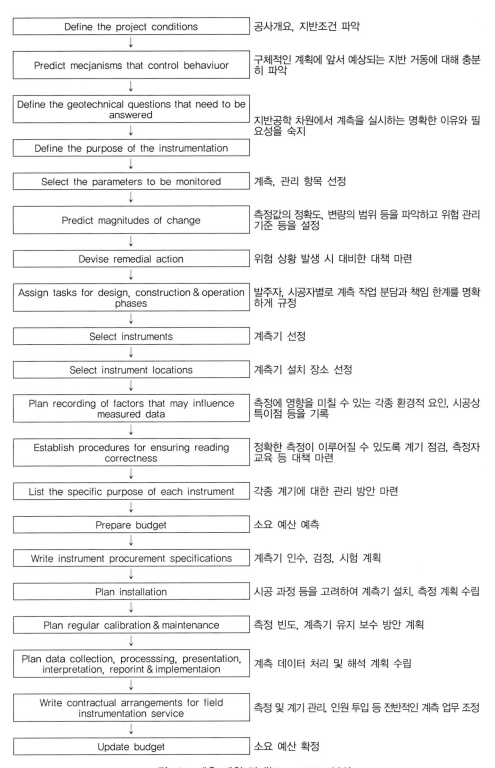

Define the project conditions	공사개요, 지반조건 파악
Predict mecjanisms that control behaviuor	구체적인 계획에 앞서 예상되는 지반 거동에 대해 충분히 파악
Define the geotechnical questions that need to be answered	지반공학 차원에서 계측을 실시하는 명확한 이유와 필요성을 숙지
Define the purpose of the instrumentation	
Select the parameters to be monitored	계측, 관리 항목 선정
Predict magnitudes of change	측정값의 정확도, 변량의 범위 등을 파악하고 위험 관리 기준 등을 설정
Devise remedial action	위험 상황 발생 시 대비한 대책 마련
Assign tasks for design, construction & operation phases	발주자, 시공자별로 계측 작업 분담과 책임 한계를 명확하게 규정
Select instruments	계측기 선정
Select instrument locations	계측기 설치 장소 선정
Plan recording of factors that may influence measured data	측정에 영향을 미칠 수 있는 각종 환경적 요인, 시공상 특이점 등을 기록
Establish procedures for ensuring reading correctness	정확한 측정이 이루어질 수 있도록 계기 점검, 측정자 교육 등 대책 마련
List the specific purpose of each instrument	각종 계기에 대한 관리 방안 마련
Prepare budget	소요 예산 예측
Write instrument procurement specifications	계측기 인수, 검정, 시험 계획
Plan installation	시공 과정 등을 고려하여 계측기 설치, 측정 계획 수립
Plan regular calibration & maintenance	측정 빈도, 계측기 유지 보수 방안 계획
Plan data collection, processsing, presentation, interpretation, reporint & implementaion	계측 데이터 처리 및 해석 계획 수립
Write contractual arrangements for field instrumentation service	측정 및 계기 관리, 인원 투입 등 전반적인 계측 업무 조정
Update budget	소요 예산 확정

그림 16.1 계측 계획 단계(Dunnicliff, 1988)

16.3.2 계측 항목의 선정

지반 구조물의 종류와 시공 여건에 따라 적절한 계측 항목을 설정하는 데 이를 합리적으로 하기 위해서는 담당자가 시공되는 구조물과 지반의 예상 거동 특성을 올바르게 이해하고 있어야 한다. 즉, 계측 책임자는 대상 현장의 설계 내용 및 시공 계획, 지층 구조, 지반 물성치, 지하수 조건, 인접 구조물의 상태, 환경 영향 등에 대해 포괄적으로 파악하고 있어야 한다. 일반적인 계측 항목으로는 간극수압, 절리 내의 수압, 전응력, 변위, 하중, 변형률, 온도 등이 있는데, 시공 조건에 따라 중요한 항목들이 무엇인지를 판단해야 한다. 또한 계측 대상 항목들 간에 어떠한 관계가 있는지 파악하고 있어야 한다. 예를 들어 사면안정 문제에서 주된 관심 사항은 '변위'인데, 여기에는 주로 지하수 조건이 많은 영향을 미치기 때문에 계측 시 단순히 변위만 측정해서는 안 되고 간극수압이나 지하수위도 함께 측정해야 한다.

한편, '압력', '응력', '하중', '변형률', '온도' 등을 측정할 경우에는 측정 지점의 지질학적 특이성이나 환경 변화 등 국부적인 특성에 영향을 받아 측정 위치에 따라 계측값이 많은 차이를 보일 수 있다. 즉, 이들 측정값은 그 일대 지역을 대표할 수 있는 값보다는 오로지 측정한 지점에서의 값에 불과할 가능성이 있다. 이러한 이유로 이들에 대한 계측을 점-측정(point measurement)이라고 부르기도 하는데, 하나의 계측기로만 측정해서는 그 결과를 신뢰하기 어렵다(Dunnicliff, 1988). 이를 극복하기 위해서는 가급적 대상 지역의 많은 지점에서 이들을 측정할 필요가 있으나, 비용이 과다해질 우려가 있으므로 계측 담당자의 판단이 중요하다. 이에 반하여 '변위'에 대한 측정값은 비교적 포괄적인 영역을 대표하며, 앞의 점-측정에 해당하는 값들에 비해 상대적으로 정확하고, 측정값의 모호함이 덜하다고 볼 수 있다.

16.3.3 계측기의 선정

계측기는 측정 목적, 측정 범위, 필요 수량, 내구성, 설치 및 운용상 문제점, 비용 등을 검토하여 선정하는 데 견고하고 구조가 간단할수록 좋다.

계측 관리의 질을 결정하는 요소는 계측기 설치 조건 및 운용 상태, 계측 장비의 특성, 계측 수행 조건 등으로 1차 측정을 담당하는 계측기는 특히 중요하다.

계측 기기는 땅속이나 구조물 속에 매설하여 사용하는 것과 표면에 드러내어 사용하는 것으로 대별할 수 있는데, 지중에 매설하는 경우에는 추후 교정 또는 작동 상태에 대한 직접적인 점검이 어렵다. 이런 종류의 기기들은 측정값의 일관성에 대한 확인과 설계 시 예측한 결과의 비교를 통해 간접적으로 작동 상태를 파악한다. 지표면이나 구조물 표면에 설치된 기기들은 필요시 교정이나 수리가 가능하므로 정기적으로 점검을 실시한다.

표 16.5 계측기에 사용되는 각종 센서의 종류와 특징(계속)

범주	센서	특성
기계식	다이얼 지시계	• 스프링과 톱니바퀴로 작동하는 감지봉의 변위에 따라 움직이는 눈금원판의 지시바늘을 판독함 • 원리와 구조가 간단하며, 유지관리 및 교환이 수월함
	마이크로미터	• 나사를 돌려 길이의 변화를 측정함 • 다이얼 지시계보다 견고하며, 디지털 장비도 사용 중임
유압식	부르동관 압력계	• 가압 시 원형으로 휜 금속관이 팽창하여 곧게 펴지면서 바늘이 움직임 • 전기부식의 우려가 없는 재료로 만들어져야 함 • 용이한 교환을 위해 마개 밸브와 함께 연속적으로 설치 • 내구성이 좋음
	마노미터	• 유체로 채워진 U자형 튜브로서, 아세테이트 코폴리머나 스테인리스강의 부르동관보다는 오래 쓸 수 있음 • 온도변화와 기포에 의한 유체 밀도 변화로 오차가 유발될 수 있으므로 공기제거수(de-aired water)를 사용
공압식	압력 변환기	• 압축공기관, 체크밸브, 지시계로 구성되며, 작동원리에 따라 대략 6가지로 분류함(2중관, 3중관 방식이 보통) • 센서에 과다한 압력이 가해져도 영구적인 변형이 생기지 않도록 격막(diaphragm)은 탄성이 좋아야 함 • 건조 기체를 사용하는 것이 좋으며, 기름 사용 시 성능 저하 • 관 재료는 PE, PVC 재킷의 나일론 11이 좋으며, 씌울 때 공기나 물이 유입되지 않도록 함 • 기체가 흐르는 동안 측정 시에는 유량을 일정하게 하고, 이를 위해 자동 정체적(定體積) 흐름제어기를 사용
전기식	전기저항식 변형률계	• 접착식(bonded), 비접착식(unbonded), 용접식(weldable)으로 구분하며, 저항체 재질은 금속 강선이나 포일(foil) 또는 반도체를 사용함 • 접합식 강선변형률계는 값이 싸나, 장기간 사용하기에는 적합하지 않음 • 비접착식은 접착기술이 낮던 시기에 개발되었으며, 접착식보다 덜 민감하고 장기안정성이 좋으나(20년 이상), 접착제 성능이 개선된 근래에는 많이 사용하지 않음(Carlson 식은 신뢰성 우수) • 반도체 변형률계는 장기안정성이 우수하나 온도에 매우 민감하므로 온도 변화가 심한 곳에는 부적합함
	진동현식 변환기	• 기계적 방식에 가까움 • 두 지점 간 강선의 인장력 차이에 따른 진동수 변화 출력 • 진동수는 케이블 및 흙 내 저항, 누전과 무관함 • 출력이 비선형적이며, 동적변형 측정에는 부적합 • 값이 비싸며, 영점편차(zero drift)나 부식으로 고장 발생
	선형 전위차계 (potentiometer)	• 저항요소에 와이퍼가 연결된 가변저항계를 구성되며, 직류전원을 저항요소에 공급하여 가동자에 걸리는 전압 측정 • 급변하는 거동이나 반복적인 거동의 측정에는 부적합 • 내수성이 매우 좋지 않으므로 완벽한 방수가 필요함

표 16.5 계측기에 사용되는 각종 센서의 종류와 특징

범주	센서	특성
전기식	선형 변위 변환기 (LVDT)	• 1차 코일과 2차 코일(2개)을 이용한 변환기(코일 내부는 자성물질코어)로서, 자성코어의 위치변화 시 2차 코일의 출력전압이 선형적으로 변화하며 그 크기는 변위에 비례함 • 감도가 매우 좋고 자성코어가 흙과 직접 접촉하지 않으므로 동적거동 측정이나 미세한 움직임 측정에 적합함 • 습도에 강하고 부식 우려가 적으며, 장기간 사용에 적합함 • 긴 케이블에서 출력신호가 저하될 수 있음
	직류 변위 변환기 (DCDT)	• 직류전압 공급을 통해 LVDT의 신호 서아 분세를 해낄 • 습도에 강하고 부식 우려가 적으며, 장기간 사용에 적합함
	서보 가속도계식 변환기	• 서보증폭된 위치탐지기의 전류변화를 회귀코일(restoring coil)에 전달하여 탄성체를 고정시키며, 회귀코일을 통한 전류는 저항기에서 전압강하로 측정 • 각 변위 발생 시 탄성체 평형 유지를 위한 힘이 sine 함수에 비례하는 원리를 이용하여 경사계 등에 많이 사용함 • 장기간 사용에 적합하지 않음 • 프로브 경사계의 틸트 센서로 사용 시 확인 보정이 필수
	자기 스위치 변환기	• 자석을 사용하며, 분리된 리드 접촉 시 부저나 지시등 작동 • 설치 시에 자성(磁性)을 잃지 않도록 할 것 • 값이 싸고, 내구성이 좋음(장기계측에 적합)
	유도코일 변환기	• 관 내의 유도코일 내장 프로브가 관 밖의 금속링과 만날 때 코일의 인덕턴스 변화를 감지하여 위치 파악 • 장기계측에 적합(지중의 강선이나 판의 부식 주의)하며, 필요시 프로브 교환

※ 측정의 소급성(traceability)

도량형에 대한 국제 기본 용어집에 따르면, 소급성(traceability)은 모든 불확도가 명확히 기술되고 끊어지지 않는 비교의 연결고리를 통하여 명확한 기준(국가 또는 국제 표준)에 연관시킬 수 있는 표준 값이나 측정결과의 특성을 말한다. 미국의 NIST 핸드북 150에는 "측정장비의 정확도를 더 높은 정확도를 가진 다른 측정장비, 그리고 궁극적으로는 1차 표준(Primary Standard)으로 연결시키는 문서화된 비교 고리"로 측정장비의 소급성에 대하여 덧붙여서 설명하고 있다. 센서를 포함한 모든 계측 장비는 적절한 교정(calibration)을 통해서 그 측정값의 신뢰성이 유지되도록 해야 하며, 이때 기준이 되는 교정 결과는 근본적으로 국가측정표준에 근거를 가져야 한다. 측정장비의 지시값 또는 기기에 의해 주어지는 결과는 측정이 이루어지는 물리적 단위에서 정확해야만 하며, 궁극적으로 그 단위의 기본적 실현을 위하여 교정을 통한 측정표준과의 소급성을 필요로 한다. 세계시장에서 제품시험 및 적합성에 대한 국제적 승인에 대한 요구가 날로 증가하고 이를 위해 국제측정표준과의 소급성이 요구되기 때문이다. 따라서 측정의 소급성은 측정장비의 정확도와 밀접한 관련이 있다.

측정값의 정확성은 기기의 정밀도 외에도 지층 조건, 장비 설치 조건, 관리 책임자의 노력 여하에 크게 좌우되므로 가급적 동일인(업체)이 계측기의 설치와 측정, 일차적인 해석 업무까지 책임지는 체제를 갖추는 것이 좋다.

계측기 선정에서 가장 중요한 사항은 '측정의 신뢰성'이다. 즉, 해당 계기를 사용하여 측정한 값을 믿을 수 있는가의 여부가 계기 선정의 핵심이다.

계측기가 신뢰성을 가지기 위해서는 가급적 단순하고, 내구성이 좋으며, 자기검증(self-verification)이 가능해야 한다. 변환기(트랜스듀서, 트랜스포머), 센서 등 계측기에 장착된 계기는 크게 광학식, 기계식, 수압식, 공압식, 전기식 등으로 구분하며, 종류별 특성은 표 16.5에 간단하게 정리하였다. 그림 16.3은 계측기기 선정을 위한 흐름도이다.

지속적으로 안정성 있는 측정을 위해서는 선정된 계기의 신뢰성을 총괄적으로 검토할 필요가 있다. 이를 위해서는 계기의 작동 불량을 유발하는 일차적인 원인들을 파악해야 하며, 계측기를 설치할 때에 이 사항들을 최대한 감안하도록 한다.

소프트웨어적인 지원 체계도 매우 중요하다. 방대한 계측 데이터를 제대로 처리하기 위해서

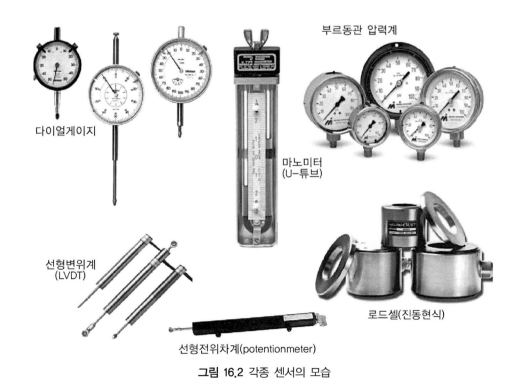

그림 16.2 각종 센서의 모습

는 효용성이 크고 사용자 인터페이스가 좋은 소프트웨어(프로그램)를 갖추어야 한다. 어떠한 관리/해석 프로그램을 사용하느냐에 따라 효율이 달라지므로, 여러 패키지를 비교해서 현장에 맞는 것을 선택한다. 계획하는 계측 관리의 특성을 제대로 반영할 수 있는 프로그램을 직접 제작해서 사용할 수도 있는데, 이 경우에는 미리 프로그램의 수행 내용을 충분히 검증할 필요가 있다. 향후에는 인공지능(AI)의 하나로서 최근 여러 분야에서 사용되고 있는 전문가 시스템(expert system)도 계측 관리 분야에 도입될 것이다.

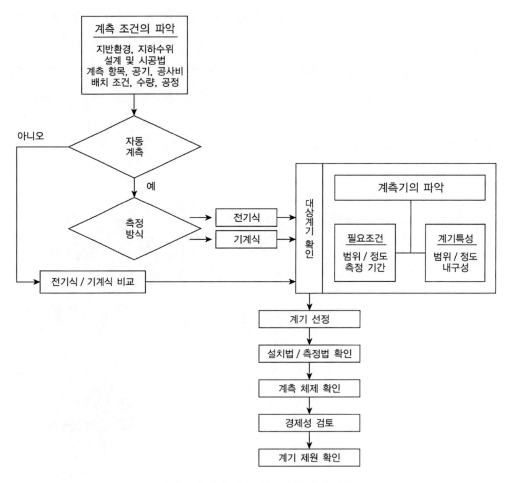

그림 16.3 계측 기기 선정을 위한 흐름도

현재는 인터넷의 발달에 따라 현장에서 측정되는 값들을 현장 사무소 외에도 멀리 떨어진 원격지에서 확인하고 분석하며, 나아가 계측기들의 상태를 조정할 수 있는 수준에 도달하고 있다.

 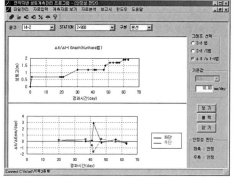

그림 16.4 계측 관리 프로그램의 예

※ 계측 관리와 전문가 시스템

전문가 시스템(expert system)은 전문가의 지식과 경험을 지식 베이스로 구축하여 추론 엔진을 통하여 원하는 결과를 사용자에게 제공하는 인공지능 시스템으로 대화식 프로그램의 형식을 갖는다. 계측 데이터의 분석 결과는 곧 시공에 반영되므로 계측 관리 기술자는 매 분석마다 이론과 경험을 토대로 올바른 판단을 해야 한다. 그러나 계측 관리의 수요는 점차 증가하는 데 반하여, 충분한 지식과 경험을 보유한 전문 기술자의 수는 제한되어 있다. 이에 따라 추론 및 판단 능력을 지닌 전문가 시스템이 계측 관리에 도입될 경우에는 전문 기술자를 대신하게 되므로 분석 시간의 단축 및 경제성 제고 효과를 거둘 수 있으며, 보다 합리적이고 안정적인 시공에도 기여할 것이다.

16.3.4 계측기의 교정 및 설치

정확한 측정을 위해서는 계측기의 교정과 유지관리가 필수적이다. 교정(calibration)은 특정 조건 아래에서 측정 기기, 표준물질, 또는 측정 시스템 등에 의하여 결정된 값과 표준에 의하여 실현된 값 사이의 관계를 정하는 일련의 작업을 말하며, 측정값이 실제와 일치하는지 확인하고 필요시 보정(correction)하는 절차를 의미한다. 교정은 계측기가 제작된 직후에 실시하는 출고 교정(factory calibration), 출고되어 보관, 수송 과정을 거쳐 사용자에게 인도된 후 기능을 확인하는 단계의 교정, 현장에서 계측이 진행되는 동안 실시하는 사용 중 교정 등으로 구분한다. 계측기가 설치된 공사 현장은 일반적으로 그 환경이 매우 열악하기 마련이므로 계기의 단자, 입출력 장치, 감지기 등이 파손되어, 오동작하거나 고장 나지 않도록 지속적인 유지 관리가 이루어져야 한다.

필요한 계측 항목과 그에 맞는 계기를 선정한 후에는 어떻게 계기를 배치할 것인지에 관해 계획한다. 여기에는 계기의 수량, 배치 위치, 설치 방법의 결정이 포함된다. 일반적으로는 계측 목적의 달성 여부, 시공 상황의 고려 여부, 시공관리 차원의 수립 여부, 계기의 검정, 유지 관리 계획의 포함 여부 등을 검토하여 계측기를 배치한다.

16.3.5 측정의 불확실성 요인

계측기를 이용한 모든 측정값은 어느 정도의 편차와 불확실성을 포함하고 있기 마련이다. 측정의 편차를 유발할 수 있는 요인과 그로 인한 결과의 불확실성을 최소화하기 위한 방안에 대해서 알아본다.

(1) 일관성(conformance)

측정 도중에는 값이 임의로 변하지 않아야 한다. 측정값의 일관성은 측정의 정확도와 신뢰성을 제고시키는 중요한 요소이다. 측정의 일관성 유지를 위해서는 적절한 계기를 사용하고 설치 시에 주의를 기울여야 한다. 예를 들어 고정식 시추공 신축계(fixed borehole extensometer)나 주변 그라우트는 흙이나 암반의 변위를 억제하지 않도록 충분히 유연해야 하며, 토압계는 원칙적으로 매설되어 있는 지반과 동일한 변형 특성을 가져야 한다. 계측기 설치를 위한 시추나 되메움 시에도 주변의 역학적 조건에 영향을 주지 않도록 한다.

(2) 정확도(accuracy)

정확도는 측정값이 참값에 얼마나 가까운지를 말하며, 일반적으로 측정값 앞에 ± 표시를 하여 나타낸다. 예를 들어, ±1mm는 불확도가 1mm 이내라는 것을 말하며, ±1%는 불확도가 측정값의 1% 이내라는 것을 뜻한다. 즉, 정확도는 참값에 대한 근접 정도를 나타내나 실제로는 참값을 알 수가 없으므로 표준값으로 대체하여 사용한다. 정확도는 오차(error) 또는 불확도와 밀접한 관련이 있으며, 계기의 올바른 교정을 통해 향상시킬 수 있다.

(3) 정밀도(precision)

일정한 횟수만큼 반복 측정하였을 때 측정값들의 분포 곡선이 평균값에 근접하는 정도를 말하며 정확도의 개념과는 다르다. 즉, 동일한 대상을 반복 측정하더라도 매번 측정값이 거의 동일할 경우 정밀도가 높다고 할 수 있다. 이것 역시 ± 표시로 나타내는 데 정확도를 표시할 때와는 달리 자릿수에 대한 명기를 분명히 해야 한다. 예를 들어 ±1.00은 ±1.0보다 더 높은 정밀도를 뜻한다.

정밀도는 반복성과 분해능(입력변화에 대한 출력 반응의 최솟값으로 최소 지시 값, 또는 설정 값이라고도 함)이 좌우하는 값으로써 일반적으로 사격시의 표적지 흔적으로 설명할 수 있다. 그림 16.5는 정밀도와 정확도의 개념 비교이다.

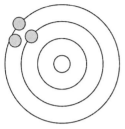 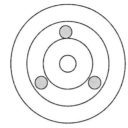 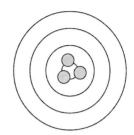

(a) 정밀하나 정확하지 않음   (b) 정밀하지 않으나, 대체로 정확함   (c) 정밀하면서 정확함

그림 16.5 정확도와 정밀도

(4) 분해능(resolution)

분해능이란 최소 측정 단위를 말하며, 아날로그 표시기에서는 그려진 최소 눈금 사이의 크기를 지칭하고, 최근 널리 쓰이는 디지털 표시기에서는 출력된 전후 숫자의 차이가 이에 해당한다. 계측기의 측정 가능한 최소 단위의 크기가 측정값의 신뢰성에 영향을 준다. 측정 범위가 최소 눈금 사이에 걸쳐 있을 때 양쪽 눈금으로 보간(interpolation)하여 읽어야 하는데, 이 과정은 주관적이므로 많은 오차가 발생할 수 있다.

(5) 감도(sensitivity)

감도는 어떤 양이 입력되었을 때 계기가 나타내는 반응량의 정도를 일컫는다. 예를 들어 암석 절리의 변위를 측정하기 위해 사용한 LVDT의 감도는 1000mV/in라는 것 등으로 나타낼 수 있다. 감도가 좋을수록 입력량에 대한 계기의 반응이 예민하지만, 감도가 우수하다고 해서 정확도나 정밀도가 높은 것은 아니다.

(6) 선형성(linearity)

얻어진 측정값과 실제 값이 비례하는 정도이다. 측정값은 계기의 한계로 인해 실제 값과 다소 차이를 보이며 곡선으로 나타날 수 있는데, 이 곡선 위로 편차가 최소가 되도록 직선을 중첩시켰을 때, 측정 곡선과 직선의 차이로 선형성을 평가한다. 예를 들어 선형성이 1%FS(full scale)라는 것은 보정계수를 선형으로 가정하여 발생하는 최대 오차가 실제 크기의 1%라는 것을 말한다.

(7) 이력(hysteresis)

재하, 제하를 반복하는 등 측정 대상의 물리적 상태가 주기적으로 달라지면 측정값은 이 변화에 영향을 받는다. 이를 이력이라 하는데, 미소한 이력 차이에 둔감한 계측기로는 급변하는 특성치를 제대로 측정할 수 없다.

(8) 잡음(noise)

잡음이란 통상저으로 발생하는 큰 소리뿐 아니라 주위의 고압선이나 고전압 사용 장비, 라디오, TV 수상기 등에서 발생하는 라디오 주파수(RF) 등을 통칭하여 말한다. 과다한 삽음 신호로 인하여 계측기가 측정값의 미소한 차이를 감지하지 못할 수도 있다. 이처럼 외부의 어떤 요인에 의하여 발생하는 잡음에 의해 계기의 정밀도와 정확도가 저하되므로, 예상되는 잡음의 발생을 미리 제거하기 위한 구체적인 방안을 수립해야 한다. 잡음 발생을 억제할 수 없다면 측정 전후에 발생원에 대한 보정이 이루어지도록 해야 한다.

16.3.6 측정 및 자료 처리

계측 관리 계획 시 빼놓지 말아야 할 것이 어떻게 측정할 것인가와 측정된 데이터를 어떻게 처리할 것인가이다. 공사 담당자에게 최종적으로 의미가 있는 것은 측정값 자체보다는 그 데이터가 의미하는 것, 즉 해석된 결과이다. 최근의 계측기는 보통 측정 대상의 변화를 전류나 압력의 차이로 감지하게 되므로 1차적인 변환을 통해 사용자가 요구하는 구체적인 값 – 침하량 몇 mm, 응력 몇 kg/cm^{2}의 형태로 나타나는 값 – 으로 전환해야 한다. 일단 데이터가 얻어지면 수치로만 나열하는 것보다는 도표나 그래프 형태로 표시하는 것이 전체적인 흐름이나 경향 등을 판단하는 데 유리하다. 자동 계측이나 데이터 자동 획득 시스템을 이용할 경우에는 컴퓨터를 사용하여 이러한 데이터 처리 과정을 일괄적으로 수행할 수 있다. 이 과정을 거친 후에는 보다 이론적으로 다듬어진 관리 방법으로 분석하여 지반의 거동을 정확하게 파악한다. 한편 측정 및 데이터 수집 등의 업무는 발주자나 선정된 계측 관리 전문가의 책임 아래 계측 기사에 의하여 적절한 양식에 따라 신속하게 이루어져야 하며, 시공자는 이 과정에 적극 협력하여야 한다. 측정, 데이터 수집을 담당하는 현장 기사는 가급적 팀을 이루어 서로의 능력에 맞도록 역할을 분담할 필요가 있다.

계측 빈도는 정보 관리 차원에서 매우 중요하다. 지반의 상태와 시공 여건을 고려하여 계기별로 적절한 시간 간격을 두고 측정한다. 너무 자주 측정을 하면 불필요한 데이터가 많아져

처리 시간이나 비용 면에서 좋지 않으며, 시간 간격이 지나치게 길면 지반 거동을 제대로 파악하기 힘들고 결정적인 순간을 포착하지 못할 가능성이 높아 계측 관리의 의미를 상실하게 된다. 공사의 진척 상황과 지반의 상태에 따라 유동적으로 측정 빈도를 달리하여 효율적인 관리가 이루어지도록 한다. 또한 실제 측정에서 반드시 잊지 말아야 사항으로 초깃값(initial value)의 확보를 들 수 있다. 이 값은 모든 계측 데이터의 시점이 되므로 시공을 하기 전에 원래 지반을 대상으로 측정해서 얻는다. 보다 정확한 초깃값을 확보하기 위해서는 한 번의 측정으로 초깃값을 정하지 말고 계측기를 설치한 뒤 일정 기간 동안 매일 측정하여 계기가 안정된 상태임을 확인한 뒤에 값을 정해야 한다. 그리고 공사를 완료한 후일지라도 안정성을 확인할 때까지는 얼마 동안 일정한 간격으로 측정을 지속하는 것이 필요하다. 측정 주기는 항목별로 적절히 설정한다. 성토 시공 중에는 가급적 모든 항목에 대해서 하루에 한 번씩 측정하는 것이 좋으나 지반 조건이나 현장 사정에 따라 알맞게 조정한다. 표 16.6, 16.7, 16.8은 일본과 우리나라, 싱가포르에서 도로 성토 및 매립 시 적용하는 측정 주기이다.

표 16.6 성토 시공 시 계측 항목별 측정 주기(土質工學會, 1990)

계측기	지반개량공법 시행 도중	성토 도중	성토 종료 후		
			처음 1개월	3개월까지	3개월 이후
침하계	1일 1회	1일 1회	1일 1회	1주 1회	1월 1회
변위말뚝	1일 1회	1일 1회	1일 1회	–	–
활동계	1일 1회	1일 1회	1일 1회	–	–
경사계	시공 전후	1주 1회	1주 1회	–	–
토압계	1일 1회	1일 1회	1일 1회	1주 1회	1월 1회
간극수압계*	1일 1회	1일 1회	1일 1회	1주 1회	1월 1회
확인 보링	시공 후	성토 단계별 1회	–	–	–

* 지하수위계 포함

표 16.7 연약지반 공사 시 계측 빈도(한국도로공사, 2000)

측정 항목	성토 도중, 성토 후 1개월까지	성토 후 1~3개월	성토 후 3개월 이후	준공 후
지반 침하량, 지중횡변위량 간극수압, 지하수위, 토압	2회 / 1주	1회 / 1주	1회 / 2주	1회 / 3개월
기타 항목	계측 목적에 따라 조절			

표 16.8 연약지반 공사 시 계측 빈도(싱가포르 창이 매립지의 경우)

측정 항목	성토 후 첫 1개월	성토 후 2개월~3개월까지	성토 후 4개월
침하판	1회 / 3일	1회 / 1주	1회 / 2주
심층침하계	1회 / 3일	1회 / 1주	1회 / 2주
간극수압계	1회 / 1일	1회 / 1주	1회 / 1주
지하수위계	1회 / 1일	1회 / 1주	1회 / 1주
경사계	1회 / 1일	1회 / 1주	1회 / 1월

측정 방법은 크게 수동식, 반자동식, 자동식으로 구분할 수 있다. 수동식은 사람이 계기의 지시계를 직접 읽거나 전기 신호를 분석하고 필요한 경우에 컴퓨터를 이용하여 처리하는 방식이다. 이 방식은 경제적인 차원에서 시스템 구축에 따르는 비용 부담이 상대적으로 적기는 하지만 시간이 많이 소요되고 측정에 오류가 개입할 요소가 많으며, 매우 숙달된 인력이 필요하다는 단점이 있다. 반자동식의 경우에는 일단 데이터를 읽어 컴퓨터에 입력하여 처리, 해석하는 방식으로 이루어지며, 시공 지역이 넓으면서 계측 지점이 많거나 계측 빈도가 상대적으로 적은 현장에 적합하다. 수동식에 비하여 측정 및 데이터 처리 시간을 크게 줄일 수 있다. 자동식은 측정에서부터 데이터 처리, 결과 분석까지 전 과정이 컴퓨터로 통제되는 방식이며, 흙막이 굴착과 같이 많은 계측점이 집중되어 있거나 짧은 주기를 가지고 수시로 거동을 감시해야 할 경우에 매우 적합하다. 그러나 이 방식은 초기 투자 비용이 크기 때문에 모든 계측에 이를 적용하는 것은 불합리하다. 특히 계측 대상 구간이 매우 광범위하기 마련인 성토 시공시의 계측 관리에 자동 측정 시스템을 도입하고자 할 때에는 신중하게 그 효용성과 경제성을 저울질해야 한다. 그리고 자동 계측이 기술자의 공학적 판단을 대신해서는 안 된다는 사실을 명심해야 한다.

표 16.9 자동 데이터 획득 시스템의 장점과 단점   (Dunnicliff, 1988, Dibiagio, 1979)

장점	단점
• 측정, 분석 인력을 줄일 수 있어 인건비 절약 • 자동 측정이므로 계측 빈도를 늘려 자주 측정할 수 있으며, 데이터의 일관성이 보장됨 • 접근이 쉽지 않은 지역에서도 원활한 측정이 가능하고, 원거리까지도 신속한 데이터 이동 가능 • 측정 감도 및 정확도 향상 • 측정값의 급격한 변화도 감지 가능 • 측정 오차를 줄일 수 있으며, 오차 판독이 용이 • 데이터 형식이 전산 처리에 적합하여 컴퓨터로 신속하고 일괄적인 처리가 가능하며, 그래픽 프레젠테이션 등 사용자 인터페이스가 뛰어남	• 일상적인 계측만을 반복하므로 측정에 영향을 줄 수 있는 주변 환경 여건의 변화를 감지하지 못함 • 오류가 있을 수 있는 데이터를 무분별하게 양산할 수 있음(garbage in, garbage out) • 초기 투자와 유지 관리에 많은 비용이 소모되고, 담당 전문가가 필요함 • 사용되는 컴퓨터 프로그램에 대한 디버깅이 필요하며, 프로그램 내에 자체 오류 점검 기능이 내장되어 있어야 함 • 기후 조건, 공사 장비 등에 의한 파손 가능성이 크고, 항상 전원이 안정적으로 공급되어야 함

신속한 데이터 처리와 분석, 결과 요약을 위하여 계측 계획 수립 시에 이에 대한 역할 분담을 확실하게 한다. 발주자는 계획 단계에서부터 데이터 해석 결과의 최종 프레젠테이션까지 관심을 가지고 참여해야 하며, 반드시 책임 있는 기술자가 관장하도록 한다. 측정된 데이터의 검증을 위하여 우선 현장의 계측 기술자가 1차적으로 확인을 하고, 분석 전에 사무실에서 분석 기술자가 현장의 관련 자료를 검토하고, 오차를 찾아내는 작업을 한다. 오차를 제거한 데이터는 미리 준비된 적절한 양식의 기록지나 컴퓨터 저장 장치에 기록한다. 검증이 끝난 데이터는 필요한 계산 과정을 거쳐 사용자가 요구하는 양식으로 출력한다. 계측 데이터에 대한 모든 처리와 분석이 끝나면, 최종 결론을 내리고 필요한 경우 관련 보고서나 기술 논문 등을 작성한다. 이러한 일은 업무 차원에서 필요하기도 하지만 실패했거나 성공했거나 간에 어떤 현장에서의 성과를 자세히 기록하여 남김으로써 이후의 기술 발전에 이바지하기 위해서도 필수적인 과정이다. 제대로 기록된 계측 성과물들은 지반의 실제 거동을 이해하는 데 결정적인 도움을 주며 지반공학적 차원에서 학문적 유용성이 대단히 크다.

16.4 연약지반 성토 시공 시의 계측기 설치

16.4.1 계측 항목과 계측기 종류

일반적으로 성토 구조물을 시공하는 현장에서의 주된 관심 사항은 성토체 자체의 안정성과 하부 지반의 안정성이다. 원지반의 공학적 특성이 비교적 우수하고 어느 정도 강도를 가지고 있는 경우의 계측/시공 관리는 성토 사면의 활동 가능성이나 자체 하중, 다짐 등에 의한 성토층의 침하 정도 등 성토체 자체의 거동 관찰만으로도 충분하다.

연약지반에 성토를 할 경우에 가장 관심을 가지고 계측을 해야 할 대상은 지반의 변위(침하, 수평 이동)와 간극수압의 변화이다. 특히, 압밀 촉진을 위하여 드레인 등 지중배수공법(vertical drain)이 적용된 경우에는 각 층에서의 압밀도 파악을 위하여 간극수압을 정확하게 측정해야 하며, 드레인재로 모래를 타설했거나(sand drain, pack drain), 모래다짐공법(SCP, Sand Compaction Pile)을 적용하여 지중에 모래 기둥이 형성되어 있는 경우에는 성토로 인해 모래 기둥에 응력이 집중되므로 원지반과의 하중 분담 정도를 알기 위해서 토압의 측정이 필요할 수도 있다. 표 16.10에 성토 시공 시의 주요 계측 항목과 계측기의 종류를 나타내었다.

한편, 이들 항목에 대한 계측 외에도 전문 기술자는 지속적으로 현장을 세심히 관찰해야 한다. 시각 관찰 시에는 특히 제체 상부의 인장 균열 발생 유무에 관심을 가져야 한다. 인장 균열은 성토체가 불안정해지고 있다는 첫 신호이며, 균열의 폭과 깊이 등을 측정하면 성토체의 전체적인 거동을 파악하는 데 단서를 제공받을 수 있다. 균열의 유형을 잘 관찰하면 성토 사면의 예상 활동 방향을 대략적으로 유추할 수도 있다.

표 16.10 성토 시공 시의 주요 계측 항목과 계측기(土質工學會, 1990)

계측 항목			계측기	내용
변위	수직 변위	지표 침하	지표면 침하판 프로파일게이지	• 대상 지반의 지표면 침하량을 측정 • 침하상황 파악, 성토 시기 및 속도 결정 • 안정 관리에 이용
		층별 침하	층별침하계	• 지층별로 침하량 측정 • 압밀 상황 파악, 재하제하 시기의 결정
	수평 변위	지표 변위	변위말뚝 흙 활동계	• 지표면의 수평 이동량을 측정 • 측방 유동 토량 추정, 안정 관리에 이용
		지중 변위	경사계	• 지중의 수평변위를 연속적으로 측정 • 성토 속도 조절 등 안정 관리에 이용
압력	간극수압		간극수압계	• 성토 하중에 의해 발생하는 지반 내 간극수압을 측정 • 압밀 효과 확인 및 안정 관리에 이용 • 단기 측정 – 전기식, 장기 측정 – 수압식, 공기식
	토압		토압계	• 성토 하중에 의한 연직 방향 응력 증가 계측 • 배수재 타설 지반에서의 하중분담률을 확인

(1) 지반의 변형량 계측

성토 계측 시 가장 널리 측정되는 대상은 지반의 침하, 수평 이동, 기울어짐, 융기 등 지반의 변형과 관계되는 것들이다. 이들 변형은 보통 복합적으로 발생하는 데 각 항목별로 적절한 계측기를 사용하여 측정한다. 변위를 계측할 때에는 변위 발생 부위, 진행 방향, 크기, 증가율 등을 고려한다. 침하량 계측이 주로 최종 변위 값과 압밀 현상을 파악하기 위한 것이라면, 지반의 수평 변위(측방 유동량)를 계측하는 것은 지반의 안정성을 확보하기 위한 성격을 갖는다.

① 침하량의 측정

점성토 지반에 도로 등을 구축하기 위해 성토를 실시하는 경우 장기간의 침하가 발생하게 되므로 공사 및 품질 관리를 위해 침하량의 크기와 경시 변화를 정확히 평가해야 한다.

지반의 침하를 측정하는 계측기로는 측량 타깃(survey target), 지표면 침하판(surface settlement plates, 그림 16.6), 심층 침하계(deep settlement probes, screw plate or anchor), 일점 지표 침하계(point surface settlement gauges), 층별 침하계(multi-point settlement gauges, extensometer, 그림 16.7), 프로파일 게이지(profile gauge, 그림 16.8), 수평 경사계(horizontal inclinometer, 그림 16.8) 등을 이용한다. 지표 침하를 측정하는 가장 간단한 방법은 성토체 주위에 고정 타켓을 설치하고 그 높이를 측량하는 것인데, 측정상의 특별한 문제점은 없으나 성토 시공이 끝난 후에야 계측을 할 수 있다는 단점이 있다.

그림 16.6 침하판의 모습과 측정(레벨 측량) 장면

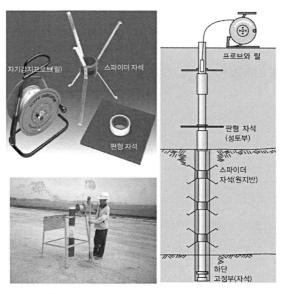

그림 16.7 자기식 층별 침하계 및 측정 모습, 모식도

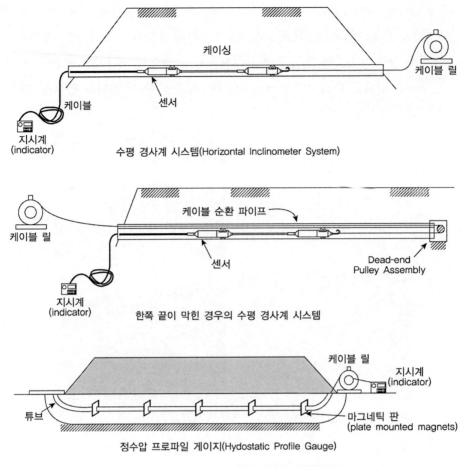

케이싱

케이블

센서

지시계
(indicator)

케이블 릴

수평 경사계 시스템(Horizontal Inclinometer System)

케이블 릴

케이블 순환 파이프

센서

지시계
(indicator)

Dead-end
Pulley Assembly

한쪽 끝이 막힌 경우의 수평 경사계 시스템

케이블 릴

지시계
(indicator)

튜브

마그네틱 판
(plate mounted magnets)

정수압 프로파일 게이지(Hydostatic Profile Gauge)

그림 16.8 연속적인 침하 측정 계측기

우리나라에서 가장 널리 사용하는 방법은 성토를 시작하기 전의 원지반에 지표면 침하판을 설치하고 보호관 안에서 롯드(침하봉)를 계속 수직으로 연결하여 수준 측량을 통하여 침하량을 측정하는 것이다(그림 16.6). 이 방법은 설치가 쉽고 비용이 적게 들며 시각적인 관리가 가능하다는 장점이 있는 반면, 공사 장비 통행, 주변부 다짐 등으로 쉽게 파손되고, 롯드 연결 및 측량 시 부주의로 오차가 유발될 수 있는 문제를 가지고 있다. 또한 대부분의 경우 도로 포장이나 상부구조물 시공 전에 침하봉을 제거해야 하므로 장기적인 침하관측에는 적절하지 않다. 이러한 문제들을 해결하기 위해서 압력 차이를 측정하여 침하량을 관측하는 매설형 침하 계측 시스템들이 개발되어 소개되고 있으나, 국내에서는 대부분 보편화되지 못하고 있다. 표 16.11은 우리나라에서 이용하고 있는 침하량 측정방법과 특징을 간략하게 요약한 것이다.

표 16.11 침하량 측정방법과 계측기

침하 측정방법	계측장치 구성	측정방법	비고
지표 침하판	침하판(0.9×0.9×0.09m) 침하봉 / 보호관 / 지지대	수준측량	설치가 간단하나, 관리가 어려움
앵커형 침하계	보호관 / 지층고정앵커	수준측량	
매설형 침하계	압력셀 / 튜브 / 유체조	자동측정	유압(수압) 이용
층별 침하계	보호관 / 앵커 / 자석링	수동 / 자동	
전단면 침하계	유체튜브 / 압력프로브	수동 / 자동	연속 측정

② 지중횡 변위량의 측정

재하로 유발되는 하부지반의 횡방향 변위는 경사계(inclinometer)로 측정할 수 있다. 경사계의 측정 원리는 간단하다. 먼저 작은 직경의 수직 굴착공을 파고 내부에 십자 모양의 홈(grooves)이 난 유연한 경사계 관(케이싱)을 넣는다. 케이싱에 새겨진 홈의 일직선 방향이 지반의 예상 거동 방향과 일치하게 하며, 관의 하단은 변위가 발생하지 않는 층에 충분히 근임하여 고정시켜야 한다. 케이싱 하단이 바닥에 고정되지 않으면 측량을 통해 케이싱 상단의 이동량을 측정해야 하는 데 오차가 개입할 소지가 많다. 측정은 경사계 바닥에 있는 프로브(감지기)를 위로 끌어 올리면서 이루어지는 데 측정 간격을 일정하게 유지한다. 실제 사용하는 경사계는 제품에 따라 측정 방법이나 케이싱의 형태에 따라 조금씩 차이가 있다.

1970년대에 주로 사용하던 경사계는 진동강선, 변형률계를 이용한 계측 시스템으로 진자(pendula)를 이용하여 경사를 측정하였다. 그런데 이 기기들은 온도 변화에 민감하고, 영점편차(zero drift)의 문제점을 가지고 있다. 현재의 경사계는 대부분 서보-가속도계(servo-accelerometers)를 장착하고 있으며, 정밀도가 높다(보통 $1\sim2\times10^{-4}$rad, 즉 10m당 $1\sim2$mm 변위를 측정 가능).

그림 16.9, 16.10은 일반적인 경사계의 측정 원리와 형태를 보여주고 있다. 그림 16.11과 16.12는 폴란드와 우리나라에서 시험 성토를 통해 경사계로 측정한 지중의 횡변위 분포를 시간대(성토단계) 및 위치별로 나타낸 것이다(Wolski 등, 1989; 조성민, 1998).

그림 10.9 경사계 장비와 설치 케이싱 관

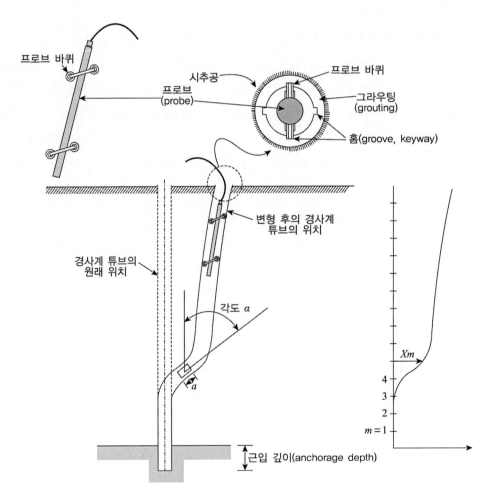

그림 16.10 경사계 단면과 측정 원리

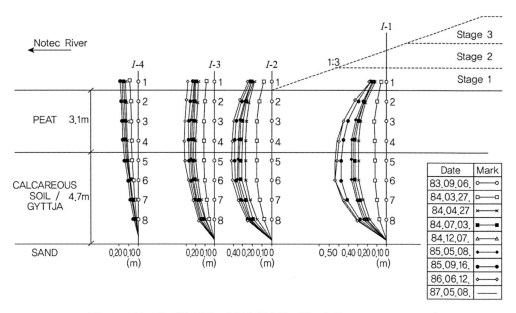

그림 16.11 성토에 의한 주변 지반의 횡변위 계측 결과(Wolski et al., 1989)

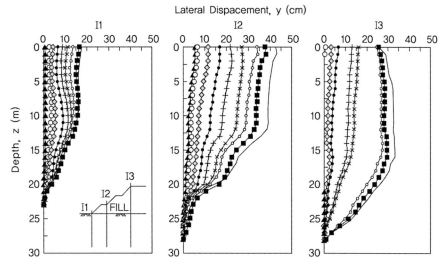

그림 16.12 성토체 하부지반의 지중횡변위 계측 결과(조성민, 1998)

(2) 간극수압 및 지하수위의 측정

투수성이 낮고 포화된 점토 지반에 하중이 가해지면 간극 내의 물이 빠져나가지 못하고 하중
을 받게 되어 과잉간극수압이 발생한다. 압밀이 진행되면서 과잉간극수압은 소산된다.

지반의 간극수압을 측정하면 유효응력을 계산할 수 있고 압밀 진행 상황을 파악할 수 있다. 또한 지하수는 부력을 유발하고 활동력을 증가시키기 때문에 어느 위치에 지하수위가 존재하는 지 관찰할 필요가 있다. 과잉간극수압은 간극수압계로 측정한 간극수압에서 지하수위계로 산정한 정수압을 빼주면 구할 수 있다.

간극수압계는 크게 수압식(hydraulic type), 공압식(pneumatic type), 전기식(electric type)의 세 가지 종류로 구분한다. 그림 16.13은 간극수압계의 종류별로 모식도를 보여준다.

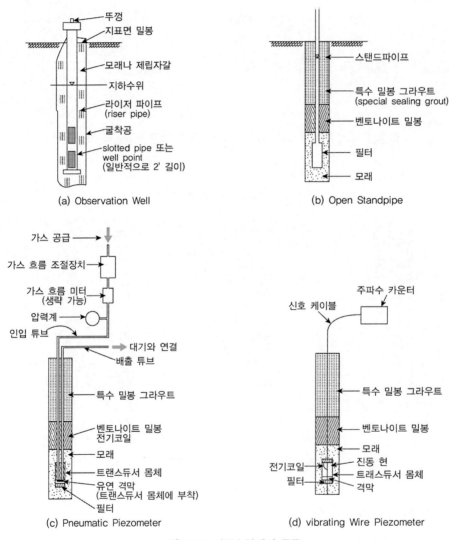

그림 16.13 간극수압계의 종류

가장 단순한 형태로는 개방형 수압식 간극수압계(open hydraulic piezometer)나 스탠드파이프(standpipe)가 있는데, 이들은 반응 시간이 길기 때문에 지반 내의 간극수압이 시간에 따라 크게 변하지 않는 곳에 주로 사용한다. 투수성이 이보다 좋지 않아 기기와 흙 사이를 흘러가는 물의 양이 적은 곳에는 폐쇄형 간극수압계(closed piezometer), 정체적 간극수압계(constant-volume piezometer)를 사용한다. 폐쇄형 모델의 경우 반응 시간이 가장 짧아 시공 도중 급변하는 간극수압의 크기를 관찰하는 데 유리하며 지반 내 전단 변형 시 간극수압이 변화하므로 안정 관리 기기로도 이용된다.

간극수압계 프로브는 굴착공을 판 뒤에 넣거나 또는 압입하여 밀어 넣는 방식으로 설치한다. 지하수위는 비교적 간단하게 측정할 수 있는데, 간극수압계, 스탠드 파이프나 관측정(observation wall)을 이용한다. 일반적으로 굴착공 내에 파이프 등을 설치 한 뒤에 감지기 감지기를 넣어 아래로 내리면서 감지기가 수면을 감지하여 부저를 울리거나 점등하는 방식으로 측정한다.

그림 16.14는 상용화된 진동현식 간극수압계와 공압식 간극수압계의 모습이며, 그림 16.15는 지하수위를 감지하는 수위계의 모습과 수위 측정 장면이다. 이 수위계를 스탠드파이프 안으로 집어넣으면 물과 접촉하는 지점에서 부저를 울리게 되므로, 지표면에서 지하수위까지 깊이를 알 수 있다. 스탠드파이프 설치 상태나 주변의 재하 조건에 따라 측정된 수위가 정수위면(hydrostatic water table)과 차이를 보일 수 있으므로 주의한다.

그림 16.16은 국내의 어떤 현장에서 성토 도중 측정한 지중의 과잉간극수압의 경과시간별 분포도로서 재하 시기에 따라 과잉간극수압이 증가하거나 감소하는 경향을 보여준다.

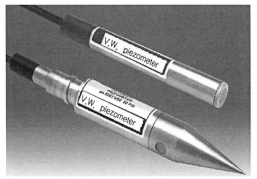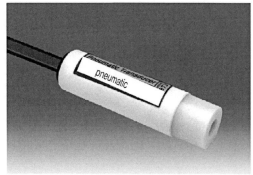

그림 16.14 간극수압계의 형상(진동현식, 공기압식)

그림 16.16 지하수위 감지 장치 및 측정 모습

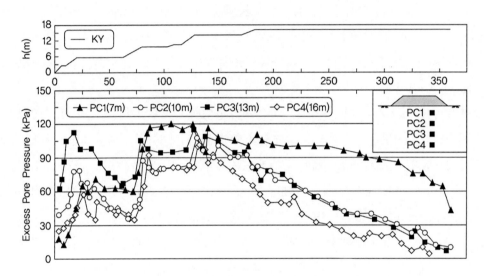

그림 16.16 실제 측정한 과잉간극수압의 분포 예

한편, 간극수압 거동은 지반의 투수성과 포화 정도, 재하 이력에 영향을 받는데, 실제 지반
에서 이들 요소들을 제대로 평가하기 힘들기 때문에 재하 시 유발되는 간극수압의 크기와 소산
시간 등을 정확하게 예측하는 것은 매우 어려운 일이다. 실제 측정에서도 간극수압계 자체의
품질상 문제는 제외하고도 응답 지연(time lag), 설치 관을 따른 침투, 측정 부위 또는 흙
속으로의 공기(air bubble) 유입, 필터의 막힘(clogging), 지반 변형으로 인한 계기 위치의
변화 등으로 인하여 특정 시간에서 간극수압의 올바른 크기를 관측하기가 쉽지 않다
(Hvorslev, 1951; Hanna, 1985; Dunnicliff, 1989). 그리고 간극수압은 측정 원리나 방식에
따라서도 관측 값이 서로 차이를 보일 수 있으며, 대기압이나 온도의 변화에도 영향을 받는다
(Tremblay, 1989).

(3) 토압의 측정

토압은 간극수압과 상호 관련성이 있으며 특히 유효응력을 알고자 하는 경우에는 두 가지를 모두 측정해야 한다. 토압계(earth pressue cell)에서 측정하는 값은 전응력이다. 따라서 적당한 위치에 기기를 설치하면 성토로 인한 지반의 하중 증가량을 알 수 있다. 지반개량을 위하여 모래다짐말뚝(SCP)이나 샌드드레인(sand drain) 등이 설치되어 있을 경우에도 토압을 측정할 필요가 있다. 일반적으로 드레인(샌드드레인, 팩 드레인)을 시공한 경우 압밀 효과 이외의 모래 기둥 설치 효과는 무시하는데, SCP나 암석 기둥(stone column)을 시공한 경우에는 강도 보강 효과를 고려한다. 이는 지중에 타설된 모래말뚝 등이 주변의 연약한 지반에 비해서 응력집중이 크다는 것인데, 해당 위치에 토압계를 설치하여 측정하면 위치에 따른 하중 분담 정도를 알 수 있다.

토압계를 그 원리면에서 구별해보면 평형형 토압계와 판별형 토압계로 나눌 수 있다. 평형형 토압계는 수압판의 변위량 검출 방식에 따라 직접형과 간접형으로 다시 나눌 수 있다. 한편 설치 지점에 따라 벽면형 토압계(contact cell)와 매립형 토압계(embedment cell)로도 구분하며, 슬러리 벽체에서 주동 및 수동토압을 측정할 수 있는 잭아웃형(jackout type)도 있다. 그림 16.17은 널리 사용되는 진동현 방식 토압계의 일반적인 모습과 용도별 형태이다.

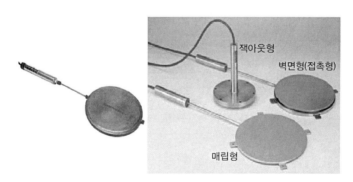

그림 16.17 진동현 방식 토압계 모습

지반 내의 연직 방향 토압은 정지 상태 시에는 이론적으로 간단히 구해지지만 흙의 압축성 차이 때문에 아칭(arching) 작용 등이 발생하므로 실제 토압은 이와 달라질 수 있다. 예를 들면 중앙 심벽형 흙댐의 경우 심벽의 한 위치에서 연직 토압은 이론적인 값에 비해 훨씬 작은 경우가 많다. 따라서 계기를 사용하여 실제로 작용하는 토압이 어느 정도인지 측정해야 시공 관리나 안정성 평가에 도움을 얻을 수 있다.

설치한 토압계가 접촉면에서 너무 돌출될 경우는 토압계 모서리의 과도한 응력집중으로 인해 실제보다 과도한 토압이 측정될 수 있다. 이를 방지하기 위해서는 단면비(aspect ratio, 직경/두께)가 0.1 이하인 제품을 사용하고 벽체에 부착할 경우 토압계 밑의 지지판은 가급적 벽체 내에 매립하는 것이 좋다.

16.4.2 계측기 설치 및 측정

측정 대상에 따라 적절한 계측기를 선정하여 설치한다. 그림 16.18은 연약지반상에 성토 구조물 시공 시의 지반 거동 양상과 계측기의 배치 위치를 나타낸 것이다. 압밀 진행 상황을 파악하고자 한다면 성토체 아래에 침하 계측기와 간극수압계를 설치하고, 성토 하중에 의한 지반의 활동 파괴에 대한 안정성 확보가 관건이라면 성토체 측면에 간극수압계와 경사계 등을 설치하여 수평 변위를 관찰한다. 그림 16.19는 우리나라에서 많이 적용하는 전형적인 계측기 설치 단면이다.

계측 항목에 따라 가장 효용성이 큰 곳에 장비를 설치하는데, 다른 곳에 비해 성토고가 높거나 연약층이 두꺼워서 상대적으로 활동 가능성이 높은 지점에 계측기를 우선적으로 배치한다. 모래 기둥이 설치되어 있어서 응력이 집중되는 곳에는 토압계를 설치할 수 있다.

일반적으로 지표면 침하판은 성토체 중앙부와 좌·우측에 배치하며, 연약층이 두껍거나 각 층에서의 침하량을 알아야 할 경우에는 성토체 중앙부에 층별 침하계를 설치한다. 횡변위를 관측할 필요가 있을 때는 경사계를 성토체 사면부의 선단 부근에 설치한다. 그리고 정수위를 측정해야 하는 지하수위계는 성토 영향을 받지 않는 지점에 설치한다.

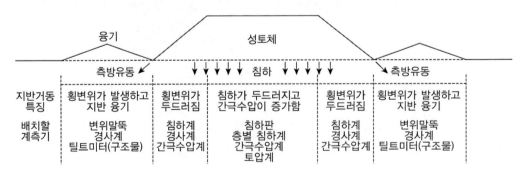

그림 16.18 성토 재하 시 지반 거동 및 계측기의 배치 위치

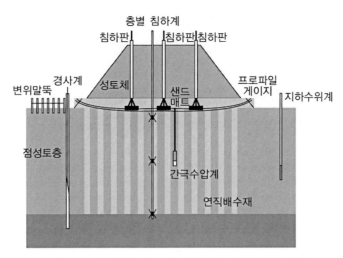

그림 16.19 연약지반 성토시 전형적인 계측기 설치 단면

표 16.12 계측기 설치 시 주의사항

계측기	설치 및 측정 시 유의 사항
지표침하판	• 원지반 또는 PP 매트 상부를 노출시켜 매설 후 다짐 • 침하봉과 보호관의 연직도 유지 및 적절한 재질의 보호대, 보호관, 뚜껑 사용 • 계측을 위해 설치한 기준점(BM)의 변동 및 이동 여부를 수시로 확인할 것 • 성토고 증가에 따른 침하봉 연장, 보수 및 재매설시 반드시 보정 실시
층별침하계	• 매설전 해당 지점의 정보(층 두께, 지층 등)를 정확히 파악하여 설치위치 결정 • 회전수세식 장비를 이용하여 굴착 • 지지층(풍화암 1m 이상)은 분명한 부동점이 되도록 그라우팅 등 실시 • 설치 후 소자 심도 확인 • 지표침하판과 동일한 빈도로 계측 • 성토에 따른 보호관 연결 시 반드시 기준 값 보정 실시
경사계	• 경사계 설치 전에 측구를 먼저 시공해야 함 • 케이싱 선단은 풍화암층 1.5m 이상까지 관입시켜 확실한 부동점 확보 • 케이싱이 지반과 완전히 밀착하도록 수차례에 걸쳐 그라우팅 실시 • 케이싱의 홈과 성토체 종, 횡단이 전 심도에 걸쳐 일치하여야 함 • 성토 이전에 수차례 반복측정으로 초깃값 설정 • 케이싱 내 이물질 투입을 방지하고 동결로 인해 케이싱이 파손되지 않도록 조치 • 케이싱의 변형이나 유동 여부를 수시 확인
간극수압계	• 지반조사 결과를 검토하여 매설 위치의 지층조건 확인(반드시 점성토층 내 설치) • 설치를 위한 천공 시 회전수세식 장비를 사용하여 지반교란 최소화 • 반드시 지하수위계와 병행하여 측정 • 성토 이전에 반복측정으로 초깃값을 설정하고 해당 지점의 정수압과 비교 • 지반침하 등을 고려하여 측정 케이블의 여유 확보
지하수위계	• 성토체의 영향을 받지 않도록 성토체로부터 충분히 이격시켜 설치 • 회전수세식 장비로 약 5m까지 천공하여 설치

계측기 설치를 완료하면 앞 절에서 언급한 바와 같이 오차를 최소화하면서 일정한 주기로 측정을 개시한다. 정식 계측에 앞서 모든 항목별로 초깃값을 미리 측정해야 한다. 그리고 반드시 명심해야 할 사항은 설계나 계측 계획 수립 시에 가정한 임계 단면이 반드시 실제로 가장 위험한 단면이 아닐 수도 있다는 것이다. 앞에서 계속 이야기한 바와 같이 모든 설계나 계획은 지반 조건의 불확실성을 전제로 하여야 한다. 따라서 계획된 계측의 진행과 아울러 현장의 세심한 관찰을 통해 지반 거동을 예의 주시할 필요가 있다.

16.5 연약지반 성토 시공 시 계측 관리 기법

16.5.1 관리 기법과 관리 기준의 설정

계측 계획 수립 시에는 현장 지반 조건과 구조물의 성격에 따라 관리 항목별로 적절한 기준을 미리 설정하여야 한다. 이 기준은 안전하게 원래의 목적대로 구조물을 시공할 수 있도록 하는 정량적인 수치로 설정 – 이를테면 성토 시공 시 하루당 횡변위가 2cm를 초과하면 시공을 중지 – 하는 것이 좋으며, 단일 항목뿐 아니라 여러 가지 항목을 조합하여 지반의 안정성을 평가하는 도구로 이용된다. 시공 도중에 어떤 항목의 계측치가 설정된 기준에 근접하면 현장 관찰과 부가 해석 등을 통해 필요한 대책을 수립한다.

여러 분야의 계측 관련 이론 중에서 지반공학자들이 중시해야 할 사항은 합리적인 데이터 해석 기법과 관리 기준의 설정, 역산을 통한 지반 정수의 검증일 것이다. 토목기술자의 궁극적인 목표가 원하는 구조물을 경제적이면서도 안전한 방법으로 시공하는 것이라고 할 때, 최적의 계측 관리 기준을 확립해야 하는 중요성은 그만큼 크다.

16.5.2 침하 관리

설계 시에 압밀이론에 의하여 침하량과 침하 소요 시간 등을 계산할 수 있다. 그러나 실제 침하 현상과 이론과는 많은 차이가 있으며, 계산에 필요한 지반 물성치를 정확히 알아내기가 힘들므로, 많은 경우에 실제 침하량은 예측 값과 차이를 보인다. 그림 16.20은 성토가 개시되는 시점부터 공사 완료 후 임의 기간까지의 침하를 개념적으로 설명하고 있는데, 설계 시 일반적으로 예측할 수 있는 침하는 이 그림에서 'B' 곡선에 해당하며, 이에 반하여 실제 침하는

'D' 곡선과 같이 발생하게 된다. 따라서 지반개량을 철저하게 완수하더라도 토질역학적 특성에 기인한 하부지반의 장기적인 침하를 사전에 완벽하게 예측하는 것은 어렵다.

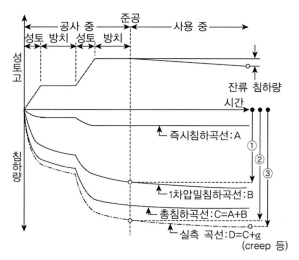

그림 16.20 점성토층의 하중-침하 개념도

더우기 연약지반은 그 거동이 복잡하며, 성토 이전에 압밀 촉진을 위하여 연직배수재를 설치하고 다단계로 성토를 하기 때문에 침하 예측에 큰 어려움이 있다. 따라서 계측기를 설치하여 지반의 침하량을 정확히 파악하는 것이 반드시 필요하며, 연약지반에서는 장기적으로 침하가 계속되기 때문에 시공 중의 계측을 통해 장기 침하를 다시 예측하는 것이 중요하다. 계측 데이터는 곧바로 적절한 해석 과정을 거쳐 최종침하량 및 소요 시간 예측에 이용되도록 한다. 실측 데이터를 이용한 최종침하량 예측 방법으로는 침하량이 쌍곡선적으로 감소한다는 가정에 근거한 쌍곡선 방법, Mikasa의 압밀방정식을 개략적으로 수정한 Asaoka 방법, 연직 배수재 설치 지반에서 평균 압밀도 식을 변형하여 침하량을 추정하는 Monden 방법 등이 주로 이용된다. 최근에는 실제 시간-하중-침하량 곡선이나 지중의 간극수압 데이터를 토대로 압밀정수를 수정하여 이론 곡선을 작성하는 식으로 미래 침하량을 예측하는 방법도 많이 사용되고 있다.

(1) 쌍곡선법(hyperbolic method, 宮川 ; 1961)
성토 후 경과 시간에 따른 침하량 분포 곡선은 일반적으로 그림 16.21과 같다. 이 방법에서는 실측한 침하량 곡선을 토대로 하여 앞으로 측정될 곡선의 연장선이 쌍곡선이 될 것이라고 가정(침하 속도가 쌍곡선적으로 감소한다고 가정)하여 초기의 실측 침하량으로부터 장래의 침하량을 예측한다. 그림 16.21에서 성토가 종료된 t_0 시점부터 임의의 t 시점까지 실측 침하량을 알고 있다면 주어진 하중 아래에서 발생하는 최종침하량을 미리 예측할 수 있다.

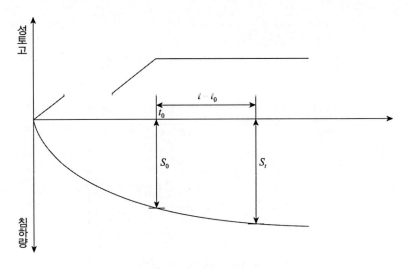

그림 16.21 쌍곡선 방법의 원리

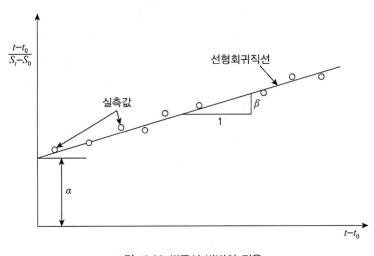

그림 16.22 쌍곡선 방법의 적용

이 방법을 이용하기 위해서는 경과 시간$(t - t_0)$을 x축으로 하고 경과 시간에 대한 침하량 비 $[(t - t_0)/(S_t - S_0)]$를 y축으로 하는 그래프(그림 16.22)를 그려서 좌표점들을 선형회귀분석하여 회귀 직선의 기울기(β)와 y절편(α)을 구한다. 그림 16.22에서 회귀 직선의 식은 다음과 같다.

$$\frac{t - t_0}{S_t - S_0} = \alpha + \beta(t - t_0) \qquad (16.1)$$

여기서, t : 관측 개시(t_0)부터 경과 시간

S_o, S_t : 관측 개시와 t 시간 경과 후의 침하량

따라서 임의 시간이 경과한 다음의 침하량 S_t는 다음과 같이 구할 수 있다.

$$S_t = S_0 + \frac{t - t_0}{\alpha + \beta(t - t_0)} \qquad (16.2)$$

위의 식은 임의 시점에서의 침하량을 추정하는 식인데, 만일 주어진 하중 조건 아래에서의 최종침하량(S_∞)을 구하고자 한다면 시간 t를 무한대로 가정하여 계산한다. 이 경우 $t - t_0 \simeq \infty$ 이며, 회귀직선의 y 절편인 α 도 미소하여 이를 무시할 수 있으므로 위 식은 다음과 같이 다시 쓸 수 있다.

$$S_\infty = S_0 + \frac{1}{\beta} \qquad (16.3)$$

이 방법을 적용하여 침하량을 추정해보면, 초기에는 실측치에 비해 작은 값을 보이다가 후반으로 갈수록 일치하는 경향이 있으므로 가급적 후반 직선부를 이용하는 것이 바람직하다고 판단된다. 즉, 압밀도가 50% 정도에 달해야만 어느 정도 근사치에 접근할 수 있다.

쌍곡선법으로 추정한 침하량에는 2차 압축량도 포함되어 있으며, 이 방법은 자료 처리가 간단하고 계산 원리가 단순한 데 비하여 그 결과의 신뢰성이 비교적 높고 예측 가능 시기도 상대적으로 빠른 것으로 알려져 있다.

(2) Asaoka(淺岡, 1978)의 도해법

쌍곡선법이 곡선적합(curve fitting) 기법에 의한 경험적인 방법임에 반하여 Asaoka(1978)의 침하량 예측 기법은 Mikasa(1963)의 압밀이론에 기초한 반경험적인 방법으로, 장기 침하량 예측은 물론이고 지반의 압밀계수(c_v) 역산에도 활용할 수 있다. Asaoka는 Mikasa의 1차원 압밀 방정식에 의거하여 하중이 일정할 때의 최종침하량을 구하는 도해적인 방법을 제안하였다.

이 방법에서는 다음과 같은 절차로 최종침하량을 구할 수 있다.

① 시간-실측 침하량 관계를 등시간 간격(대개 10일 내지 100일)으로 표시한다.
② 시간 t_1, t_2, …에 대한 침하 S_1, S_2, …를 읽어 (S_{j-1}, S_j)를 그림 16.23과 같이 좌표계에 나타낸다.

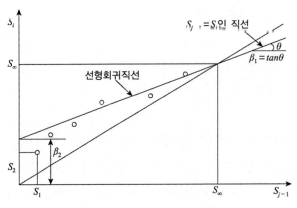

그림 16.23 Asaoka 방법의 도식적 개요

③ 이 점들의 선형 회귀 직선을 구하여, 이것의 기울기를 β_1이라 하고, y 절편을 β_0이라고 한다. 그러면 이 직선의 식은 다음과 같이 나타낼 수 있다.

$$S_j = \beta_0 + \beta_1 S_{j-1} \tag{16.4}$$

④ $S_j = S_{j-1}$인 기울기 45°인 직선을 그려 두 직선이 만나는 곳이 주어진 조건 아래에서의 최종침하량이 된다. 이 직선과 회귀 직선의 교점의 y 좌표가 예측 시점에서의 최종침하량이라고 할 수 있는데, 이를 수식으로 나타내면 다음과 같다.

$$S_\infty = S_j = \frac{\beta_0}{1 - \beta_1} \tag{16.5}$$

참고로 Asaoka는 회귀 직선의 기울기 β_1을 이용하여 압밀계수(c_v)를 구하는 식을 다음과 같이 제안하였다.

$$c_v = -\frac{5}{12}\ H^2 \frac{\ln \beta}{\Delta t} \tag{16.6}$$

(3) Moden(門田) 법

이 방법은 연직 배수재가 설치된 점성토 지반에서의 침하량 예측에 사용하는데, Barron(1948)이 제안한 평균 압밀도(U) 식을 변형하여 시간계수(T_h)와 $(1 - U)$의 대수값이 직선 관계를 갖는다는 것을 이용해서 장래의 침하량을 예측하는 것이다.

실제 계산을 통하여 침하량을 예측하기 위해서는 다음과 같은 절차를 따른다.

① 그림 16.24와 같이 임의의 관측점 t_j에서의 압밀도 U_j를 가정한다.
② 가정한 U_j에 따라서 각 관측치(t_j, S_j)에 대하여 (t_j, U_j)를 경과 시간과 대수 축척의 압밀도를 각 축으로 하는 그래프에 도시한다.
③ U_j의 가정이 적정하다면 그림 16.24와 같이 나타낸 좌표점들은 직선 형태를 갖는다. 만일 좌표점들의 연결 형태가 곡선이라면 U_j를 다시 가정한다.
④ U_j가 결정되면 최종침하량은 다음과 같이 구할 수 있다.

$$S_\infty = \frac{S_j}{U_j} \tag{16.7}$$

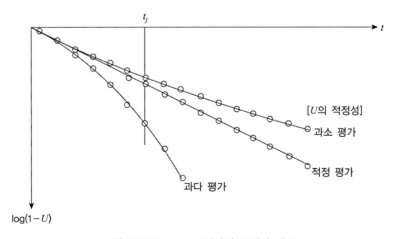

그림 16.24 Monden 방법의 도식적 개요

(4) 시간-침하량 곡선의 모사(simulation) 법

널리 사용되는 쌍곡선 방법과 Asaoka 방법들의 대부분은 재하가 종료된 후의 데이터만을 활용하여 그 단계에서의 장래 침하량을 예측하므로, 오랜 시간 동안 단계적으로 점증 재하가 이루어지는 경우에는 효과적으로 적용할 수 없는 한계가 있다. 이러한 한계를 극복하기 위하여 Terzaghi-Barron의 압밀이론을 활용한 곡선적합 모사기법(simulation method)을 적용할 수 있다(조성민, 1998). 이 방법은 실측 결과로부터 시간-침하량 관계를 도시하고 그 위에 주어진 침하량 및 압밀계수값을 가지는 이론적인 시간-침하량 곡선을 중첩하여 평면상에 그린 다음, 실제 침하 곡선과 비교하면서 가장 접근된 이론 침하 곡선을 선택하는 경험적인 방법으로 계산량이 많아 번거롭기는 하지만 실측 데이터를 활용하므로 신뢰성이 높다. 그 절차로는 실측침하곡선을 이용하여 압밀계수 c_v를 추정한 다음, 시행착오법으로 압축지수 C_c를 추정하고, 이들을 이용하여 이론식에 의한 예측침하곡선을 작도한다. Terzaghi와 Barron의 압밀이론은 이론적 토대의 미진함에도 불구하고 오랫동안 수많은 실제 문제에 적용되어 결과의 타당성과 효용성이 검증되었으며, 이론이 비교적 단순하고 명료하여 실무적인 차원에서 쉽게 접근할 수 있다.

그림 16.25는 실측 침하량을 이용하여 장래 시공 시에 대한 침하 곡선을 예측한 예이다. 이 방법을 적용할 경우 계측 개시 후 총 데이터의 25%(압밀도 기준 20~40%)만으로도 비교적 좋은 결과를 얻을 수 있으며, 연구 결과, 50%(압밀도 기준 50~60%) 이상의 데이터를 대상으로 곡선 적합 기법을 적용할 경우에는 실측 곡선과 매우 유사한 예측 곡선을 얻을 수 있었다(조성민, 1998).

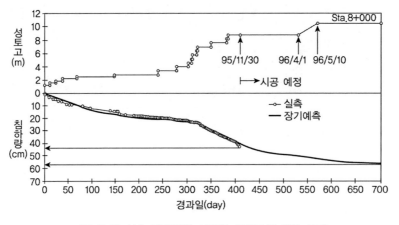

그림 16.25 실측 침하량을 이용한 침하곡선 예측 사례

표 16.13은 吉國(Yoshikuni) 등(1981)이 각 방법들을 적용하는 데 예측 당시의 압밀도별 예측 오차에 대해서 개략적으로 비교한 결과이며, 예측 오차를 20% 이내로 하기 위해서는 예측 당시의 압밀도가 60% 이상은 되어야 함을 알 수 있다.

표 16.13 침하량 예측방법의 예측 시기별 정확도 비교(吉國洋 외, 1981)

방법 \ 오차	30% 이내	20% 이내	10% 이내	5% 이내
쌍곡선법	U=0.4	U=0.6	U=0.7	U=0.8
Hoshino 법	U=0.6	U=0.7	U=0.8	U=0.9
Asaoka 법	U=0.4	U=0.5	U=0.6	U=0.7
Monden 법	U=0.5	U=0.65	U=0.8	U=0.9

16.5.3 안정 관리

안정 관리란 성토 시공 중의 전단 파괴와 측방 유동에 대응하는 관리를 말하며, 침하에 대한 수평 방향의 변위 거동이 주된 분석 대상이 된다. 정규압밀 상태의 점성토 지반에 성토 시 가장 위험한 상태는 재하 직후이며, 위험도는 재하 속도에 의하여 결정된다. 재하가 완료된 후에는 압밀에 의하여 강도가 증가하게 되므로 안정성이 증가하게 된다.

안정 관리에서는 침하량과 횡변위와의 관계를 주로 이용하는 데 이 관계의 특수한 경향성이 파괴와 어떤 연관이 있는가를 분석하여 지반 안정을 판단한다. 국내에서는 침하량 대 횡변위량과 침하량의 비를 이용하여 그래프를 작성해서 곡선의 궤적을 분석하는 Matsuo & Kawamura 방법($s - \delta/s$ 법), 횡변위량과 침하량의 상대적인 관계를 이용하는 Tominaga & Hashimoto 방법($s - \delta$ 법), 횡변위 발생 속도를 관리 기준으로 하는 Kurihara 방법($\Delta\delta/\Delta t$ 법) 등, 주로 일본에서 경험적으로 제안된 방법들이 사용되고 있다. 안정 관리 도중, 지반 파괴의 위험이 예측될 때에는 즉시 재하를 중단하고, 필요한 경우에는 성토체의 일부를 제거하여야 한다.

한편 횡변위를 이용한 관리 외에도 추가 성토 가능 여부를 판단하기 위하여 압밀로 증가한 지반 강도를 알 필요가 있다. 이를 위해서는 현장 베인시험, 피에조콘 관입시험 등과 같은 원위치 강도시험이 요구된다. 정확한 시험을 통해 지반의 강도와 물성치를 신속하게 파악하고 지지력, 사면안정 해석에 즉각적으로 이용하여 현재 및 장래의 구조물의 안정도가 어느 정도인지를 알아야 한다. 이러한 분석을 위하여 현장 상황을 입력할 때에는 최악의 상태를 가정하여야 한다. 예를 들면, 현재는 건조하거나 부분 포화된 성토체라 하더라도 폭우에 의하여 완전 포화가 될 수 있으므로 성토체가 포화되었다고 가정한다. 그리고 포화 상태에서는 성토체의 하중이 증가할 뿐 아니라 성토 지반의 점착력이 감소하거나 완전히 없어질 수도 있다. 널리 사용되는 안정관리 기법에 대해서 간략하게 설명하면 다음과 같다.

(1) $s - \delta/s$ 법(松尾, 山村)

침하량(s), 측방 변위(δ)와 침하량의 비(δ/s)와의 관계를 직각 좌표계에 도시하여 그 선이 파괴 기준선에 얼마나 접근하는지를 파악하여 파괴를 예측한다. 좌표 값이 파괴 기준선 이하에 있으면 안정한 상태로 본다. 그림 16.26에서 I→II는 위험 측이고, I→III은 안정 측임을 나타낸다. δ는 지중의 수평 변위를 채용하는 것도 있다. 관리 기준치로는 임의의 성토고에 대한 하중을 파괴 시 하중으로 나눈값을 사용한다. 즉, q/q_f를 기준으로 하는데, 보통 0.8~0.9 사이의 값을 이용한다.

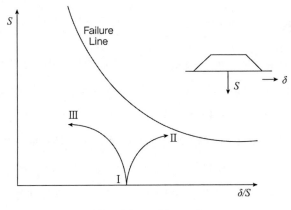

그림 16.26 $s - \delta/s$ 그래프

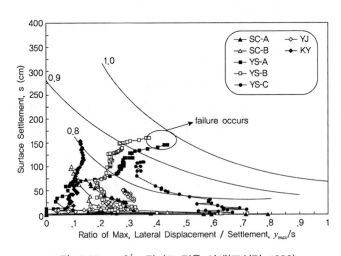

그림 16.27 $s - \delta/s$ 관리도 적용 사례(조성민, 1998)

(2) $s-\delta$ 법(富永, 橋本)

침하량 s와 횡변위량 δ의 관계를 도시하여 E선을 기준으로 하여 I→II는 위험, I→III은
안정으로 판단한다. 관리 기준치로는 초기 단계의 $\Delta\delta/\Delta s$ 값, 즉 기울기를 이용한다.

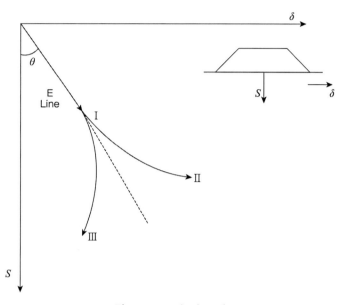

그림 16.28 $s-\delta$ 법 그래프

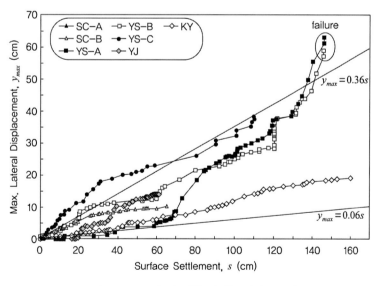

그림 16.29 $s-\delta$ 법 적용 사례(조성민, 1998)

(3) $\Delta\delta/\Delta t$ 법(持永, 栗原)

성토 중의 수평 변위 속도 $\Delta\delta/\Delta t$를 시간적으로 관리하기 때문에 변위량보다 1회 미분량일수록 상황에 예민하다. 이 방법에서는 단위 시간당 수평 변위의 양을 제한하여 그를 기준으로 관리를 하며 기준치에 근접하면 시공을 중지하고 방치 기간을 둔다. 일반적으로 횡변위 속도가 1.5~2.0cm/day를 초과하게 되면 시공을 중지해야 한다.

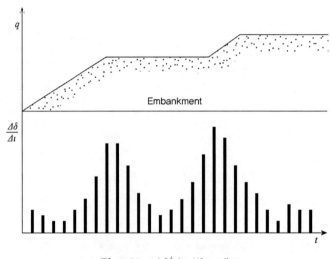

그림 16.30 $\Delta\delta/\Delta t$ 법 그래프

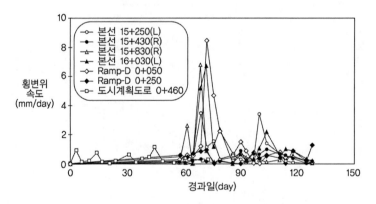

그림 16.31 횡변위 속도 계측 사례

예제 16.1 연약지반에 높이 6m까지 성토를 하면서 침하량을 측정한 결과가 다음 표와 같다. 쌍곡선법과 평방근법에 의해 최종침하량을 추정하시오.

측정 월일	4월						5월						6월				
	3	8	12	16	24	30	4	10	15	19	24	30	5	10	16	23	29
일수(t, days)	0	5	9	13	21	27	31	38	43	47	52	58	64	69	75	82	88
성토고(cm)	–	30	60	90	120	160	200	230	250	280	310	350	380	410	450	490	530
침하량(cm)	0	11	23	31	43	57	73	98	117	122	131	140	149	152	156	160	164

측정 월일	7월				8월			9월			10월			11월		12월	
	5	12	20	29	8	17	28	10	21	30	9	18	28	14	29	15	30
일수(t, days)	94	101	109	118	128	137	148	161	172	183	194	202	210	226	243	258	277
성토고(cm)	560	600	600	600	600	600	600	600	600	600	600	600	600	600	600	600	600
침하량(cm)	170	179	183	186	188	191	193	195	196	197	198	199	200	200	201	202	202

풀이

두 방법 모두 성토종료 후의 침하량 자료로부터 최종침하량을 추정한다. 성토 기간 및 성토 기간 중 발생한 침하량은 각각 s_o =179cm, t_o =101일이며, 성토종료 후 시간–침하량 관계 자료를 정리하면 다음 표와 같다.

측정 번호	일수 t (day)	침하량 s (cm)	$t-t_o$ (day)	$s-s_0$ (cm)	쌍곡선법 $(t-t_0)/(s-s_0)$	평방근법 $(t-t_0)/(s-s_0)^2$
1	101	179	0	0	–	–
2	109	183	8	4	2	0.5
3	118	186	17	7	2.43	0.35
4	128	188	27	9	3	0.33
5	137	191	36	12	3	0.25
6	148	193	47	15	3.13	0.21
7	161	195	60	17	3.53	0.21
8	172	196	71	17	4.18	0.25
9	183	197	82	18	4.56	0.25
10	194	198	93	19	4.89	0.26
11	202	199	101	20	5.05	0.25
12	210	200	109	21	5.19	0.25
13	226	200	125	21	5.95	0.28
14	243	201	142	22	6.45	0.29
15	258	202	157	23	6.83	0.30
16	277	202	176	23	7.65	0.33

실측자료로부터 쌍곡선법 및 평방근법에 의해 최종침하량을 추정하는 공식은 다음과 같다.

- 쌍곡선법 : $s_f = s_o + \dfrac{1}{\beta} = s_o + \dfrac{1}{b}$

- 평방근법 : $s_f = s_o + \sqrt{\dfrac{1}{\beta}} = s_o + \sqrt{\dfrac{1}{b}}$

따라서 최종침하량을 구하기 위해서는 실측지료로부터 b의 값을 구하여야 한다. 표의 값들로부터 회기분석을 실시한 결과는 그림과 같다. 그림과 같이 평방근법에서는 초기 자료는 편차가 너무 크고 직선성이 부족하여 제외하고 직선을 구하였다.

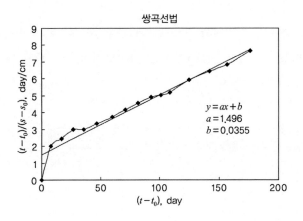

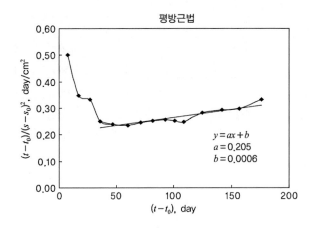

회기분석 결과를 이용하여 최종침하량을 산정한 결과는 다음과 같다.

- 쌍곡선법 : $s_f = 179 + \dfrac{1}{0.0355} = 207.17\,\text{cm}$

- 평방근법 : $s_f = 179 + \sqrt{\dfrac{1}{0.0006}} = 219.82\,\text{cm}$

예제 16.2 연약지반에 높이 5m의 흙을 쌓는 데 46일 걸렸으며, 성토 완료 후 발생한 연직 침하량 측정결과가 다음과 같다. 쌍곡선법에 의해 최종 침하량을 각각 추정하시오.

성토시작 후 경과시간(day)	46	65	85	109	136	168	198	214	235	252
침하량(cm)	81	101	112	121	127	133	136	137	139	140

풀이

쌍곡선법에 의해 최종침하량을 추정하는 공식은 다음과 같다.

$$\text{쌍곡선법} : s_f = s_o + \dfrac{1}{\beta} = s_o + \dfrac{1}{b}$$

성토종료 후 시간–침하량 관계 자료를 정리하면 다음 표와 같다.

측정 번호	일수 t(day)	침하량 s(cm)	$t - t_o$(day)	$s - s_0$(cm)	$(t - t_0)/(s - s_0)$
1	46	81	0	0	–
2	65	101	19	20	0.950
3	85	112	39	31	1.258
4	109	121	63	40	1.575
5	136	127	90	46	1.957
6	168	133	122	52	2.346
7	198	136	152	55	2.764
8	214	137	168	56	3.000
9	235	139	189	58	3.259
10	252	140	206	59	3.492

표의 값들로부터 회기분석을 실시한 결과는 그림과 같다.

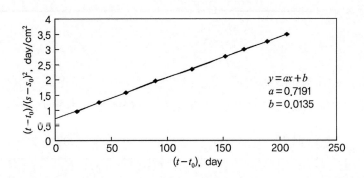

회기분석 결과를 이용하여 최종침하량을 산정한 결과는 다음과 같다.

$$s_f = 81 + \frac{1}{0.0135} = 155.07 \, \text{cm}$$

예제 16.3 연약지반 위 성토 후 계측 결과는 다음 표와 같다. $s - \delta$ 방법 및 $s - \delta/s$ 방법에 의해 안정성을 평가하시오.

성토 후 경과 시간(day)	30	60	90	120	150	180	210	240	270	300
연직침하량(cm)	81	101	112	121	127	133	136	137	139	140
수평 변위량(cm)	8.4	11.4	12.6	25.5	33.2	39.9	44.3	47.3	51.5	53.2

풀이

실측자료를 다시 정리하면 다음과 같다.

연직침하량 s(cm)	81	101	112	121	127	133	136	137	139	140
수평 변위량 δ(cm)	8.4	11.4	12.6	25.5	33.2	39.9	44.3	47.3	51.5	53.2
침하량 비 δ/s	0.104	0.113	0.113	0.211	0.261	0.300	0.326	0.345	0.371	0.380

$s - \delta$ 법 및 $s - \delta/s$ 법에 의해 침하량 실측자료를 그림으로 나타내면 다음과 같다.

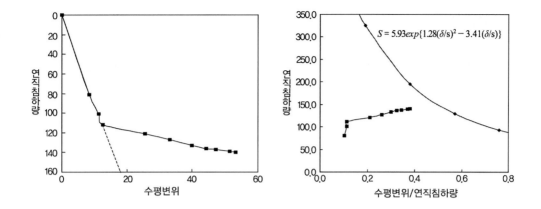

$s - \delta$ 법 및 $s - \delta/s$ 법에 의해 현재까지의 침하 진행양상을 평가하면 '위험한 상태'라고 할 수 있다.

| 참고문헌 |

조성민(1998), 국내 연약 점성토 지반의 성토재하 시 변형 특성 분석, 서울대학교 박사학위 논문.

한국도로공사(2000), 고속도로 공사 전문시방서-토목편.

Dibiagio, E.(1979), "Use of computers and data acquisition systems in geotechnical instrumentation projects", Norske sivilingeiorers forening, EDB I Geoteknikken, Kurs, Trondheim, Norway.

Dunnicliff, C. J.(1988), Geotechnical instrumentation for monitoring field performance, John Wiley & Sons.

Franklin, J. A.(1977), "Some practical considerations in the planning of field instrumentation", in proceedings of the international symposium on field measurements in rock mechanics, Zürich, K. Kovari(Ed.), Balkema, Rotterdam, Vol.1, pp.3~13.

Hanna, T. H.(1985), Field Instrumentation in Geotechnical Engineering, 1st Ed., Trans Tech Publications.

Kuroda, K. and Miki, S.(1985), Reliability Assesment of Field Instrumentations Based on F.T.A, 4th ISSR, pp.378~382.

Lambe, T. W.(1973), Predictions in soil engineering, Géotechnique, Vol.23, No.2, pp.149~202.

Leroueil, S., Magna, J. and Tavenas, F.(1990), Embankment on Soft Clays, Ellis Horwood.

Maher, M. L.(1987), Expert System for civil Engineers : Technology and Application, ASCE.

Peck, R. B.(1969), 'Advantages and limitations of the observational method in applied soil mechanics', Géotechnique, Vol.19, No.2, pp.169~187.

Terzaghi, K. and Peck, R. B.(1969), Soil Mechanics in Engineering Practice, 2nd Ed., Wiley, New York.

Waterman, D.(1986), A Guide to Expert Systems, Addison-Wesley.

加登文士(1986), 情報化施工の現状と課題, 土質工學會中國支部論文報告集, vol.4, No.1 pp.63~72.

Wolski W., Larsson, R. Szymanski, A., Hartlén J., Lechowicz, A., and Bergdahl, U.(1989), Full-Scale Failure Test on a Stage-Constructed Test Fill on Organic Soil, Report No.36, Swedish Geotechnical Institute.

土質工學會(1990), 現場計測計劃の立て方, 現場技術者のための土と基礎ッリ-ズ 17.

| 찾아보기 |

저자 소개

김 병 일 (bikim@mju.ac.kr)

서울내학교 공과내학 토목공학과 졸업
서울대학교 대학원 토목공학과 공학석사
서울대학교 대학원 토목공학과 공학박사
현재 명지대학교 토목환경공학과 교수

조 성 민 (chosmin@ex.co.kr)

서울대학교 공과대학 토목공학과 졸업
서울대학교 대학원 토목공학과 공학석사
서울대학교 대학원 토목공학과 공학박사
현재 한국도로공사 선임 연구위원

김 주 형 (haitink@kict.re.kr)

한양대학교 공과대학 토목공학과 졸업
서울대학교 대학원 토목공학과 공학석사
서울대학교 대학원 토목공학과 공학박사
현재 한국건설기술연구원 연구위원

김 성 렬 (sungryul@snu.ac.kr)

서울대학교 공과대학 토목공학과 졸업
서울대학교 대학원 토목공학과 공학석사
서울대학교 대학원 토목공학과 공학박사
현재 서울대학교 건설환경공학부 부교수

연약지반 개량공법

초 판 발 행 2015년 3월 13일
초 판 2 쇄 2020년 10월 27일

저   자 김병일, 조성민, 김주형, 김성렬
펴 낸 이 김성배
펴 낸 곳 도서출판 씨아이알

책 임 편 집 박영지, 김동희
디 자 인 김나리, 윤미경
제 작 책 임 김문갑

등 록 번 호 제2-3285호
등 록 일 2001년 3월 19일
주   소 100-250 서울특별시 중구 필동로8길 43(예장동 1-151)
전 화 번 호 02-2275-8603(대표)
팩 스 번 호 02-2275-8604
홈 페 이 지 www.circom.co.kr

I S B N 979-11-5610-112-3 93530
정   가 30,000원